Mastercam 数控加工完全自学丛书

图解 Mastercam 2017 数控加工编程基础教程

陈为国 陈 昊 编 著

机 械 工 业 出 版 社

本书以Mastercam 2017为基础，围绕CAM应用讲解了CAD知识，内容包括二维图形的绘制与编辑、三维曲面与实体模型的创建与编辑、基于同步建模技术的建模功能选项卡中的功能等。Mastercam的CAM模块中，重点介绍了2D和3D数控铣削加工编程，以及数控车削加工编程等知识。读者通过本书的学习，能够达到掌握Mastercam 2017的数控加工自动编程技术，能够完成中等复杂程度零件的数控加工编程工作。为便于读者学习，提供练习文件（用手机扫描前言中的二维码下载），同时提供配书PPT课件（联系QQ296447532获取）或联系编辑（010-88379879）咨询。

本书理论联系实际，重点介绍了Mastercam 2017各种功能的操作要点，并提供了针对性较强的练习图例，非常适合具备数控加工手工编程知识并希望掌握自动编程知识的新数控加工工作者自学使用，也可作为高等学校及培训机构CAD/CAM课程的教学用书。

图书在版编目（CIP）数据

图解Mastercam 2017数控加工编程基础教程/陈为国，陈昊编著.
—北京：机械工业出版社，2018.4（2023.8重印）
（Mastercam数控加工完全自学丛书）
ISBN 978-7-111-59551-9

Ⅰ.①图… Ⅱ.①陈… ②陈… Ⅲ.①数控机床—加工—计算机辅助设计—应用软件—教材 Ⅳ.①TG659-39

中国版本图书馆CIP数据核字（2018）第062180号

机械工业出版社（北京市百万庄大街22号 邮政编码100037）
策划编辑：周国萍　　责任编辑：周国萍　章承林
责任校对：肖　琳　　封面设计：马精明
责任印制：郜　敏

北京富资园科技发展有限公司印刷

2023年8月第1版第12次印刷
184mm×260mm・16.25印张・396千字
标准书号：ISBN 978-7-111-59551-9
定价：59.00元

电话服务	网络服务
客服电话：010-88361066	机 工 官 网：www.cmpbook.com
010-88379833	机 工 官 博：weibo.com/cmp1952
010-68326294	金 书 网：www.golden-book.com
封底无防伪标均为盗版	机工教育服务网：www.cmpedu.com

前　言

Mastercam 是美国 CNC Software 公司开发的基于个人计算机平台的 CAD/CAM 软件系统，具有二维几何图形设计、三维线框设计、曲面造型、实体造型等设计功能，可由零件图形或模型直接生成刀具路径、刀具路径模拟、加工实体仿真验证、可扩展的后置处理及较强的外界接口等功能。自动生成的数控加工程序能适应多种类型的数控机床，数控加工编程功能快捷方便，具有铣削、车削、线切割、雕铣加工等编程功能。

Mastercam 自 20 世纪 80 年代推出至今，经历了三次较为明显的界面与版本变化，首先是 V9.1 版之前的产品，国内市场可见的有 6.0、7.0、8.0、9.0 等版本，该类版本的操作界面是左侧瀑布式菜单与上部布局工具栏形式的操作界面；其次是配套 Windows XP 版的 X 版风格界面，包括 X，X2，X3，…，X9 共九个版本，该类版本的操作界面类似 Office 2003 的界面风格，以上部布局的下拉菜单与丰富的工具栏及其工具按钮操作为主，配以鼠标右键快捷方式操作，这个时期的版本已开始与微软操作系统保持相似的风格，能更好地适应年轻一代的初学者；为了更好地适应 Windows 7 系统及其代表性的应用软件 Office 2010 的 Ribbon 风格功能区操作界面的出现，Mastercam 开始第三次操作界面风格的改款，从 Mastercam 2017 开始推出以年代标记软件版本，具有 Office 2010 的 Ribbon 风格功能区操作界面的风格，标志着 Mastercam 软件已进入一个新时代。

Mastercam 2017 的 Ribbon 风格界面特别适合年轻一代的初学者弯道超车，读者可紧随 Mastercam 2017 及其后续版本的变化而学习。由于 Mastercam 2017 界面的较大变化，即使是 Mastercam 的老用户，也有阅读本书的需要。

作为专业的加工编程软件，Mastercam 2017 的 CAM 模块是其应用的必须，然而要想全面准确地理解与掌握 Mastercam 2017，其 CAD 模块的学习也是必要的，为此本书围绕 CAM 应用讲解了 CAD 知识。

全书共分 8 章，第 1～4 章是 CAD 模块的内容，第 5～8 章是 CAM 模块的内容。作为初学者，建议从开始的 CAD 模块学起，重点学习与掌握二维图形的绘制与编辑、三维曲面与实体的创建与编辑和建模选项卡中的同步建模功能等。关于 CAM 模块，本书根据实际应用的特点，分 2D 铣削加工编程、3D 铣削加工编程和数控车削加工编程等章节介绍。本书在内容取舍上，对于 Mastercam 2017 中新出现的功能介绍得略微详细，而之前版本介绍的较多知识则根据实际应用的重要程度而有所取舍地讲解。

关于本书的阅读学习，虽然也提供了主要的练习文件（用手机扫描前言中的二维码下载），但是作者仍然希望尊重学习规律。从作者多年的教学与学习心得看，任何知识的学习必须从基础学起，循序渐进，注重实践，有一个逐渐进阶的过程。为此，本书的大部分练习图形与模型均给出了其几何参数，但还是建议读者尽可能不调用练习文件，而是自己亲自动手绘制二维图形。三维曲面与实体模型的学习则建议亲自从线框图绘制开始。这样一种学习方式，有利于融会贯通地系统掌握该软件的应用。第 5～8 章是 CAM 模块的学习，希望读者尽可能联系生产实际分析各种加工策略（即加工刀路），逐渐做到以应用驱动学习的方法。

本书在编写过程中得到南昌航空大学科技处、教务处、航空制造工程学院、工程训练中心，以及中航工业江西洪都航空工业集团有限公司等领导的关心和支持，得到南昌航空大学航空制造工程学院数控加工技术实验室和工程训练中心数控实训教学部等部门相关老师的指导和帮助，在此表示衷心的感谢！

感谢书后所列参考文献中作者资料的帮助，以及未能囊括进入参考文献的参考资料的作者，他们的资料为本书的编写提供了极大的帮助。

本书文稿表述虽经反复推敲与校对，但因编著者水平所限，书中难免存在不足和疏漏之处，敬请广大读者批评指正，并可发电子邮件至 wgchen0113@126.com 提出宝贵意见。

编著者

目　录

第1章 Mastercam 入门

1.1 初识 Mastercam 2017——用户界面要点

Mastercam 2017 与新版微软 Ribbon 风格的软件具有同样的启动与操作方式，包括桌面快捷方式和开始菜单启动方式，启动后的操作及界面等。图 1-1 所示为 Mastercam 2017 的操作界面。

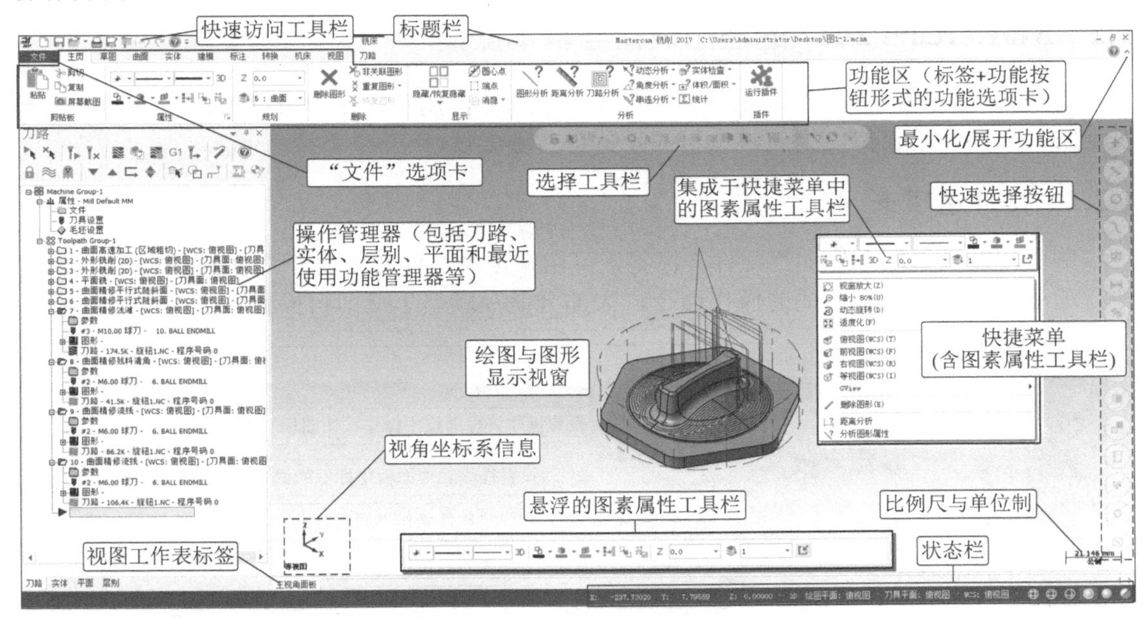

图 1-1 Mastercam 2017 的操作界面

由图 1-1 可见，其操作界面是 Ribbon 功能区操作界面的风格，与当下微软系统的软件风格相似，其上部为标题栏，显示版本、文件路径与文件名信息。其左上角为快速访问工具栏，包括软件标识以及基本的软件管理工具按钮。其右上角有最小化/展开功能按钮^/v，可以将功能区最小化/展开。单击功能区左上角的“文件”标签可进入“文件”选项卡，包括文件的新建、打开、保存等以及常用的配置和选项设置入口等。

操作管理器是设计与加工编程常用的操作管理区域，在过去的刀路和实体两个管理器基础上，增加了图层、平面和最近使用三个功能管理器，形成现在的常见的安装默认的五个管理器（实际显示多少可设置和变化）。

Ribbon 功能区是各种操作的主控面板，它由功能标签管理，单击其标签可进入相应的操作功能选项卡，功能选项卡内按不同功能区用分割线分块管理，各功能按钮均包含图标与文字，有些功能按钮还包含下拉菜单图符▼，单击图符可弹出下拉菜单形式的子功能按钮。

视窗上部驻留有选择工具栏，包含光标方式（即临时捕抓）的选择、自动捕抓设置、坐标点输入和其他选择方式设置选项等。视窗右侧竖向排列了部分常用的快速选择按钮，可快速选择图素或通过对话框设置快速选择。

快捷菜单默认弹出的是包含图素属性工具栏（快捷菜单上部）的快速菜单，其图素属性工具栏可根据操作习惯与需要设置为悬浮状态的工具栏，此时的快捷菜单不包含图素属性工具栏。悬浮的图素属性工具栏默认布置在视窗底部，也可根据需要拖放至其他位置。

右下角的状态栏显示了光标动态的 X 轴与 Y 轴坐标信息和深度 Z 信息，2D/3D 绘图平面切换按钮，绘图平面、刀具平面和 WCS 当前状态与切换，几何图形的线框与渲染等显示方式的设置等。

视图面板可创建不同的部件视图和平面，各视图选项卡上可保留不同的视图和平面显示，下部的视图工作表标签可对其进行切换与管理。

1.2 Mastercam 2017 的通用设置与基本操作

用过 Office 2010 以后版本的软件，如 Word 2010 的用户，在学习以下设置与操作时会发现它们之间非常相似，因此，未尽的设置可仿造尝试。

1.2.1 文件选项卡

单击功能操作区左侧的“文件”标签，可切换至“文件”选项卡，如图 1-2 所示。“文件”选项卡左侧显示有相关的操作命令，大部分命令顾名思义即可操作。

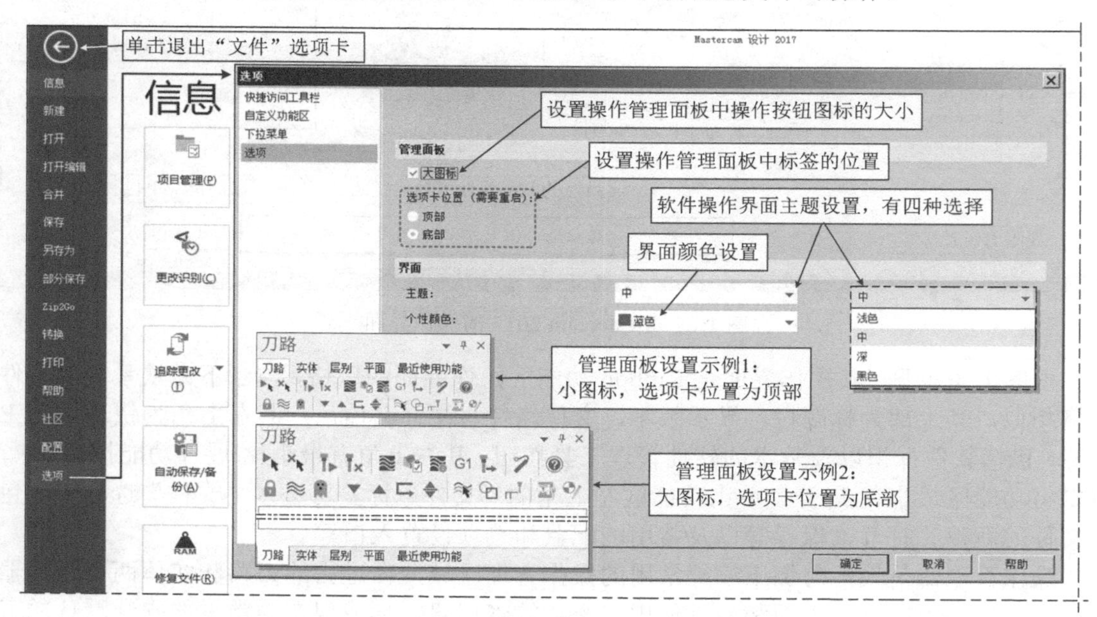

图 1-2 “文件”选项卡及“选项”对话框设置图解

单击“文件”选项卡中的“选项”命令，可激活“选项”对话框（注：该对话框还可以通过快速访问工具栏右侧的下拉菜单中的“更多命令”激活），图 1-2 中显示了“选项”标签关于管理面板与操作界面等的设置图解。

单击“文件”选项卡中的“配置”命令，弹出“系统配置”对话框，如图1-3所示，该对话框是个人操作习惯设置的地方。该对话框包含Mastercam的大部分设置，包括默认的CAD设置查询与重新设置（线型、线宽和点类型等），默认的刀路管理与刀路模拟设置，屏幕视图设置选项中中键滚轮功能设置（旋转或平移，依个人习惯设置，如默认快捷菜单中有旋转命令 动态旋转(D)，则可将中键设置为平移），公制（米制）启动环境（查询或设置）、系统颜色设置和着色，背景颜色快速设置（无、水平、垂直和对角）等。关于该对话框的设置，读者应该多加研习。限于篇幅，此处不展开讲解，仅以视窗背景与图素等颜色设置为例介绍。

单击“系统配置”对话框中的“颜色”选项，显示系统有关颜色的设置，该对话框中的内容可按用户的喜好设置。图1-3所示为颜色设置图解。

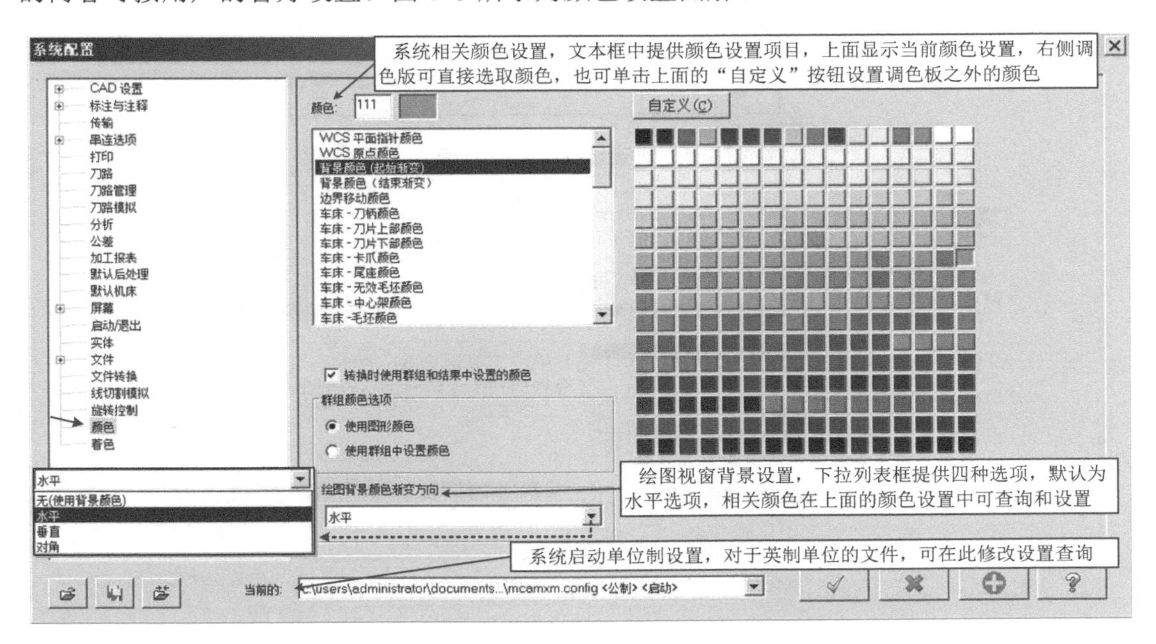

图1-3　系统配置→颜色设置

1.2.2　快速访问工具栏及其设置

快速访问工具栏是Ribbon风格功能区操作界面的主要组成部分，如图1-4所示，最左端为Mastercam 2017的标识，然后是常用的命令，默认有新建、保存、打开、打印、另存为、Zip2Go、撤消与恢复等。其中，单击“打开”命令按钮右侧的下拉菜单图符▼可快速访问最近的文档；单击最右侧的自定义快速访问工具栏按钮，可弹出自定义快速访问工具栏下拉菜单，单击“新建”至“恢复”之间的各命令，可取消勾选（或勾选），设置快速访问工具栏中是否显示相应命令，各按钮的排列顺序可按自己的操作习惯在“选项”对话框中调整，如图1-5所示。

单击“更多命令”命令，弹出“选项”对话框（该对话框还可在“文件”选项卡的“选项”命令启动，参见图1-2），如图1-5所示，其有四个选项标签，其中第一项标签可对快速访问工具栏进行设置，包括命令按钮的增添与排序，并可设置快速访问工具栏在功能区下部或上部。图 1-5 所示显示有增添帮助命令按钮的操作图解，其结果参见图 1-4。

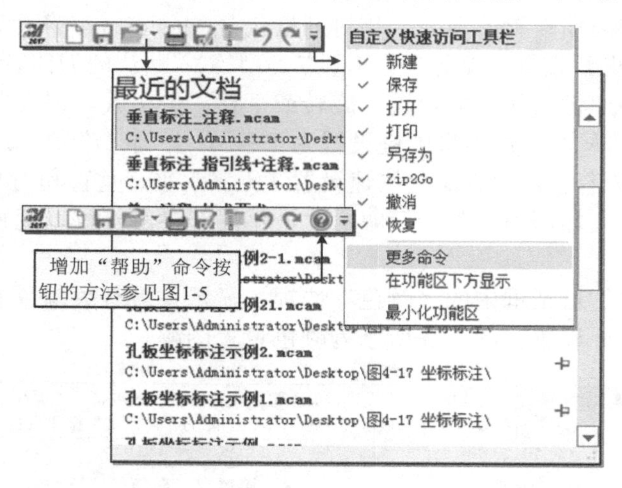

图 1-4　快速访问工具栏及操作

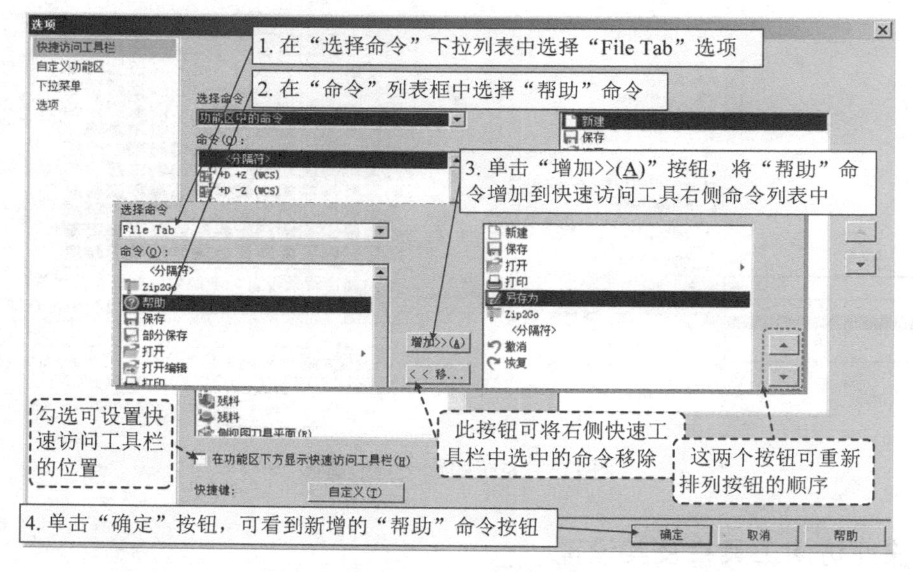

图 1-5　快速访问工具栏及设置示例

自定义快速访问工具栏下拉菜单中还有“在功能区下方显示”和“最小化功能区”两项命令，分别用于设置快速访问工具栏在 Ribbon 功能区下方或上方，以及是否仅显示标签而不显示功能区按钮（注：最小化功能区还可以单击视窗右上角的“最小化/展开功能区”按钮操作，参见图 1-1）。

1.2.3　快捷菜单的设置

快捷菜单指右击绘图区弹出的菜单。图 1-6a 所示为软件默认的快捷菜单，其上部包含图素属性工具栏，将鼠标放在按钮上略停留会弹出按钮说明。单击图素属性工具栏右下角的切换属性面板按钮，可将图素属性工具栏展开悬浮在视窗中，如图 1-6c 所示，默认在视窗下部，可按习惯拖放至视窗中的任意位置。此时右击弹出的快捷菜单便不显示图素属性工具栏而变得更简洁，如图 1-6b 所示。单击图 1-6c 所示悬浮的图素属性工具栏右侧的切换属性面板按钮，可将快捷菜单重新设置为图 1-6a 所示的形式。一般台式机屏幕较大且在模型设计模块经常用到其功能时，可将图素属性工具栏悬浮在视窗下部，而便携式计算机或加工编程模块不常用到该功能时则不悬浮为好。

快捷菜单包括以下四部分内容：

（1）图形缩放按钮区　主要用于屏幕图形等的缩放操作，其相关功能在“视图”功能选项卡的缩放功能区也有。另外，滚动鼠标中键也能缩放图形，其缩放中心与光标位置有关。

（2）屏幕视图按钮区　主要用于选择与切换不同的屏幕视图。在“视图”功能选项卡的屏幕视图功能区有更为详尽的屏幕视图操作按钮。

（3）删除图形按钮区　默认仅有一个常用的“删除图形”按钮 删除图形(E)，但“主页”功能选项卡中“删除”功能区有更多的删除功能按钮，也可将这些删除按钮增添到快捷菜单中。

（4）分析按钮区　默认显示有两个常用的“距离分析”与“分析图形属性”的图形分析功能按钮。在“主页”功能选项卡的分析功能区有更多的分析功能按钮。

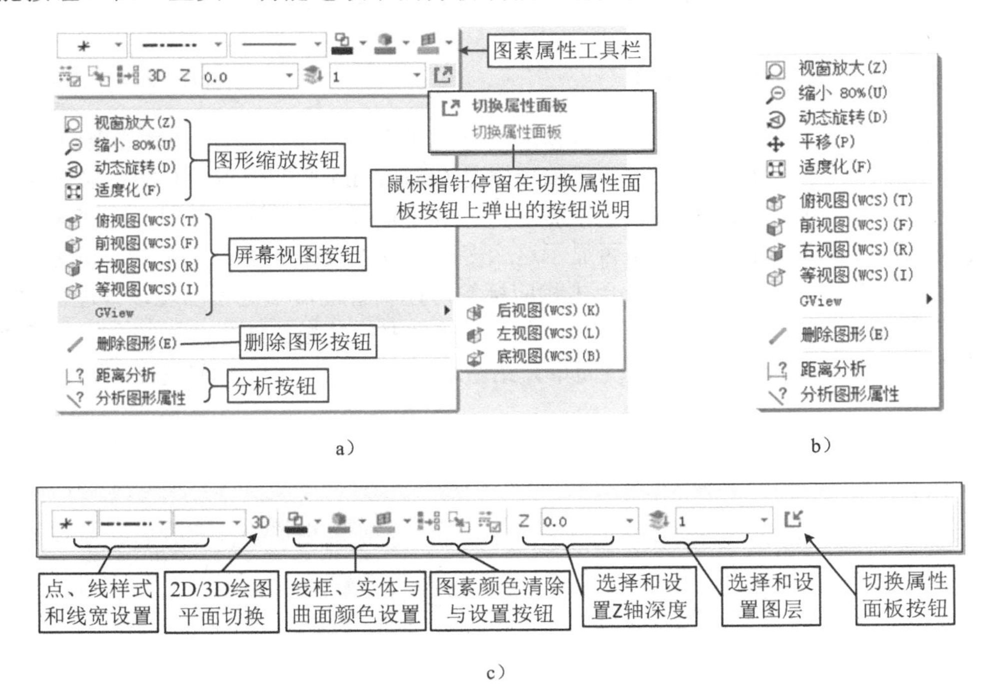

图 1-6　快捷菜单与图素属性工具栏设置

a）含图素属性工具栏的快捷菜单　b）简化的快捷菜单　c）悬浮的图素属性工具栏

另外，快捷菜单还可以根据用户习惯增加命令按钮。图 1-7 所示为增添“平移”命令按钮 平移(P) 至“适度化”按钮 适度化(F) 上面位置的操作图解。该“选项”对话框可从“文件”选项卡中的“选项”命令调出，也可从图 1-4 所示的自定义快速访问工具栏下拉菜单中的“更多命令”命令调出。

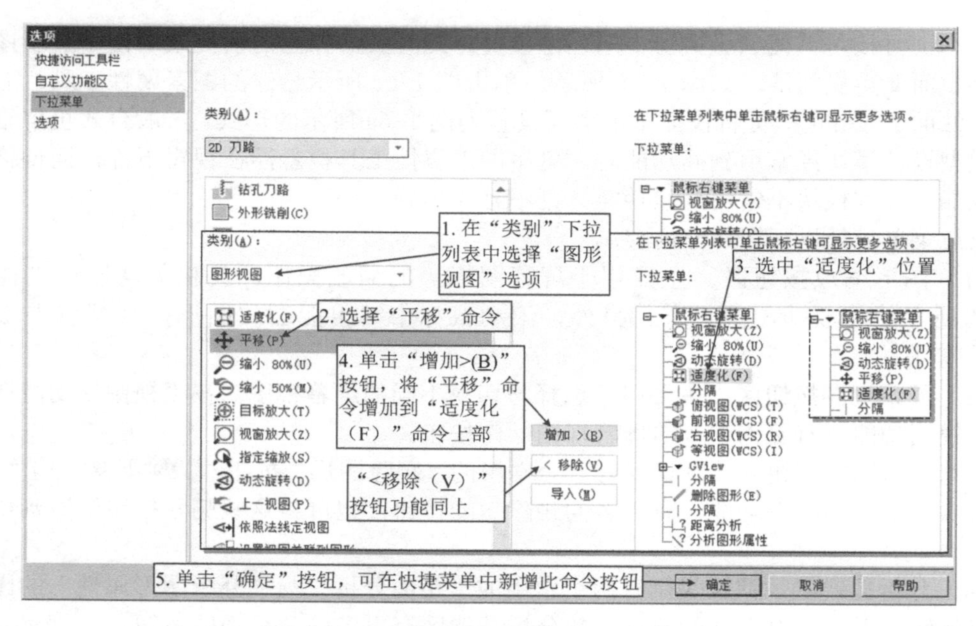

图 1-7 快捷菜单增加工具按钮设置图解

1.2.4 操作管理器的相关设置

操作管理器（简称为管理器）位于视窗的左侧，默认的管理器包括五个，如图 1-8 所示的五个切换标签，其中“刀路”和“实体”管理器是 Mastercam 早期版本就有的。操作标签默认显示在管理器下部，单击相应标签可选中激活，图 1-8a 所示为激活“层别”管理器的状态。这五个管理器是装机默认的设置，是否显示这么多可通过“视图”功能选项卡管理功能区上的相应功能按钮操控，如图 1-8b 所示，单击相应标签可控制管理器中是否出现该管理器。“刀路”和“实体”管理器在 Mastercam X 版中已存在，其在本书后续相关部分会详细介绍，而“最近使用功能”管理器操作简单，故下面仅简单介绍新增的“层别”与“平面”管理器的操控方法。

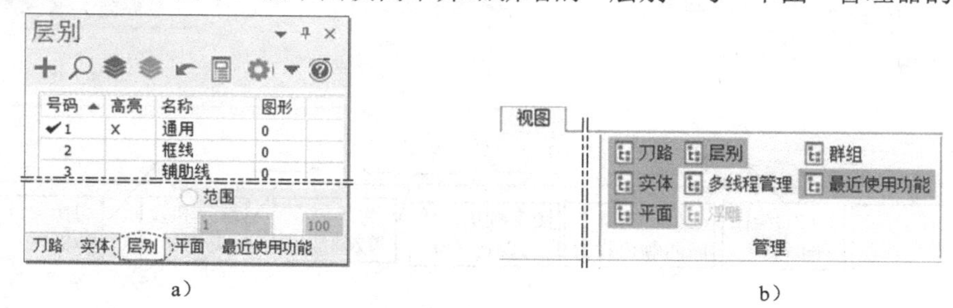

图 1-8 默认管理器及其管理

a）五个管理器标签 b）管理器的管理

1．“层别”管理器及其设置

“层别”管理器是管理部件线框与模型的工具，单击管理器中的“层别”标签可进入“层别”管理器面板，如图 1-9 所示。图 1-9a 所示为“层别”管理器及其说明，其中，重置所有层别按钮可将层别的可见性设置为文件加载时的状态；隐藏/显示层别属性按钮用于隐藏下部的层别属性控件，最大限度地显示层别列表；层别列表显示了层别的编号、显示/隐藏、名称和图素数量等信息与操作。层别设置示例如图1-9b所示。下部的层别属性控件部分主要用于建立与管理层别等。

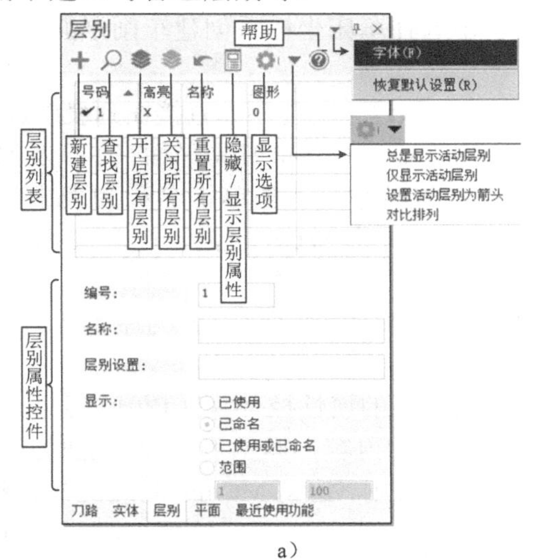

a）

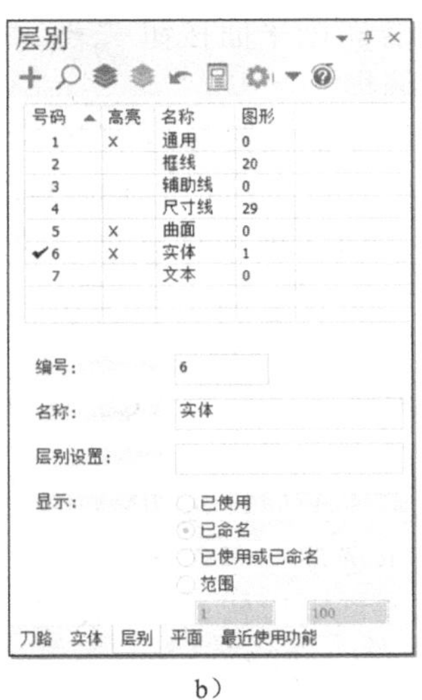

b）

图1-9 “层别”管理器及其设置示例

a）“层别”管理器及其说明 b）层别设置示例

2. “平面”管理器及其设置

“平面”管理器主要用于管理和设置视角（G，又称屏幕视图）、工作坐标系（WCS）平面、构图平面（C）与刀具平面（T）等。“平面”管理器中的名称虽然似乎指的是二维的视图，但实际上按右手定则可确定垂直轴，因此其实际上是三维坐标系。图1-10所示默认的七个坐标系的原点是世界坐标系原点。若要指定非世界坐标系原点的坐标系，则只能利用“创建新平面”按钮下拉列表中的相关命令创建新的平面（即新的坐标系）。

单击管理器中的“平面”标签可进入“平面”管理器，如图1-10所示。

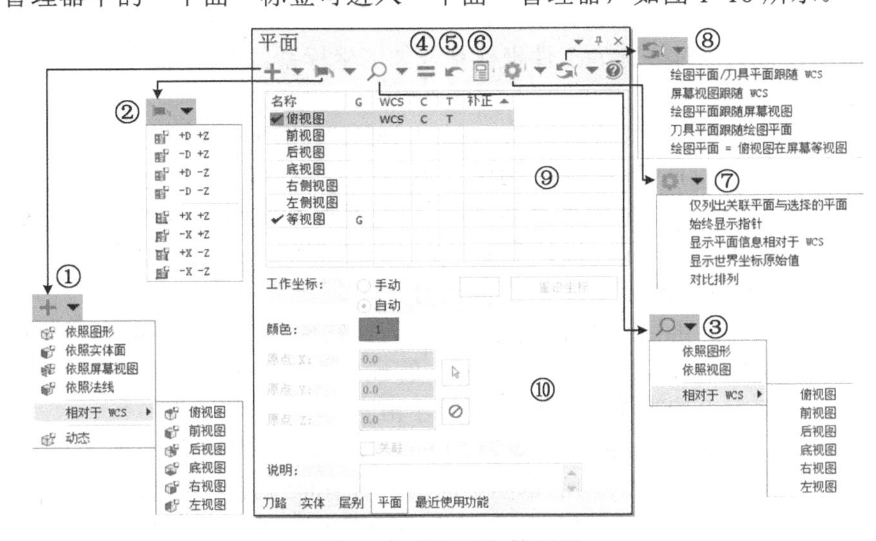

图1-10 “平面”管理器

在图1-10中，其上部工具栏各按钮的功能如下：

① 创建新平面按钮+▼：可在平面列表现有的工作平面之外建立新的工作平面，创建方法参见其下拉工具栏命令。

② 选择车削平面按钮▼：可从下拉列表中选择车床坐标系创建车削平面，主要用于车削加工编程。

③ 查找平面按钮▼：可从下拉列表中选择平面。这个功能不如直接在列表中选择迅速。

④ 按钮：设置当前的 WCS 平面、构图平面（C）和刀具平面（T）及原点为选中的工作平面（单击高亮显示的视图平面）。具体操作：首先单击名称列表中的视图平面（可看见整行被选中），然后单击按钮，可同时将 WCS 平面、C 和 T 设置为选中的工作平面。

⑤ 按钮：重置 WCS 平面、构图平面（C）和刀具平面（T）为原始状态，即打开文件时存在的状态。

⑥ 隐藏平面属性按钮：隐藏或显示平面列表下的属性控件（区域⑩部分）。

⑦ 显示选项按钮▼：设置平面及坐标系的显示内容，详见下拉列表说明。

⑧ 跟随规则按钮▼：设置列表中平面选择的规则，这是 Mastercam 2017 新增加的功能。各种跟随规则参见图 1-10。例如，若勾选了第一条规则——绘图平面/刀具平面跟随 WCS，则选定某视图平面为 WCS 时，C 平面和 T 平面也同时指定为某视图平面，这一点在加工编程时非常有用。

学习“平面”管理器必须掌握视角、坐标系、构图平面与刀具平面等知识。

视角（Graphics View，简写为 G）：指观察视图的方向，在“平面”管理器列表中用字母“G”显示，默认有俯视图、前视图、后视图、底视图、右视图、左视图以及等轴测视图（即等视图）等，所以又称屏幕视图，如图 1-11 所示。注意，等视图的显示是相对于工作坐标系（WCS）而言的。图 1-11 所示是相对于俯视图 WCS 而言的。

世界坐标系：是系统默认的坐标系，也是其他坐标系的基准参照系，其不能重新设置与修改。

工作坐标系（WCS）：又称工件坐标系或加工坐标系，在 CAD 绘图与造型时多称为工作坐标系，而在加工编程时多称为工件坐标系或加工坐标系。WCS 可按绘图或编程的要求设置位置与方向。

坐标系的显示与隐藏可用功能键<F9>或“视图”选项卡显示选项区“显示轴线”功能按钮操作。默认的坐标系轴线颜色：世界坐标系轴线是灰色的实线，如图 1-11 中显示了世界坐标系；工作坐标系（WCS）轴线是酱色的线；构图平面（C）坐标系轴线是绿色的实线；后面介绍的刀具平面（T）坐标系轴线是淡蓝色的线。WCS、C 坐标系和 T 坐标系轴线的线型会变化，以便区分。

工作坐标系是以世界坐标系为基准进行设置的。软件操作时，右键快捷菜单中选定的视角显示的是工作坐标系（WCS），而“平面”管理器中选择的视角是世界坐标系的视角，只有工作坐标系选定为“俯视图”时两者显示才相同。

构图平面（Construction Plane，简写为 CPlane 或 C）：又称绘图平面，是当前使用的二维绘图平面，类似于 UG NX 软件中的草图平面。构图平面为 X-Y 轴平面，其 X 轴正方向为水平右方向，Y 轴正方向为垂直上方向，Z 轴方向按右手定则确定。若考虑其坐标原点的位置，则它也是一个坐标系，称为构图坐标系或绘图坐标系。

构图深度 Z：基于绘图平面坐标系绘制三维图素时所需的深度方向的坐标参数。构图深度的方向是基于构图平面按右手定则确定的垂直轴的方向，常见的有三个，如图1-12所示，图中的构图平面CP1、CP2和CP3分别对应X轴、Y轴与Z轴的构图深度。

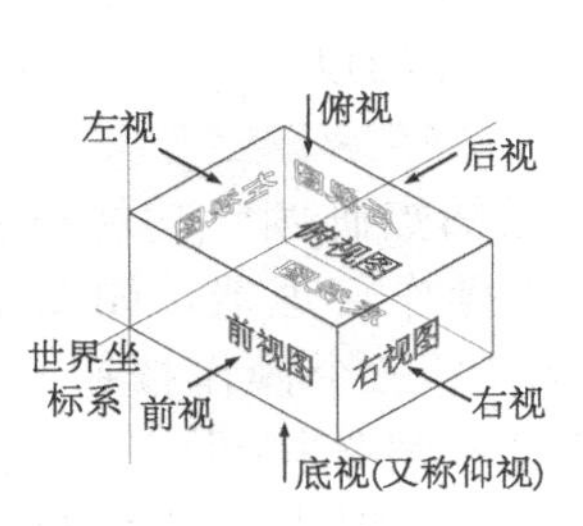

图1-11 等视图及其他视图（视角）

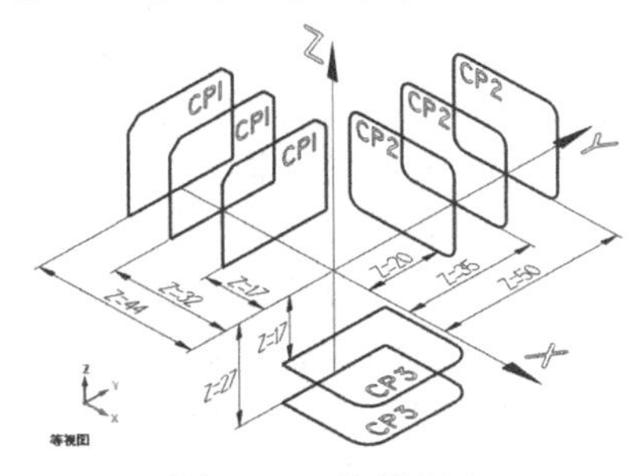

图1-12 构图深度

构图深度Z可在“主页”功能选项卡规划选项区 Z 0.0 或快捷菜单中的图素属性工具栏中 Z 0.0 设置与选择，具体依照个人使用习惯。但更多使用的是用鼠标操作设置，具体为首先单击字母Z，激活构图深度设置，然后用鼠标拾取视图中的相关图素点，此时深度文本框中会设置并显示选择图素的Z坐标，即当前构图深度。为兼顾老用户的操作习惯，系统仍保留X版在状态栏的设置方式 Z: 20.00000 。

刀具平面（Tool Plane，简写为TPlane或T）：指三轴加工时与刀具轴垂直的平面，是决定刀具轴的平面，列表中缩写为“T”，该选项在加工编程时用到。

另外，“视图”选项卡显示选项区的显示指针功能按钮可控制绘图坐标系、刀具坐标系与工作坐标系的显示与隐藏，一般绘图坐标系显示在屏幕左上角(坐标图标下有一个“绘”字)，工作坐标系显示在工件设置位置处（蓝色的坐标系图标），刀具坐标系显示在屏幕的右上角[必须进入加工模块（如铣削模块）才会显示，坐标图标下有一个“刀”字]。

总结以上内容，视角（G）、工作坐标系（WCS）、构图平面（C）和刀具平面（T）之间的关系如下：

1）视角（G）即屏幕视图，是以WCS为基准的观察图形的平面。

2）工作坐标系（WCS）实质是数控编程时的工件坐标系或加工坐标系，编程时可以在工件上根据需要建立新的工件坐标系。但Mastercam的“转换”功能选项卡“转换”功能区的移动到原点功能按钮可迅速将工件移至世界坐标系原点，即工件坐标系原点与世界坐标系原点重合，适合于每个文档仅设置一个机床群组（Machine Group）进行加工编程的场合。另外，毛坯设置默认也是基于WCS的。

3）构图平面（C）是绘制二维视图以及三维平面与实体的坐标系，也是加工编程时各操作的坐标系，即后处理输出程序时刀位点的坐标值也是基于这个坐标系的，因此为使输出程序为工件坐标系（WCS）的坐标值，必须将构图平面（C）与工件坐标系（WCS）平面重合。

4）刀具平面（T）包含刀具位置的平面，如数控铣床的主轴与刀具平面（T）是垂直的，也是描述刀具刀位点移动坐标值的坐标系，只有刀具平面（T）与构图平面（C）重合时，才能正确表述出刀具移动的轨迹。进一步说，只有当刀具平面（T）和构图平面（C）与工件坐标系（WCS）平面重合时，才能实现以工件坐标系（WCS）为原点的加工轨迹和加工程序。

最终结论是，编程时必须使刀具平面（T）和构图平面（C）与工作坐标系（WCS）平面重合。这也是按钮和跟随规则“绘图平面/刀具平面跟随WCS”的用途之一。

3. 专用操作管理器

在 Mastercam 2017 中，大部分专用的操作功能也从过去的工具栏按钮形式逐渐过渡为专用的操作管理器操控，这些专用的操作功能管理器一般为非常驻留管理器，用完后会退出，这些操作管理器在后续介绍中会常常见到，这里仅简单介绍以“草图→圆弧→已知点画圆”功能按钮的操作管理器。

单击“草图”功能选项卡“圆弧”功能选项区的“已知点画圆”功能按钮，会弹出操作提示：“请输入圆心点”，同时激活“已知点画圆”操作管理器，如图 1-13 所示。这种专用的操作管理器比默认通用的管理器在右上角新增了三个操作按钮——“确定并继续”按钮（又称“应用”按钮）、“确定”按钮和“取消”按钮，其能够使操作功能（如图 1-13 的画圆操作功能）重复执行，或执行一次或退出。各种专用操作管理器的使用差异主要集中在操作内容上，读者可逐渐学习，遇到难以理解的时候，可单击“帮助”按钮寻求系统帮助，但其需要英文基础，当然某选项或按钮的不理解，可将鼠标指针悬停至该选项或按钮附近，也会弹出简短的帮助，如图 1-13 中悬停在“相切”处时弹出的帮助。

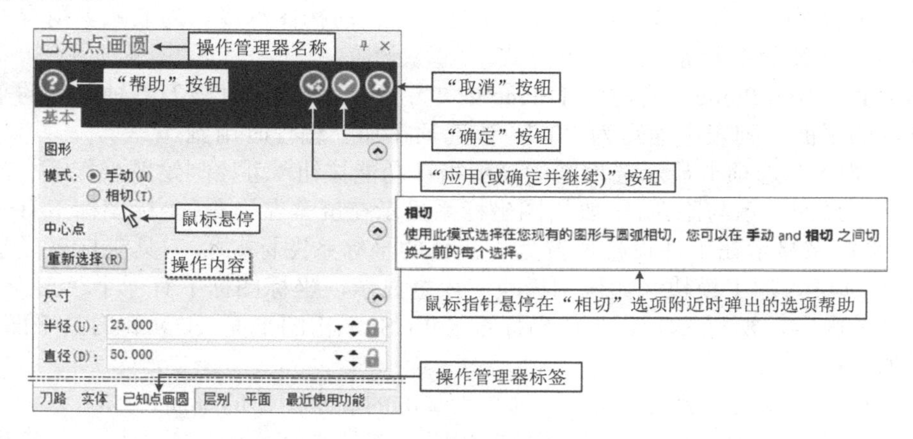

图 1-13 “已知点画圆”操作管理器

1.2.5 图素的外观操控

图素的外观操控主要指三维几何模型的外观显示感受，最常见的是线框显示与模型着色功能，在着色模式下还可进一步设置材料效果，如金属、塑料和光泽等材料效果，对于曲面模型的线框显示，还涉及曲面显示密度的设置与显示问题。当然，实体与曲面同样可以设置不同的颜色，这里不予赘述。

1. 实体或曲面的线框与着色显示

在视窗右下角状态栏的右侧有一排关于实体或曲面线框与着色设置的快速操作按钮，图 1-14a 所示为各按钮的功能说明，光标悬停在按钮上会临时弹出按钮说明。另外，在“视图”功能选项卡的“外观”功能区也具有同样的功能按钮，如图 1-14b 所示，其更为丰富，如具有材料效果的设置等。

图 1-15 所示为某实体模型的线框与着色显示示例，供学习参考。

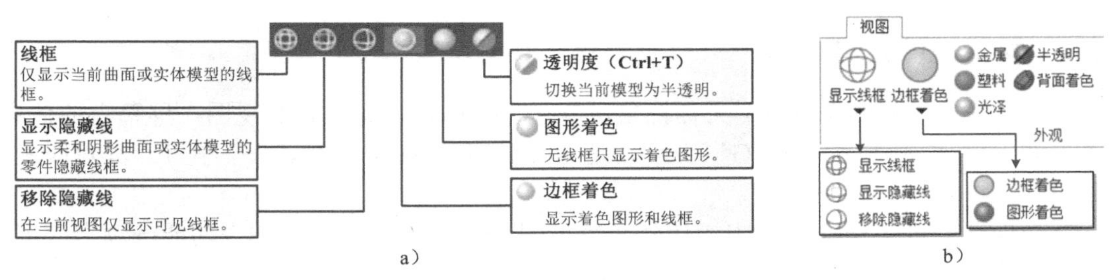

a）　　b）

图 1-14　实体或曲面图素线框与着色按钮

a）线框与着色快速操作按钮　b）线框与着色功能按钮

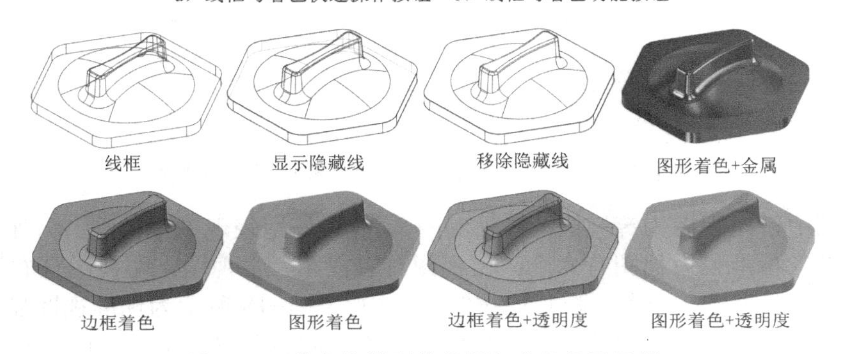

图 1-15　某实体模型的线框与着色显示示例

2．曲面线框显示密度的设置

在曲面的线框显示时，系统提供了不同密度的线框显示设置，以进一步提高曲面线框显示的效果。

曲面显示密度的设置在“系统配置”对话框的“CAD 设置”选项中，如图 1-16a 所示为密度设置文本框与密度设置示例，其密度值设置必须在曲面绘制之前。另外，快捷菜单的图素属性工具栏中“设置全部”的功能按钮可激活“属性”对话框，如图 1-16b 所示，其下部的“曲面密度”文本框可对已存在曲面的密度值进行修改，其确认后立即生效，即可先创建曲面后编辑显示密度值。

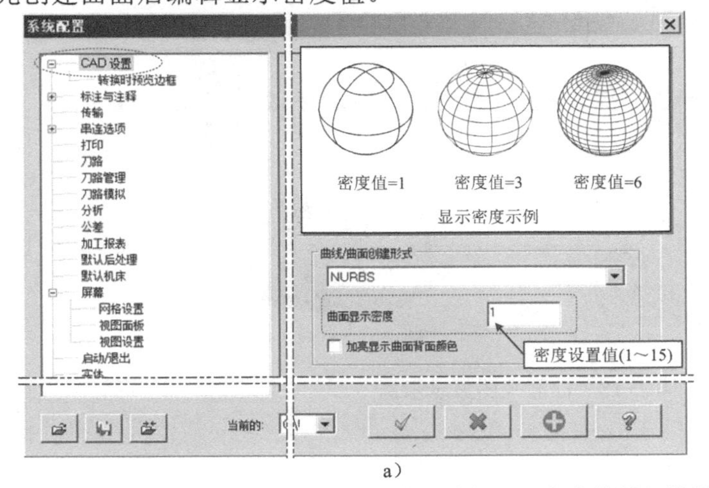

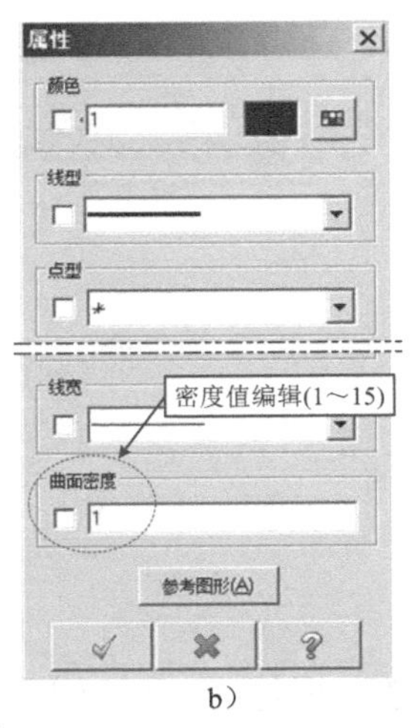

a）　　b）

图 1-16　曲面线框显示密度设置与编辑示例

a）密度设置　b）密度编辑

1.2.6 屏幕视图及其切换

屏幕视图（Graphics View）又称视角，是不同视角方向观察到的视图在屏幕上的体现，在“平面”管理器中用字母“G”表示，是英文单词 Graphics 的第一个字母。其对应机械制图中的投影视图。

屏幕视图除可在快捷菜单中操作外（参见图 1-6），还可在“视图”功能选项卡“屏幕视图”功能区中切换操作，如图 1-17 所示。

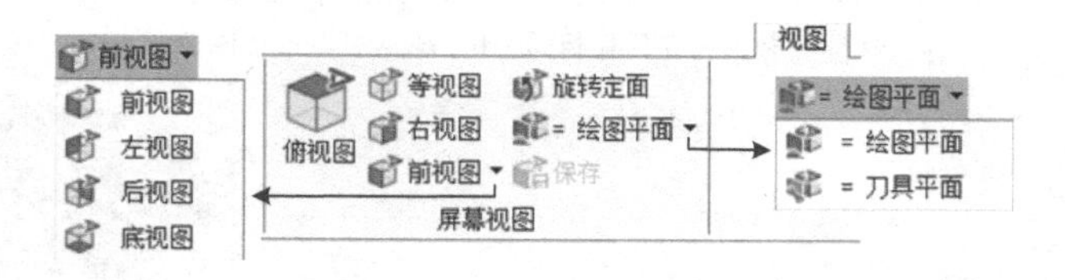

图 1-17 “视图”功能选项卡“屏幕视图”功能区

屏幕视图中常用视图为等视图（等轴测图），能较好地表现三维模型。另外，对应机械制图国家标准的标准投影视图有六个：俯视图、右视图、主视图、左视图、右视图和仰视图，后面四个视图集成在一个下拉功能按钮菜单中。图 1-18 所示为标准视图显示示例，括号中的名称为国家标准中对应的名称。另外，将模型旋转至以上七个视图之外的视角视图时，会激活保存功能按钮保存，单击，弹出“新建平面”对话框，输入视图名称，单击“确认”按钮，可在“平面”管理器中看到这个自定义的屏幕视图并可操作。关于“旋转定面”按钮旋转定面、“绘图平面”按钮= 绘图平面和“刀具平面”按钮= 刀具平面，可将鼠标指针悬停在其上，在弹出的说明中了解其作用。

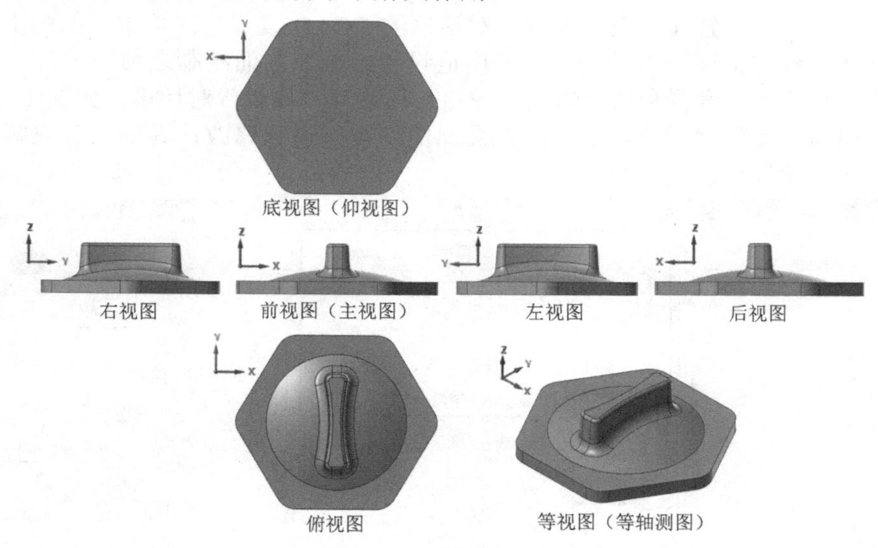

图 1-18 标准视图显示示例

1.2.7 视图面板的设置

视窗左下角有一个类似 Excel 软件工作表的视图面板，各视图选项卡激活的面板上可保留不同的视图和平面显示。默认视图面板仅有一个，标签名为“视图面板 1”，如图 1-19a 所示，右击会弹出快捷菜单，可创建和重命名视图面板，新创建的面板名称为以数字顺序递增的视图面板，如“视图面板 2”（图 1-19 中未示出）。视图面板标签名还可重新命名，图 1-19b、c 所示为新创建并命名的视图面板示例。视图面板的新建、复制、重命名等操作还可以在“视图”功能选项卡“视图面板”选项区操控。是否显示视图面板及其标签，还可由“视图”功能选项卡视图面板选项区视图面板“开/关”切换按钮控制。

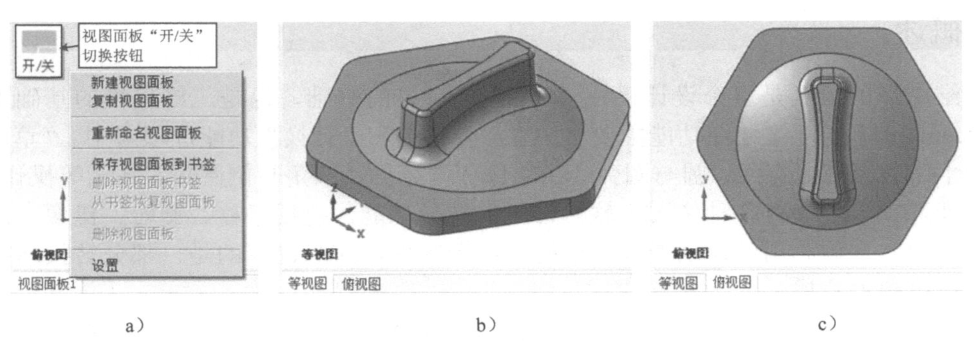

a） b） c）

图 1-19 视图面板及示例

本 章 小 结

本章首先简单介绍了 Mastercam 及其发展，并以 Mastercam 2017 为对象介绍了其操作界面构成以及部分基本通用的基础操作。由于 Mastercam 2017 开始进入了一个新的界面时代，因此这章的内容即使对老用户也有阅读的必要。

第❷章 二维图形的绘制与编辑操作要点

2.1 概述

二维图形的绘制是整个设计模块（CAD 模块）的基础，也是三维建模的基础工作。Mastercam 2017 的二维绘图功能主要集中在“草图”和“转换”功能选项卡中。“草图”功能选项卡中包括点、直线、圆与圆弧、线的修剪与延伸、倒角与倒圆角、补正等操作；“转换”功能选项卡集中有各种 CAD 软件常用的转换功能，包括平移、旋转、镜像、比例缩放、阵列等，合理利用转换功能有助于提高绘图效率。应当说明的是，部分转换功能同样适用于三维模型建模。

图形的编辑离不开图素的选择，视窗上部的选择工具栏与右侧的快速选择工具按钮也是二维绘图与三维建模时常见的操作。

2.2 二维图形绘图基础

2.2.1 选择工具栏的操作

选择工具栏位于图形窗口上部，如图 2-1 所示。

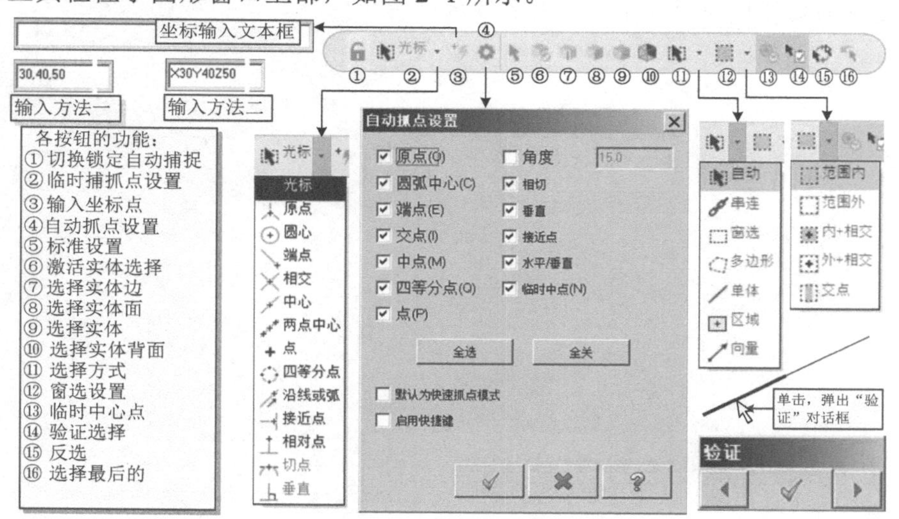

图 2-1 选择工具栏

选择工具栏提供了丰富的图素选择功能，其中图标右侧三角形图符▼表示有下拉工具按钮。这里先选择常用的介绍，其余的后续用到时介绍。

1．坐标输入文本框

单击“输入坐标点”按钮，弹出坐标输入文本框，可输入坐标值精确指定坐标点。

常见的输入方法是按顺序输入 X、Y、Z 坐标值，各坐标值之间用半角英文逗号分隔（也可以仅输入 X、Y 坐标值），见图 2-1 中的输入方法一。高级的输入方法是用坐标字母 X、Y、Z 加坐标值的方法输入，其坐标值可以是数字、运算式[如 X（2*3）Y（5-2）Z（1/2）]等。也可两种方法混用，这时一般要用半角英文逗号分隔，如“6，3，5”“X6，3，5”“6，Y3，5”“6，3，Z5”。

Mastercam 默认记住最近一次输入的坐标值，因此不变的坐标值可以不输，而只需输入需要修改的字母与坐标值，并按回车键即可。

坐标输入文本框除可用鼠标操作外，在点输入提示下，可按空格键直接激活坐标输入文本框。若在“自动抓点设置”对话框中勾选“默认为快速抓点模式”复选框，则可直接按数字键激活坐标输入文本框并输入数字。

2．自动捕抓特定点

与其他 CAD 软件一样，Mastercam 也能自动捕抓点操作，由图 2-1 可见有临时捕抓特定点和系统自动判断并提示捕抓点。

“光标”下拉各工具按钮 光标 菜单可设置临时捕抓特定点功能，其捕抓功能仅有效一次。

“自动抓点设置”对话框中显示系统能自动捕抓点的功能，基本的操作是“全选”与“全关”。需要注意的是，在全选模式下可能出现相互干涉；在全关模式下，用临时捕抓点功能捕抓特定点更可靠，但操作烦琐。

在自动捕抓模式下，系统会根据光标与特定点之间的距离自动磁吸并弹出提示图符（参见表 2-1），此时单击即可捕抓该特定点。注意：在自动捕抓模式下，若按住<Shift>键单击自动捕抓点，会弹出坐标指针，可应用指针定义相对位置点，按回车键可确定相对捕抓点的位置点，这种方法对在全选模式下出现相互干涉时效果较好。当然，若按住<Ctrl>键，则可暂时屏蔽自动抓点功能。

表 2-1　自动捕抓特定点提示图符

	原点		中点		水平/垂直		实体边
	圆弧中心（圆心）		点		相切		实体面
	端点		四等分点		垂直		实体
	交点		接近点				

将自动抓点功能设置成全关模式，可用临时捕抓点功能抓点，这时仅需单击光标按钮 光标，在下拉菜单中选定所需捕抓的特定点命令，然后在绘图区单击选取相应图素。

3．选择方式的设置

选择方式指在图形窗口选择图素的方法。默认的“自动”方式是窗选与单体的多种选择方式，其他选择方式简述如下：

串连选择：单击一个首尾相连的多段线时，可拾取其中的首段而自动将多段线选中。

窗选选择：按住鼠标左键拖动绘制一个矩形窗口，再次单击确定窗口大小与位置，基于这个窗口选择图素。

多边形选择：单击多点形成多边形，双击（或按回车键）完成多边形，基于这个多边形窗口选择图素。

单体选择：即单击选择一个图素。当然可连续多次选择。

区域选择[icon]：主要用于多个封闭图形的选择，只须在封闭图形内部单击即可将整个封闭图形选中，多个封闭图形允许嵌套与交叉。

向量选择[icon]：通过绘制一条连续多段的折线选择图素，所有与折线相交的图素将被选中。

4．窗选设置

窗选设置是配合窗选[icon]与多边形[icon]选择方式增加的选择设置，包括范围内、范围外、范围内+相交、范围外+相交与相交五种选择设置。

范围内[范围内]：矩形与多边形窗口范围内的图素被选中。

范围外[范围外]：矩形与多边形窗口范围外的图素被选中。

范围内+相交[内+相交]：矩形与多边形窗口范围内以及边线相交的图素被选中。

范围外+相交[外+相交]：矩形与多边形窗口范围外以及边线相交的图素被选中。

相交[交点]：矩形与多边形窗口边线相交的图素被选中。

5．验证选择

“验证选择”按钮[icon]是一个“开/关”切换按钮，单击该按钮可在这两种状态之间切换。当单击选择多个重叠的图素时，系统无法判断具体选择哪个图素，若单击开启“验证选择”按钮[icon]，则会弹出“验证”对话框，单击左侧切换按钮[icon]或右侧切换按钮[icon]，同时重叠图形之间不断高亮切换显示，单击中间的“确定”按钮[icon]选择所需的图素。例如图 2-1 中右下角两重叠直线，在开启“验证选择”按钮[icon]的状态下，单击图示位置，则会弹出“验证”对话框。

2.2.2　快速选择按钮的操作

在视窗右侧排列了一列快速选择按钮，通过屏蔽所选图素之外的图素，可快速地选择所需的图素，如图 2-2 所示。

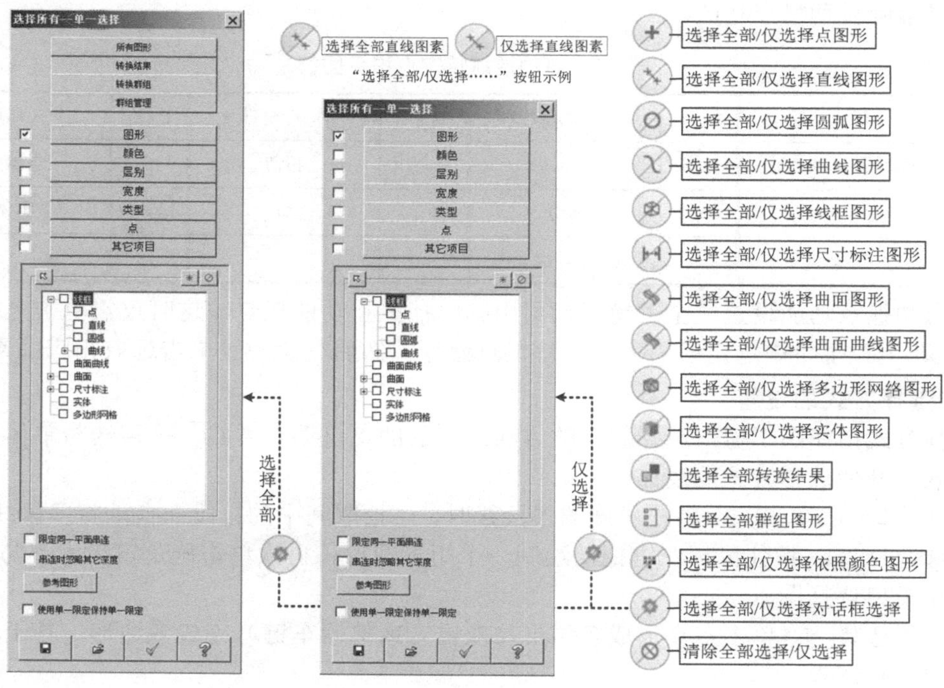

图 2-2　快速选择按钮

图 2-2 所示的快速选择按钮大部分为双功能按钮，用左斜杠“/”分割，左上部为选择全部（Select All），右下部为仅选择（Select Only，即单一选择），鼠标指针悬停在按钮相应功能区颜色会变深同时弹出按钮功能提示，如图 2-2 中上部的直线按钮示例。单击双功能按钮左上部的“选择全部”按钮，系统会按条件在窗口中全部选中，而单击右下部的“仅选择”按钮，则需操作者用鼠标在图形窗口中拾取，不符合条件的图素是无法拾取到的。单击“选择全部/仅选择”对话框选择图形按钮/分别弹出“选择全部/仅选择”对话框[笔者注：选择“全部对话”框名称中文翻译有误（图中虚线圈出的部分），原文为 Select All dialog box 和 Select Only dialog box]，通过限定条件过滤快速选择图素。最下部的“清除全部/仅选择”按钮同样也是双功能按钮。

2.2.3　动态坐标指针的操作

Mastercam 2017 新增了动态坐标指针（Dynamic Gnomon，简称动态指针或指针）功能，利用动态指针可动态建立工作平面与工作坐标系，建立捕抓点的相对位置点，动态对齐、移动与旋转几何图形与实体等。

1．动态指针及其相关操作

动态指针及其说明如图 2-3 所示。动态指针类似于一个坐标系图标，上面设置有对齐、平移、旋转等不同操作的激活点（类似一个激活按钮）。三个坐标轴的箭头为相应坐标轴对齐操作激活点，三个坐标轴的轴线为相应坐标轴平移操作激活点，其中原点为整个坐标系 3D 平移的激活点，三个平面上的圆弧轴为平面垂直轴旋转的激活点，X/Y 轴与圆弧轴之间黄色区域为 XY 平面对齐激活点。指针左下角有指针/几何体操作开关，可在动态指针操作与几何体操作之间切换。

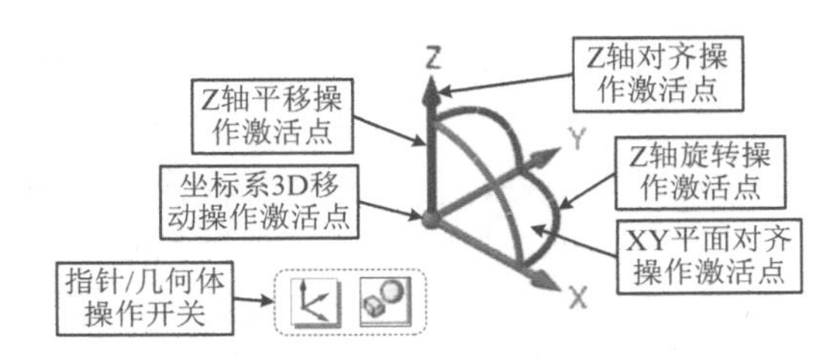

图 2-3　动态指针及其说明

动态指针的相关操作：

1）坐标轴对齐操作：光标移动至某坐标轴箭头高亮显示后，单击激活对齐操作，移动动态指针至几何图形的某边，吸附后单击完成对齐操作。该操作主要用于指针操作。

2）坐标系 3D 移动操作：光标移动至坐标原点高亮显示后，单击激活 3D 移动操作，移动光标捕抓几何图形某指定点，单击完成坐标系 3D 移动操作。该操作主要用于指针操作。

3）坐标轴平移操作：如图 2-4 所示，光标移动至某移动坐标轴高亮显示后，单击激活平移操作，同时激活标尺、坐标输入文本框和移动原点，可用鼠标拖动单击或在坐标文本框输入坐标值然后按回车键完成平移操作。该操作可用于坐标系和几何体的平移操作。

4）绕坐标轴 2D 旋转：如图 2-5 所示，光标移动至某旋转坐标轴处高亮显示后，单击激活 2D 旋转操作，同时激活角度标尺、角度输入文本框和旋转起点，可用鼠标拖动单击或在角度文本框输入旋转角度然后按回车键完成绕坐标轴 2D 旋转操作。注意：选择的位置不同，旋转起点不同。该操作可用于坐标系和几何体的平移操作。

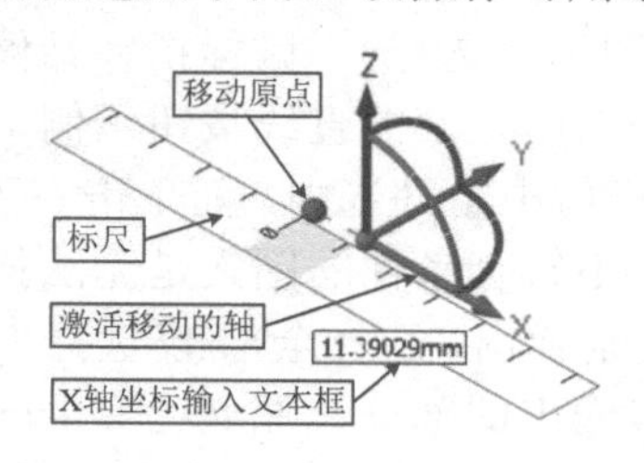

图 2-4　激活 X 轴平移示例

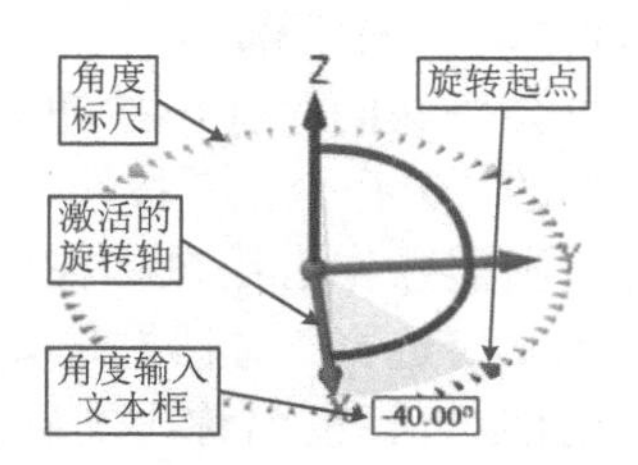

图 2-5　激活 Z 轴旋转示例

5）XY 平面对齐操作：光标移动至 XY 平面对齐激活点处高亮显示后，单击激活 XY 平面对齐操作，移动动态指针至实体某平面，吸附后单击完成 XY 平面对齐重合几何体平面的操作。该操作主要用于指针操作。

6）动态指针/几何体操作开关：在动态转换功能激活的坐标指针中，在指针左下角会出现一个指针模式图标或几何体模式图标，这是一个指针/几何体操作开关，单击可相互切换，如图 2-6 所示。当切换至指针模式时，用于移动、旋转和对齐坐标系操作。当切换至几何体模式时，用于移动、旋转和对齐几何体操作。注意：当光标远离该图标时，图标以淡淡的颜色显示，只有当鼠标接近至一定距离时，才会高亮显示表示激活状态，单击可切换操作。

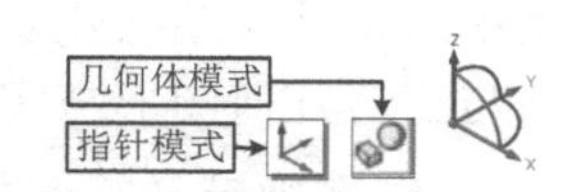

图 2-6　坐标系/几何体开关

2．动态指针建立工作平面的操作

动态指针建立工作平面的操作实质上是在建立工作平面操作管理器列表中默认的平面之外的工作平面，即可以在世界坐标系之外建立新的工作坐标系。基于这个功能，数控加工编程可以不用移动几何模型至世界坐标系上，而是固定几何模型，在几何模型上建立新的工作坐标系。

动态指针建立工作平面的基本方法是，将鼠标移至视窗左下角的坐标系图标处高亮显示并单击，会弹出“动态平面”对话框，并激活动态指针且随光标移动，捕抓某点单击可放置在指定位置，然后利用动态指针的对齐、平移、旋转等操作设置工作平面，确定或完成工作平面的创建。按<Esc>键等可退出。

如图 2-7 所示，在斜面上建立工作平面的操作步骤如下：

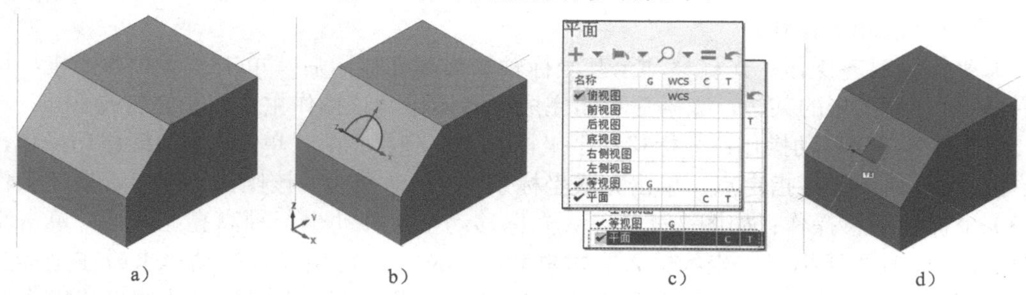

图 2-7　动态指针建立工作平面示例

a）几何体　b）动态指针吸附至斜面　c）“平面”管理器　d）激活的工作平面

1）首先准备好待对齐的几何图形，如图 2-7a 所示。

2）单击视窗左下角坐标系图标，激活动态指针，移动至斜面并出现实体面自动捕抓图标，单击使动态指针吸附至斜面，如图 2-7b 所示，同时弹出“动态平面”对话框（图 2-7 中未示出）。注意：这一步还可以进一步利用指针旋转与移动等功能调整工作平面的位置。

3）在“动态平面”对话框中单击“确定”按钮，完成工作平面的建立。这时在“平面”管理器中可看见新创建的工作平面，如图 2-7c 所示。

4）选中新工作平面为当前平面，可在斜面上看到工作平面坐标系图标，如图 2-7d 所示。

单击“平面”管理器右上角的“创建新平面”按钮下拉菜单中的动态命令按钮动态，就是激活以上介绍的动态指针建立工作平面的方法。用“创建新平面”按钮下拉菜单中的其他命令，按操作提示配合指针操作可建立所需的工作坐标平面。

3．动态指针动态对齐、平移与旋转几何体的操作

单击“转换”选项卡中的“动态转换”功能按钮，激活动态转换功能后可利用坐标指针对几何体进行对齐、平移、旋转等操作，具体参见 2.4.1 节。同样，平移、旋转转换功能同样也要用到动态指针，参见 2.4.2 节和 2.4.3 节中的内容。

4．动态指针几何体的操作

在“建模”功能选项卡的“推拉”和“移动”操作中，利用动态指针可实现几何体的推拉和旋转操作，参见 3.4.5 节中的相关内容。

动态指针的操作比较灵活，功能也较为强大，读者可在实际操作中逐渐学习。

2.2.4　图形属性的操作

图形又称图素，包括点、线、面、体等几何特征，图形属性指其样式（又称类型或型式）、颜色、宽度、层别等，其操作主要包括设置、编辑与修改等。

图形属性的使用频率极高，在快捷菜单上部或切换至悬浮在视窗中（参见图 1-6）以及“主页”功能区的“属性”与“规划”操作区均可操作，其操作方法基本相同，这里以“主页”功能区的图形“属性”操作按钮为例进行介绍。

图 2-8 所示为“主页”功能区图形“属性”与“规划”操作区相关设置按钮，说明如下：

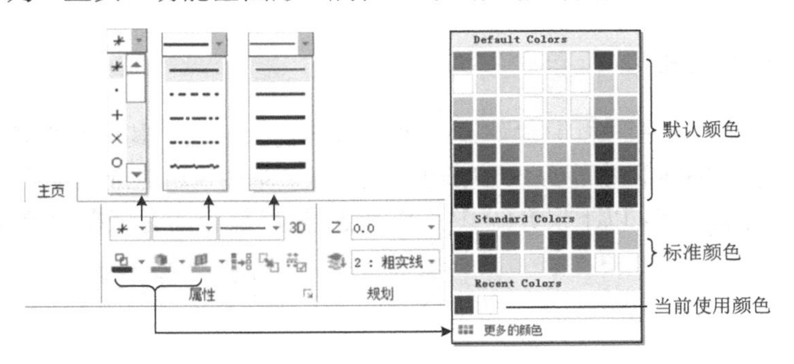

图 2-8　图形属性功能区与操作

1）点样式下拉列表、线样式下拉列表：单击右侧按钮▼会弹出样式下拉列表框，供选择操作。

2）线宽下拉列表：单击右侧按钮▼会弹出线宽下拉列表框供选择操作。注意：

Mastercam 的线宽设置不能精确地指定数值设置。

3）线框、实体、曲面颜色下拉列表：单击右侧按钮▼会弹出调色板下拉列表，包括常用的默认颜色、标准颜色和最近使用过的颜色供选择，单击下部的“更多的颜色”按钮，系统会弹出“颜色”对话框，它提供了更丰富的选择以及自定义颜色。

4）清除颜色按钮：单击该按钮可将经过转换操作改变颜色的图形重设为原设置颜色。

5）依照图形设置按钮：单击该按钮会弹出操作提示：“选择参考图形获得主要颜色，层别，线型，线宽”，单击图形中的图素可将其颜色、层别、线型、线宽设置为当前属性。

6）设置全部按钮：单击该按钮会弹出操作提示：“选择要改变属性的图形”，单击欲改变属性的图素，按回车键，弹出“属性”对话框（图 2-8 中未示出），可同时对图素的颜色、线和点样式、层别、线宽等多个属性进行设置与修改。

7）3D/2D 切换按钮3D或2D：是一个 3D 和 2D 绘图模式切换的按钮。在三维绘图时，只有切换至 2D 模式，才能在指定的构图深度平面上绘制二维图形。该按钮在状态栏中仍然存在。

8）构图平面深度设置按钮Z 0.0：单击字母“Z”，弹出操作提示：“选择一点用于绘图深度”，单击捕抓三维模型中的某一点，可将该点 Z 轴坐标值设置为当前构图深度值（可看到右侧文本框中的数值变化）。也可直接在文本框中输入构图深度值。单击文本框右侧按钮▼会弹出下拉列表，可选择最近使用过的深度值。该按钮在状态栏中仍然存在。

9）更改层别按钮2：粗实线：具有移动（或复制）图素和指定绘制图素的层别两种功能。

移动（或复制）图素功能可将选定的图素移动或复制至指定的层别。具体为，先从下拉列表框中选择欲设置层别，设置为主层别，然后单击左侧的更改层别按钮，弹出操作提示：“选择要改变层别的图形”，单击欲更改层别的图素，按回车键，弹出“更改层别”对话框（图 2-8 中未示出），默认设置为文本框中预设置的层别，也可设置更改至其他层别，更改层别有“移动”与“复制”选项，分别用于移动图素和复制图素至指定层别，单击“确定”按钮完成操作。

指定绘制图素的层别是指绘制图素在指定的层别上。具体为，单击文本框右侧按钮▼，选择已经设定的某层别，则后续绘制的图素便在该指定的层别上。该操作可在“层别”管理器中快速设置。

更改层别按钮在状态栏中仍然存在。

2.3 二维图形的绘制

草图（Wireframe，又称线框）功能是二维图形绘制的基础，其内容包括绘制点、线、圆弧、曲线、各种形状、曲线和修剪等，这些功能集中在“草图”功能选项卡中，如图 2-9 所示，由图 2-9 可见，其功能较多，以下仅介绍其主要功能，未尽部分读者可在学习中逐渐摸索学习。

图 2-9 “草图”功能选项卡

2.3.1 点的绘制

点是最基础的几何图素。Mastercam 2017 的点绘制功能按钮布局在“草图”功能选项卡的“绘点”功能区。绘点功能按钮如图 2-10 所示。绘点功能按钮是一个下拉功能按钮，提供了六种绘制点的方法，单击相关绘点功能按钮会弹出相应的操作提示与操作管理器。

绘点功能 + 绘点 是点的基本绘制功能，可绘制如下点：

1）任意点：在绘图区任意点单击即可。

2）指定坐标点：单击“输入坐标点”按钮，激活坐标输入文本框，输入指定点坐标绘制点，坐标输入方法参见图 2-1。

3）自动捕抓点：“自动捕抓点设置”对话框设置的点，绘图时可用光标快速捕抓这些点。自动捕抓设置参见图 2-1。

4）临时捕抓点：“光标”下拉各工具按钮 光标 ▾ 菜单选择的临时捕抓点，绘图时可用光标快速捕抓这些点。临时捕抓点选择参见图 2-1。

图 2-11 所示为绘点操作示例，包括绘制坐标原点 O（临时或自动捕抓点），指定坐标点 P_1（25，15），相对 P_1 点的直角坐标相对点 P_2（50，30），以及极坐标相对点 P_3（30，60°）等。其操作图解如图 2-12 所示，其中点样式设置未示出。注意，动态点绘制必须在几何体操作模式下进行。

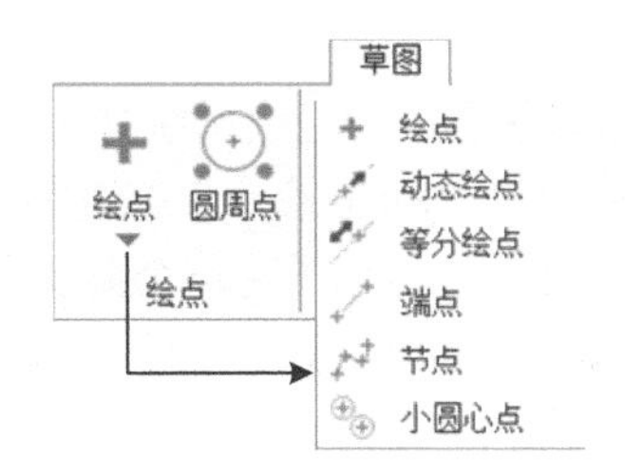

图 2-10　绘点功能按钮

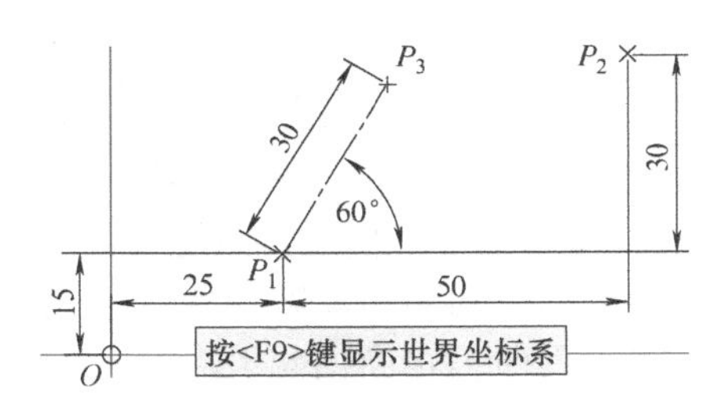

图 2-11　绘点操作示例

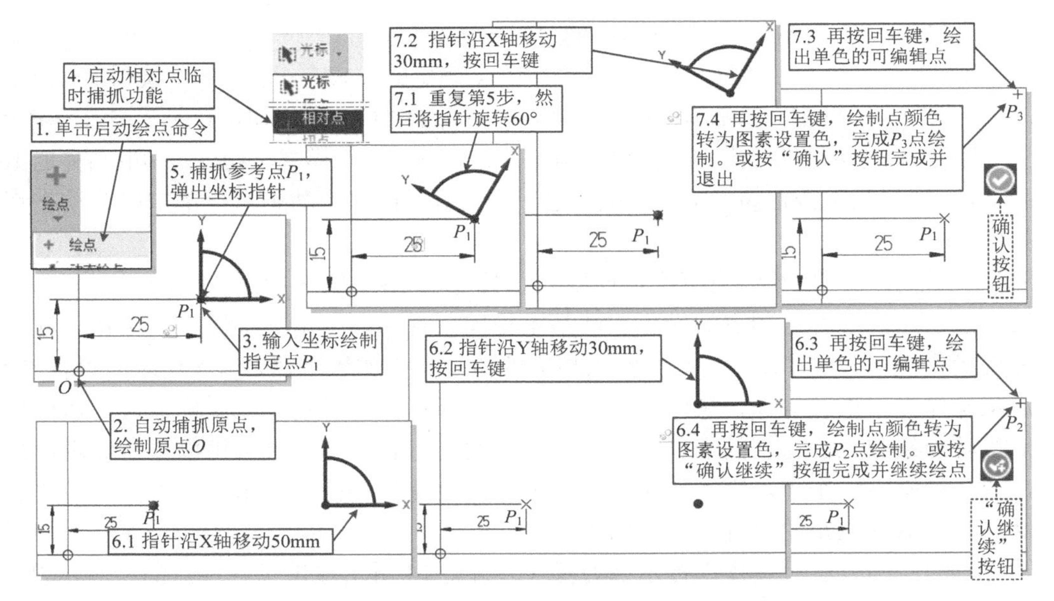

图 2-12　绘制原点、指定点和相对点等示例图解

图 2-13 所示为在样条曲线上绘制各种动态点示例。

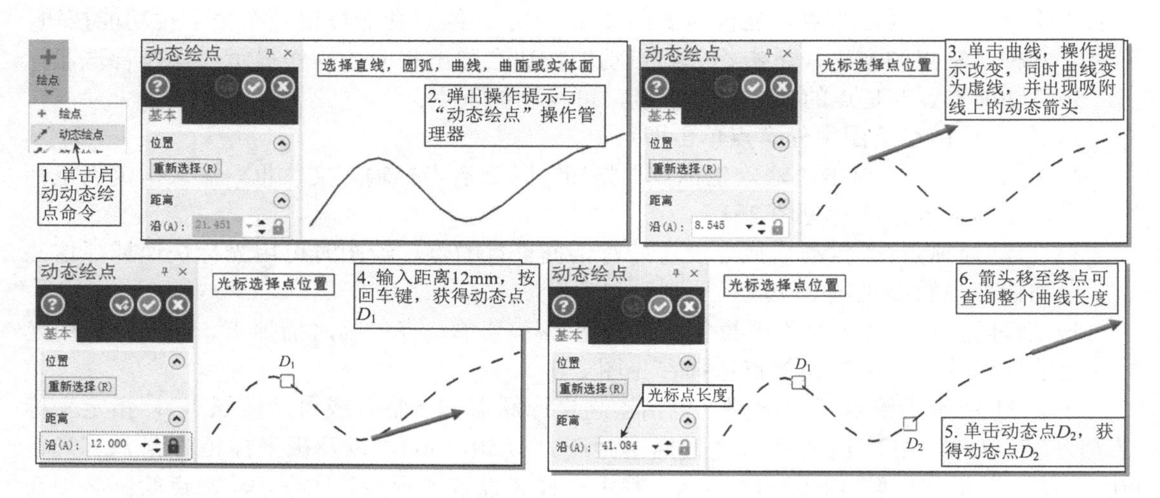

图 2-13　在样条曲线上绘制各种动态点示例

操作说明：

1）单击“草图→绘点→动态绘点”功能按钮，激活动态绘点功能，系统弹出操作提示：“选择直线，圆弧，曲线，曲面或实体面”，同时视窗左侧弹出“动态绘点”操作管理器。

2）靠近曲线左侧单击曲线，曲线变为黄底的虚线，并吸附曲线产生一个随鼠标移动的箭头，操作管理器下部的距离随箭头移动动态变化。注意：靠近曲线哪一端单击，则该端点为起点，箭头指向为正向切线方向。

3）单击距离文本框右侧的“锁住”按钮切换为锁住状态，并在文本框中输入距离值（如图 2-13 中的 12mm），按回车键，可看到一个淡蓝色的指定动态点 D_1，这个淡蓝色的点表示仍为可修改状态。单击操作管理器中的“重新选择”按钮重新选择(R)，可取消这个绘制的动态点。确定后动态点显示为图形属性设定的颜色。确定的方式有三种：一是绘制下一点自然确定；二是按回车键确定；三是单击操作管理器右上部的“确定”按钮，其中按钮为确定并继续（又称应用），可继续绘点，按钮为确定并退出动态绘点模式，按钮为取消并退出。

4）单击锁住状态按钮切换为解锁状态，可用鼠标移动动态点，单击确定动态点位置。如图 2-13 中的 D_2 点。

5）将鼠标移动至曲线终点可查询曲线的总长度，如图 2-13 中的 41.084。

绘制点小结：各种绘制点的操作方法基本相同。首先，单击某种绘制点按钮，视窗左上角弹出操作提示，同时视窗左侧会弹出相应的绘制点操作管理器，包含相应的设置参数；然后，按操作提示进行操作，操作时可充分利用选择点的捕抓功能或坐标输入文本框指定坐标点等功能绘制点。绘制的点首先为一个淡色的点，表示其位置仍可以重新编辑。按回车键，或者绘制下一个点，则点的颜色变化为图素设置的颜色，表示绘制点操作完成。也可用操作管理器右上角的“确定”按钮确定完成。

其他点的绘制方法可按操作提示练习操作。图 2-14 所示提供了各种点的绘制示例，供参考。若调用随书提供的练习文件，则可隐藏点层别，绘制点练习，再开启点层别对照。也可应用快速选择工具栏“选择全部点”按钮一次性地删除点再练习绘制点。

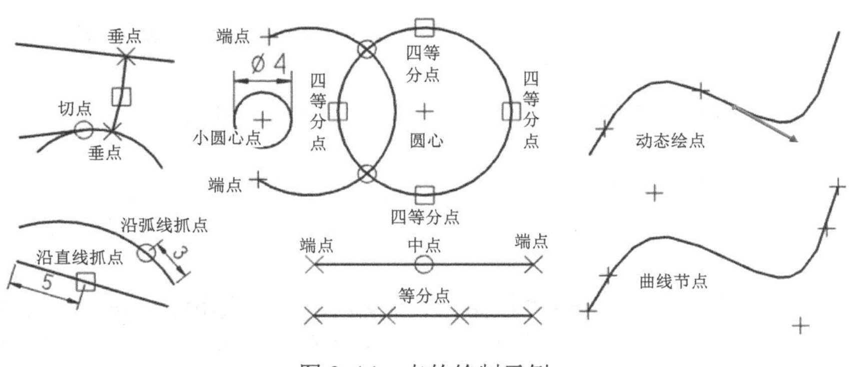

图 2-14　点的绘制示例

2.3.2　直线的绘制

两点连线是单一直线，多段单一直线首尾相连是连续线。两端点 Y 坐标值相等的直线称为水平线，两端点 X 坐标值相等的直线称为垂直线。直线与直线之间的几何关系包括平行、垂直、相交等，两相交直线之间存在角平分线，直线与曲线之间存在相切线和近距线。

图 2-15 所示为“绘线”功能区及其功能按钮，包含连续线、平行线、垂直正交线及一个下拉功能按钮菜单（包含四个功能按钮—— 近距线、平分线、通过点相切线和法线）。绘线功能的起点与终点的指定实质上是绘点功能的应用，可充分利用系统提供的点指定方式，如坐标指定与捕抓功能等。

连续线绘制是基本的直线绘制功能，图 2-16 所示为其绘制示例，从“连续线”操作管理器中可见其可绘制的直线模式有任意线（含相切线）、水平线与垂直线，直线的类型包括两端点（绘制单一直线）与连续线。

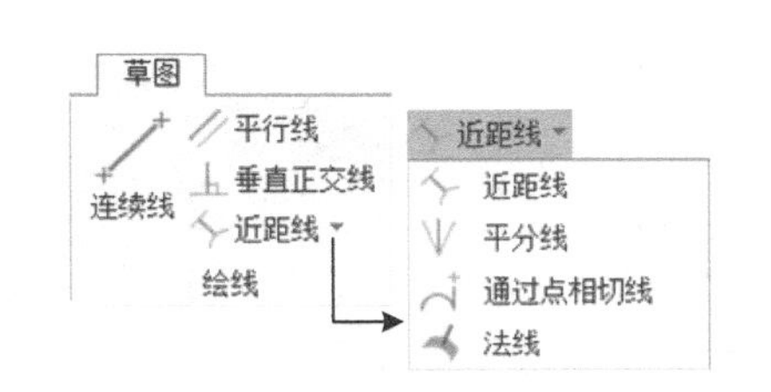

图 2-15 “绘线”功能区及其功能按钮

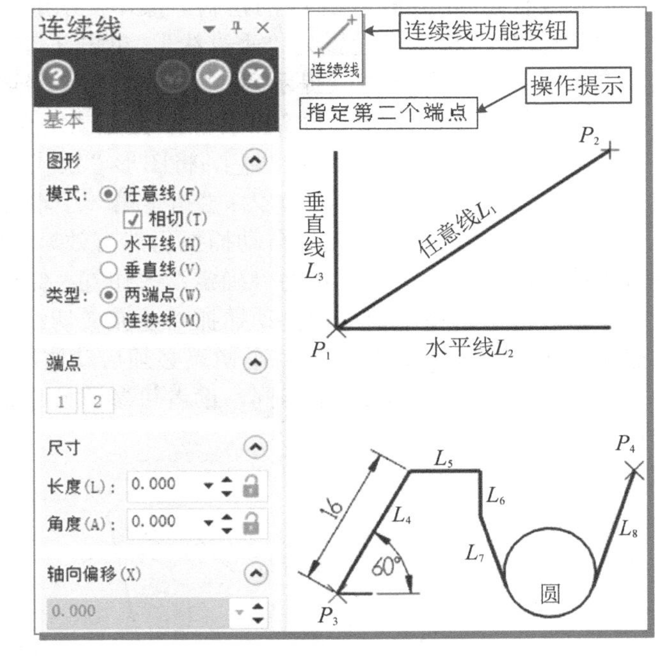

图 2-16　连续线绘制示例

连续线绘制的操作方法以图 2-16 中右侧的图形为例，图中已知点 P_1～P_4、圆以及直线 L_4 的长度与角度参数。

图 2-16 中右上图所示为绘制两端点的任意线、水平线与垂直线操作示例。其操作方法叙述如下：

1）单击“草图→绘点→连续线”功能按钮，启动连续线绘制功能。系统弹出操作提示：“指定第一个端点”，设置“连续线”操作管理器中的“模式”为“任意线”，“类型”为“两端点”。

2）单击点 P_1，操作提示变为：“指定第二个端点”，再次单击点 P_2，可看到淡蓝色的任意线 L_1。此时的任意线可以用下面的“尺寸”的“长度”和“角度”参数编辑修改。

3）按回车键，任意线 L_1 变为图形属性设置的颜色，同时操作提示又变为：“指定第一个端点”，完成直线绘制。这一步也可用操作管理器右上角的“应用（确定并继续）”按钮或“确定”按钮完成。再次单击第一点也能完成直线绘制并继续。

4）将图形“模式”设置为“水平线”，依次单击点 P_1 和 P_2 可绘制出水平线 L_2。

5）将图形“模式”设置为“垂直线”，依次单击点 P_1 和 P_2 可绘制出垂直线 L_3。

图 2-16 中右下图所示为绘制指定参数的两点线 L_4，连续线水平线、垂直线与任意线 L_5～L_7。其中，L_7 与圆相切，L_8 为过点 P_4 与圆相切的直线。其操作方法如下：

1）再次启动连续线绘制功能，系统弹出操作提示：“指定第一个端点”，设置“连续线”操作管理器中的“模式”为“任意线”，“类型”为“两端点”。

2）单击点 P_3，操作提示变为：“指定第二个端点”，右上角近似点取直线第二点，可看到淡蓝色的任意线 L_4。编辑下面的尺寸参数：长度为 16，角度为 60，按回车键完成直线 L_4 的绘制。此时的操作提示又转为：“指定第一个端点”。

3）将图形“模式”设置为“水平线”，“类型”设置为“连续线”，单击 L_5 的终点为第二点（长度任意），完成直线 L_5 的绘制。操作提示继续提示为：“指定第二个端点”。

4）将图形“模式”设置为“垂直线”，单击 L_6 的终点为第二点（长度任意），完成直线 L_6 的绘制。操作提示继续提示为：“指定第二个端点”。

5）在“自动抓点设置”对话框中，首先单击“全关”按钮全关，然后勾选“相切”和“点”复选框，单击“确定”按钮。将图形“模式”设置为“任意线”，单击圆，完成切线 L_7 的绘制。此时操作提示显示为：“指定第一个端点”。

6）单击圆（注意此时相切自动捕抓仍然有效），然后捕抓点 P_4，完成切线 L_8 的绘制。单击“连续线”对话框右上角的“确定”按钮，完成图 2-16 所示连续线的绘制。

注意，这里是使用切点的自动捕抓功能完成切线 L_7 和 L_8 的绘制的，也可用“切点临时捕抓”按钮切点操作，但每个切点必须启动依次切点临时捕抓功能。

其他直线的绘制方法基本相同，读者可参照操作提示与操作管理器的设置尝试完成图 2-17 中的示例直线。

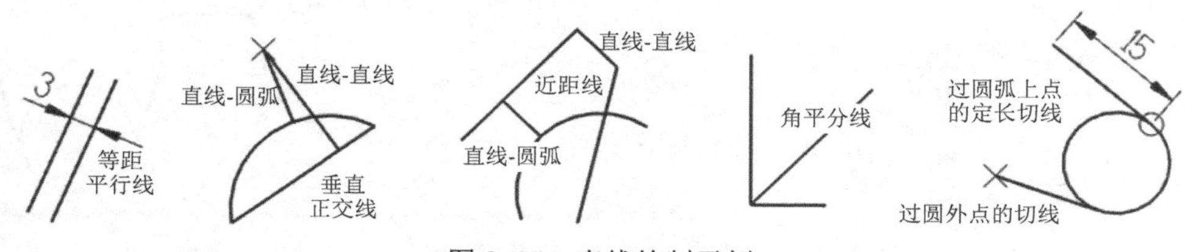

图 2-17　直线绘制示例

2.3.3　圆与圆弧的绘制

圆与圆弧是实际中常见的几何形状。与圆心距离等于半径的点旋转 360° 的运动轨迹是一个整圆，简称圆，而旋转角度小于 360° 的不完整圆称为圆弧。Mastercam 提供了大量的绘制圆和圆弧的方法。圆与圆弧的功能按钮布局在“草图”功能选项卡“圆弧”功能区，如图 2-18 所示，其中右下角有一个下拉菜单工具按钮，单击该按钮会弹出下拉菜单，有五种绘制圆和圆弧的指令。另外，由图 2-18 所示可见，绘制圆与圆弧的模式有多种。

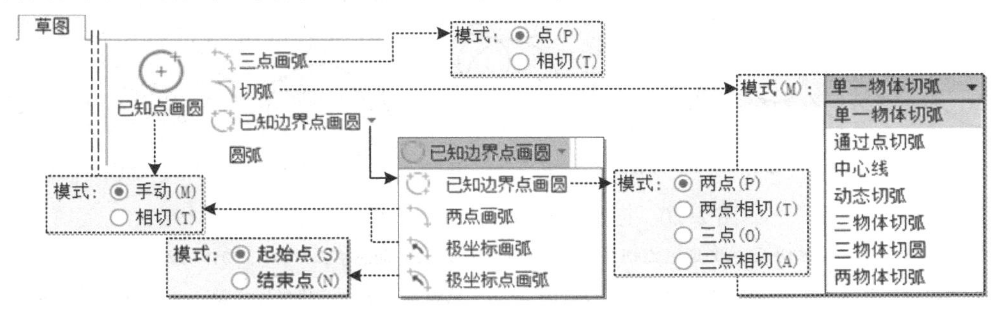

图 2-18　绘制圆弧功能按钮

图 2-19 所示是基础的“已知点画圆”操作图解与示例。图 2-19a 所示为绘制一个已知“圆心+半径”圆的操作图解，绘制过程中有几个圆要注意：一是单击圆心后出现一个随鼠标光标移动而变化的虚线圆，其操作管理器中的参数半径和直径值随鼠标移动圆大小的变化而变化，可指导操作者大致确定圆的大小，如图中第 3 步所示；二是大致确定位置后单击，可看到一个淡蓝色的圆，这时圆的参数可以修改，如图中第 4 步所示；三是输入所需的半径（如图所示为 20）或直径得到的ϕ 40mm 的图形属性设置颜色的结果圆，或直接按回车键后淡蓝色圆转为结果圆。图 2-19b 所示为已知直线 *L* 和圆弧 *A*，绘制已知圆心点 *P* 与直线或圆弧相切圆示例，这时圆的直径与圆心和相切图素位置有关，按回车键后完成圆的绘制。

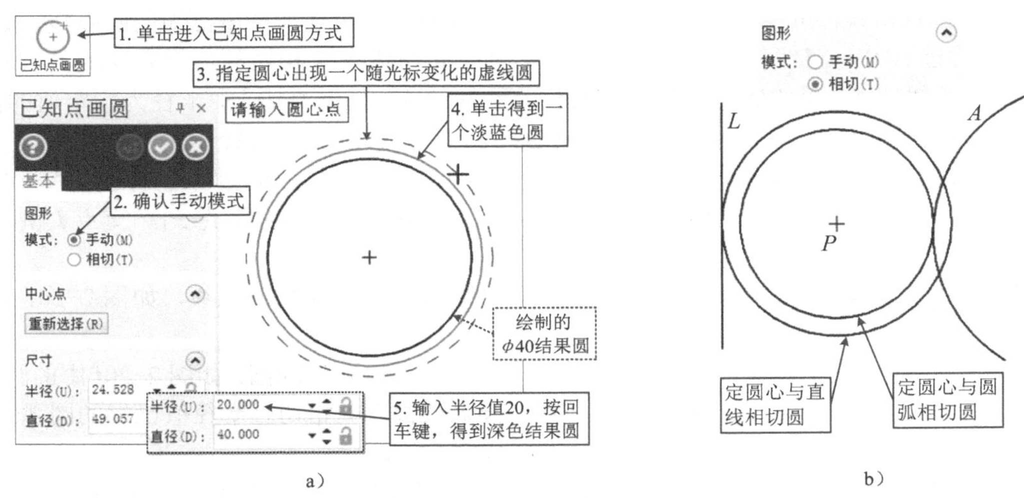

图 2-19　“已知点画圆”操作图解与示例

a）绘制已知“圆心+半径”圆的操作图解　b）绘制已知圆心“相切”圆示例

其他圆与圆弧的绘制方法依据操作提示以及图形特征等即可绘制。图 2-20 所示列举了部分圆与圆弧的绘制示例，供学习参考。

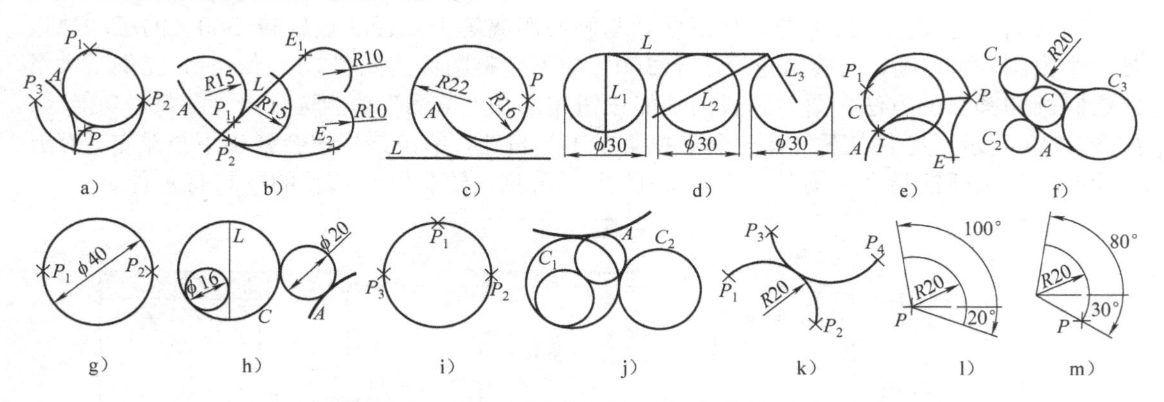

图 2-20　已知点画圆（或圆弧）操作与示例

a）三点圆弧　b）单一物体切弧　c）通过点切弧　d）中心线切弧　e）动态切弧　f）三物体切弧（圆）　g）两点画圆　h）两相切点画圆　i）三点画圆　j）三相切点画圆　k）两点画弧　l）圆心极坐标画弧　m）起点极坐标画弧

图 2-20 学习说明（对应软件系统的相应绘制模式下学习效果较佳）如下：

（1）三点画弧　三点画弧的基本模式是通过三个已知点，如图 2-20a 中的 P_1、P_2、P_3 点绘制圆弧。也可在选点时临时切换为“相切”模式而选择相切的曲线切点（系统自动计算切点），如图 2-20a 中的 P_1 点、相切弧 A、P_2 点绘制的圆弧。另外，图 2-20a 中相切弧 A、点 P、相切弧（前述 P_1 点、相切弧 A、P_2 点绘制的圆弧）也绘制出了圆弧。

（2）切弧　系统提供了七种绘制切弧的模式（参见图 2-18），以下以图 2-20 所示示例进行介绍。

1）单一物体切弧，可绘制通过直线或圆弧等单一图形上指定点，与该单一物体相切，且半径已知的圆弧。图 2-20b 中示出了通过直线 L 和圆弧 A 上的指定点 P_1 与 P_2 且半径为 $R15$ 的切弧各一条，以及通过直线 L 和圆弧 A 上的端点 E_1 与 E_2 且半径为 $R10$ 的切弧各一条。

2）通过点切弧，可绘制通过指定点，与直线或圆弧相切且半径值已知的圆弧线，如图 2-20c 中通过点 P 与直线相切且半径为 $R22$ 的圆弧和与弧线 A 相切且半径为 $R16$ 的圆弧。

3）中心线切弧，可绘制与指定直线相切，圆心在另一指定直线上，半径为指定值的圆。图 2-20d 中示出了与直线 L 相切，中心线在直线 L_1、L_2、L_3 上，直径为 $\phi30$ 的圆。

4）动态切弧，可绘制通过圆弧或直线等图形上指定点且与图形相切，并通过另一点的动态圆弧。图 2-20e 中分别绘制了三条动态切弧，动态点分别为圆上点 P_1、交点 I 和圆弧 A 的端点 E，另一点为 P。

5）三物体切弧，可绘制与三物体（直线、圆弧或混合）相切的弧线，如图 2-20f 中未标注半径值的圆弧 A。

6）三物体切圆，可绘制与三物体（直线、圆弧或混合）相切的圆，如图 2-20f 中的圆 C。

7）两物体切弧，可绘制与两物体（直线、圆弧或混合）相切且半径值已知的圆弧，如图 2-20f 中的 $R20$ 圆弧。

（3）下拉菜单中的四种绘制圆或圆弧的方法（参见图 2-18），以下以图 2-20 所示示例进行介绍。

1）已知边界点画圆，系统提供了四种绘制圆的模式。

① 两点模式，用于绘制通过已知的两点且直径已知的圆，如图 2-20g 所示的ϕ40 圆。

② 两切点模式，用于绘制与两物体（直线、圆弧或混合）相切且直径已知的圆，如图 2-20h 所示的ϕ16 和ϕ20 圆。

③ 三点模式，用于绘制通过三已知点的圆，如图 2-20i 所示。

④ 三相切点模式，用于绘制与三物体（直线、圆弧或混合）相切的圆，如图 2-20j 所示的两个圆。

2）两点画弧，可绘制通过两已知点的弧线。如图 2-20k 所示，首先绘制了通过点 P_1 与 P_2 且半径为 R20 的圆弧，然后绘制了通过点 P_3 与 P_4 与 R20 圆弧相切（捕抓切点）的弧线。

3）极坐标画弧，可绘制已知圆心、半径、起始角与结束角的极坐标圆弧，图 2-20l 所示为已知圆心点 P、半径 R20、起始角度为-20°、结束角度为 100° 的极坐标圆弧。其还有一个“相切”模式，可绘制已知圆心、起始角与结束角且与直线或圆弧相切的极坐标圆弧（图 2-20 中未示出）。

4）极坐标点画弧，可绘制已知起始点或结束点、半径、起始角与结束角的极坐标圆弧，图 2-20m 所示为已知起始点 P、半径 R20、起始角度为-30°、结束角度为 80° 的极坐标圆弧。

2.3.4　曲线的绘制

曲线包括样条曲线（Spline Curves）和 NURBS 曲线，布局在“草图”功能选项卡“曲线”功能区，各种曲线操作集成在一个下拉菜单中，如图 2-21 所示。样条曲线是给定一组控制点而得到一条曲线，曲线的大致形状由这些点予以控制，这里主要介绍该类曲线。

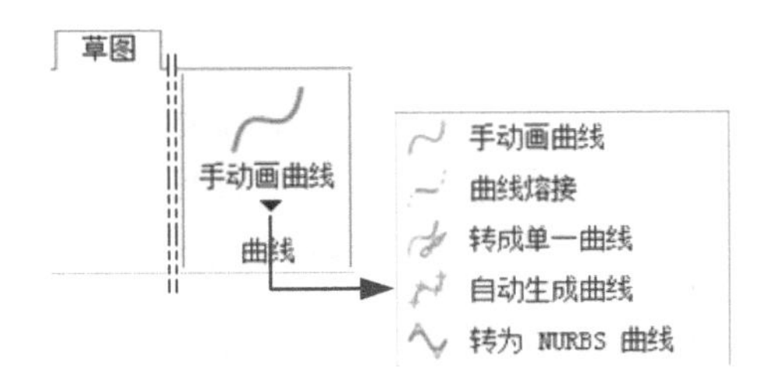

图 2-21　曲线操作功能按钮

（1）样条曲线的绘制　Mastercam 提供了两种样条曲线的绘制方法。一是“手动画曲线”，绘制时依次选择样条曲线控制点生成曲线，如图 2-22a 所示，依次单击 P_1～P_5 五个点获得曲线；而“自动生成曲线”时，其仅需依次单击第一、二点和最后一点，系统自动搜索其他点生成曲线，图 2-22b 所示为依次单击 P_1、P_2 和 P_5 三个点获得曲线。

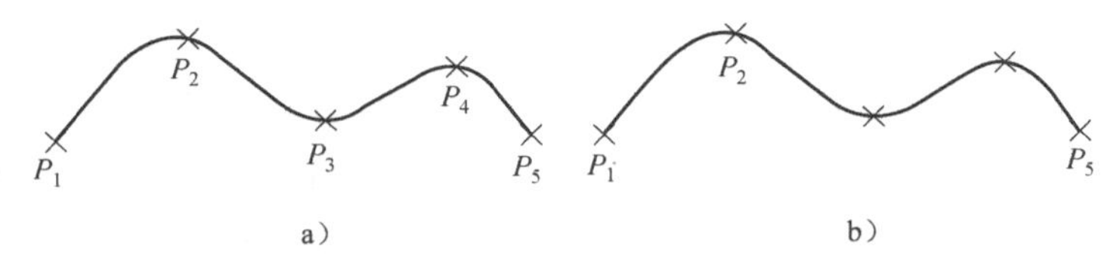

图 2-22　样条曲线的绘制示例

a）手动画曲线　b）自动生成曲线

（2）曲线的熔接与转成单一曲线　曲线熔接是在两条线（样条曲线、圆弧或直线）之间创建一条过指定点且相切的样条曲线。图 2-23 中，图 2-23a 所示为创建熔接曲线前的状态，已知圆弧 *C*、样条曲线 *S* 及其上的点 *P*；如图 2-23b 所示，在圆弧 *C* 的端点与样条曲线 *S* 上的 *P* 点之间创建了一条熔接曲线。注意，图 2-23b 所示的状态为三条独立的曲线，将鼠标移至图形上或选择时可看出；而图 2-23c 所示为转成单一曲线后的状态，将鼠标移至曲线上可看到整根曲线临时显示为虚线模式。

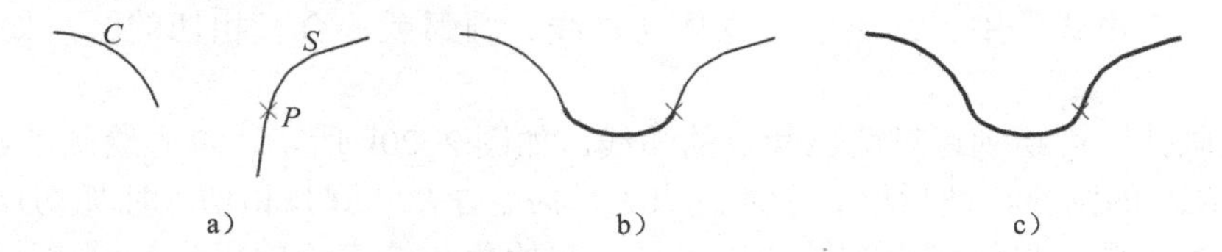

图 2-23　曲线熔接与转成单一曲线示例

a）已知条件　b）曲线熔接　c）转成单一曲线

2.3.5　基本形状的绘制

为加快绘图速度，Mastercam 提供了常见基本形状的快速绘制功能，如图 2-24 所示“草图”功能选项卡“形状”功能区中，其集成在一个下拉菜单中，默认一般为“矩形”功能按钮，实际中一般显示最近使用过的功能按钮。

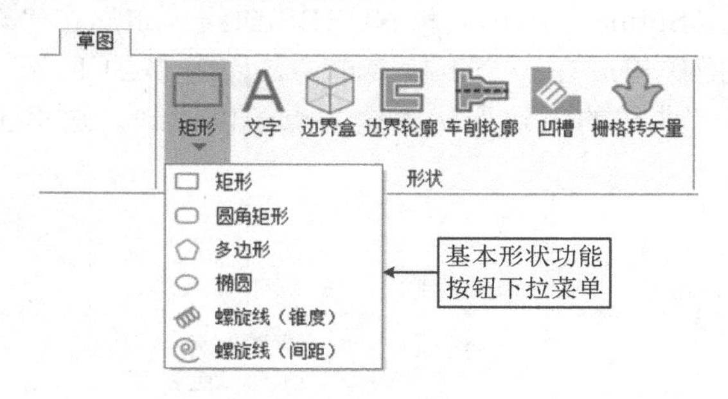

图 2-24　基本形状功能按钮及下拉菜单

（1）矩形绘制　矩形的基本几何参数包括长度（软件中为宽度）、宽度（软件中为高度）以及位置。图 2-25 所示为绘制矩形的操作管理器与示例。

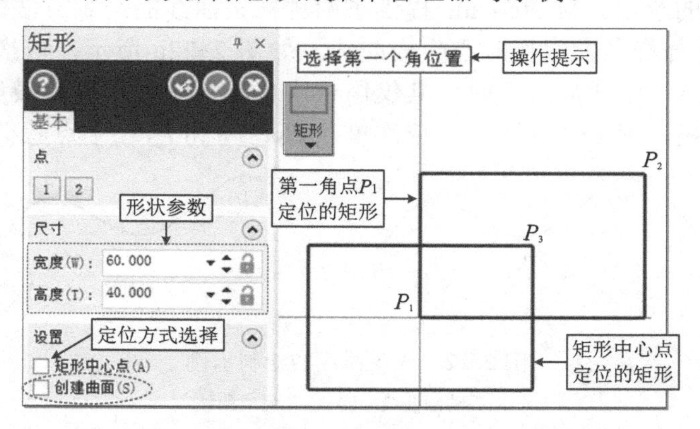

图 2-25　绘制矩形的操作管理器与示例

矩形定位的方式有以下两种：

1）第一角点定位绘制矩形。定位方式选择不勾选“矩形中心点”选项，操作提示依次为：“选择第一角位置”和“选择第二角位置”，图 2-25 中第一角选择了系统原点 P_1 处，第二角位置先大致单击一点 P_2，然后在形状参数中输入所需的宽度和高度，按回车键完成。

2）矩形中心点定位绘制矩形。定位方式选择勾选“矩形中心点”选项，操作提示依次为：“选择基准点位置”和“输入宽度和高度或选择对角位置”，图中基准点选择了系统原点 P_1 处，第二角位置先大致单击一点 P_3，然后在形状参数中输入所需的宽度和高度，按回车键完成。

（2）圆角矩形绘制　单击“草图→形状→圆角矩形 圆角矩形”功能按钮，弹出“矩形选项”对话框（图 2-26），由其上部可见有“基点”和“两点”两种绘制方式。

1）基点方式绘制，如图 2-26 所示，在该对话框中，自上至下的其他选项或参数分别为：编辑基点按钮；矩形大小方位参数，包括宽度和高度（该图为 60 和 40）及右侧的编辑按钮；倒圆角参数文本框及下拉列表（左列图为 *R*10，右列图为 *R*0）；旋转方位角度参数文本框及下拉列表（图中为 0）；形状选项分别有圆角矩形、键槽形、D 形和双 D 形；固定位置有九项，用于定位圆角矩形的位置（图中为中心点定位）。

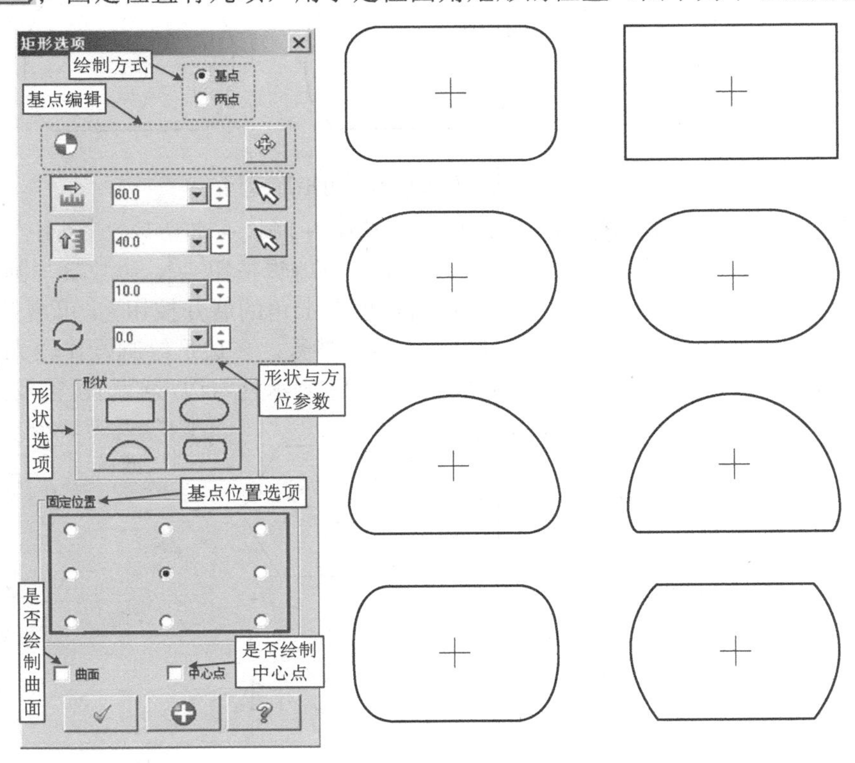

图 2-26　基点方式绘制圆角矩形示例

2）两点方式绘制。若选择了两点定位方式，则“矩形选项”对话框少了圆角矩形宽度和高度参数项以及固定位置选项部分，如图 2-27 所示，这时的矩形大小和位置由第一、第二两角点位置确定，故原基点编辑按钮变为两个点按钮，分别用于重新选择第一、第二角点，其余基本相同。

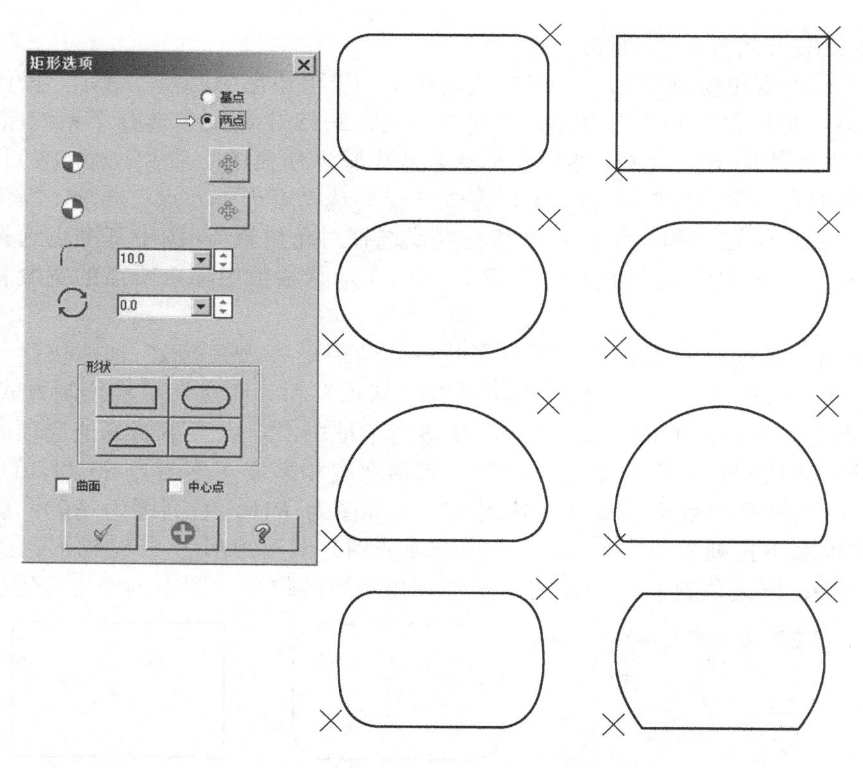

图 2-27 两点方式绘制圆角矩形示例

（3）多边形绘制 该应用较为广泛，单击“草图→形状→多边形 多边形”功能按钮，弹出“多边形”对话框，如图 2-28a 所示，包括基准点编辑按钮、边数与圆半径参数设置文本框、外接圆或内接圆选项等。单击该对话框左上角的展开按钮，可展开为图 2-28c 所示形式，其下部增加了圆角与旋转方位角两项参数。多边形绘制操作较为简单，一般按照操作提示以及对话框设置参数即可完成。图 2-28 所示为六边形绘制设置及图形示例。

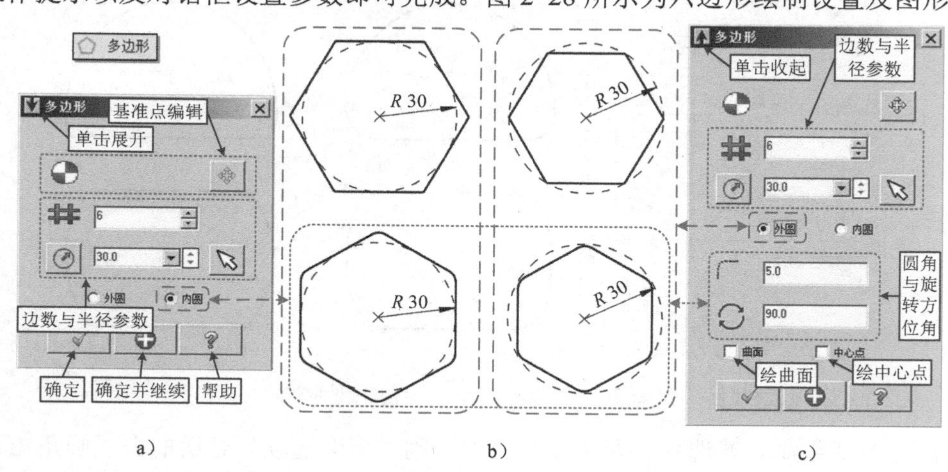

图 2-28 六边形绘制设置及图形示例

椭圆绘制与多边形相似。图 2-24 中后两项螺旋线绘制按操作提示与对话框设置即可完成，这里不赘述。

2.3.6　图形的修剪

以上介绍的图形绘制是基本型图形，是绘制二维图形的基础，实际图形往往较为复杂，为此，系统提供了修剪功能。图 2-29 所示为“草图”功能选项卡“修剪”功能区的修剪功能按钮分布情形。修剪功能按钮较多，且多数集成为下拉菜单式功能按钮，当鼠标指针悬停在功能按钮上时，会弹出功能说明，有助于进一步理解应用。

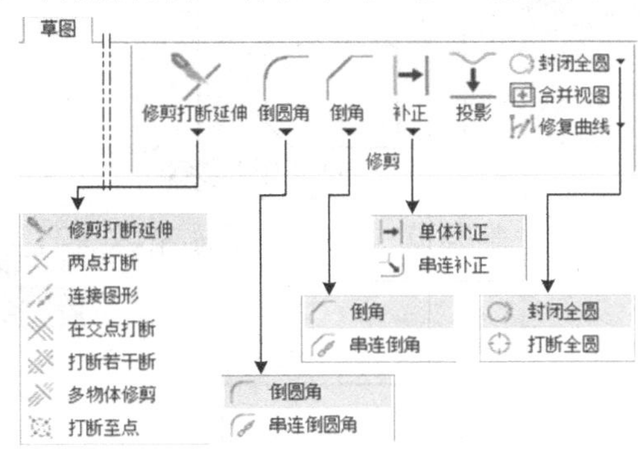

图 2-29　“修剪”功能区及相关下拉菜单功能按钮

1．倒圆角与倒角

倒圆角与倒角是应用广泛的工艺特征，Mastercam 提供了丰富的倒圆角与倒角类型。

（1）倒圆角　分为单一倒圆角（简称倒圆角）与串连倒圆角两种方式。图 2-30 所示为倒圆角示例，从其操作管理器上可见倒圆角的类型有五种，其中“外切”类型可理解为安装凸模的固定板，它可设置距凸模尖角点之间的距离。另外，最下面一种“单切”的形状与倒圆角操作两边选择的先后顺序有关。图 2-31 所示为串连倒圆角示例，最大的特点就是可以用串连方式选择欲倒圆角轮廓，一次性地对所有角倒圆角。以上两图均为修剪倒圆角，若将操作管理器最下面“修剪图形”前的复选框勾选去除（单击即可），则为不修剪倒圆角（图中未示出）。

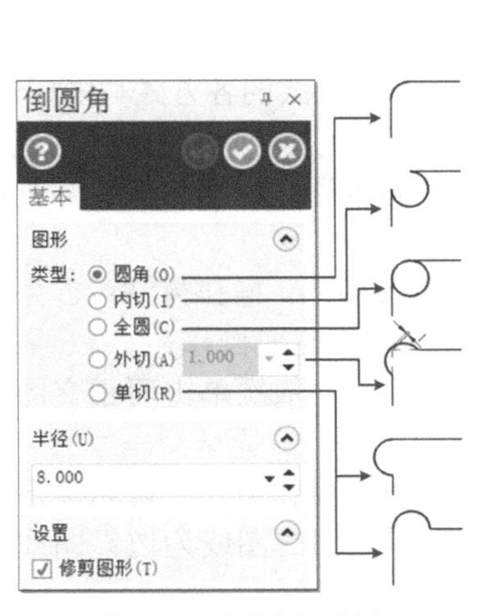

图 2-30　倒圆角示例

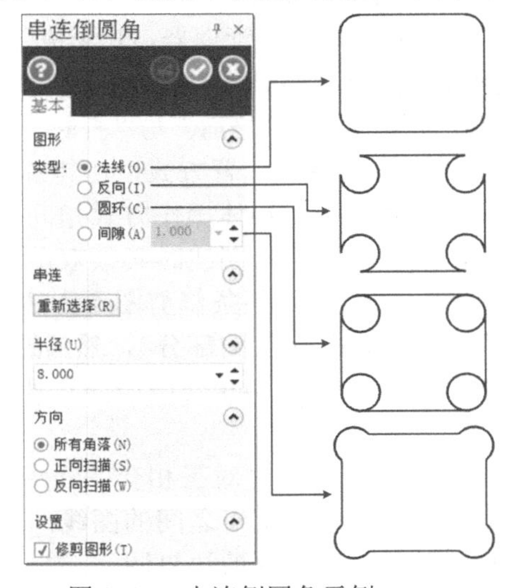

图 2-31　串连倒圆角示例

（2）倒角　同样分为单一倒角（简称倒角）与串连倒角。图 2-32 左侧所示为“倒角”操作管理器，它提供了四种倒角的类型，不同的倒角类型会激活下面相应的参数文本框，最下面为“修剪图形”复选框，中上图为倒角示例。图 2-32 右下侧所示为“串连倒角”操作管理器，它提供了两种倒角类型，串连倒角能对所选串连轮廓一次性地快速倒出一致的倒角（同类型与参数），中下图为串连倒角示例，其外轮廓为修剪的宽度倒角，内轮廓为不修剪的距离倒角。

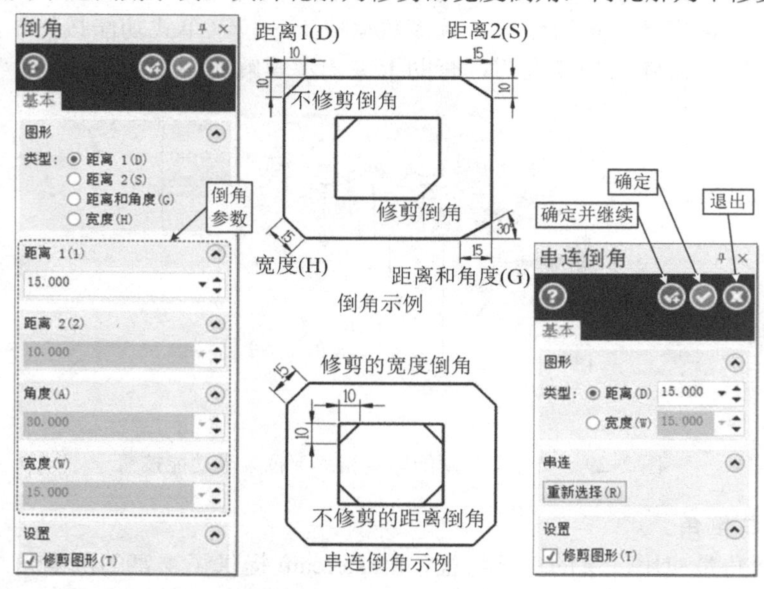

图 2-32　倒角与串连倒角示例

2．线的修剪、打断与延伸

线的修剪、打断与延伸功能也是实际绘制图形时大量选用的编辑功能，Mastercam 在这方面提供了较为强大的功能操作，集成在“草图”功能选项卡的“修剪”功能区最左侧的下拉功能按钮菜单中，参见图 2-29。

（1）修剪打断延伸功能　单击“草图→修剪→修剪打断延伸 修剪打断延伸”功能按钮，弹出“修剪打断延伸”操作管理器，其集成了基本的修剪与打断功能。图 2-33 所示为修剪打断延伸操作图解及示例。

修剪打断延伸功能有“修剪”与“打断”两种模式。修剪模式的各方式与操作说明如下：

1）自动方式：为默认设置方式，其具备修剪单一物体与修剪两物体两种功能。修剪单一物体时与下述修剪单一物体操作方式相同；而修剪两物体时，与下述修剪两物体操作方式基本相同，只是单击第二图线时必须双击。

2）修剪单一物体：用某条修剪图形为边界修剪某线形图形。操作方法：首先单击要修剪的图形（注意选择要保留的部分），然后选择修剪边界图形完成操作。

3）修剪两物体：用于两相交图线交点处修剪。操作方法：依次单击两相交图线要保留部分。

4）修剪三物体：可同时对三相交图线沿交点进行修剪。操作方法：首先单击两交点之外的两图线，然后单击两交点之间的图线，系统以两交点之间的图线为边界图线修剪前两图线，同时由以前两图线修剪边界图线。

修剪打断延伸的操作步骤及结果参见图 2-33 中所示相应图例。

5）分割/删除：可对相交的图线（直线、圆弧和曲线等）的交点之间的图形进行分割并删除。它与前述四种操作方式的差异是拾取部分是删除部分，可总结为：指哪儿删哪儿，而前述四种是指哪儿留哪儿。操作方法：连续用鼠标点取要删除的图线，即使是一个交点或没有交点均可删除。

6）修剪至点：可对图线按其上的某一点进行修剪。操作方法：首先拾取待修剪图线（注意点取要保留部分），然后拾取修剪点，即可完成操作。图 2-33 中的图例是沿两图线的交点修剪。

7）延伸：可使图线沿下面延伸长度文本框中指定的数值进行延伸。操作方法：用鼠标单击图线靠近延伸部分即可。

打断模式与修剪模式的差异是不删除修剪模式中删除的图线，但转为分离的图线存在。注意，延伸的部分也是作为一段分离的图线存在的。学习时可将鼠标指针悬停至图线上，可看到图形以黄底虚线的形式存在，类似于图 2-33 中分割/删除操作结果中的 L_3 段显示。

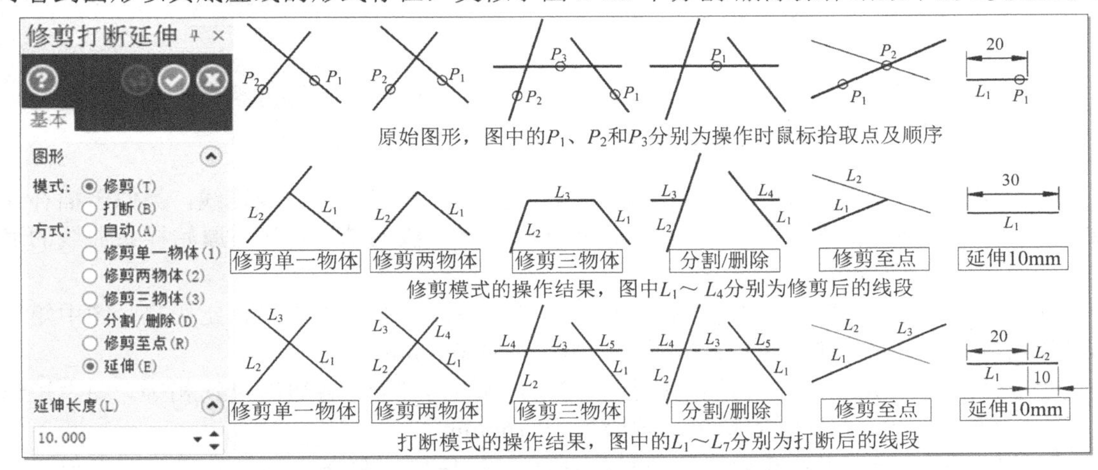

图 2-33　修剪打断延伸操作图解及示例

（2）两点打断与连接图形功能　“两点打断”功能按钮可将图线沿指定点打断为两段图线，操作时按操作提示先选择要打断的图形，然后单击要打断的点即可。“连接图形”功能按钮可将打断的图线重新连接为单一的图线，其可认为是打断图线的逆操作。两点打断与连接图形示例如图 2-34 所示。

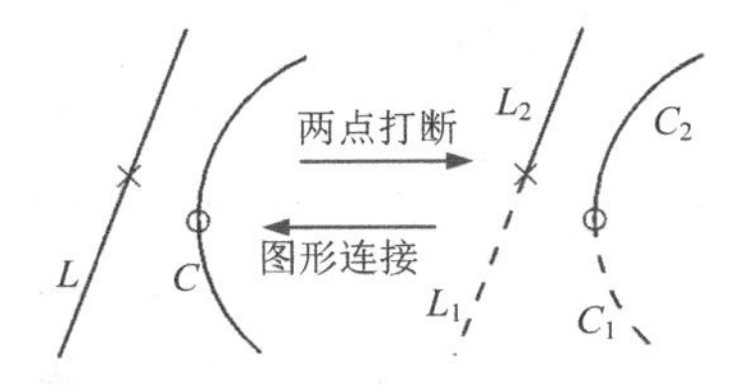

图 2-34　两点打断与连接图形示例

（3）在交点打断功能　“在交点打断”功能按钮可将所有相交并选择了的图线在相交点一次性打断。操作时可设定合适的选择方式一次性选择所有图形，按回车键确定后完成操作。

（4）打断若干段功能　“打断若干段”功能按钮可将选中的图线（直线、圆或圆弧、曲线等）打断成若干段。图 2-35 所示为其操作管理器与操作示例。操作管理器中分为以下三项设置。

1）图形方式：有“创建曲线”与“创建线”两个选项，对于直线无区别，但对于圆和圆弧就完全不同了。

2）区段：有四个选项。

① 数量：指打断的数量，图 2-35 中的直线、圆和圆弧均为打断成 6 段的示例。样条

曲线打断成 6 段时各段长度近似相等。

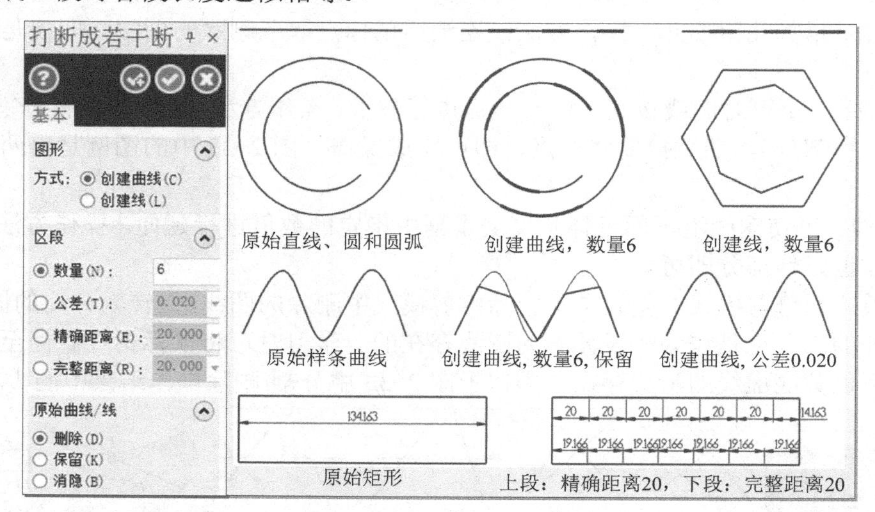

图 2-35　打断成若干段操作管理器与操作示例

② 公差：这个公差指曲线弦高度的公差，即按照弦高相等用直线连线，类似于插补原理。图中样条曲线最右侧是弦高为 0.020mm 打断成若干段的结果，其与原始样条曲线的逼近误差不大于 0.020mm。

③ 精确距离：是将所选图线按指定距离打断，最后一段可能不足指定距离。图中矩形上段为精确距离 20mm 打断的结果，最后一段为 14.163mm。

④ 完整距离：是将所选图线按接近与指定距离均匀打断，各段距离均相等。图中矩形下段为完整距离 20mm 打断的结果，各段为 19.166mm。

3）原始曲线/线：指打断后原始曲线的处理。图 2-35 中样条曲线分 6 段打断时保留了原始曲线。

操作时，在确定之前选定线为淡蓝色状态下，均可在操作管理其中修改这三个选项，同时图上会出现打断点显示。按回车键确定后完成操作。

（5）多物体修剪功能　“多物体修剪”功能按钮可用一条修剪边界线同时对多个图线进行修剪或打断。图 2-36 所示为多物体修剪或打断操作示例，其操作过程如下：

1）单击“草图→修剪→多物体修剪”功能按钮，弹出“多物体修剪”操作管理器和操作提示：“选择要修剪或打断的曲线”，如图 2-36 中第①步所示，其中默认的图形模式为“修剪”。

2）从选择工具栏选择含有相交的窗选方式，窗选图中待修剪图线，选中图形如图 2-36 中第②步所示。选择后按回车键，操作提示变为：“选择要修建的曲线”。

3）选择修剪线，如图 2-36 中第③步所示。选择后按回车键，操作提示变为：“指定修剪曲线要保留的位置”。

4）单击修剪线右上侧，则获得图 2-36 中第④步所示修剪结果，按回车键继续，按<Esc>键退出。

5）若第 4）步是单击修剪线左下侧，则获得第⑤步所示修剪结果，按回车键继续，按

<Esc>键退出。

6）若在第 4）或 5）步按回车键前，选择“打断”模式，则可转换为打断操作，如图 2-36 中第⑥步所示图形，在交点处可看到淡色“×”符号，表示为打断点，按回车键继续，按<Esc>键退出，这时继续用鼠标窗选修剪线右上角的图线，可看到图 2-36 中第⑦步所示的选择结果，可见原来的待修改线均分为两段，图中为选中了右侧部分线段的显示效果（黄底虚线显示部分）。

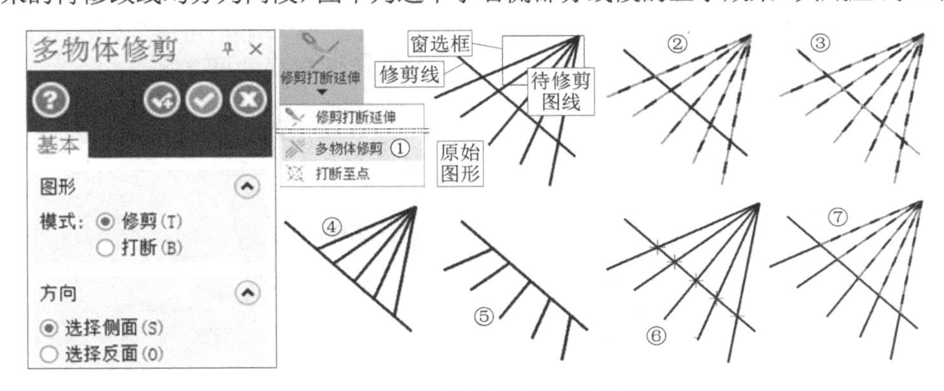

图 2-36　多物体修剪或打断操作示例

（6）打断至点功能　“打断至点”功能按钮打断至点可将图线按线上的指定点打断。图 2-37 中，原始图形包括圆、圆弧和直线。最左侧为原始图形，第 1 步基于前述等分点功能，分别在直线、圆弧和圆上绘制三、四和五个点。第 2 步窗选三个图线及其上的点，执行“打断至点”操作命令按回车键完成操作。操作完成后，可将鼠标指针悬停在某图线上，可见该图形变为黄底虚线，如图 2-37 中第 3 步所示。

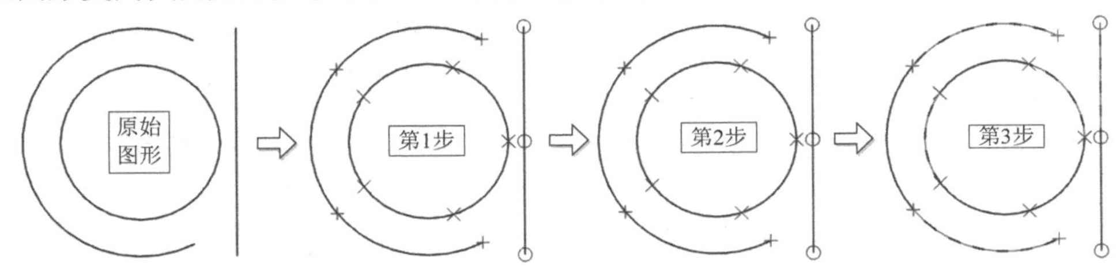

图 2-37　打断至点操作示例

3．补正

补正在其他 CAD 软件中多称为偏置。Mastercam 中的补正操作包括单体补正单体补正与串连补正串连补正两种，操作时按其操作提示操作即可。图 2-38 中，原图形为一个五边形，向内串连补正距离 5mm，右下侧边向外单体补正 3mm。

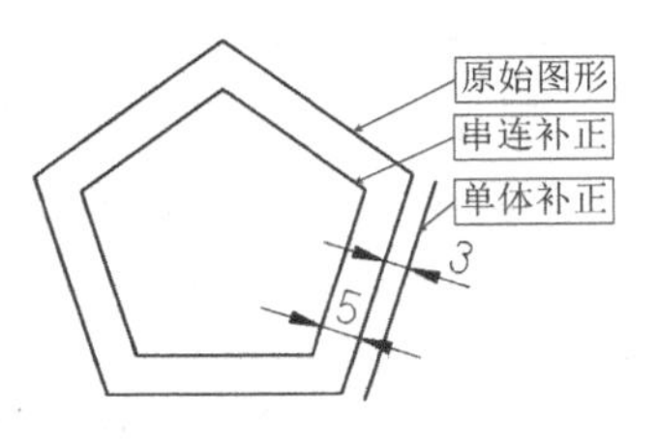

图 2-38　补正示例

4．封闭全圆与打断全圆

封闭全圆封闭全圆可将一个开放的圆弧转换为一个封闭的整圆。而打断全圆打断全圆则是将整圆打断为指定段数圆弧构成的整圆，操作过程中会弹出“全圆打断的圆数量”文本框。图 2-39 所示为封闭全圆与打断全圆示例，左图为一个外圆弧，右图为封闭的一个整圆。而左图的内整圆打断为右图所示的六段圆弧，打断后可单击看到如图所示三段选中的虚线。

5．圆周点功能

圆周点功能布局在“草图”功能区的“绘点”区，是一个实用性的功能按钮，可绘制沿圆或圆弧按一定直径布置的点或圆等，其主要用于轴孔上均布螺栓孔等的设计。图 2-40 所示为对一个ϕ40mm 圆外ϕ60mm 圆上均布 6 个直径ϕ8.5mm 的圆。“创建图形”选项中，“点位”与“中心点”选项一般不同时选，因为“点位”选项是在均布的圆心处产生一个可设置点类型的点，而“中心点”选项则是在圆心处生成一个不可编辑点类型的小点。另外，通过“旋转轴”设置，还可设置为以 Z 轴为旋转轴布局的圆等。

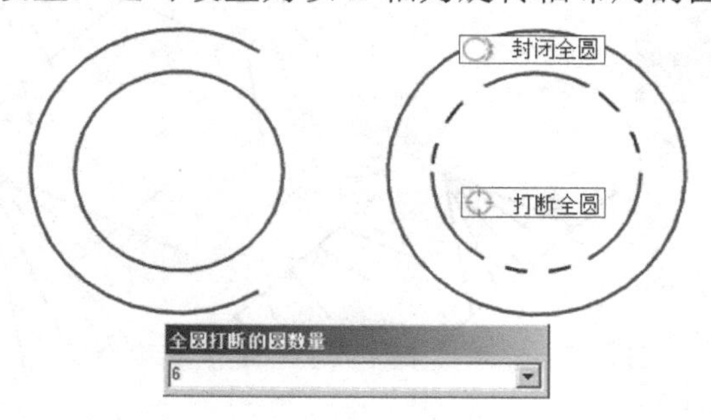

图 2-39　封闭全圆与打断全圆示例

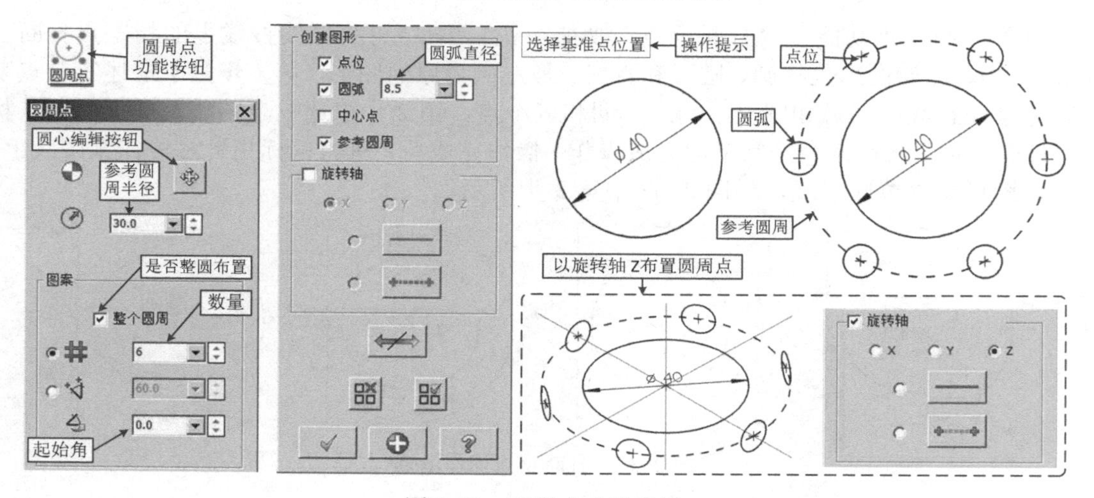

图 2-40　圆周点功能示例

6．删除功能

删除功能是所有应用软件均具备的功能之一，Mastercam 也不例外。

Mastercam 2017 的删除功能布置在“主页”功能选项卡“删除”功能区，如图 2-41 所示。常用的是“删除图形”按钮，激活该功能后，系统弹出操作提示：“选择图形”，选择待删除的图形，按回车键即可。也可单击同时弹出的结束选择按钮。若单击同时弹出的清除选择按钮则取消已有选择，恢复删除的图形，可重新选择。注意：Mastercam 也可向其他 Windows 环境下的软件一样，选择需删除的图素，按删除键<Delete>操作即可。注意：快捷菜单中也集成了“删除图形”按钮删除图形(E)。

删除重复图形功能可删除重复的图形（即重叠的图形），其是一个下拉菜单，具有“重复图形”重复图形与“高级”高级两个功能按钮。单击删除重复图形功能按钮重复图形，会弹出右侧所示的“删除重复图形”信息框，显示重复图形的信息，单击“确认”按钮，删除重复图形。若单击“高级”按钮，则会弹出左侧所示的“删除重复图形”设置对话框，通过设置条件删除重复图形。

恢复删除功能按钮是在删除了图形后自动激活的，其可用于恢复最近删除的一个或多个图形。实际上，快速访问工具栏上的“撤消”按钮也具备恢复图形的功能。

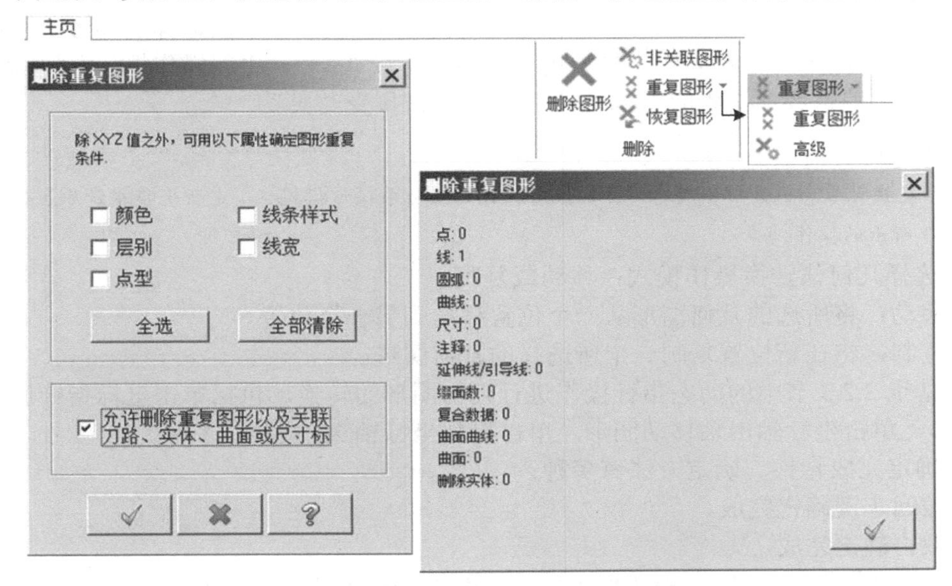

图 2-41　删除功能按钮及操作对话框

2.4　二维图形的转换

图形转换包括图素的平移、旋转、镜像、补正、缩放、阵列等。Mastercam 2017 中专门设有“转换”功能选项卡，包括转换、补正、布局与比例功能区，如图 2-42 所示，其中“平移”选项有一个下拉菜单，具有“平移”与“3D 平移”两个功能按钮。另外，图 2-42 中的补正功能在前述已经介绍。实际上，这些转换功能均适用于曲面和实体的 3D 模型，这里主要以二维图形的转换进行介绍，3D 模型转换操作基本相同，读者可在后续三维模型学习时自行尝试练习。

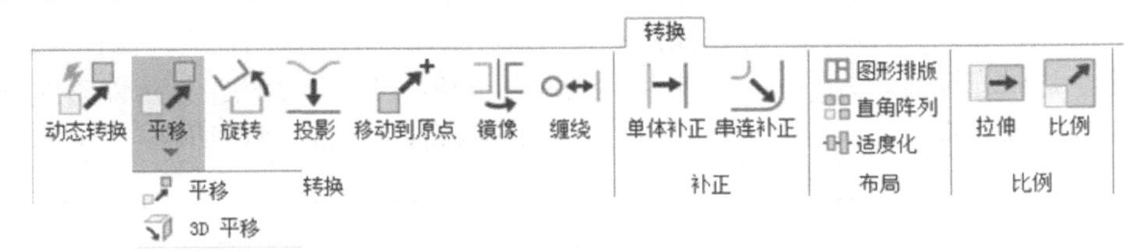

图 2-42　“转换”功能选项卡

2.4.1　动态转换

动态转换是基于动态坐标指针对几何图形进行移动与旋转等的操作。

1．动态转换的操作步骤

动态指针转换几何图形的操作步骤如下：

1）单击“转换→转换→动态转换”功能按钮，系统弹出操作提示：“选择图形移动/复制”。

2）选择要动态转换的几何图形，按回车键或单击“结束选择”按钮，激活动态操作管理器，弹出随光标移动的动态指针，并弹出操作提示：“选择指针的原点位置或按住<Ctrl>键右击设置指针”。

3）单击某点确定指针原点位置（可充分运用捕抓功能，一般在选择的图形上会产生一个临时中心图标），指针固定（默认为几何体操作模式），更新操作提示：“操纵图形：选择指针轴去编辑或单击“应用/确定”按钮或双击接受结果”。

注意

若指定指针原点位置后不满意，可切换为指针的坐标系操作模式，重新平移指针原点位置，详见图 2-43 所示的操作。

4）选择几何体转换操作模式：移动或复制。

① 移动：将所选的几何图形从一个位置移动到另一个位置。

② 复制：将在新位置复制一个所选择的几何图形。

5）基于 2.2.3 节中的动态指针操作进行几何图形的转换，包括单击坐标指针原点任意移动图形，单击坐标轴沿轴移动图形，单击旋转坐标轴 2D 旋转图形等。

6）确定完成转换。确定方法有多种：

① 按回车键确定完成。

② 双击确定完成。

③ 单击操作管理其右上角的“应用（即确定并继续）”按钮与“确定”按钮。

2．动态转换时的几何体操作与坐标系操作模式

几何体操作指基于动态坐标指针对几何图形进行转换，而坐标系操作指确定动态坐标指针的位置。两者可通过光标的变化以及指针左下角的操作图标控制，如图 2-43 所示。

单击“动态”操作管理器中的“高级”标签切换至“高级”选项卡，可看到指针模式默认设置为：“当放置时设置为图形（S）”的复选框被勾选，即几何体操作模式，如图 2-43a 所示，其含义是上述操作第 3）步确定指针原点位置后转化为几何图形操作模式，这时光标显示为，移动至坐标指针左下角，淡淡显示的几何体操作图标会高亮显示，如图 2-43b 所示，其对应的操作提示是：“选择指针的原点位置或按住<Ctrl>键右击设置指针”。按<Ctrl>键或单击图标会切换为坐标系操作模式（若为坐标系操作模式，则可依此方法切换为几何体操作模式），如图 2-43c 所示，这时光标显示为，移动至坐标指针左下角，淡淡显示的坐标指针图标会高亮显示，其对应的操作提示是：“操作轴；选择指针轴去编辑，当完成时，切换图形控制模式”。

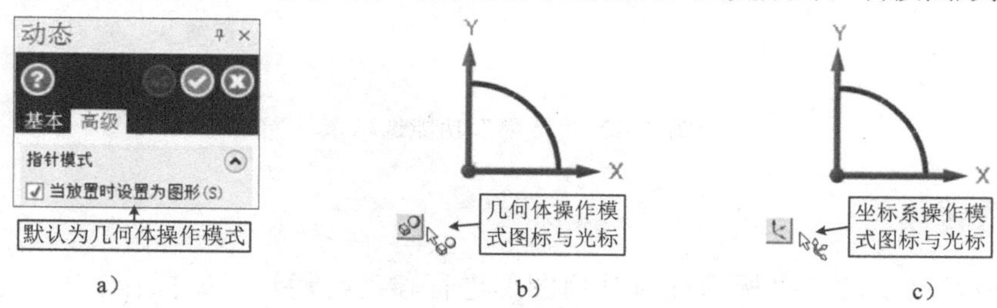

图 2-43　图形与坐标控制模式设置与切换

a）操作模式默认设置　b）图形控制模式　c）坐标控制模式

3．动态转换模式与方式

“动态”操作管理器中的图形转换模式有“移动”与“复制”两种，方式有单一（可阵列多个）与重复（即重复操作），其图解如图 2-44 所示。图中虚线为动态转换前的图形，动态旋转时若选择“复制”模式，则原图形保留。

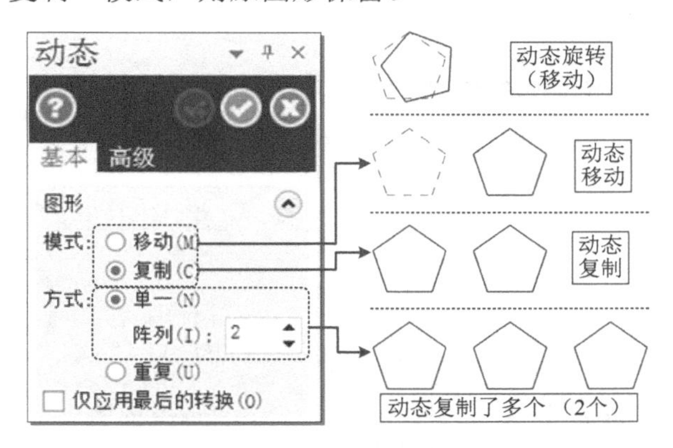

图 2-44　动态转换模式与方式的图解

4．动态转换操作示例图解

图 2-45 所示为一个五边形图形沿 X 轴移动 50mm 的转换操作图解。第 1 步：绘制五边形；第 2 步：选中五边形；第 3 步：单击“动态转换”按钮，并将坐标指针定位至五边形几何中心位置；第 4 步：选择“复制”模式，激活 X 轴指针；第 5 步：输入移动距离 50，按回车键；第 6 步：单击“确定”按钮完成操作。

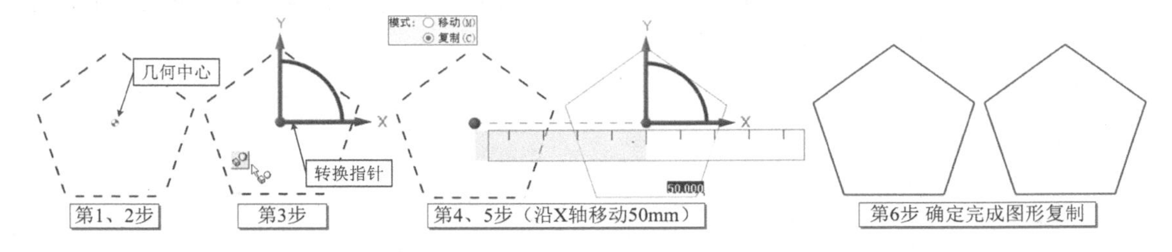

图 2-45　动态转换（复制）操作示例图解

2.4.2　平移

平移是 Mastercam X 中就有的转换功能，平移功能有 2D 平移 平移与 3D 平移 3D 平移两种。

1．2D 平移

平移操作有指针操作与对话框操作两种方法。

（1）平移——指针操作　指以坐标指针操作平移为主，如图 2-46 所示，操作步骤如下：

1）单击“转换→转换→平移”功能按钮，系统弹出操作提示：“平移/阵列：选择要平移/阵列的图形”。

2）窗选要平移的五边形，图形显示为黄底虚线，同时弹出“平移”对话框（参见图 2-47）。光标悬停至平移指针坐标轴上，弹出沿轴平移标尺和坐标输入文本框，可对图形实现沿轴平移操作。单击坐标指针原点可移动指针位置。移动十字光标至左下角，旋转按钮高亮显示，单击其平移指针会转化为旋转指针。

3）光标悬停至旋转指针圆旋转坐标圆上，弹出旋转标尺和角度输入文本框，可对图形实现旋转操作。单击坐标指针原点同样可移动指针位置。移动十字光标至左下角，平移按钮高亮显示，单击其旋转指针会转化为平移指针。

注意

平移指针操作配合“平移”对话框可进一步提高工作效率。

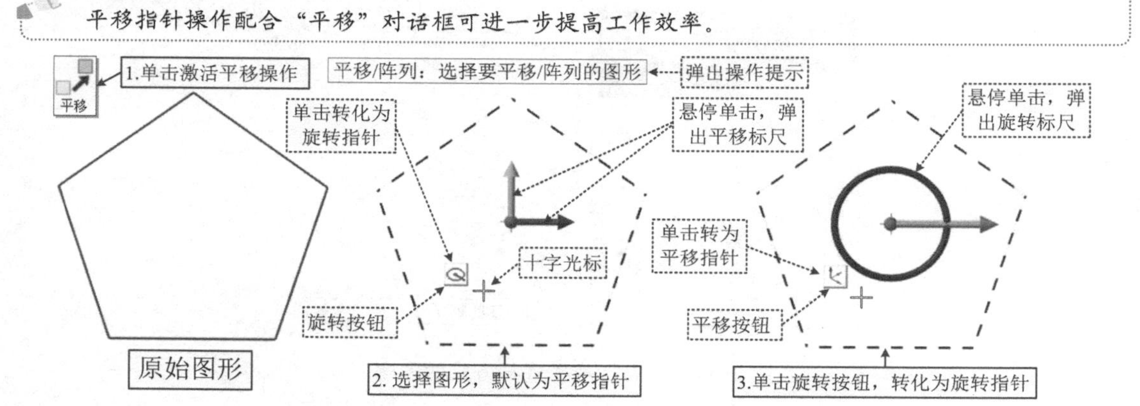

图 2-46　平移——指针操作步骤图解

（2）平移——对话框操作　指以对话框操作平移为主。对话框操作比较简单，按操作提示及各参数的说明可方便地实现操作，注意“翻转”按钮有正向、反向和双向三种翻转方式，读者可在操作时单击，观察图形的变化，并注意对应的“翻转”按钮红色箭头变化情况。图 2-47 所示为对话框操作示例，供学习时参考。注意：图 2-47 所示的平移操作同样可用动态转换实现，读者可自行尝试。

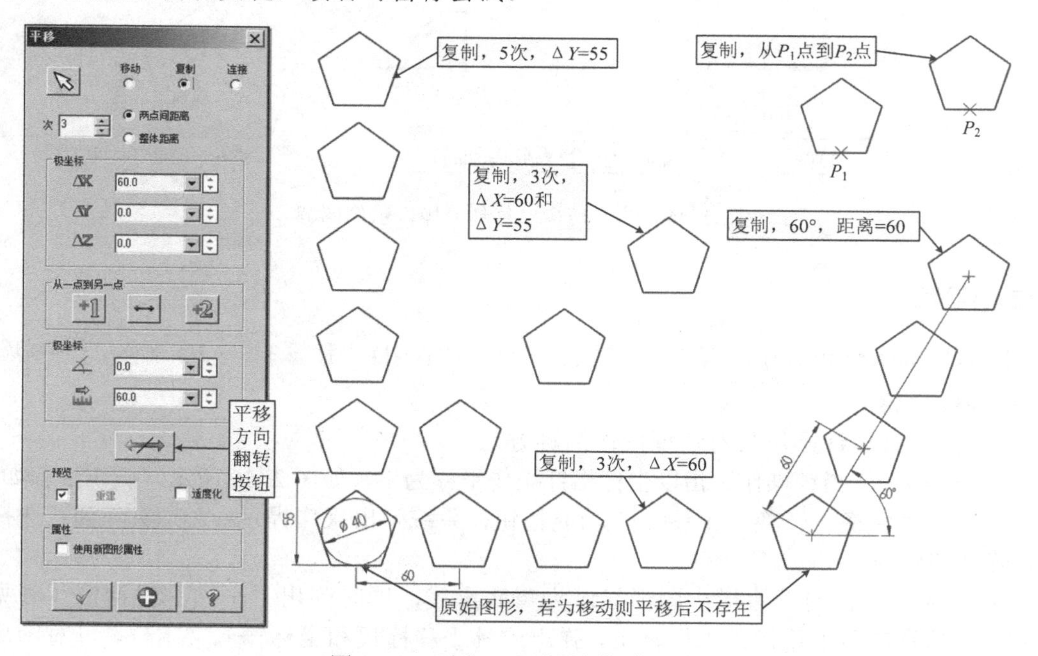

图 2-47　平移——对话框操作示例

2.4.3 旋转

旋转功能可实现图形的旋转和环形阵列等操作，其操作方法同样可用对话框或旋转指针进行。图 2-48 所示为一个五边形图形基于“旋转”对话框沿指定点 *P* 旋转 36° 的操作过程，其操作过程如下：

1）按下<F9>功能键，显示坐标线。单击“转换→转换→旋转”功能按钮，弹出操作提示：“旋转：选择要旋转的图形”。

2）用“外+相交”窗选方式[外+相交]选择要旋转的五边形，图形显示为黄底虚线，同时弹出“旋转”对话框，并在坐标原点显示旋转指针。

3）选择“移动”选项，单击“旋转”对话框中定义旋转中心点按钮，捕抓 *P* 点单击确定旋转中心，可看到旋转指针从原点移至 *P* 点。（也可用旋转指针操作：单击旋转指针原点，将旋转指针移动至 *P* 点，单击确定。）

4）在“旋转”对话框角度输入文本框中输入“36”，按回车键，可看到图形和指针旋转。（旋转指针操作：光标悬停至旋转轴圆上，显示旋转角度标尺和角度输入文本框，输入旋转角度 36°，按回车键实现图形旋转。）

5）单击对话框下的“确定”按钮，完成旋转操作。注意：旋转后的图形是紫色显示，要单击“清除颜色”按钮恢复图形属性设置的颜色。

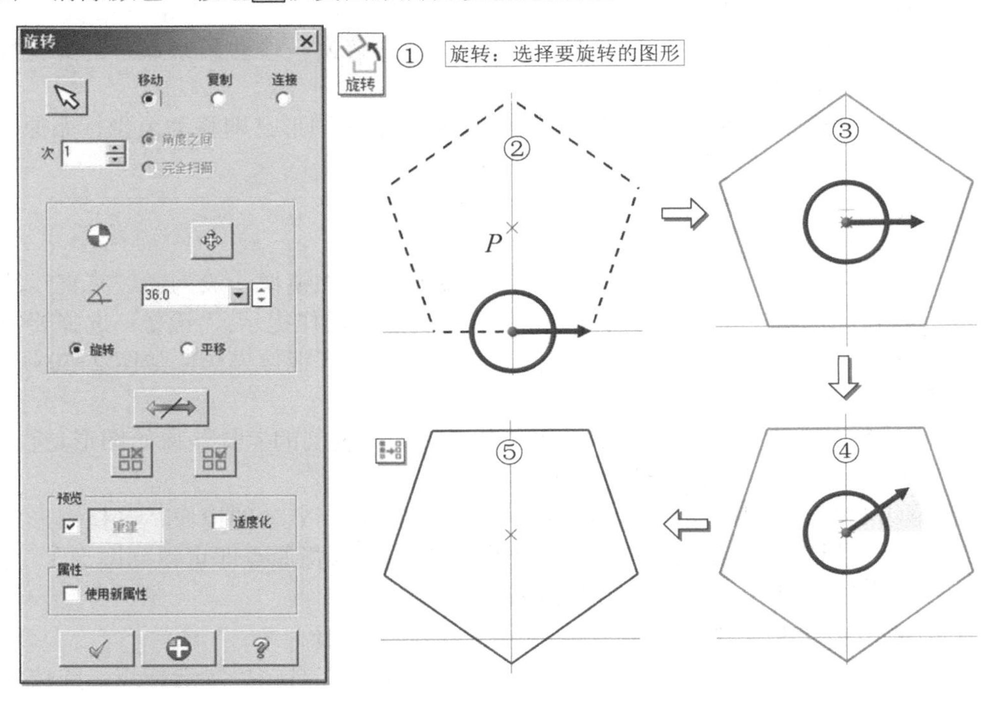

图 2-48　旋转操作步骤

图 2-48 所示的旋转操作同样可用动态转换实现，读者可自行尝试。

2.4.4 移动到原点

移动到原点功能是专为加工设计的，其可将二维图形或三维模型上的指定点连同图形一起移动到世界坐标系原点，对加工编程而言可理解为建立工件坐标系。

图 2-49 所示为移动到原点应用示例。图 2-49a 所示为某三维几何体模型，其建模时的 Z 方向原点为六角台底面，而按照数控加工的习惯用法更倾向于建立在工件上表面，因此，首先在上表面绘制一条辅助线，然后执行移动到原点操作并捕抓直线中点，如图 2-49b 所示，这一点也是移动到原点操作中的起点。

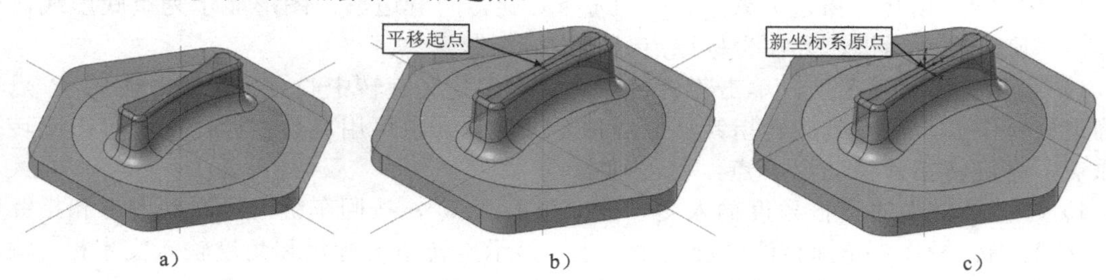

a)　　b)　　c)

图 2-49　移动到原点应用示例

a）移动前模型　b）绘制辅助线得到平移起点　c）移动到原点

移动到原点的操作步骤如下：

1）按下<F9>功能键，显示坐标线。单击“转换→转换→移动到原点”功能按钮，弹出操作提示：“选择平移起点”。

2）用鼠标捕抓图 2-49b 所示的平移起点，平移起点及图形立即移动至坐标系原点，如图 2-49c 所示，图中开启了坐标线和坐标系指针。

2.4.5 镜像

镜像原意为镜子内看到的镜前的物体影像。CAD 软件的镜像一般为通过某直线的对称图形。单击“转换→转换→镜像”功能按钮，系统弹出操作提示：“镜像：选择要镜像的图形”和“镜像”对话框，选择图形并设置镜像轴线等进行镜像操作，如图 2-50 所示。

图 2-50 的说明如下：

1）该对话框的主要功能参见图示说明，其中移动与复制的差异是原始图形是否存在，连接是镜像前后的图形主要点有投影线相连。

2）图形①和②分别为原始图形通过坐标原点的 X 轴和 Y 轴的镜像，选择图形后会弹出操作提示：“选择参考点”，单击“X 轴镜像”按钮，选择原点即可得到图形①。同理，单击“Y 轴镜像”按钮，选择原点即可得到图形②。

3）图形③是原始图形通过线 L 或点 P_1 与 P_2 连线的镜像。

4）图形④是原始图形通过 P 点 45° 线 L_p 的镜像。操作时按提示选择点，并按角度文本框中的角度值（可编辑）会生成一条临时的镜像线（虚线）和镜像图形，单击“应用”按钮或“确定”按钮即可完成操作。

5）图形⑤是不含竖直交线 L_5 原始图形通过交线 L_5 的镜像。

6）图形⑥（两个图形）是不含水平交线 L_6（两根线）的“原始图形+图形⑤”通过交线 L_6 的镜像。选择图形时可用“内+相交”窗选方式内+相交快速选择图形。

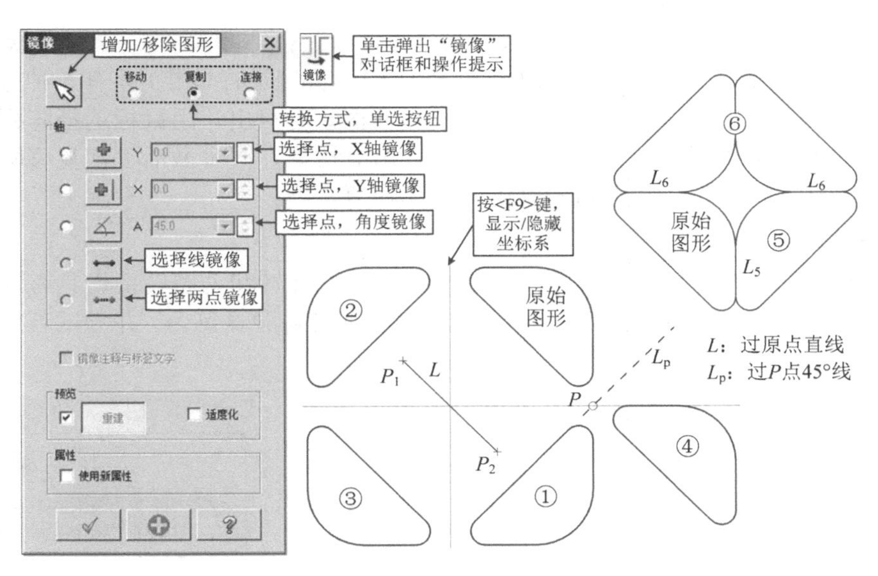

图 2-50　“镜像”对话框及镜像示例

2.4.6　图形阵列（矩形阵列与环形阵列）

阵列是指将已选择的图形按一定的距离、方向与数量等规律复制到指定的位置。阵列一般包括直角坐标的直角阵列和极坐标的环形阵列。

1. 直角阵列

单击“转换→布局→直角阵列”功能按钮，弹出操作提示：“平移/阵列：选择要平移/阵列的图形”和“直角坐标阵列选项”对话框，选择图形并设置镜像参数等进行镜像操作，如图 2-51 所示，图中中上的阵列是左侧对话框参数的阵列，中下的阵列是右侧对话框参数的阵列。

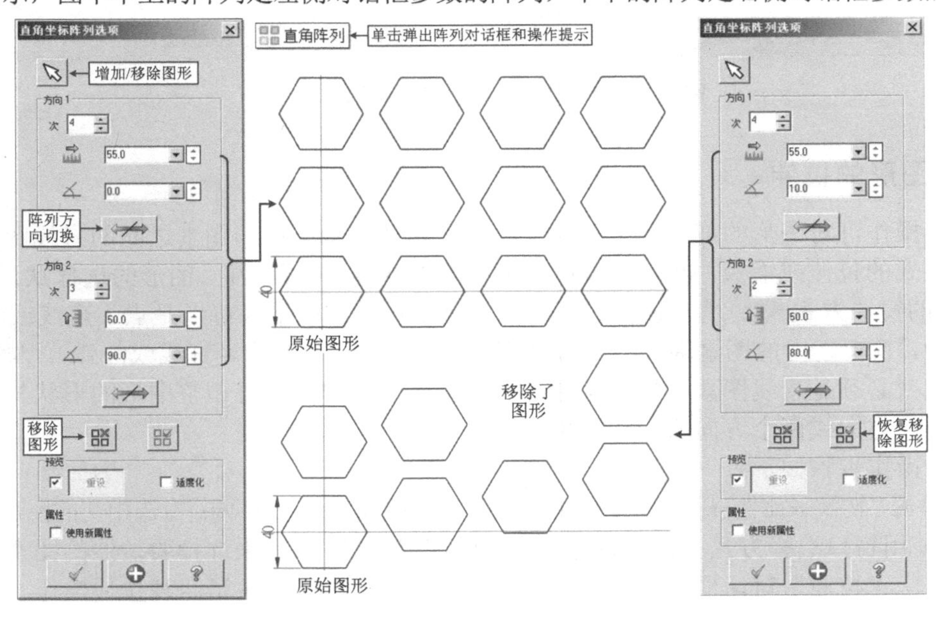

图 2-51　“直角坐标阵列选项”对话框及阵列示例

在图 2-51 所示对话框中，方向参数分为“方向 1”和“方向 2”，分别表示 X 轴和 Y 轴方向。“阵列方向切换”按钮可对阵列的该图形位置进行调整，共有三种方式——正向、反向和双向。单击“移除图形”按钮，对话框暂时退出，用鼠标选择阵列的某图形可从阵列图形中去除该图形，按回车键会重新弹出对话框，同时激活“恢复移除图形”按钮；单击“移除图形”按钮可将移除的图形恢复。

2. 环形阵列

Mastercam 中没有专门的环形阵列功能按钮，但其旋转和动态转换均具有这个功能，图 2-52 所示为基于旋转功能进行环形阵列的示例，读者可尝试练习，并尝试若旋转方式改为移动时阵列次数的差异性。

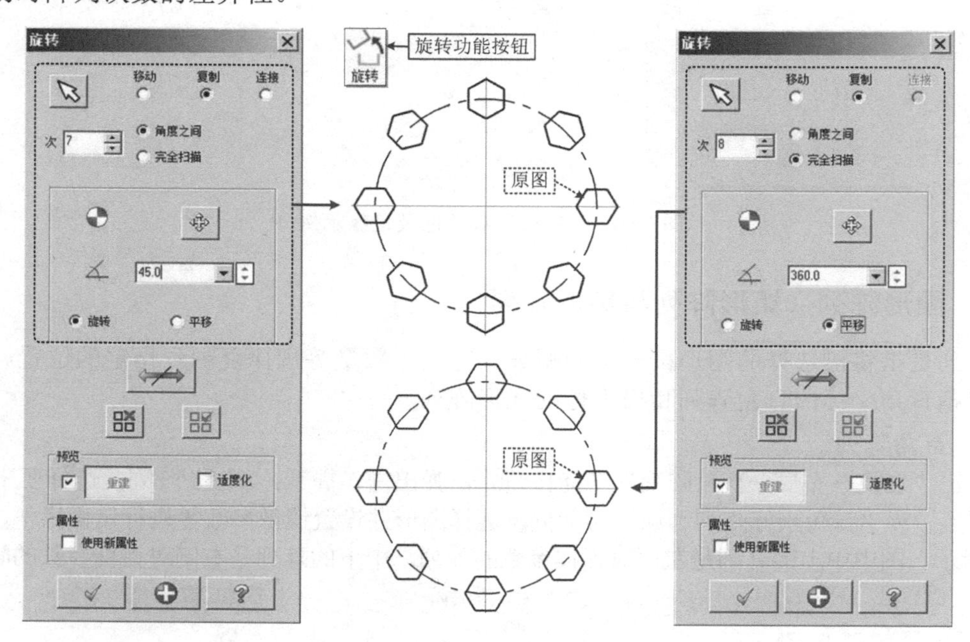

图 2-52 “旋转”对话框及其环形阵列示例

2.4.7 图形的拉伸

拉伸操作可对图形的部分图素移动，并对未移动图素与移动图素之间的直线图素类似于橡皮筋式的拉伸或缩短，实现图形的拉伸变形转换。拉伸操作中，图形的选择默认是“内+相交”的窗选方式 内+相交，窗口之外的图素是未选中的图素（可以是点、直线或圆弧），固定不动，窗口之内的图素为选中并移动变换的图素（可以是点、直线或圆弧），与窗口相交的图素（必须是直线图素）执行拉伸变换。图形的拉伸操作可调整图形的形状与大小，使其在一个方向或两个方向增长或缩短。

拉伸操作步骤如下：

1）单击“转换→比例→拉伸”功能按钮，弹出操作提示：“拉伸：窗选相交的图形拉伸”。

2）使用窗口选择方式（自动执行“内+相交”窗选方式）来选择要拉伸的图素。选择结束后弹出“拉伸”对话框，如图 2-53a 所示，该对话框中提供了四种拉伸操作方式（直角坐标、两点和直线、极坐标）。

3）用直角坐标、极坐标、两个点或直线方式执行拉伸操作，在图形窗口可实时看到操作的预览图形（注意对话框下部的“预览”复选框默认为勾选）。

4）在“拉伸”对话框中，选择要执行的操作类型（移动或复制）。复制与移动拉伸类型的差异是前述窗选的图形变换后是否存在，注意图中为“复制”模式。

5）单击“应用”按钮，完成拉伸并继续。

6）重复步骤 2）～5），继续拉伸操作。

7）单击“确定”按钮，完成拉伸并退出拉伸操作。

图 2-53b 所示为某六边形直角拉伸操作示例图解。

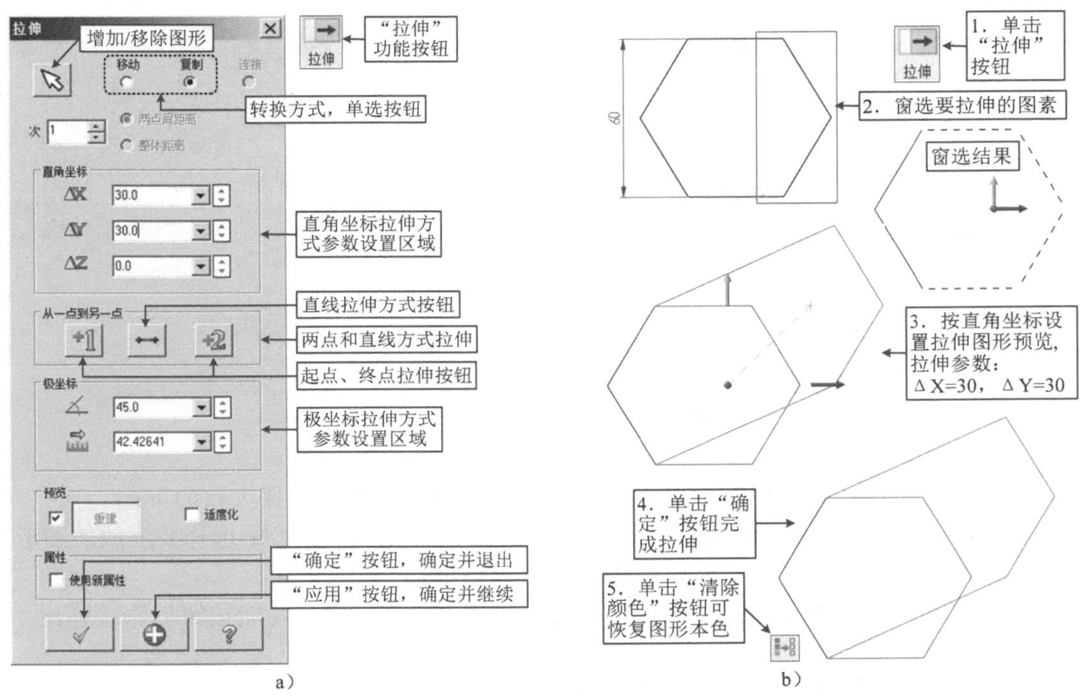

图 2-53 “拉伸”对话框与拉伸操作示例图解

a）“拉伸”对话框　b）拉伸操作示例图解

拉伸操作的四种操作方式是拉伸功能的重点知识，读者可通过操作练习加深理解。图 2-54 所示为拉伸操作示例，供参考。

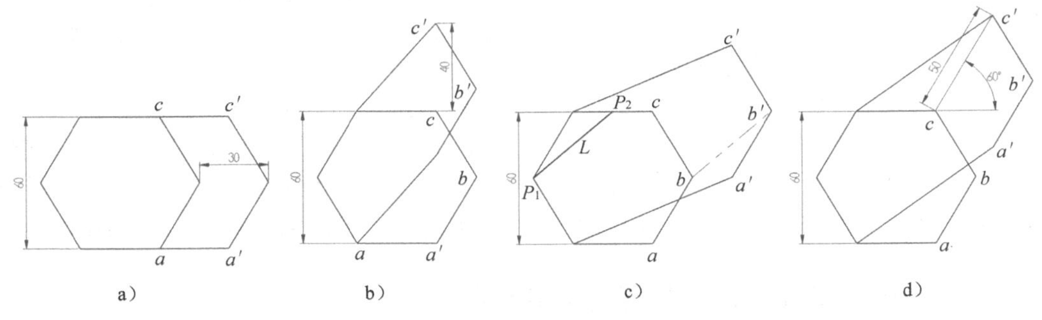

图 2-54　拉伸操作示例（复制转换方式）

a）直角拉伸（水平）　b）直角拉伸（垂直）　c）两点和直线拉伸　d）极坐标拉伸

2.4.8 图形的比例缩放

比例缩放是指以某一点为缩放中心，按一定的等比例或不等比例的规则缩放几何图形与实体。注意，不等比例缩放圆弧后图形转换为样条曲线。

图 2-55 所示为一个内切圆直径为ϕ60mm 正六边形比例缩放图形示例。

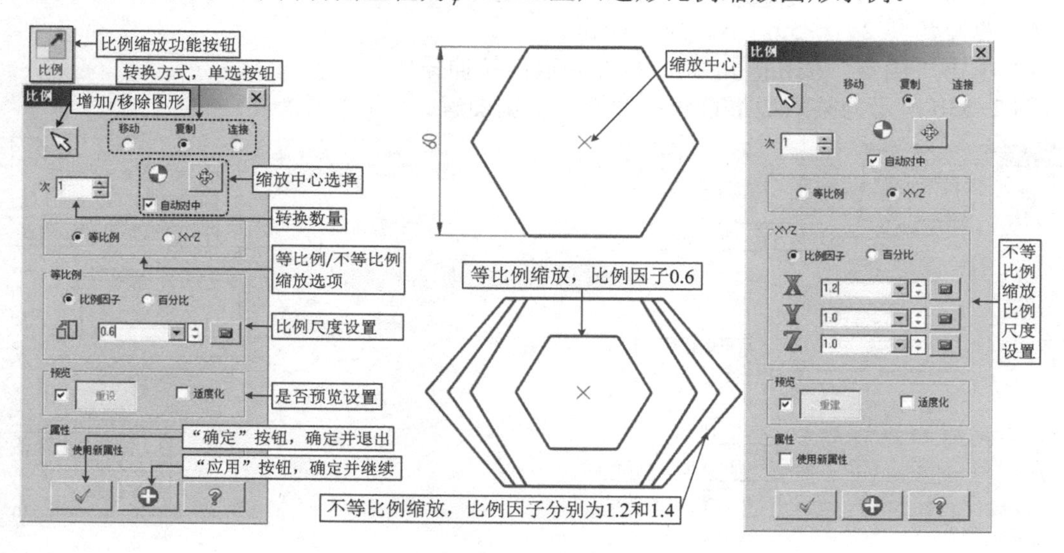

图 2-55　比例缩放示例

以图 2-55 为例，假设已完成六边形图形，其比例缩放操作步骤大致如下：

1）单击“转换→比例→比例”功能按钮，弹出操作提示：“比例：选择要缩放的图形”。

2）窗选六边形，按回车键，弹出“比例”对话框。

注意，若先选择了缩放图形，则单击“转换→比例→比例”功能按钮后直接弹出“比例”对话框。

3）选择图示几何中心位置为缩放中心。

4）等比例缩放操作。选择“复制”选项，确保勾选“自动对中”，确认“等比例”选项有效，比例因子设置为 0.6。单击“应用”按钮，完成缩放并继续（会弹出操作提示：“比例：选择要缩放的图形”）。

5）继续比例缩放操作。在操作提示：“比例：选择要缩放的图形”下，单击选择工具栏最右侧的“选择最后”按钮，选中上一操作时的正六边形图形，按回车键，弹出“比例”对话框，开始继续比例缩放操作。

6）不等比例缩放操作。选择“XYZ”不等比例缩放选项，比例尺度设置按钮变为图 2-55 右侧比例缩放框模式，将 X 轴比例因子设置为 1.2，单击“应用”按钮，完成缩放并继续。

7）重复第 5）、6）步，完成 X 轴比例因子设置为 1.4 的缩放操作。注意，由于这一步已不继续缩放操作，因此最后可单击“确定”按钮，完成比例缩放并退出操作。

2.5 二维图形绘制操作示例与练习图例

本节首先给出部分典型二维图形及绘制示例，引导读者开始独立绘图，然后给出部分练习示例，供学习练习二维绘图之用，以检测自身的掌握程度。

2.5.1　操作示例

下面以几个典型图形为例，介绍二维图形绘制操作步骤，供学习练习参考。

例 2-1　绘制图 2-56 所示的二维图形。其绘制过程如图 2-57 所示。

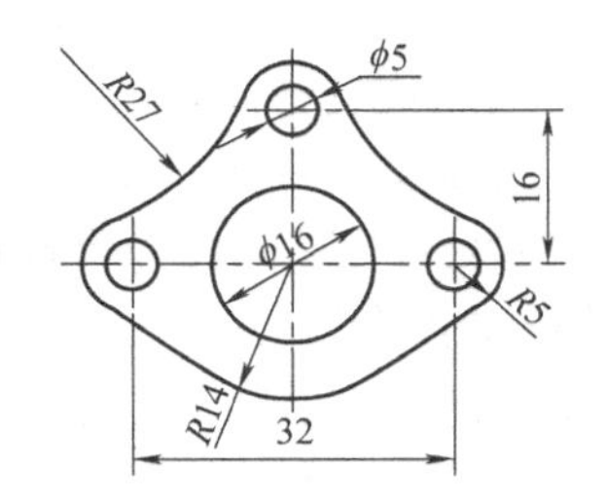

图 2-56　二维图形示例 1

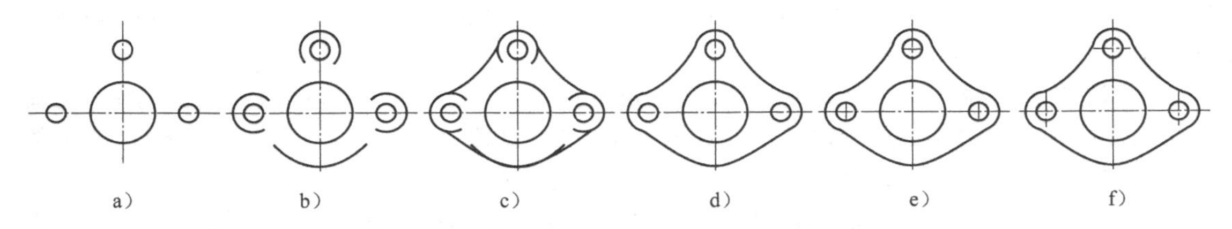

图 2-57　二维图形示例 1 绘制过程

a）绘制整圆　b）绘制圆弧　c）绘制切线和切弧　d）修剪圆弧　e）绘制中心线　f）延伸中心线

绘制操作步骤如下：

1）启动 Mastercam，建立层别：粗实线、细实线、点画线等。按功能键<F9>显示坐标线（此功能可根据各自的绘图习惯随时切换）。

2）绘制ϕ5 与ϕ16 整圆。选中并高亮显示粗实线层，设置线宽。单击“草图→圆弧→已知点画圆”功能按钮，弹出操作提示：“请输入圆心”，单击选择工具栏上的“输入坐标点”按钮，弹出坐标输入文本框，输入圆心坐标“16，0”，按回车键，在“已知点画圆”对话框中的半径文本框中输入半径值“2.5”，按回车键，单击“确定并继续”按钮，完成右下角第 1 个ϕ5mm 圆的绘制。

其他圆绘制简述：上部的ϕ5mm 圆可参照第 2）步方法用“圆心坐标+直径”的方法绘制；左侧的ϕ5mm 圆除可练习“圆心坐标+直径”方法绘制外，还可用“转换”功能选项卡中的“镜像”功能命令完成；中部的ϕ16mm 圆可直接用捕抓“原点”确定圆心，然后输入直径绘制。绘制整圆如图 2-57a 所示。

3）绘制 *R*5 和 *R*14 圆弧。单击“草图→圆弧→已知边界点画圆▼→坐标画弧”功能按钮，弹出操作提示：“请输入原心”，捕抓右侧ϕ5mm 圆的圆心，在“极坐标画弧”对话框中的半径文本框中输入半径值“5”，按回车键，在绘图区适当位置单击输入圆弧的起始角（即起点）和终止角（即终点）完成圆弧绘制。注意，也可大致估计圆弧半径单击起始角和终止角绘制圆弧，然后在图形浅蓝色可编辑状态下，在“极坐标画弧”对话框中的半径文本框中输入半径值“5”，按回车键。

同理，绘制另外两个 *R*5 圆弧和 *R*14 圆弧。绘制圆弧如图 2-57b 所示。

4）绘制两切线和两 $R27$ 的切弧。单击选择工具栏上的“捕抓点设置”按钮，弹出“自动抓点设置”对话框，将其设置为仅勾选“相切”设置。单击“草图”功能选项卡“绘线”功能区的“连续线”功能命令，在弹出的“连续线”对话框中设置或确认模式为“任意线”和类型为“两端点”，分别捕抓相应圆弧绘制切线。绘制切线如图 2-57c 所示。

单击“草图”功能选项卡“圆弧”功能区的切弧命令，在弹出的“切弧”对话框中设置模式为“两物体切弧”，输入半径值“27”，按回车键，按操作提示依次选择相应圆弧，并选择所需切弧。绘制切弧如图 2-57c 所示。

5）修剪圆弧。在“草图”功能选项卡“修剪”功能区单击“修剪打断延伸”命令，在弹出的“修剪打断延伸”操作管理器中设置模式为“修剪”，方式为“修剪三物体”，按操作提示依次修剪圆弧。修剪后的图形如图 2-57d 所示。

6）绘制中心线。按<F9>键隐藏坐标线。选中点画线层别为当前层别，并设置高亮显示有效（单击可看到一个“×”号）。单击“草图”功能选项卡“绘线”功能区的“连续线”命令，在“任意线”模式和“两端点”类型状态下，设置自动捕抓“四等分点”和“端点”有效下，依次捕抓相应的四等分点（注：整圆的右侧四等分点用端点捕抓）绘制中心线。绘制中心线如图 2-57e 所示。

7）延伸中心线。单击“草图→修剪→修剪打断延伸”功能按钮，在弹出的“修剪打断延伸”中设置模式为“修剪”，方式为“延伸”，设置延伸长度为“2”。按操作提示依次选择中心线靠近端点部分延伸中心线。延伸中心线如图 2-57f 所示。

8）标注尺寸。选中细实线层别为当前层别，并设置高亮显示有效。标注过程略，结果如图 2-56 所示（这一步也可在学完第 4 章内容后练习）。

例 2-2　绘制图 2-58 所示图形。其绘制过程如图 2-59 所示。

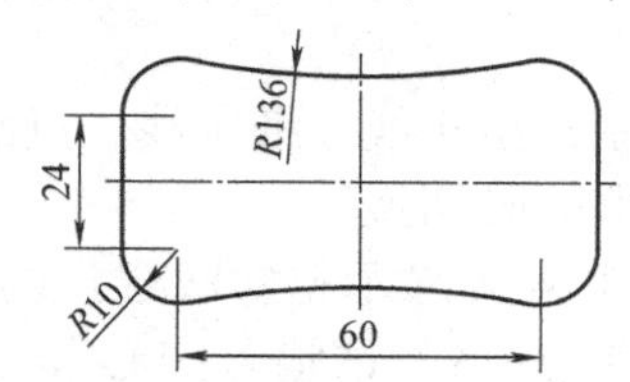

图 2-58　二维图形示例 2

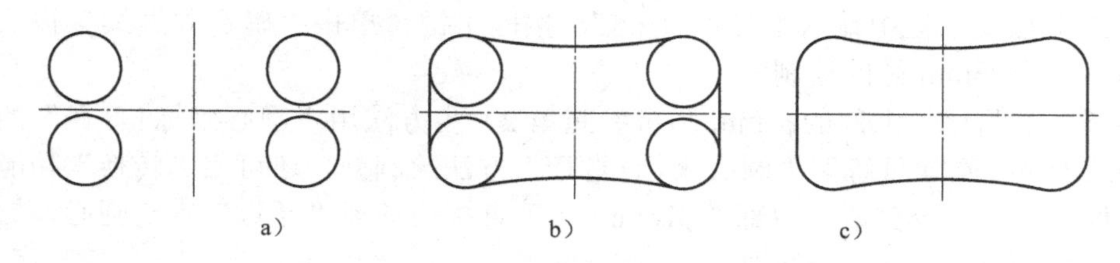

图 2-59　二维图形示例 2 绘制过程

a）绘制四个角圆　b）绘制切线和切弧　c）修剪圆弧

绘制操作步骤简述如下：

1）启动 Mastercam，建立层别：粗实线、细实线、点画线等。按功能键<F9>显示坐标线。

2）绘制四个角圆，如图 2-59a 所示。单击“草图→圆弧→已知点画圆”功能按钮，启动画圆功能，用“圆心坐标+直径”的方法绘制右上角圆，然后用两次镜像命令绘制其他三个角圆。

3）绘制切线与切弧，如图 2-59b 所示。

4）修剪圆弧，如图 2-59c 所示。

5）绘制中心线，标注尺寸，如图 2-58 所示（这一步也可在学完第 4 章内容后练习）。

例 2-3　国旗五角星布局绘制过程，尺寸自定，但需满足国旗布局要求，如图 2-60 所示。布局要求简述：长宽比为 3:2（如长十五宽十等分）；大五角星中心点为上五下五左五右十处，直径六等分；四个小五角星的圆心分别为上二下八左十右五、上四下六左十二右三、上七下三左十二右三、上九下一左十右五处，直径均为二等分，四个小五角星均必须有一个角指向大五角星圆心。

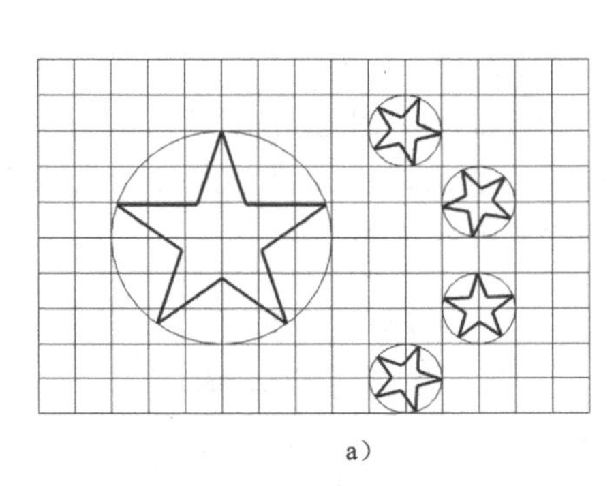

a)

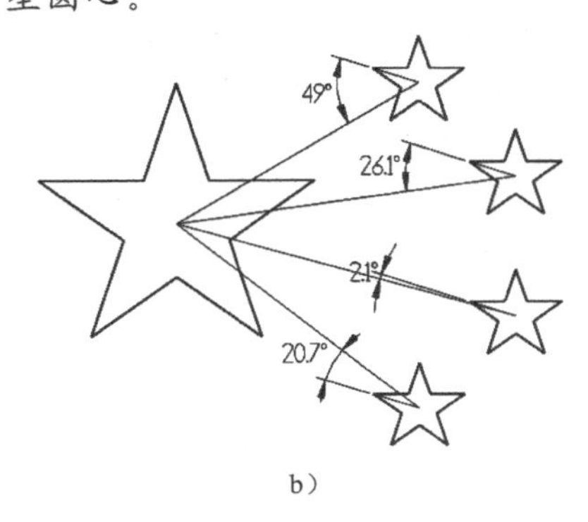

b)

图 2-60　国旗五角星布局示意图

a）五角星大小与布局　b）小五角星旋转角测绘

图 2-61 所示为国旗五角星布局绘制过程图示。

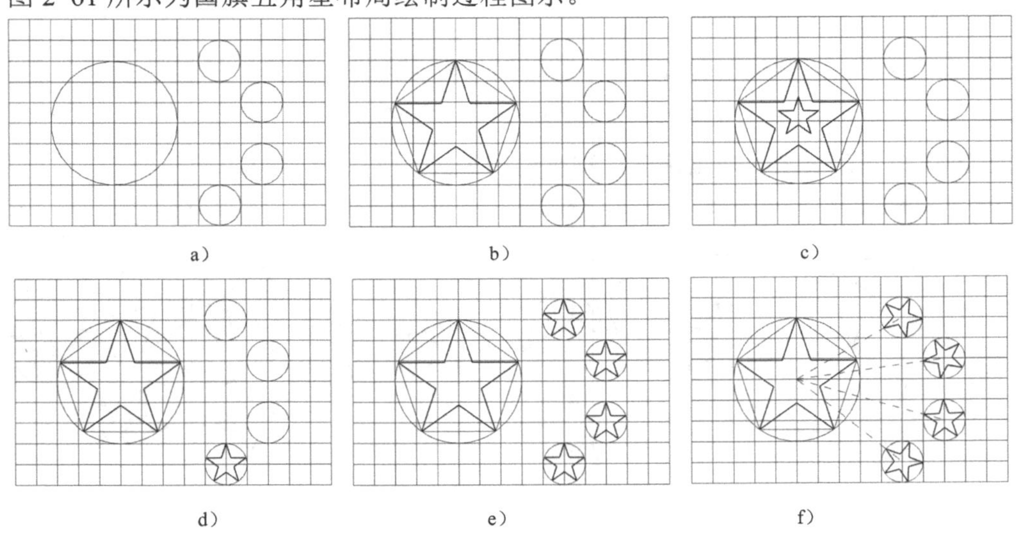

图 2-61　国旗五角星布局绘制过程图示

a）绘制栅格与辅助圆　b）绘制大五角星　c）复制缩小为小五角星　d）移动小五角星

e）直角阵列小五角星　f）旋转小五角星

绘制过程（图 2-61）简述如下：

1）启动 Mastercam，建立层别：粗实线、辅助线、栅格线和尺寸等。

2）绘制栅格（栅格线图层，尺寸 300mm×200mm，栅格间距 20mm）和辅助圆（辅助线层别）等，如图 2-61a 所示，绘制时可利用直线平移或阵列功能快速绘制。

3）绘制大五角星内接正五边形（辅助线层别），连续线方式隔两点连线绘制五角星（粗实线层别），然后修剪至图 2-61b 所示。

4）将大五角星缩小、复制，比例因子为 0.33333，获得小五角星形状，如图 2-61c 所示。

5）平移小五角星至右下角辅助圆处，如图 2-61d 所示。

6）直角阵列其余三个小五角星。“直角坐标阵列选项”对话框设置为：方向 1，3 次，距离 20；方向 2，8 次，距离 20；单击“移除图形”按钮移除不需要复制的图形即可。直角阵列小五角星如图 2-61e 所示。

7）按图 2-60b 所示的角度旋转各小五角星，如图 2-61f 所示。

例 2-4 国徽上五角星布局绘制过程。五角星的大小与位置如图 2-62b 所示，图中尺寸供参考。五角星布局尺度为以大五角星外接圆为基准，小五角星尺寸为大五角星的一半，左右对称布置，每颗星均有一个角对着大的五角星中心。

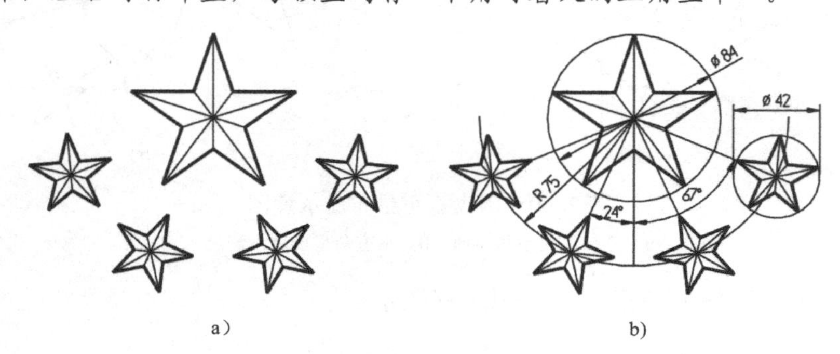

图 2-62 国徽五角星布局示意图

a）五角星布局 b）尺寸测绘

图 2-63 所示为国徽五角星部分绘制过程图示。

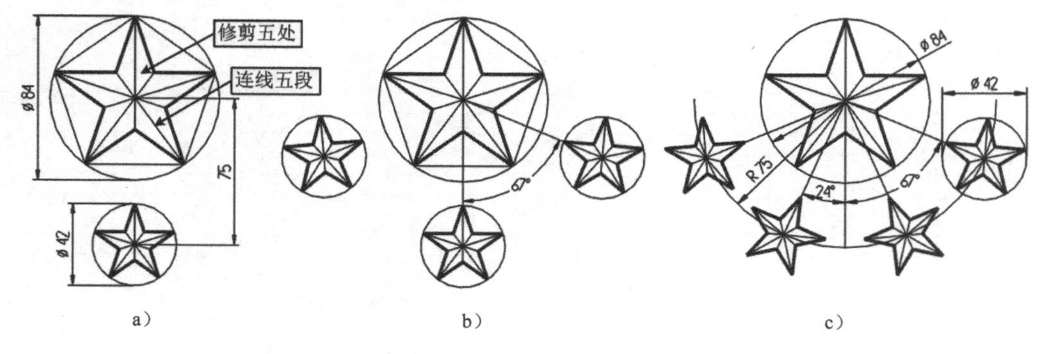

图 2-63 国徽五角星布局绘制步骤

a）绘制基础五角星 b）绘制外侧小五角星 c）绘制内侧小五角星

绘制过程（图 2-63）简述如下：

1）启动 Mastercam，建立层别：粗实线、辅助线和尺寸等。

2）按尺寸绘制大圆、小圆以及大圆的内接五边形（辅助线层别），绘制大小五角星（粗实线层别，注意内、外线框差异），如图 2-63a 所示。

3）绘制外侧小五角星。旋转下面的小五角星，“旋转”对话框设置为：复制、1 次，指定大五角星中心为旋转中心，旋转角度为 67°，旋转，单击两次方向按钮，得到两个方向上的图案，如图 2-63b 所示。

4）绘制内侧小五角星。再次旋转下面的小五角星，“旋转”对话框设置为：移动、1 次，指定大五角星中心为旋转中心，旋转角度为 24°，旋转，单击两次方向按钮，得到两个方向上的图案，如图 2-63c 所示。

5）隐藏辅助线和尺寸线层别，可得到图 2-62a 所示的五角星布局图案。

例 2-5　图 2-64 所示为一个钻石图标的绘制过程，其用到的功能按钮依次为：多边形（五边形）→拉伸→比例（不等比例缩放 0.4 和 0.7）→连续线（直线）→镜像→连续线（光芒直线）→旋转→修剪打断延伸（部分光芒线延伸）等。读者可参照图形与功能按钮自行尝试练习，检验自己的学习质量。

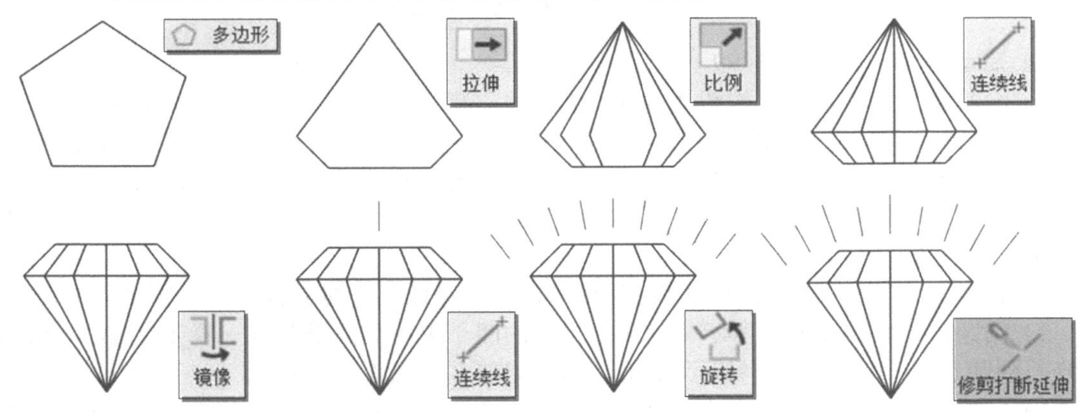

图 2-64　钻石图标的绘制过程与功能提示

例 2-6　图 2-65 所示为某职业技能鉴定样例的二维图形与尺寸，试绘制该图样。

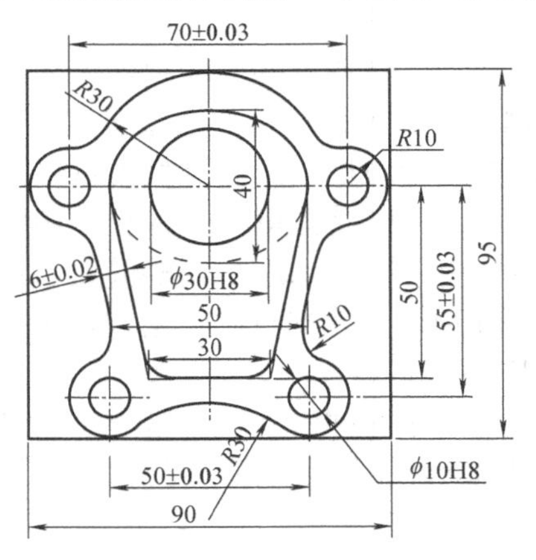

图 2-65　例 2-6 的图形及尺寸

图 2-66 所示为其绘制过程示例，其绘制过程简述如下：

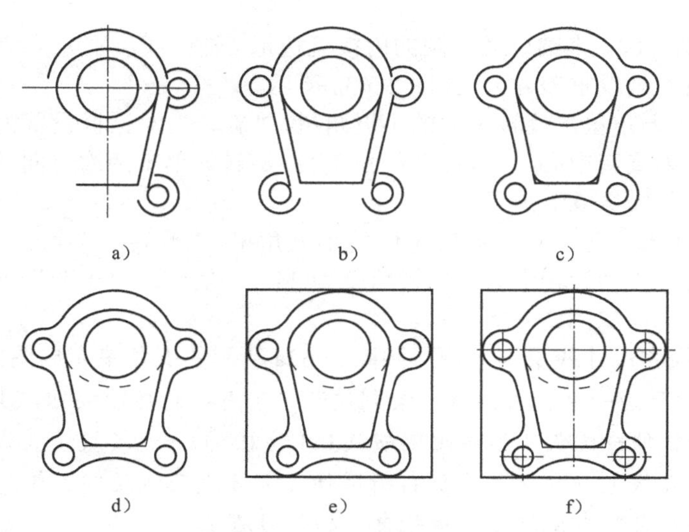

图 2-66　例 2-6 绘制过程示例

1）启动 Mastercam，按<F9>键显示坐标线。

2）绘制基本几何图素，如图 2-66a 所示。建立粗实线层别，以坐标系原点为圆心，绘制中上部的整圆与椭圆，“圆心坐标（35，0 和 25，–55）+直径（10）”绘制右侧两小圆，端点坐标（–15，–50 和 15，–50）绘制梯形下部直线，捕抓直线右端点和椭圆切点绘制梯形右侧边线，单体补正 6mm 绘制右侧外轮廓边直线，“圆心+半径+起始角+终止角”极坐标绘制三段圆弧。

3）镜像对称图素。再次按<F9>键隐藏坐标线，镜像图中对称部分，如图 2-66b 所示。

4）倒圆角，如图 2-66c 所示。包括外轮廓的四个 *R*10 修剪到圆角，梯形底部两个 *R*10 不修剪到圆角，下部 *R*30 不修剪到圆角，然后修剪多余圆弧。

5）打断椭圆与梯形下圆角交点并改变相关图素属性。建立双点画线和细实线层别，基于在交点打断功能打断梯形侧边与椭圆交点以及侧边和底边与倒圆角交点，选中椭圆下半部分，右击，弹出快捷菜单，单击“设置全部”按钮，在弹出的“属性”对话框中设置为双点画线线型、双点画线层别和最细的线宽。同理，设置下部圆角外部的两角线（共四条线）设置为连续线线型、细实线层别和最细的线宽。绘制结果如图 2-66d 所示。

6）绘制边框。常规的边框绘制是根据边框尺寸绘制直线获得的。但该图的边框特点是与前述绘制图形的外轮廓相切的矩形边框，因此这里尝试用“草图”功能选项卡，形状功能区中的“边界盒”功能绘制。单击功能键，弹出“边界盒”对话框，设置形状为立方体，尺寸为 X=90、Y=95 和 Z=0，单击“确认”按钮完成边框绘制，如图 2-66e 所示。

7）绘制中心线，如图 2-66f 所示。建立点画线层别，先捕抓四等分点绘制基本的中心线，然后延伸两端点获得所需中心线。

8）标注尺寸。建立尺寸线层别，标注相关尺寸（这一步也可在学完第 4 章内容后练习），结果如图 2-65 所示。注意，Mastercam 的尺寸标注仅供参考，如直径四个孔 ϕ10H8 前的“4×”标注就不方便。

例 2-7　图 2-67 所示为某数控车削加工零件图，试绘制数控车削自动编程所需零件轮廓。Mastercam 数控车削加工编程仅需要零件的半边轮廓线即可，如图 2-68c 所示。

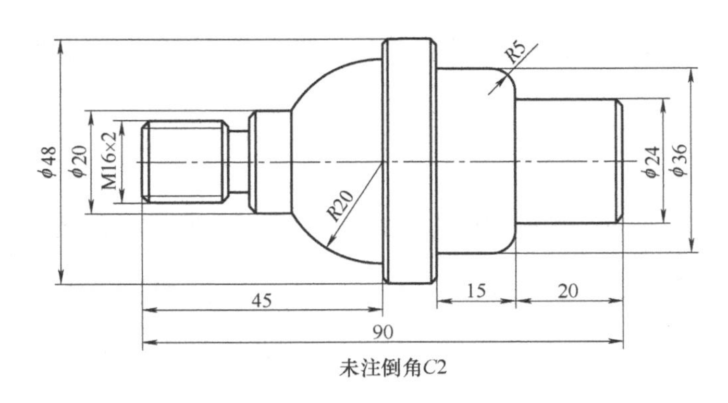

图 2-67　例 2-7 零件图

图 2-67 所示零件图绘制过程示例如图 2-68 所示，其绘制过程简述如下：

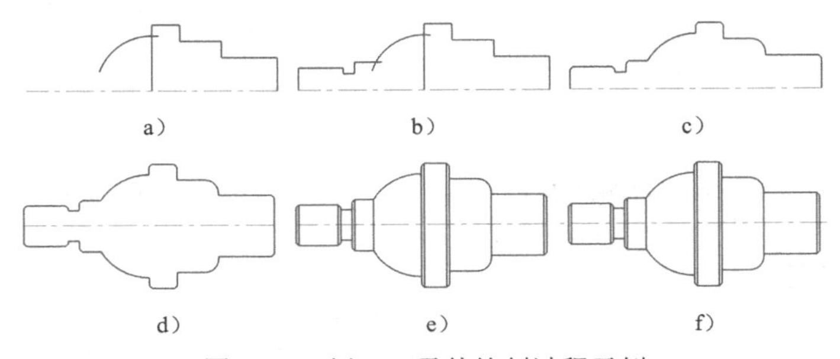

图 2-68　例 2-7 零件绘制过程示例

1）启动 Mastercam，建立层别：粗实线、点画线等。

2）选中点画线层别，绘制长度为 90mm 的中心线，建议右端点取在坐标系原点（否则，编程前要用“移动到原点”功能按钮将其移动到坐标原点）。切换至粗实线层别，先应用连续线功能绘制右侧轮廓，然后应用极坐标画圆功能绘制 R20mm 圆弧，如图 2-68a 所示。

连续线绘制右侧直线部分轮廓简述：单击“草图”标签进入“草图”功能选项卡，在“绘图”功能区单击连续线功能按钮，在“连续线”对话框中选中连续线类型，选择“垂直线”模式，捕抓点画线右端点，输入第一段长度“12”，按回车键，单击上部，完成ϕ24mm 圆柱端面轮廓绘制；又选择“水平线”模式，输入长度“20”，按回车键，单击左部，绘制出ϕ24mm 圆柱轮廓；再次选择“垂直线”模式，输入长度“6”，按回车键，单击上部，绘制出ϕ36mm 圆柱右台阶面轮廓；依此方法，直至绘制出与中心线相交的ϕ48mm 圆柱左端面轮廓线，此交点正好作为 R20mm 圆弧的中心点，如图 2-68a 所示。

3）继续以连续线方式绘制左侧零件轮廓线，如图 2-68b 所示。

4）修剪圆弧端多余线，完成所需倒角，完成数控车削编程零件轮廓线的绘制，如图 2-68c 所示。

说明：作为数控车削编程，绘制至图 2-68c 所示状态或延伸中心线两端适当距离即可。下面作为学习练习，可继续图 2-68d～f 的绘图练习。

5）镜像上半部轮廓，如图 2-68d 所示。

6）直线连接中间的直线，如图 2-68e 所示。

7）延伸中心线两端适当距离，如图 2-68f 所示。

注意，第 5）～7）步绘制的形状在编程前可方便地应用“范围内+相交”窗选方式[内+相交]快速选择而删除。

2.5.2 练习图例

图 2-69～图 2-76 给出了部分二维图形练习图例，供学习时参考。

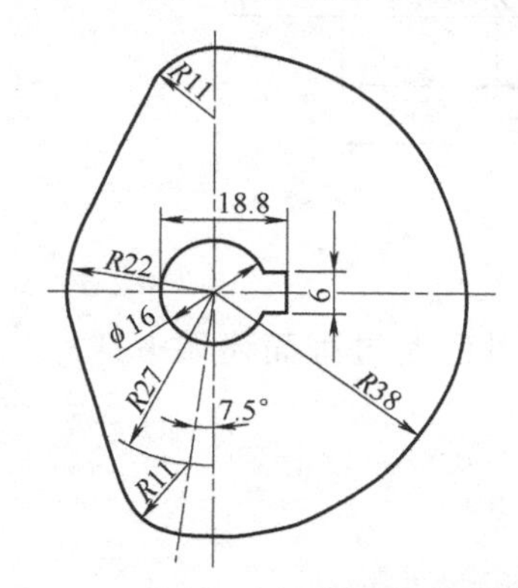

图 2-69　二维图形练习图例 1

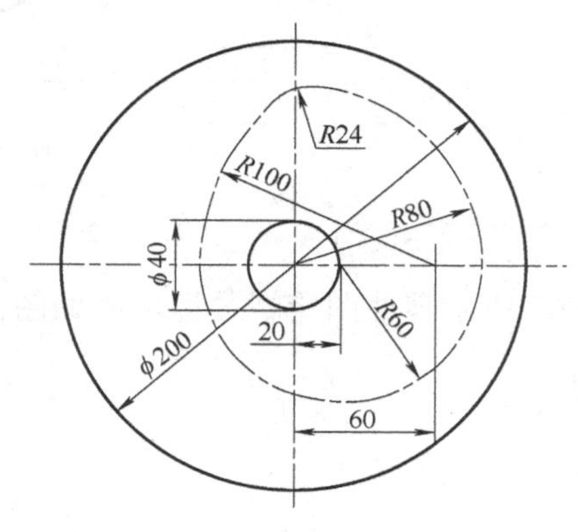

图 2-70　二维图形练习图例 2

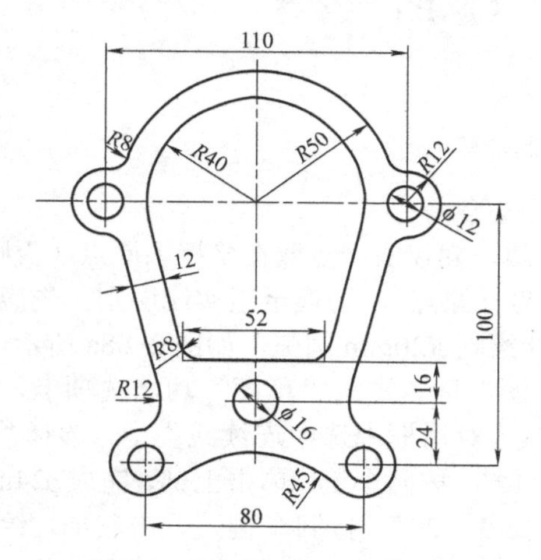

图 2-71　二维图形练习图例 3

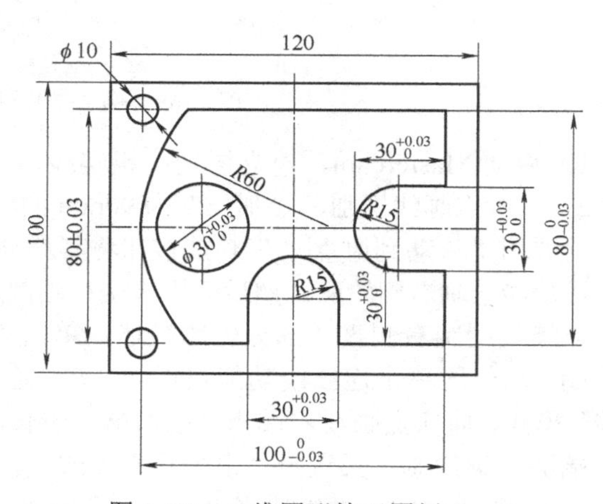

图 2-72　二维图形练习图例 4

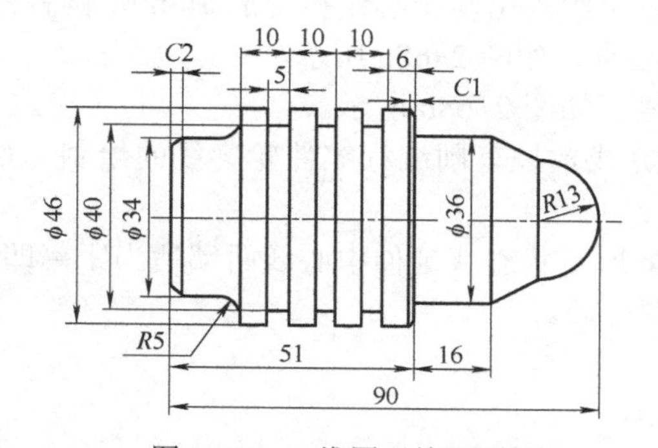

图 2-73　二维图形练习图例 5

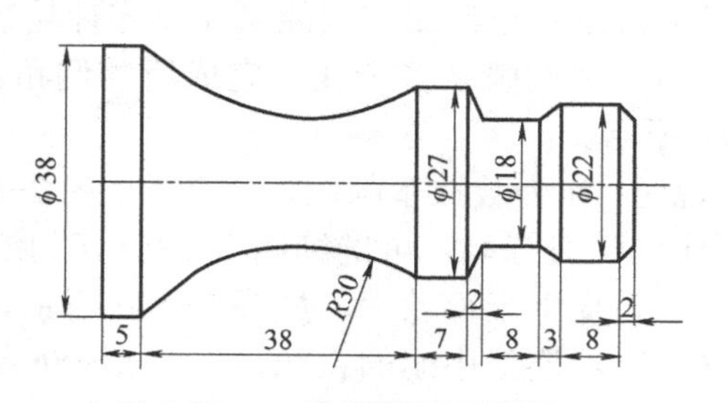

图 2-74　二维图形练习图例 6

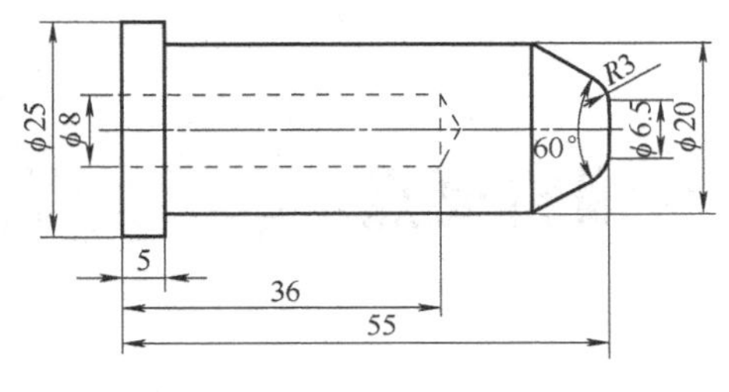

图 2-75　二维图形练习图例 7

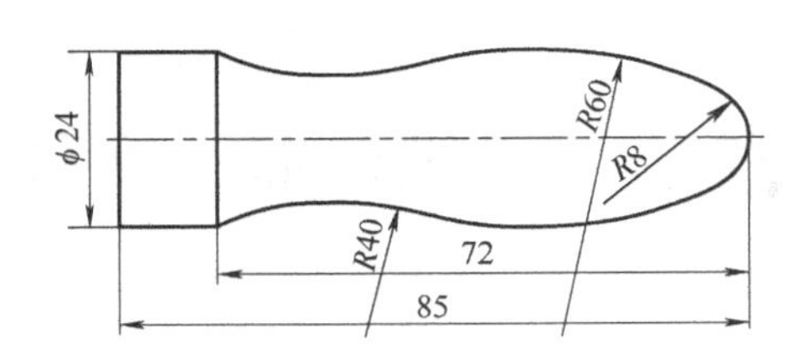

图 2-76　二维图形练习图例 8

本 章 小 结

本章主要介绍了 Mastercam 2017 二维绘图的功能以及二维绘图过程中常用的转换功能操作，最后安排了一节操作示例与练习图例，旨在通过操作示例练习，掌握二维图形的绘制操作，而练习图例是检测读者学习该软件的掌握程度。二维绘图功能在 Mastercam 的老版本中基本都有，因此对于老用户更多的是熟悉 Mastercam 2017 的 Ribbon 风格功能区操作界面的使用。当然，对于新用户，全面系统的学习与熟悉是必要的。

第3章 三维曲面、实体建模与编辑要点

3.1 概述

三维几何模型是CAD/CAM技术的重要内容之一，其改变了传统二维投影视图的表达方式，代表了设计与制造的发展方向，也是计算机辅助编程必需的前提条件，特别是三维几何模型，手工编程加工几乎不可能完成，而计算机辅助编程又必须要有其三维数字模型，Mastercam数控编程也不例外，为此Mastercam也开发有三维几何模型的建模与编辑功能，其几何模型包括曲面与实体两大类。

3.1.1 三维模型简介

三维模型是三维实体零件的数字化表述，与传统工程三视图二维图形投影描述三维实体有着本质的区别，其包含了三维实体的完整信息，数控加工自动编程时，可通过编程系统自动地提取加工表面的几何信息，然后按一定的规则生成刀具轨迹等，并最终后处理为相应的数控加工代码。因此，三维模型是数控加工自动编程的基础，几乎所有的数控加工编程软件均具有三维模型建模功能。

三维模型的数字化表述常见的有三维曲面与实体两种，作为三维实体的建模过程其相应的编辑功能是必须具备的。Mastercam 2017的三维实体建模功能主要集中在“曲面”与“实体”功能选项卡中，其中的修剪功能可认为是曲面与实体的编辑功能；而“建模”功能选项卡和“转换”功能选项卡也是三维实体与曲面建模常用的手段。

3.1.2 三维模型造型基础

三维模型与二维模型的差异是增加了一维空间，二维模型表述的图形一般在一个平面中，这在三维造型中称之为绘图平面。三维造型是在二维图形的基础上增加了一维——构图深度，该维坐标轴的方向是垂直于构图平面的。这些概念在第1章关于新增平面管理器中已谈到，这里将更为系统地讲解。

构图平面的两垂直坐标轴加上与之垂直的构图深度坐标轴构成了三维模型造型的笛卡儿直角坐标系。

1. 构图平面

构图平面（又称绘图平面）是为简化或规范三维模型的构建而提出的一个概念，也是构图深度概念的参照。选中的构图平面是当前用户使用的绘图平面，在其上可依据前述二维图形绘制的方法构建三维模型的截面线框或平面等。

构图平面的选择除可在“平面”操作管理器中操控外（参见1.2.4节中相关内容），还可在下部状态栏中单击“绘图平面”字样弹出绘图平面菜单设置，如图3-1所示。

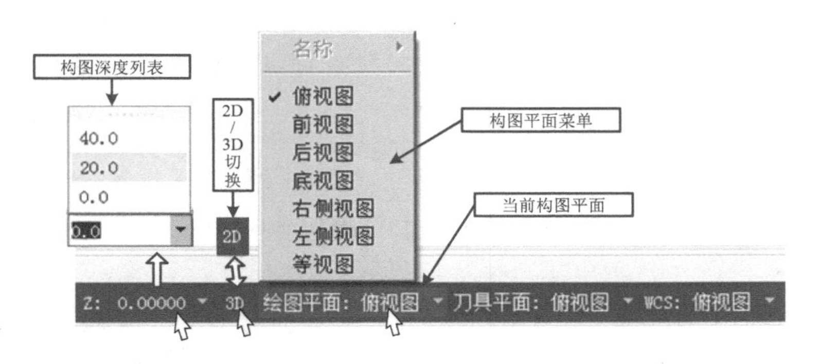

图 3-1　绘图平面、构图深度和 2D/3D 切换操作

2．构图深度

构图深度的概念在 1.2.4 节中也已谈到，构图深度是三维线框图以及三维曲面与实体构建常用的参数。构图深度除可在状态栏中设置，还可在“主页”功能选项卡和快捷菜单的图素属性工具栏中设置，如图 3-2 所示。

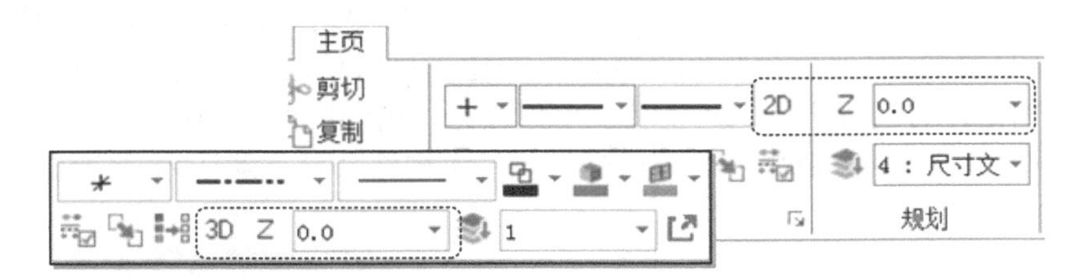

图 3-2　“主页”功能选项卡和图素属性工具栏中构图深度设置按钮

构图深度的设置方法详见 1.2.4 节中相关内容。

3．2D/3D 绘图模式切换

2D/3D 绘图模式是两种绘图模式，单击相应按钮可相互切换。

在 3D 绘图模式下，若用输入坐标点方式，则只需输入构图平面内的 X、Y 坐标值，Z 坐标由构图深度确定。若同时输入 X、Y、Z 三个坐标值，则直接指定了空间点。若用捕抓方式确定点，则捕抓点不受构图深度的影响。而在 2D 绘图模式下，不管捕抓点的 Z 坐标是否等于构图深度 Z 值，均以构图深度 Z 值作为 Z 坐标，因此，实际中若需要在构图平面中绘制二维图形，则在设定构图深度后，一般将其切换为 2D 绘图模式。

另外，在三维模型设计中，第 1 章中介绍的图形的外观设置、屏幕视图等也是经常用到的操作。还有，第 2 章 2.4 节中介绍的转换功能同样适用于三维模型。

3.2　三维曲面设计

3.2.1　三维曲面功能选项卡简介

单击“曲面”标签，进入“曲面”功能选项卡，如图 3-3 所示，其包含基本曲面、创建、修剪、法向四个功能区，其中，创建和修剪功能区中共有四个下拉菜单功能按钮。

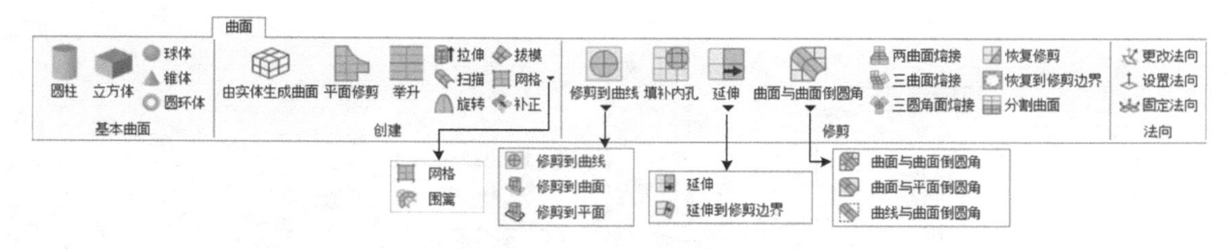

图 3-3 “曲面”功能选项卡

3.2.2 基本曲面的创建

在“曲面”功能选项卡的“基本曲面”功能区中包含圆柱、立方体、球体、锥体和圆环体五个功能按钮。基本曲面是典型的曲面，系统预定义了基于基本参数的快速创建功能。

单击“基本曲面”功能区中的“圆柱”功能按钮，默认弹出的是折叠的“圆柱”对话框，如图 3-4a 所示，按操作提示操作即可完成绘制。在图 3-4a 所示的对话框中，上面“实体/曲面”选项组中在此默认的是“曲面”选项有效，按操作提示确定基准点、半径和高度三个参数后即可预览到淡蓝色圆柱面，此时可在半径和高度参数文本框中输入所需的数值。同时，基准点、半径和高度按钮均可重新编辑。单击“切换方向”按钮可使圆柱曲面沿轴线方向“反向”和“双向”变化。最后单击“确定”按钮完成操作。

应当说明的是，若选择上部的“实体”单选按钮，则绘制的是圆柱体；若执行“实体→基本实体→圆柱体”命令，则弹出的对话框与此基本相同，只是默认为“实体”选项有效，其操作方法也与此类似。

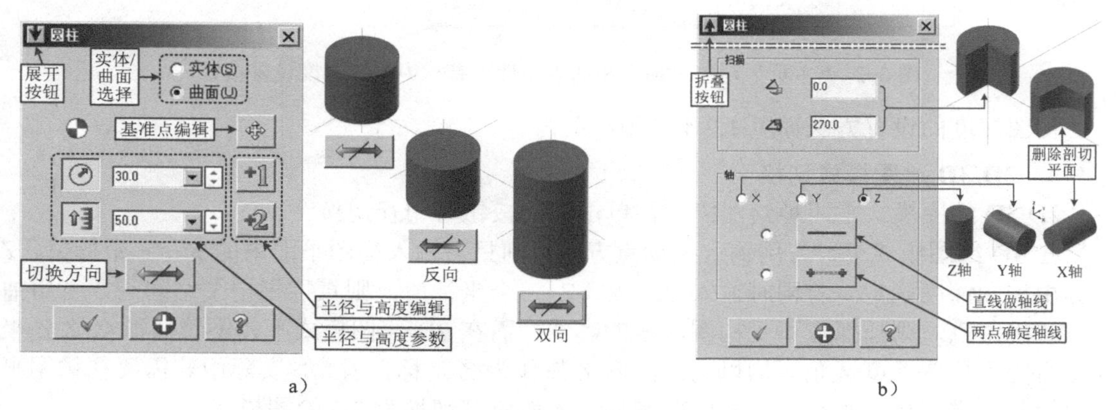

图 3-4 “圆柱”对话框与示例

a）折叠对话框 b）展开对话框

单击图 3-4a 所示对话框左上角的展开按钮，对话框下部展开出图 3-4b 所示内容（图 3-4a 所示部分内容省略），同时按钮转化为折叠按钮形式。展开的对话框多出了“扫描”与“轴”设置选项，图 3-4b 中右上图显示是扫描角为 0°～270° 的圆柱曲面，若删除中间的两个剖切平面，可看到空心的圆柱面，这就是曲面与实体的视觉差异之一。“轴”选项区提供了圆柱面轴线的设置选项和按钮，默认为 Z 轴，单击选择“X”或“Y”按钮可修改圆柱面的轴线。当然，系统还提供了用已知直线为轴线，或选择两点，以其虚拟的轴线为轴线创建圆柱面，图中未示例。

其他基本曲面的绘制方法类似，读者可参照操作提示与对话框设置尝试。图 3-5 所示给出了部分立方体、球体、锥体和圆环体曲面创建示例，供参考。

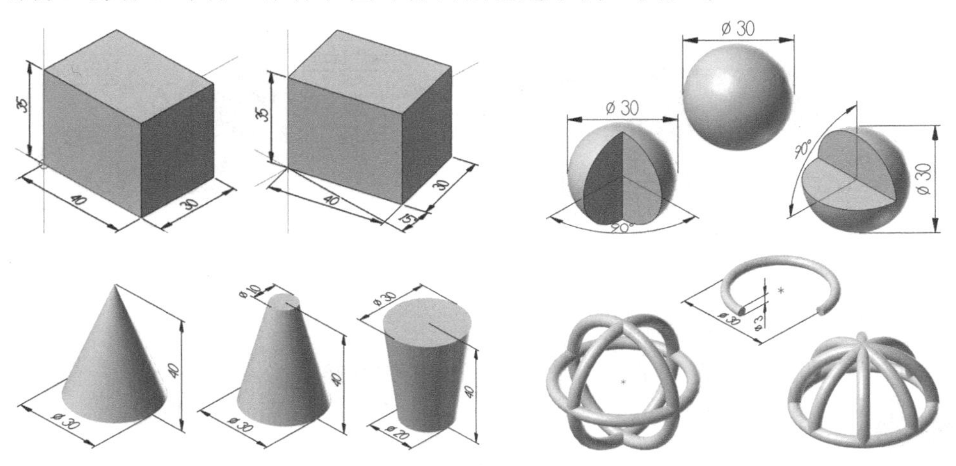

图 3-5　部分立方体、球体、锥体和圆环体曲面创建示例

3.2.3　常见曲面的创建

仅仅依靠以上基本曲面的创建，还不足以满足实际需求，为此系统还提供了其他曲面的创建方法，主要集中在“曲面”功能选项卡的“创建”功能区，参见图 3-3。

1．举升/直纹曲面

举升/直纹曲面是将指定的两个或两个以上的截面曲线，按选择的先后顺序和一定规则拟合而成的平滑曲面。若每个截面曲线之间用曲线连接，则称之为举升曲面；若用直线相连，则为直纹曲面。举升/直纹曲面如图 3-6 所示。

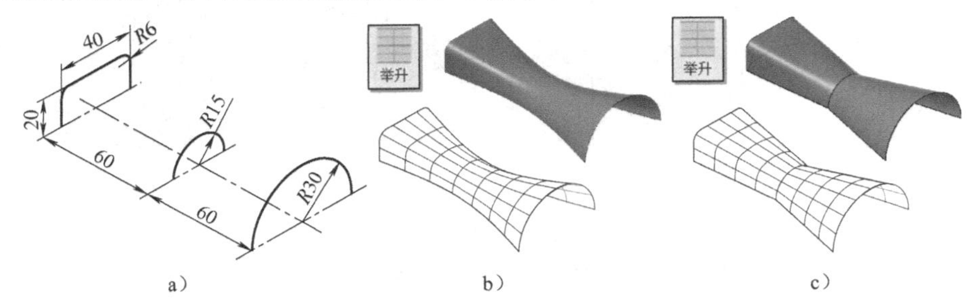

a）　　b）　　c）

图 3-6　举升/直纹曲面

a）几何参数　b）举升曲面　c）直纹曲面

举升曲面与直纹曲面创建方法基本相同。现以图 3-6b 所示的举升曲面为例介绍其创建方法，创建步骤如图 3-7 所示。

1）单击“曲面→创建→举升▦”功能按钮，弹出“串连选项”对话框和操作提示：“举升曲面：定义外形 1”，同时激活“直纹/举升曲面”管理器。

2）确认图形类型为“举升”单选按钮有效（默认的），确认“串连”按钮按下，按操作提示依次选择大、小圆弧和槽线截面，单击“确认”按钮✔完成截面曲线的选择。注意，串连的方向与起点必须相同。

3）单击“确定”按钮，生成举升曲面。

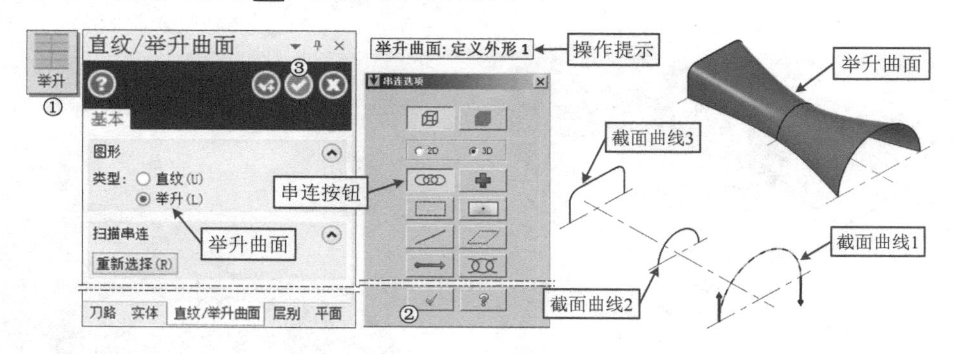

图 3-7 举升曲面创建过程图解

注意

举升/直纹曲面创建时截面线串连选择时的顺序、方向与起点等对曲面的生成有很大的影响。以下给出几例供学习参考。

图 3-8 所示为某举升/直纹曲面示例。图 3-8a 所示为截面曲线几何参数，由于圆的起点默认为右侧，因此要将上方框右侧直线中点打断并作为串连选择的起点，图 3-8b、c 所示分别为对应生成的举升曲线与直纹曲线。若不打断，则串连选择的起点一般为直线的端点。图 3-8d 所示为未打断直线时以直线右上端点为起点的举升曲面，注意其产生了扭曲。

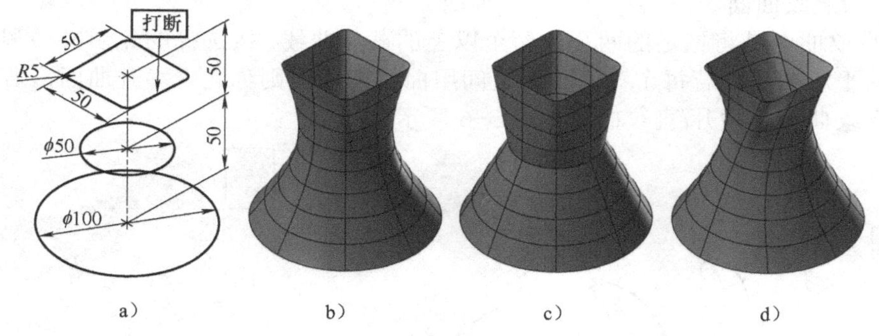

图 3-8 某举升/直纹曲面示例

a）几何参数 b）举升曲面 I c）直纹曲面 d）举升曲面 II

图 3-9 所示为三个举升/直纹曲面图例，供学习时参考。

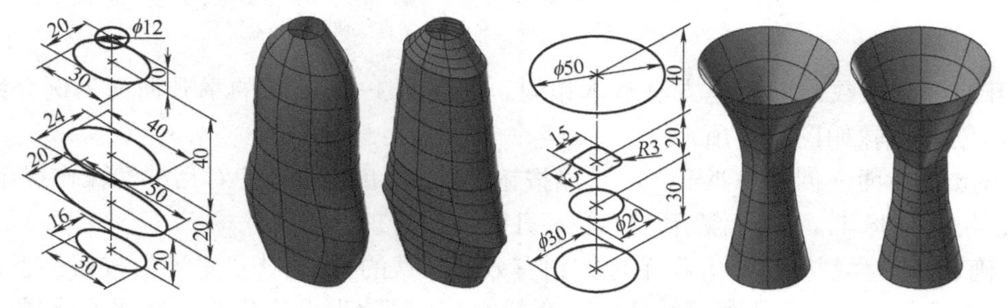

图 3-9 三个举升/直纹曲面图例

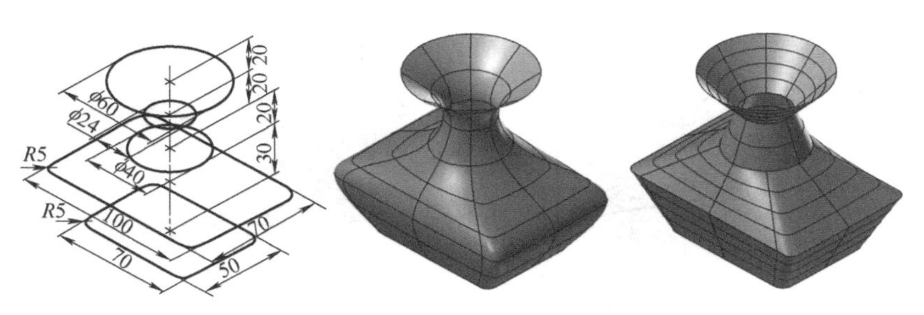

图 3-9 三个举升/直纹曲面图例（续）

2．旋转曲面

旋转曲面是指将选择的串连轮廓线绕指定的轴线旋转一定的角度所生成的曲面。旋转曲面创建示例如图 3-10 所示。

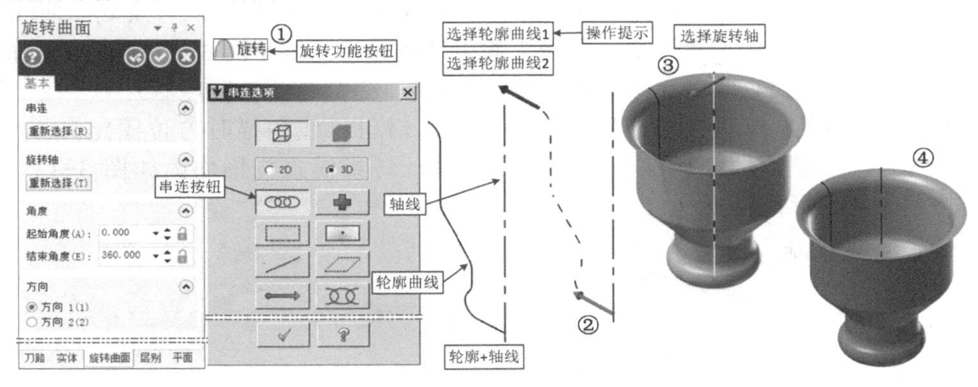

图 3-10 旋转曲面创建示例

图 3-10 所示旋转曲面的创建过程如下：

1）单击“曲面→创建→旋转”功能按钮，弹出“串连选项”对话框和操作提示：“选择轮廓曲线 1”，同时激活“旋转曲面”管理器。

2）确认“旋转曲面”管理器中的参数：旋转角度为 0° 和 360° ，方向为方向 1；“串连选项”对话框中串连按钮有效。单击旋转轮廓曲线下部位置选择串连曲线，如图 3-10 所示，同时操作提示变为：“选择轮廓曲线 2”，单击“确认”按钮完成轮廓曲线选择。操作提示变为：“选择旋转轴”。

3）选择旋转轴线，可预览到旋转曲面，轴线上部有一个虚线圆和旋转箭头，表示旋转方向 1（操作管理器中的方向选项）。

4）单击“确定”按钮，生成旋转曲面，如图 3-10 所示。

以上，在第 3）步可在操作管理器中修改旋转角度和方向参数，如图 3-11 所示的结束角度 180° 和方向 1 或方向 2，其生成的旋转曲面预览和结果如图 3-11 所示。

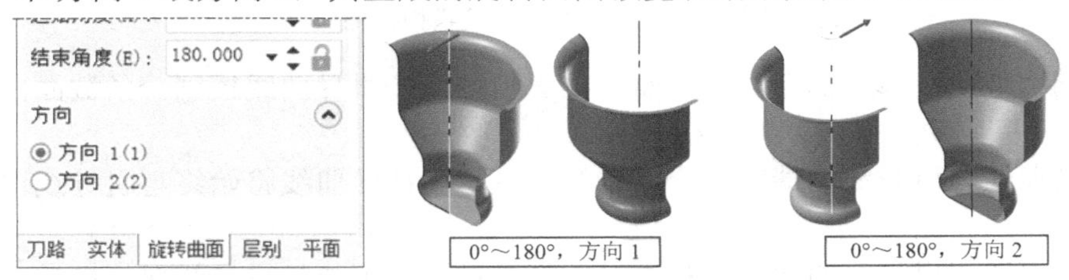

图 3-11 旋转曲面旋转角度与方向修改示例

图 3-12 所示为旋转曲面图例，供学习时参考，其轮廓曲线是一条样条曲线。

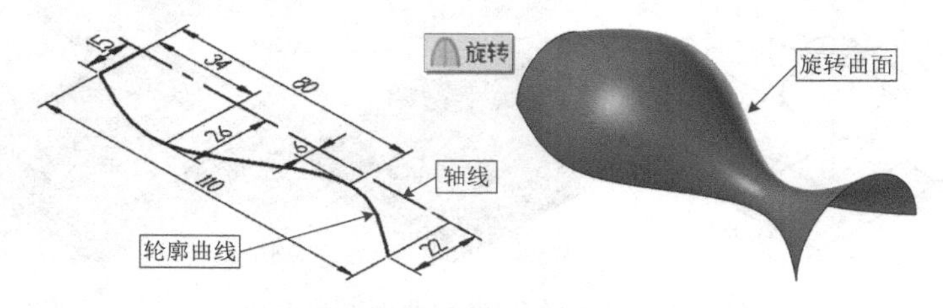

图 3-12　旋转曲面图例

3．扫描曲面

扫描曲面是指将截面曲线沿引导线平移扫略所生成的曲面。扫描曲面有三种生成方式：一条截面曲线+一条引导线；两条（或多条）截面曲线+一条引导线；一条截面曲线+两条引导线。其中，截面曲线一般为平面曲线，而引导线可为二维平面曲线或三维空间曲线。

扫描操作图形模式有四种（参见图 3-18 所示的“扫描曲面”管理器）：

1）转换：该模式创建扫描曲面时，截面曲线沿引导线扫描时方位固定，不出现旋转和扭曲变化，即截面曲线所在平面做平移运动。转换模式扫描曲面如图 3-13 所示，圆管出现了截面变形的情况。

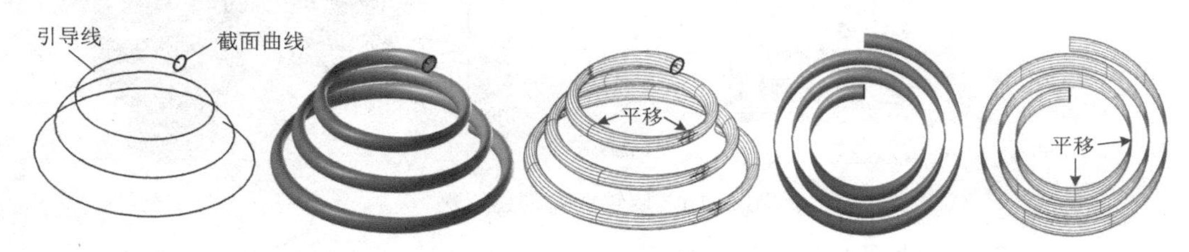

图 3-13　转换模式扫描曲面

2）正交到曲面：该模式创建扫描曲面时，一个曲面及其上的一条轮廓引导线，扫描过程中截面轮廓线所在平面保持与该已知曲面垂直。正交到曲面模式扫描曲面如图 3-14 所示。

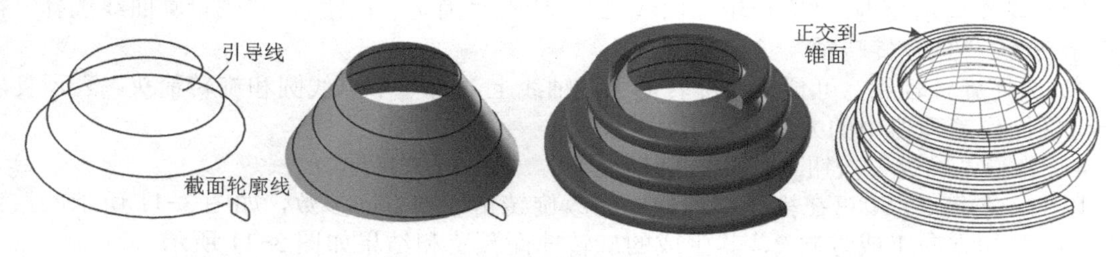

图 3-14　正交到曲面模式扫描曲面

3）两条引导线：该模式创建扫描曲面时，使用两条引导曲线控制一条截面曲线扫描生成曲面。

若截面曲线与引导线的端点相交，则扫描过程中截面曲线将始终与引导线保持接触，如图 3-15a 所示。

若截面曲线与引导线的端点不相交，则扫描过程中不能与引导线保持接触，只能引导截面曲线扫描的规律，如图 3-15b 所示。

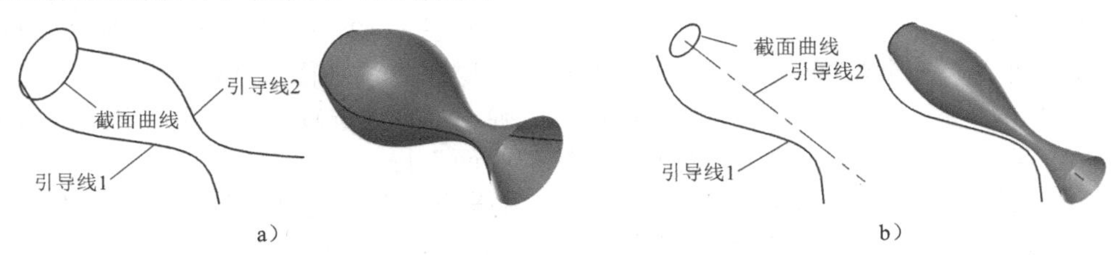

图 3-15　两条引导线模式扫描曲面 I

a）截面曲线与引导线相交　b）截面曲线与引导线不相交

两条引导线扫描，截面曲线的类型可以是圆弧、多段线甚至直线。截面曲线的数量也可是两条甚至多条，如图 3-16 所示。

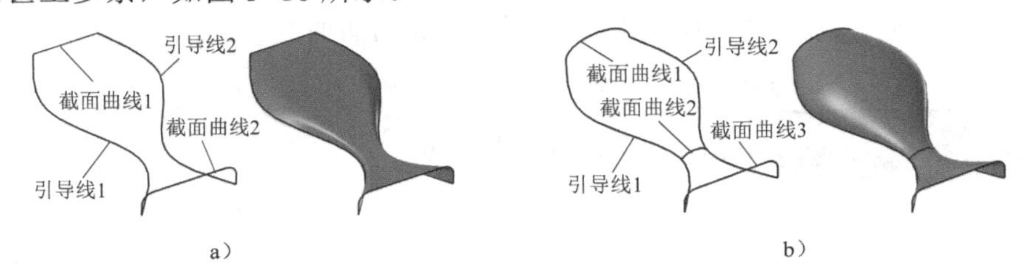

图 3-16　两条引导线模式扫描曲面 II

a）两条截面曲线　b）三条截面曲线

4）旋转：该模式创建扫描曲面时，截面曲线沿引导线扫描时方位随引导线变化，并出现旋转与扭曲变化。由于旋转的作用，所获得的扫描曲面（如图 3-17 中的圆管）未出现图 3-13 所示的截面变形的现象。

若引导线是平面曲线，则仅出现旋转变化，即截面曲线平面与引导线保持垂直，如图 3-17a 所示。

若引导线是非平面曲线，则不仅会出现旋转变化，且截面曲线还会出现扭转变化，如图 3-17b 所示。

在旋转模式下才能勾选“依照平面”复选框，其可激活构图平面。

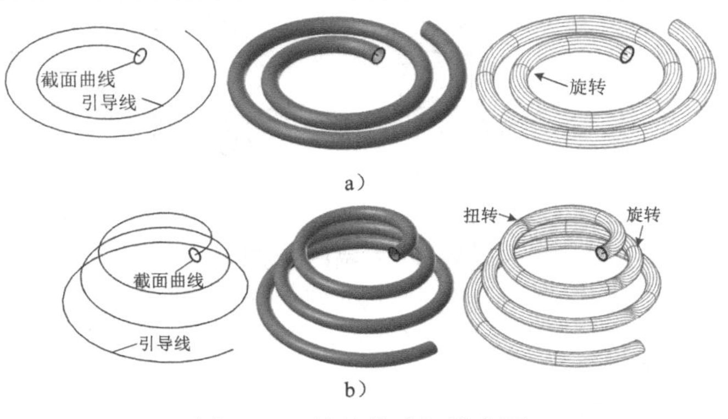

图 3-17　旋转模式扫描曲面

a）平面引导线　b）三维引导线

扫描曲面的创建变化多样，建议多练习体会。下面以图 3-15a 所示两条引导线扫描曲面为例介绍其创建过程，其引导线 1 的几何参数参见图 3-12，引导线 2 为引导线 1 的镜像图形，截面曲线为一个整圆，与引导线端点相交。操作方法（图 3-18）如下：

1）单击“曲面→创建→扫描”功能按钮，弹出“串连选项”对话框和操作提示：“扫描曲面：定义 截断方向外形”，同时激活“扫描曲面”操作管理器。

2）单击截面线，可见到串连箭头。单击“串连选项”对话框中的“确认”按钮，完成截面曲线的选择。此时操作提示为：“扫描曲面：定义 引导方向外形”。

3）在“串连选项”对话框中单击“单体”按钮，单击引导线 1 靠近截面曲线处，确保引导线串连的方向向外。此时操作提示变为：“扫描曲面：定义引导方向串连 2”。

4）在单体方式下继续单击引导线 2 靠近截面曲线处，选择引导线 2。

5）单击“串连选项”对话框中的“确认”按钮，完成引导线的选择，可预览到扫描曲面，单击操作管理器上的“确定”按钮，生成扫面曲面。

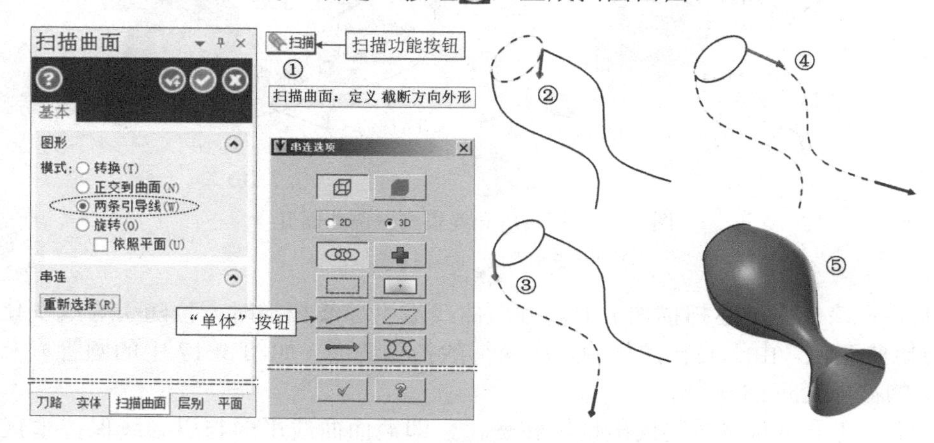

图 3-18　两条引导线模式创建扫描曲面操作示例

图 3-19 所示为扫描曲面示例，供学习时参考。

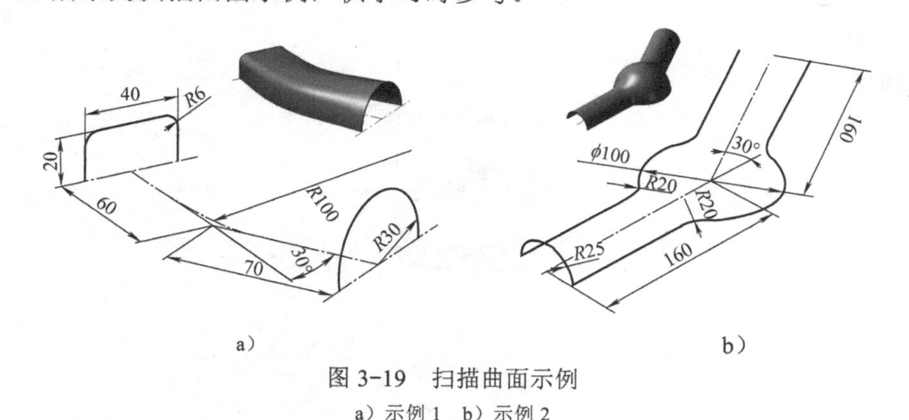

图 3-19　扫描曲面示例

a）示例 1　b）示例 2

4. 拉伸曲面

拉伸曲面（又称挤出曲面）是指将一个封闭的外形轮廓拉伸出一个封闭的外轮廓表面曲面模型。

单击“曲面”功能选项卡“创建”功能区的“拉伸”功能按钮，弹出“串连选项”对话框及操作提示：“选择由直线及圆弧构成的串连，或封闭曲线 1”，单击封闭轮廓线，弹出“拉伸曲面”对话框，同时预览到拉伸曲面，设置参数后可看到预览曲面图形的变化，单击“应用”按钮可继续拉伸操作，单击“确定”按钮完成拉伸曲面的创建。

图 3-20 所示为拉伸曲面设置及其曲面示例图解。其中，“串连曲线”按钮与“基点”按钮用于图形预览状态下的重新编辑，一般不用，基点符号表示基点的位置，为所选图形的重心；“翻转”按钮是一个方向翻转循环按钮，红色箭头表示方向，单击时箭头会变化，同时预览曲面也会变化，可单击至图形满足要求为止，图中未示出按直线拉伸轴和按两点连线为轴的图解。

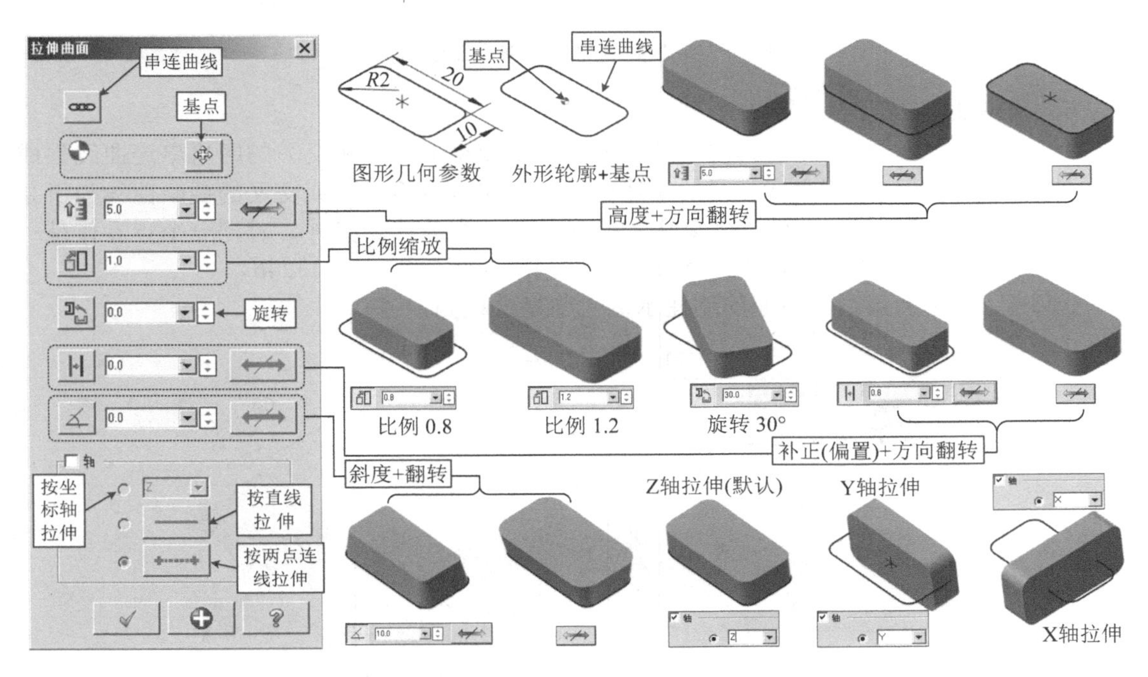

图 3-20　拉伸曲面设置及其曲面示例图解

5. 拔模曲面

拔模曲面（又译为牵引曲面，Draft Surface）指以当前的构图平面为拔模平面，将一条或多条曲线（直线、圆或圆弧、样条曲线等）轮廓按指定的高度（或长度）拔模出曲面或拔模到指定平面。

图 3-21 所示为拔模曲面创建示例，单击“曲面”功能选项卡“创建”功能区的“拔模”功能按钮，弹出“串连选项”对话框和操作提示：“选择直线，圆弧，或曲线 1”，单击曲线轮廓，单击“确定”按钮，弹出“牵引曲面”对话框并生成拔模曲面预览，按图 3-21 设置曲面参数，单击“确定”按钮，完成拔摸曲面的创建。

若单击“牵引曲面”对话框中的“平面”单选按钮，则可激活下部的“平面选择”按钮，单击该按钮可弹出“选择平面”对话框，可进行拔模到平面的操作。

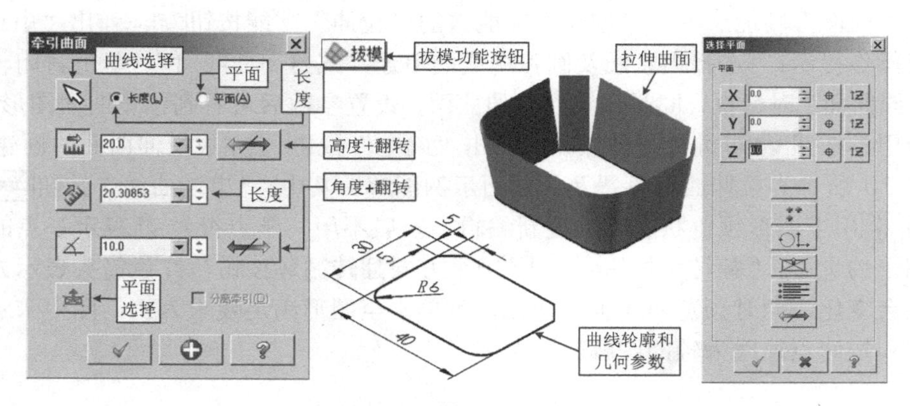

图 3-21　拔模（牵引）曲面创建示例

6. 网格曲面

网格曲面（Net Surface）指通过选择若干相交或交叉（不相交）的网格串连曲线生成的一种特殊曲面。这组相交或交叉的串连图素一般包含两组相交或交叉的截断曲线与引导线，即四根相交或交叉的曲线，实际中最常见的是相交曲线。另外，若把一个点看作是一条长度为零的曲线，则最少可用三条曲线生成网格曲面，参见图 3-24b。

图 3-22 所示为某网格曲面的创建示例，创建过程如下：

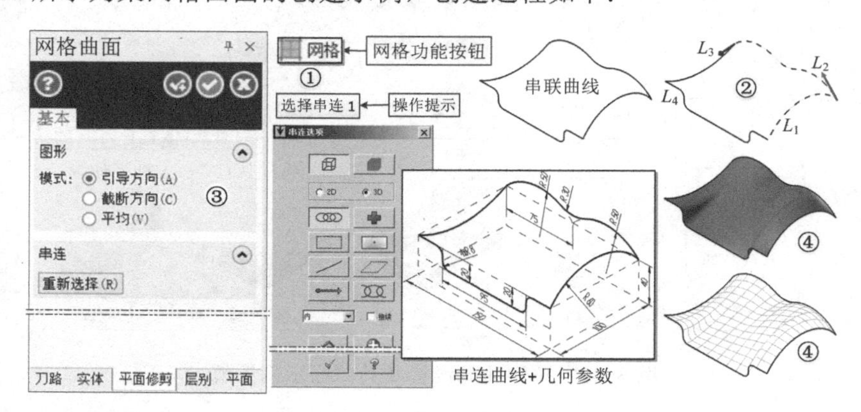

图 3-22　某网格曲面创建示例

1）单击“曲面→创建→网格”功能按钮，弹出“串连选项”对话框和操作提示：“选择串连 1”，同时激活“网格曲面”操作管理器。

2）按图 3-22 所示依次串连选择 L_1、L_2、L_3、L_4 曲线，单击“确认”按钮，生成预览网格曲面。

3）如有必要，在操作管理器中选择图形模式。相交串连曲线可以不考虑这一步。

4）单击“确定”按钮，完成网格曲面的创建。图 3-22 中分别示出了着色和线框两种外观图形。

注意

在第 2）步选择时系统自动按选择的先后顺序定义为“截断曲线—引导线—截断曲线—引导线”，即 L_1、L_2 和 L_3、L_4 分别为一组截断曲线与引导线。

在“网格曲面”操作管理器中，图形模式选项主要用于交叉曲线创建网格曲面时。图 3-23 所示为图 3-22 中串连曲线修改为交叉曲线后不同选项的含义及图解，创建方法参见图 3-22。各选项含义如下：

1）截断方向：曲面的 Z 轴位置取决于两条截断曲线。图中可见曲面与 L_1、L_3 接触。

2）引导方向：曲面的 Z 轴位置取决于两条引导线。图中可见曲面与 L_2、L_4 接触。

3）平均：曲面的 Z 轴位置为截断曲线与引导线的中间位置。图中可见曲面与串连曲线均不接触。

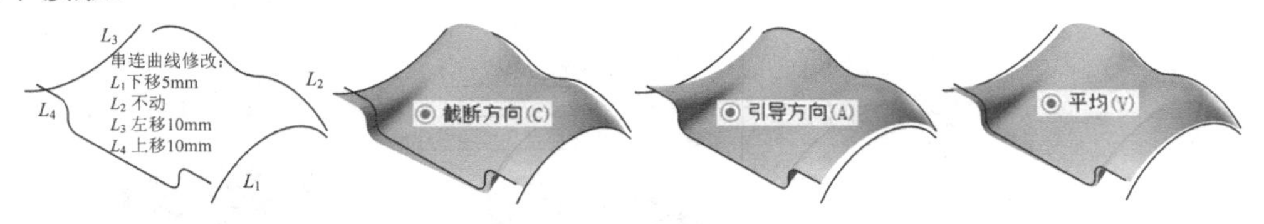

图 3-23　网格曲面模式示例

图 3-24 所示为网格曲面创建示例，供学习时参考。图 3-24a 所示为图 3-16 的扫描曲面线架创建的网格图例；图 3-24b 所示为顶点代表一条曲线。注意曲线选择的先后顺序对曲面构成的影响（在线框模式下可清晰地看出）。

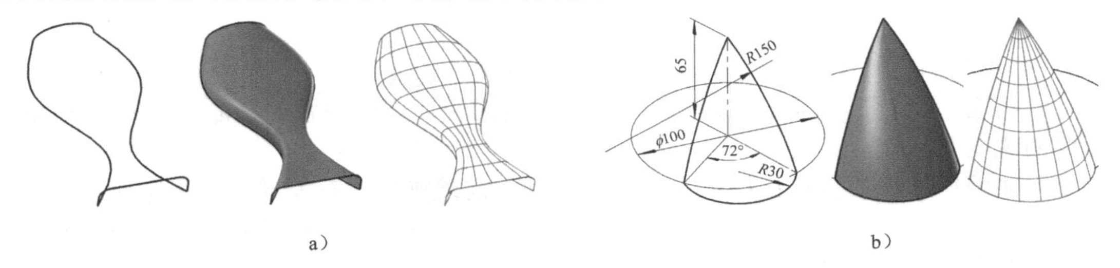

图 3-24　网格曲面创建示例

a）示例 1　b）示例 2

7．围篱曲面

围篱曲面是在指定曲面轮廓线处创建的垂直或给定角度的直纹曲面，如图 3-25 所示。这里，指定曲面可以是平面或曲面，轮廓线可以是直线或曲线。围篱曲面有三种形式：

1）固定：沿串连曲线上高度和角度恒定不变，为默认选项。

2）立体混合：沿串连曲线上高度和角度呈现“S”形立方混合函数变化。

3）线性锥度：沿串连曲线上高度和角度呈线性变化。

围篱曲面创建步骤如下：

1）单击“曲面→创建→网格▼→围篱[围篱]”功能按钮，弹出“围篱曲面”操作管理器和操作提示：“选择曲面”。

2）选择指定曲面，弹出“串连选项”对话框（图 3-25 中未示出），同时操作提示变为：“选择串连 1”。

3）单击曲面轮廓曲线，单击“确认”按钮，生成预览围篱曲面。注意，串连的方向确定了高度和角度参数的起始和结束值。

4）在操作管理器中设置围篱曲面参数，单击“确定”按钮，完成围篱曲面的创建。

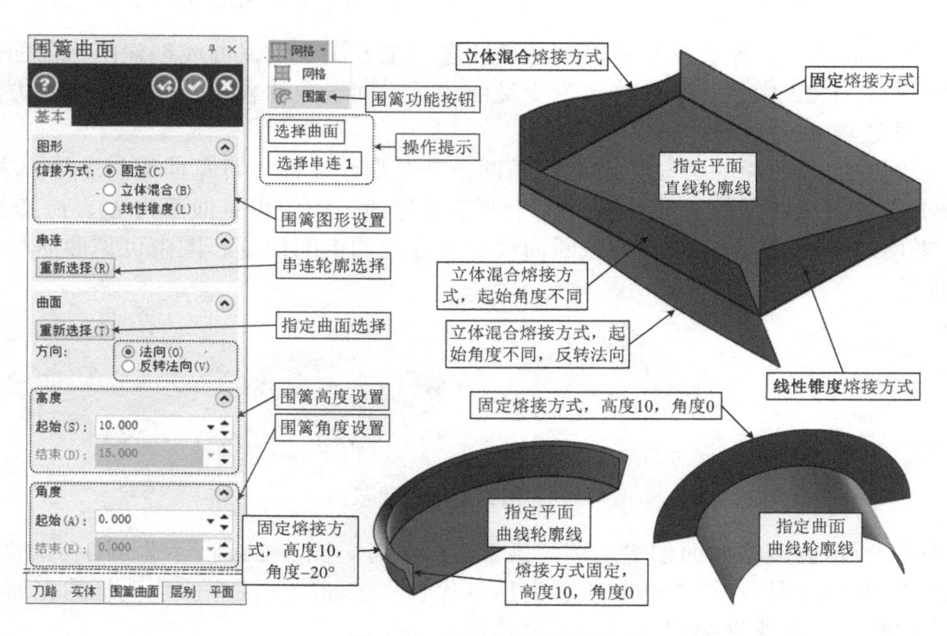

图 3-25　围篱曲面示例

8．补正曲面

补正曲面指相对一个或多个指定曲面，按指定距离和方向偏置的曲面。图 3-26 所示为补正曲面说明与示例。

补正曲面操作一般按操作提示进行即可，其与前述操作略有差异：①指定原始曲面时需单击“结束选择”按钮“结束选择”完成；②补正结束后的曲面需要单击快捷菜单中的“清除颜色”按钮恢复曲面本色。

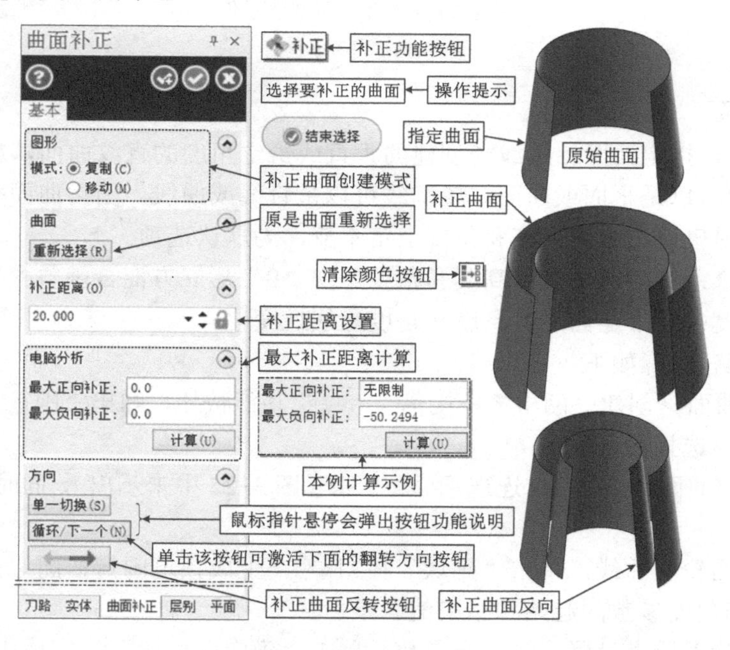

图 3-26　补正曲面说明与示例

9．其他曲面的创建

“曲面”功能选项卡创建功能选项区还有两个功能按钮：“平面修剪”和“由实体生成曲面”。另外，前述“矩形”绘制操作管理器下有一个“创建曲面”复选框，参见图2-25，勾选后（☑创建曲面(S)）可绘制出矩形平面。这三个曲面创建较为简单，一般按操作提示即可完成，这里仅分析其应用特点。

矩形平面可用于创建简单或后续编辑用到的初始平面。

平面修剪是在初始平面（如矩形平面）的基础上，通过任意封闭形状轮廓修剪平面，如图3-27所示，平面修剪后要隐藏（或删除）原始平面才能看到修剪结果，且修剪的平面仅是轮廓内平面，故该功能主要用于创建各种不同外轮廓形状的平面。学习时注意与“修剪”功能区中“修剪到曲线”功能的差异。

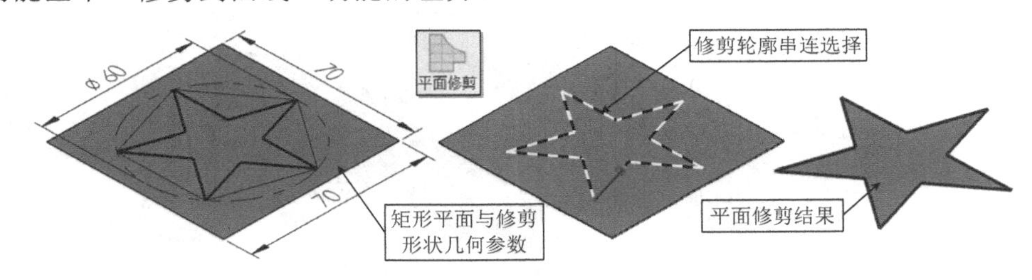

图3-27　平面修剪示例

由实体生成曲面功能广泛用于外部导入的STP格式实体模型文件，提取的曲面可较好地用于后续的数控加工编程，实际中应用广泛。

3.2.4　曲面的编辑修剪

创建实际曲面模型时，曲面的编辑与修剪等是常用的操作，这些功能主要集中在“曲面”功能选项卡的“修剪”功能区，参见图3-3。

1．曲面的修剪

曲面修剪是指将指定曲面沿选定的边界（如曲线、曲面和平面等）进行修剪。曲面修剪功能有三个功能按钮：“修剪到曲线”、“修剪到曲面”和“修剪到平面”，三个按钮集成在一个下拉菜单中，参见图3-3。

（1）修剪到曲线　该功能可将指定的曲面沿选定的封闭曲线边界进行修剪。修剪时的边界为指定曲线在选定曲面上的投影曲线。

修剪到曲线操作过程（参考图3-28）如下：

1）单击“曲面→修剪→修剪到曲线”功能按钮，弹出“修剪到曲线”操作管理器和操作提示：“选择曲面，或按<Esc>键继续”。

2）选择指定待修剪曲面，按回车键或单击“结束选择”按钮结束选择完成曲面选择，弹出“串连选项”对话框，继续操作提示：“请选择曲线1”。

3）串连选择修剪曲线，继续操作提示：“请选择曲线2”。单击“确认”按钮，继续操作提示：“选择曲面去修剪-指出保留的区域”。注意：从继续操作提示可看出修剪曲线可选择多条曲线。

4）单击待修剪曲面，显示出随光标移动的法线箭头，继续操作提示：“将箭头移动至曲面修剪后保留的位置”。箭头移动至曲面上待保留位置，单击，生成预览的修剪结果。

5）在操作管理器中设置必要选项，单击“确定”按钮，完成曲面修剪操作。图 3-28 中示出了两种修剪结果。

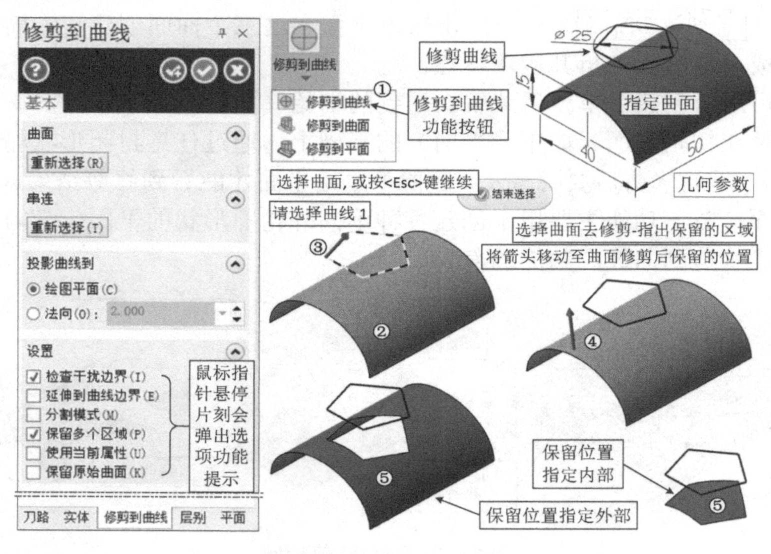

图 3-28　曲面修剪到曲线示例

注 意

此功能的指定曲面允许为平面；修剪曲线可以为不封闭曲线，甚至可以为不完全贯穿曲面（此时必须勾选“延伸到曲线边界”复选框）。

（2）修剪到曲面　该功能可将曲面修剪或延伸至另一个曲面的边界。图 3-29 所示为曲面修剪到曲面示例。

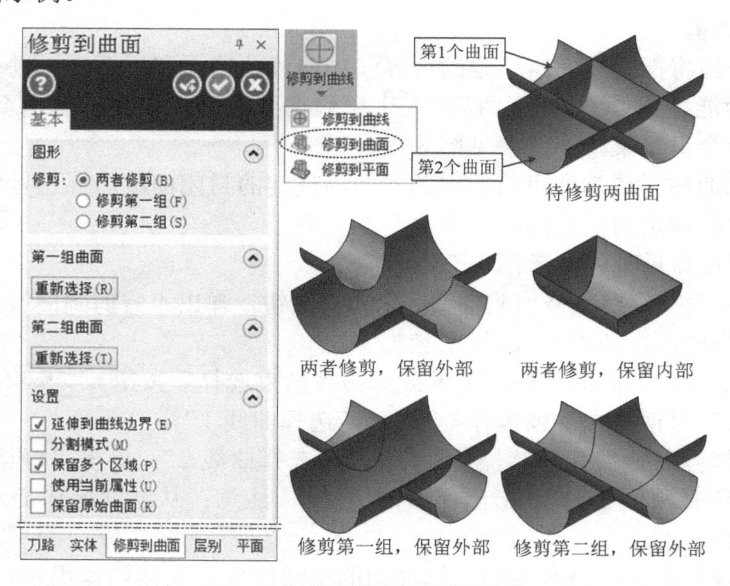

图 3-29　曲面修剪到曲面示例

修剪到曲面的操作步骤简述如下：

1）单击“曲面→修剪→修剪到曲线▼→修剪到曲面”功能按钮，弹出“修剪到曲面”操作管理器和操作提示：“选择曲面，或按<Esc>键继续”。

2）选择第一个曲面，按回车键，继续操作提示：“选择第二个曲面或按<Esc>键退出”。

3）选择第二个曲面，按回车键，继续操作提示：“选择曲面去修剪-指出保留区域”。

4）指定第一个曲面，显示出随光标移动的法线箭头，继续操作提示：“将箭头移动至曲面修剪后保留的位置”。箭头移动至曲面上待保留位置，单击，继续操作提示：“选择曲面去修剪-指出保留区域”。

5）指定第二个曲面，显示出随光标移动的法线箭头，继续操作提示：“将箭头移动至曲面修剪后保留的位置”。箭头移动至曲面上待保留位置，单击，生成预览的修剪结果。

6）在操作管理器中设置必要选项，单击“确定”按钮，完成曲面修剪操作。图 3-29 中示出了四种修剪结果，供参考。

（3）修剪到平面　该功能可将曲面修剪或延伸至某平面边界。图 3-30 所示为曲面修剪到平面示例。

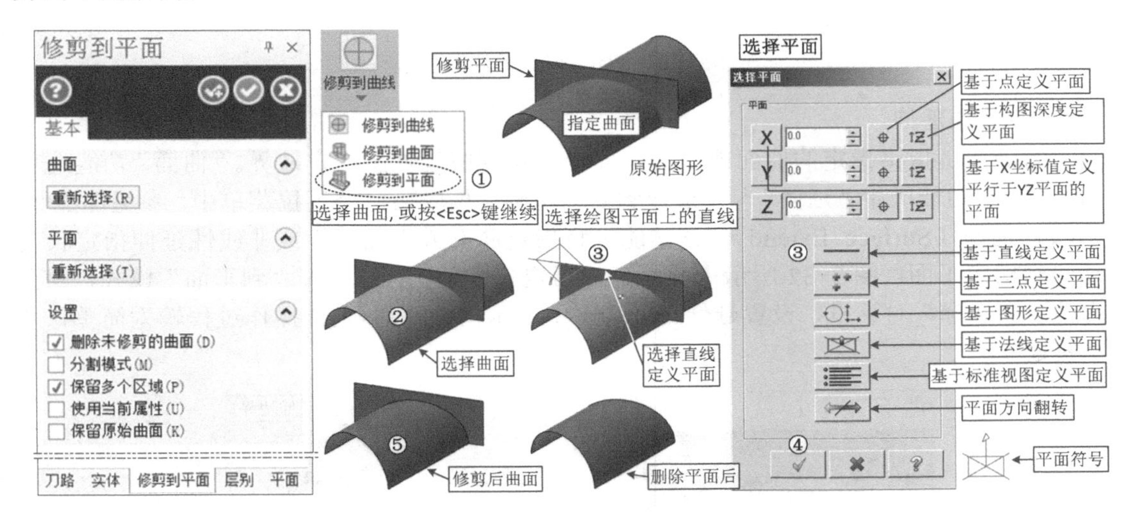

图 3-30　曲面修剪到平面示例

修剪到平面的操作步骤简述如下：

1）单击“曲面→修剪→修剪到曲线▼→修剪到平面”功能按钮，弹出“修剪到平面”操作管理器和操作提示：“选择第一个曲面或按<Esc>键退出”。

2）选择待修剪曲面，按回车键，继续操作提示：“选择平面”，并弹出“选择平面”对话框。“平面选择”对话框提供了多种定义平面的方法。

3）按“选择平面”对话框中的选项定义修剪平面。

图 3-30 中为基于直线定义平面。具体为：单击“选择直线”按钮，继续操作提示：“选择绘图平面上的直线”，单击图中平面上部的边框线（事先要创建一条边线），可见“选择平面”的符号，其法线方向可翻转。

4）单击“确认”按钮，生成预览的修剪结果。

5）在操作管理器中设置必要选项，单击“确定”按钮，完成曲面修剪操作。注意，图 3-30 中的修剪平面仅供选择平面时参考，修剪完成后不会删除，必须手工去除。

图 3-30 中的平面可以作为曲面看待，采用“修剪到曲面”功能，进行曲面修建，读者可尝试修剪操作。

2．填补内孔

填补内孔指对修剪曲面中指定的内孔或外孔边界进行重新填充恢复至修剪曲面前的状态，如图 3-31 所示（其填补前曲面为图 3-28 修剪后的曲面）。应当注意的是填补出的曲面与原曲面是两个曲面。单击“曲面→修剪→填补内孔”功能按钮，可激活“填补内孔”操作管理器。填补内孔操作较为简单，一般按操作提示即可完成，这里不赘述。

图 3-31 填补内孔前、后示例

a）填补内孔 b）填补外孔

3．曲面的延伸

曲面延伸是指将指定的曲面或平面延伸指定长度或延伸至指定边界。“曲面”功能选项卡的“修剪”功能区中“延伸”与“延伸到修剪边界”集成在一个下拉菜单中，参见图 3-3。

（1）延伸（Surface Extend） 该功能可将指定曲面或平面线性或非线性延伸指定长度或延伸到指定平面。图 3-32 所示为曲面延伸指定长度示例，若选择“到平面”模式，则会弹出“平面选择”对话框，设置延伸平面（图中未示出）。曲面延伸操作过程较为简单，这里不赘述。

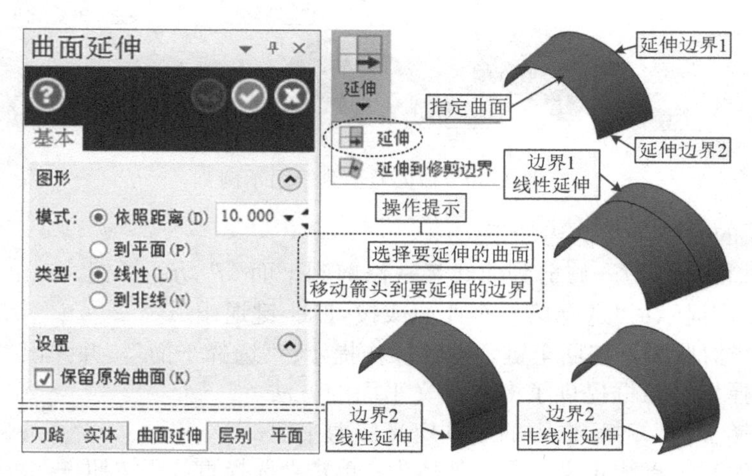

图 3-32 曲面延伸指定长度示例

（2）延伸到修剪边界（Surface Trimmed Edge Extend） 该功能可将指定曲面沿边界不修剪延伸（即整个边界延伸）或修剪形式延伸（指定两点之间边界延伸）获得一个新的曲面。该曲面与原始曲面是分离、独立的，其转角有“斜接”或“圆形”两种类型，修剪边界时用方向策略选择延伸部分。曲面延伸到修剪边界示例如图 3-33 所示。

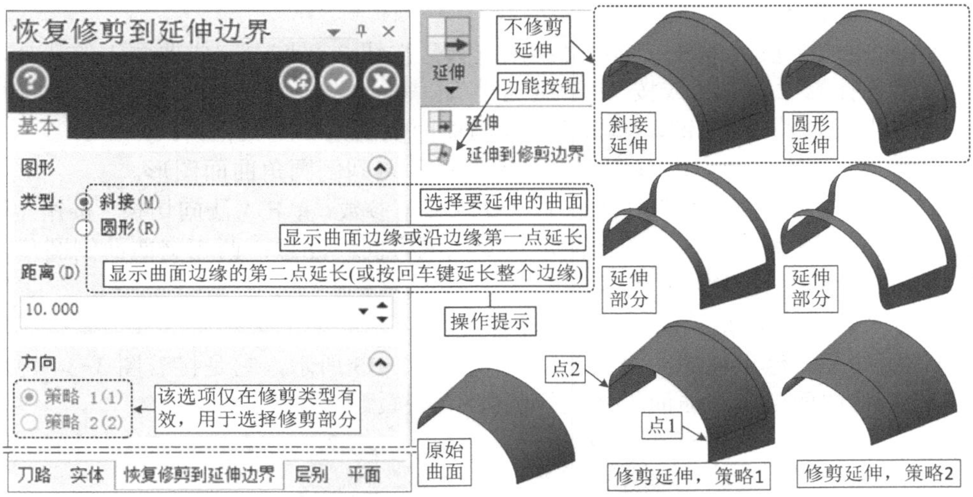

图 3-33　曲面延伸到修剪边界示例

4．曲面倒圆角

曲面倒圆角是指将指定的曲面与其他的曲面、指定平面或曲线倒圆角，获得倒圆角曲面。曲面倒圆角功能按钮集成在“曲面”功能选项卡“修剪”功能区的一个下拉菜单中，默认显示“曲面与曲面倒圆角”功能按钮，参见图 3-3。

（1）曲面与曲面倒圆角　该功能可将指定的两个（或组）曲面（含平面）之间倒圆角，所选的两个（或组）曲面的法向必须相交。

图 3-34 所示为两个曲面之间相贯线处倒圆角示例。

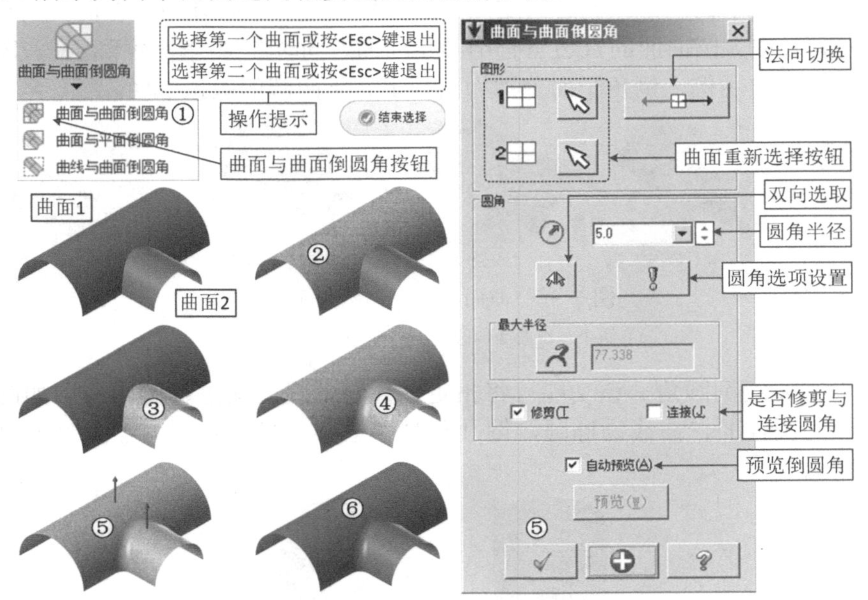

图 3-34　曲面与曲面倒圆角示例 I

曲面与曲面倒圆角操作过程（参考图 3-34）如下：

1）单击“曲面→修剪→曲面与曲面倒圆角”功能按钮，弹出操作提示：“选择第一个曲面或按<Esc>键退出”。

2）单击曲面 1，按回车键或单击“结束选择”按钮结束选择完成曲面 1 的选择，继续操作提示：“选择第二个曲面或按<Esc>键退出”。

3）选择曲面 2，按回车键，弹出“曲面与曲面倒圆角”对话框。

4）勾选对话框中的“自动预览”复选框，可预览到倒圆角曲面图形。

5）在“曲面与曲面倒圆角”对话框中设置倒圆角参数，单击“法向切换”按钮，可看到曲面上显示法线箭头，单击曲面可改变法线方向。注意：两相交曲面倒圆角时法线箭头必须指向倒圆角曲面圆心侧。

6）单击“确认”按钮，完成倒圆角操作。

应当说明的是，这里说的曲面包含平面，如图 3-35 所示，它是接着图 3-34 构造出两个平面，然后将曲面组 1 与曲面组 2 进行倒圆角操作。

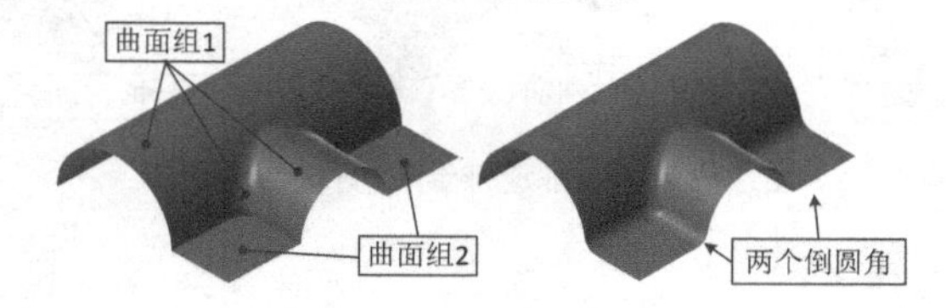

图 3-35　曲面与曲面倒圆角示例 II

（2）曲面与平面倒圆角　该功能可将指定的一个或一组曲面按定义平面进行倒圆角，如图 3-36 所示。这里的平面是按“选择平面”对话框定义的虚拟平面。进行这项操作只需熟悉图 3-30 中“选择平面”对话框对平面指定的方法就可按操作提示完成，操作过程在这里就不赘述。图 3-36a 所示为两个曲面一组进行倒圆角示例，其中，原始曲面为图 3-34 中的结果曲面，操作时两个曲面必须同时选定；平面符号法线箭头必须指向曲面；倒圆角结果如图 3-36a 所示，其中大圆曲面的直边也有倒圆角曲面，同时虚拟的平面不存在。图 3-36b 所示为单个曲面倒圆角示例，倒角平面分别为圆柱上、下两圆的虚拟平面。

a）　　b）

图 3-36　曲面与平面倒圆角示例

a）两个一组曲面倒圆角　b）单个曲面倒圆角

（3）曲面与曲线倒圆角　该功能可将指定曲面与曲线之间进行倒圆角。如图 3-37 所示，图中曲面为圆柱面，曲线为椭圆，倒圆角时注意圆角半径必须大于或等于曲面与曲线之间的最大距离。

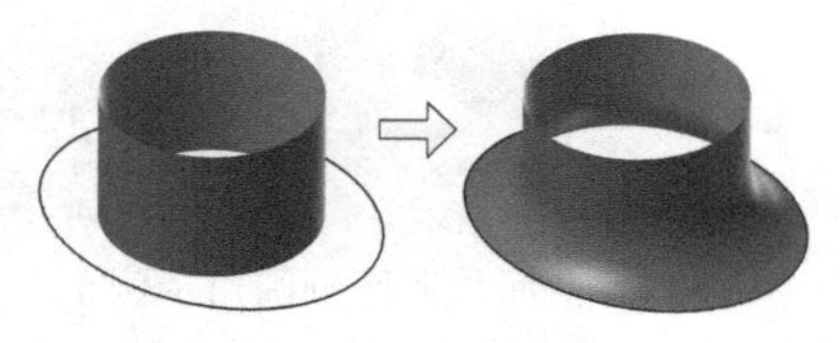

图 3-37　曲面与曲线倒圆角示例

5．曲面熔接

曲面熔接指两曲面或三曲面在指定位置间创建出一个平滑的单一曲面。系统提供了三种曲面熔接方式——两曲面熔接、三曲面熔接和三圆角面熔接，参见图 3-3。

（1）两曲面熔接　该功能可将指定的两曲面按选定点的纵或横断面线处平顺熔接而获得一个熔接曲面。如图 3-38 所示，已知两曲面 S_{f1} 和 S_{f2}，曲面熔接选定点为 P_1 和 P_2，过选定点 P_1 和 P_2 在对应曲面上分别可以得到两个横、纵断面线 C_{11}、C_{12} 和 C_{21}，C_{22}，在熔接预览图形下，通过曲面纵/横熔接线切换按钮可分别切换不同熔接线 S_{f1} 和 S_{f2} 的熔接方案供选择，如图 3-38 中对话框左侧一列的四种方案，从上至下依次为 C_{11}- C_{21} 熔接、C_{12}- C_{21} 熔接、C_{11}- C_{22} 熔接和 C_{12}- C_{22} 熔接。

两曲面熔接操作步骤（参考图 3-38）如下：

1）单击“曲面→修剪→两曲面熔接”功能按钮，弹出操作提示：“选择第一曲面去熔接”。

2）单击曲面 S_{f1}，曲面高亮显示选中，继续操作提示：“滑动箭头并在曲线上按相切位置”，同时出现曲面法线箭头，移动至熔接相切点 P_1（可捕抓圆弧中点），单击，继续操作提示：“选择第二曲面去熔接”。

3）单击曲面 S_{f2}，曲面高亮显示选中，继续操作提示：“滑动箭头并在曲线上按相切位置”，同时出现曲面法线箭头，移动至熔接相切点 P_2，弹出“两曲面熔接”对话框，并可预览到熔接曲面。

4）在“两曲面熔接”对话框中单击“曲面纵/横向熔接线切换”按钮和“曲面熔接起止点切换”按钮等对熔接曲面进行相关设置，直至得到满意的熔接曲面。

5）单击“确认”按钮，完成熔接曲面的创建。

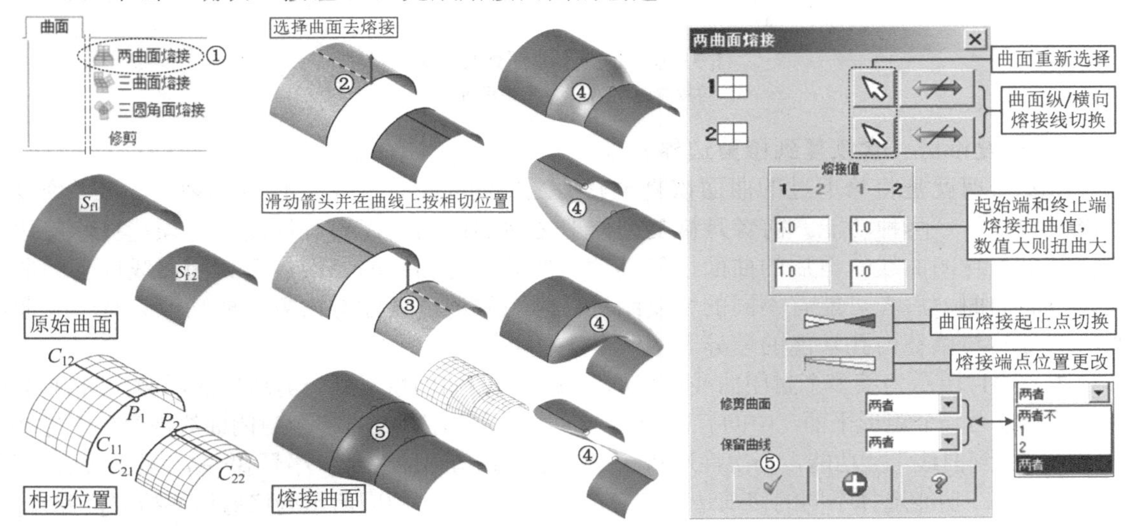

图 3-38　两曲面熔接示例

（2）三曲面熔接　该功能可将指定的三个曲面按选定点的纵或横断面线处平顺熔接而获得一个熔接曲面。如图 3-39 所示，图 3-39a 所示为一个基本曲面 S_{f2} 及指定点 P_2；图 3-39b 所示为图 3-39a 所示图形分别旋转 90° 和 225° 获得的曲面 S_{f3}、S_{f1} 和点 P_3、P_1；图 3-39c 所示为三曲面熔接后的曲面，操作时曲面及指定点按顺序选取；图 3-39d 所示为熔接曲面的线框图。

三曲面熔接操作较为简单，一般按操作提示进行即可。需要提示的是，曲面选择顺序对熔接曲面有所影响；同时操作时纵、横断面线在选择曲面后可立即通过按<F5>键切换。图 3-39 所示为三曲面指定点上横断面线的熔接曲面。

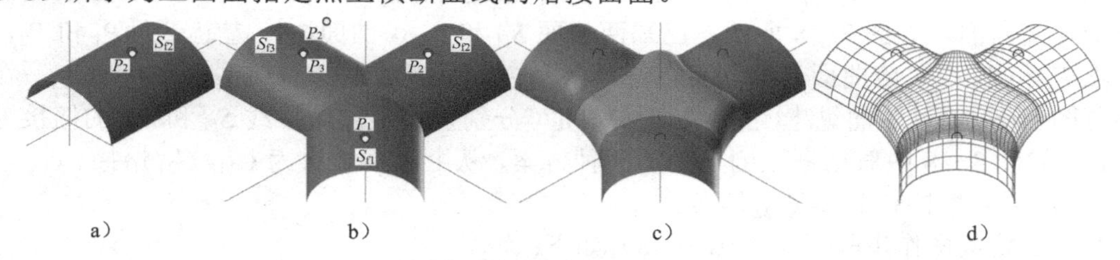

图 3-39　三曲面熔接示例

a）基本曲面　b）原始曲面　c）熔接曲面（着色）　d）熔接曲面（线框）

（3）三圆角面熔接　该功能可将指定的三个圆角曲面交接处熔接创建一个光顺的熔接曲面，如图 3-40 所示。三圆角面熔接操作按操作提示即可完成，注意图 3-40b 中三圆角面熔接类型有 3 条边和 6 条边构成的熔接表面供选择。

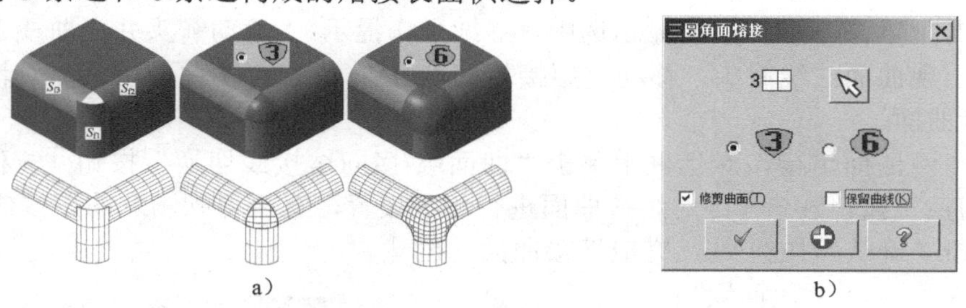

图 3-40　三圆角曲面熔接示例

a）熔接曲面类型　b）熔接设置对话框

6．恢复修剪（含恢复到修剪边界）

恢复修剪就是将修剪过的曲面恢复至修剪之前的状况，包括“恢复修剪”和“恢复到修剪边界”两种功能。前者是恢复到修剪之前的曲面，而后者恢复时必须选择修剪边界，对于单封闭曲线修剪后的曲面恢复其功能的效果是相同的，而多个封闭曲线嵌套的曲线修剪的曲面，后者可能有不同的恢复结果。学习修剪时要注意恢复修剪功能只有一个曲面，这是其与填补内孔功能的差异。

图 3-41 所示为某多个封闭曲线嵌套的曲线修剪的曲面恢复到修剪边界的示例。图 3-41 中，序号①为一个矩形平面，中间有两个圆与一个“兵”字，其有多个封闭曲线嵌套；序号②为用“修剪到曲线”功能，一次性选择 6 根串连线修剪出的图形；序号③～⑦为用“恢复到修剪边界”功能选择不同的修剪边界恢复的结果（图中小圆圈所示为修剪边界拾取位置）；序号⑧为“恢复修剪”功能恢复的结果，此时单击任意曲面均具有相同的恢复结果。

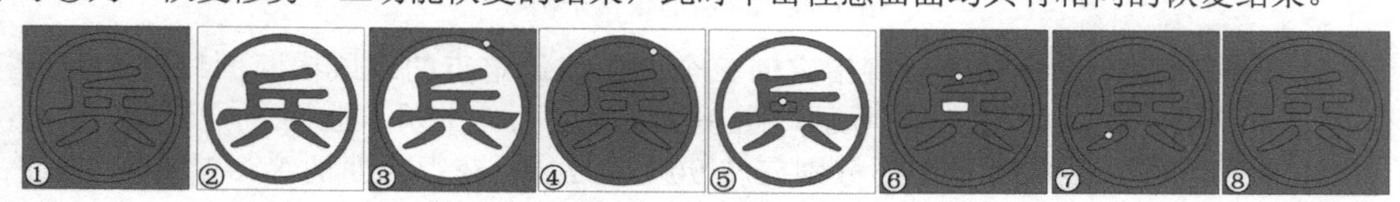

图 3-41　恢复到修剪边界示例

7. 分割曲面

分割曲面是指将一个曲面在指定位置按纵或横方向分割为两个分离的曲面，如图 3-42 所示。分割曲面功能可连续操作。操作时，选择曲面和分割点后可预览到分割图形，这时可在“分割曲面”操作管理器中选择分割方向，满意后单击“确定”按钮完成操作。

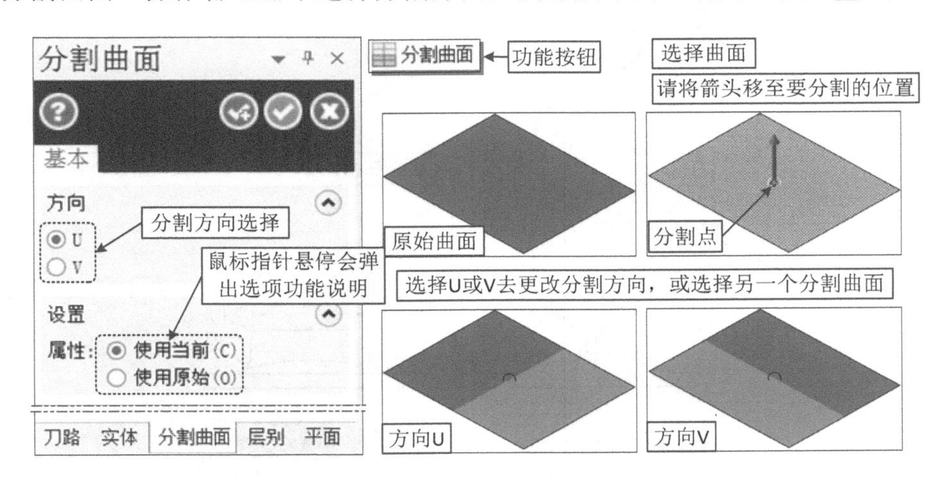

图 3-42　分割曲面示例

8. 曲面创建示例与图例

图 3-43 所示为一个球头旋钮外表面曲面模型的创建示例，读者可按顺序练习。其大致步骤为：①绘制三维线框图。②旋转球头曲面。③扫描手握曲面，共两个。④镜像扫描曲面。⑤修剪到曲面（第一组有 4 个扫描面，第 2 组为旋转曲面）。⑥曲面与曲面倒圆角 $R1$。

图 3-44 所示为四个曲面模型创建示例，供学习时参考。图 3-44a 所示为扣盖曲面模型，要求依据图中几何参数利用曲面的旋转、拔模、扫描、倒圆角和修剪到曲线等功能完成模型的创建。图 3-44b 所示为六角台旋钮曲面模型，图中给出了旋钮的三视图，其三维线架图参见图 3-72，用到的曲面创建与修剪功能包括拉伸、旋转、修剪到曲面、曲面与曲面倒圆角等。图 3-44c 所示为五角星三维曲面创建图例，涉及网格曲面（三条直线创建网格曲面，为一个平面）、镜像、旋转（复制）等曲面创建功能。图 3-44d 所示为图 3-24b 所示的网格曲面旋转复制四个以后的曲面模型。

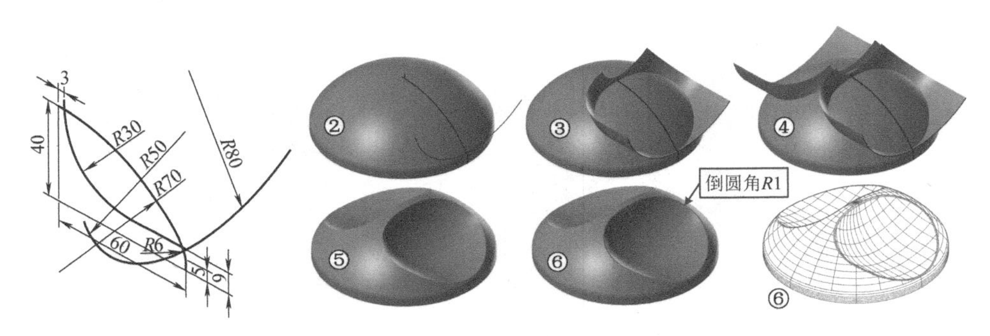

图 3-43　曲面创建示例——球头旋钮

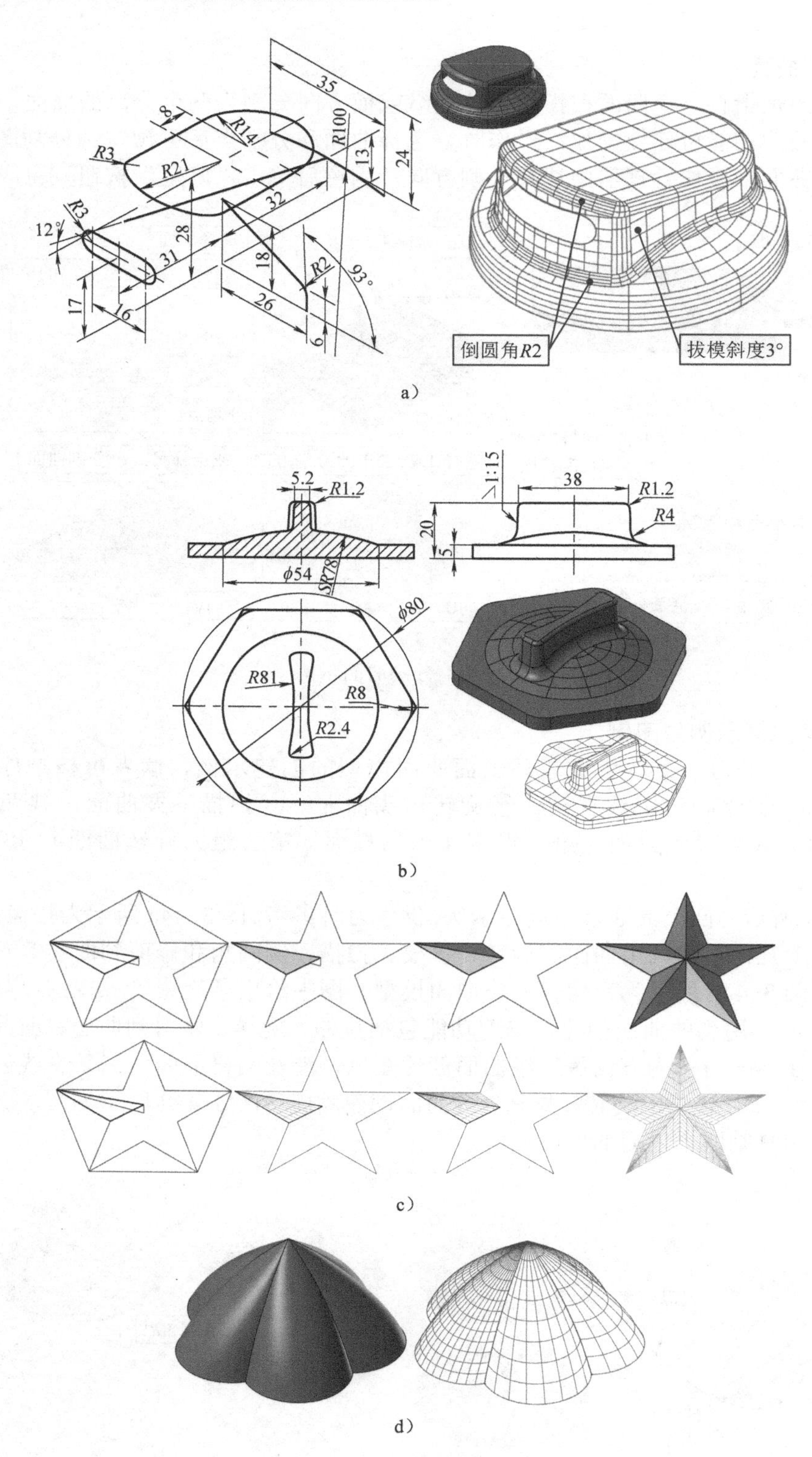

图 3-44 四个曲面模型创建示例

a）扣盖 b）六角台旋钮 c）五角星 d）佛手指

3.3 三维实体的构建

3.3.1 三维实体造型基础

实体模型是三维模型常见的表达方式之一，且应用广泛，其包含的信息量多于曲面模型。

1．“实体”功能选项卡

Mastercam 2017 的三维实体造型功能集中在“实体”和“建模”两个功能选项卡中。图 3-45 所示为“实体”功能选项卡，包括“基本实体”“创建”和“修剪”等功能选项区。“建模”功能选项卡参见图 3-74。

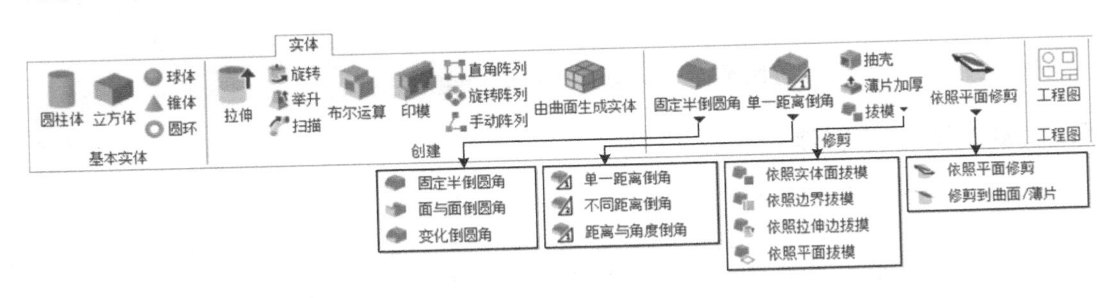

图 3-45 “实体”功能选项卡及其下拉菜单

2．“实体”管理器

“实体”管理器用于查看、管理和编辑实体及实体操作。“实体”管理器中以历史记录树的形式记录了实体模型的造型过程，根记录是一个独立的操作历史总记录，记录了一个分离的几何模型。总记录下可记录多个进行增加或切割等的操作记录。右击子记录可弹出快捷菜单进行操作，双击子记录（或单击快捷菜单中的编辑参数命令）可激活相应子记录原始操作管理器进行相关参数的编辑。子目录的相关操作图标显示不同图形表达了不同的含义，如删除子目录或修改子目录模型参数时，需要单击“全部重建”按钮重新计算三维实体模型。

图 3-46 所示为“实体”管理器及其操作示例。图中根记录“实体”记录的是整个旋钮模型的建模记录，左侧以第三个子记录“拉伸 主体”为例，示出了禁用和删除后的记录图标变化。另外，还显示了修改第五个子记录的圆角半径参数后的记录图标变化，这里出现叉符号“■”表示要重建模型。中间显示的是若单击快捷菜单中“编辑参数”命令可激活“实体拉伸”管理器（也可双击“拉伸 主体”记录激活），它是该记录的实体拉伸操作时的操作管理器，可对该目录对应的拉伸操作几何参数进行编辑。右侧中间模型为激活“实体拉伸”管理器后对应的模型变化，可见后续记录的“固定圆角半径”的操作显示暂时抑制，模型上的箭头分别表示拉伸方向与拔模方向。右下图是删除第三个子目录“拉伸 主体”的模型变化情况，其对应的拉伸不在了，后续的倒圆角模型均不能重建了。

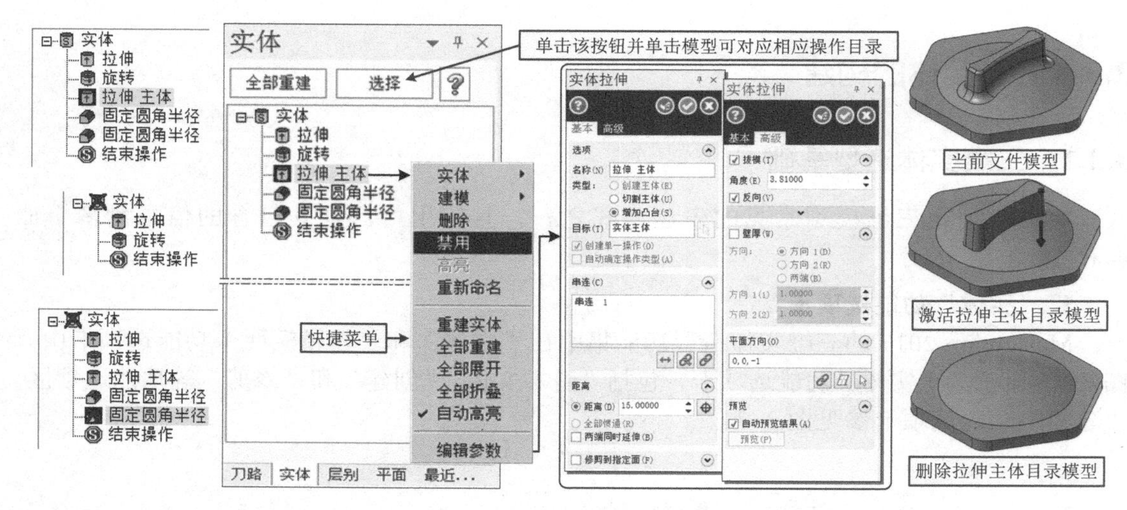

图 3-46 “实体”管理器及其操作示例

3.3.2 基本实体的创建

基本实体与基本曲面的类型和操作基本相同，同样包括五个功能：圆柱体、立方体、球体、锥体和圆环。基本实体与基本曲面的创建方法基本相同，差异仅在相应对话框中上部的“实体”或“曲面”单选按钮，参见图 3-4a，若选中实体单选按钮 实体(S)，则创建出的模型为实体。实际上，系统设计为“实体”选项卡“基本实体”选项区的这五个功能按钮激活的对话框默认就是实体单选按钮。限于篇幅，这里不赘述，读者直接上机操作一下便可轻松掌握。

3.3.3 常见实体的构建

常见实体是指“实体”功能选项卡“创建”功能区相应功能按钮创建的实体模型。

1. 拉伸实体

拉伸实体（又称挤出实体）指将一个或多个串连轮廓图线沿指定的方向或距离拉伸构建的实体模型。

图 3-47 所示为拉伸实体操作及图解，其串连轮廓线几何尺寸可参见图 2-72。拉伸实体基本操作步骤如图 3-47 左侧所示。

（1）操作步骤 拉伸实体的操作步骤简述如下：

1）单击“实体→创建→拉伸”功能按钮，弹出“串连选项”对话框和操作提示。

2）串连方式选择要拉伸的封闭轮廓曲线（可单个或多个），单击“确认”按钮，弹出“实体拉伸”操作管理器（有“基本”和“高级”两个选项卡），并显示拉伸实体预览和拉伸方向箭头等。

3）在“实体拉伸”管理器中进行相关设置，如拉伸距离设置、是否反向拉伸方向、拔模、壁厚等。

4）单击“确定”按钮，生成拉伸实体。图 3-47 中分别显示了多种拉伸方案的线框图和着色图。

（2）说明

1）实体类型有三种，“创建主体”一般用于实体造型的第一步，后续的拉伸实体一般采用“增加凸台”（相当于同时做了一个布尔结合运算）或“切割主体”（相当于同时做了一个布尔切割运算）两个选项。后续若仍然采用创建主体，则与前面的实体是分离的实体，必须要用布尔运算进行处理。

2）在“串连”列表框中右击会弹出快捷菜单，可编辑串连（图中未示出）。

3）“平面方向”文本框中的数字“0，0，1”对应“X，Y，Z”，因此“0，0，1”中的“1”表示Z轴为拉伸方向。

4）串连选择可依次选择多个封闭形状，但这些串连曲线必须位于同一个平面内，且拉伸参数必须相同。否则须单独拉伸。若选择非封闭串连曲线，则只能拉伸出薄壁实体。

5）未尽说明按图3-47中的文字说明即可理解，将鼠标指针悬停在操作按钮上会临时弹出按钮说明。

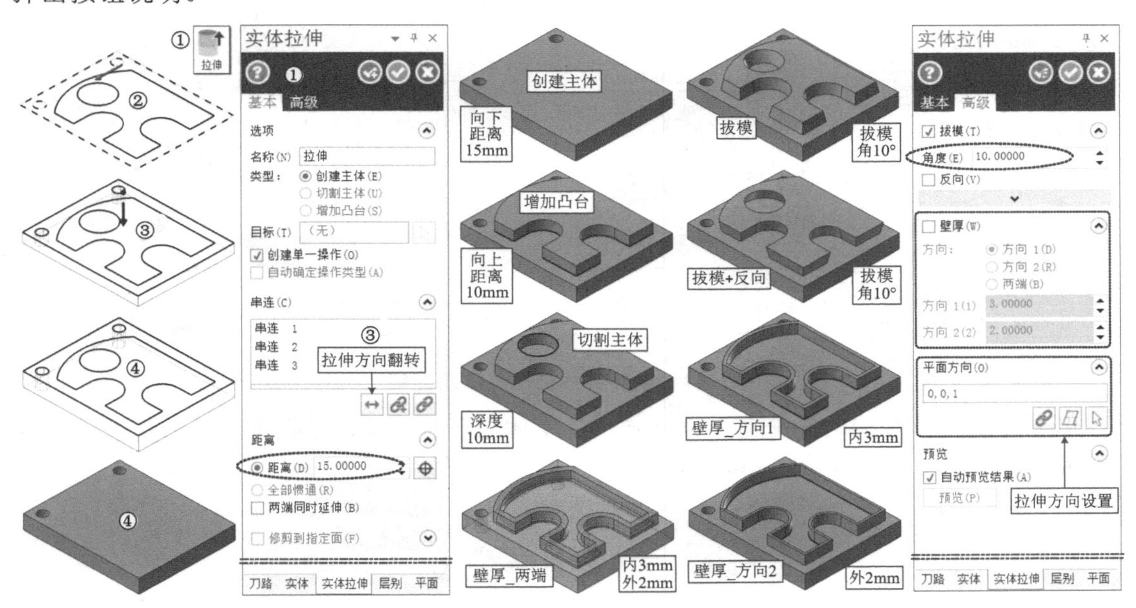

图3-47 拉伸实体操作与图解

2．旋转实体

旋转实体指特征截面线绕旋转中心旋转一定角度产生的实体模型。如图3-48所示为旋转实体操作步骤与图解。

旋转实体模型包括实心与薄壁两种模式，前者选择的特征截面串连线必须是封闭的，而后者则必须是非封闭的（即部分串连），因此，编辑实体时常常用到“重选串连”功能按钮。薄壁实体的壁厚方向有三种选项：方向1、方向2和两端，两个方向可设置不同的壁厚值。

旋转实体的操作步骤简述如下：

1）单击“实体→创建→旋转”功能按钮，激活“旋转实体”管理器。

2）在弹出的“串连选项”对话框中设置串连选项（“串连”按钮与“部分串连”按钮），选择截面串连线。

3）选择旋转轴，可看到旋转实体预览。

4）在“旋转实体”管理器中设置相关旋转参数。

5）单击“确定”按钮，生成旋转实体。

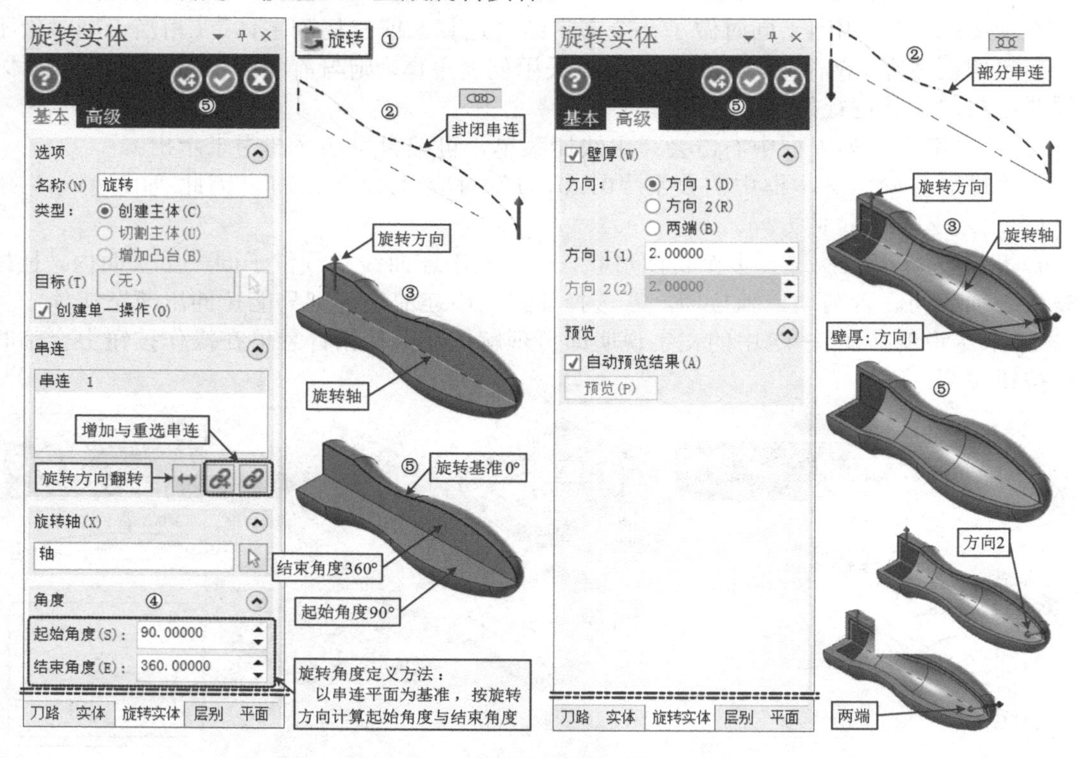

图 3-48　旋转实体操作步骤与图解

若封闭截面线与旋转轴分离，则旋转出的实体为环状结构，依据截面线的形态不同可得到不同的旋转实体，如图 3-49 所示。

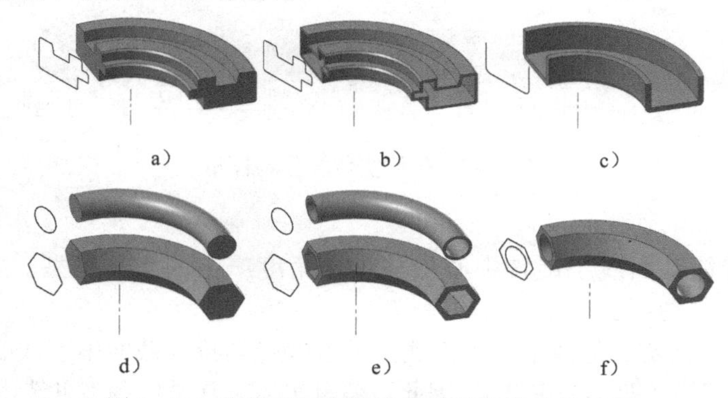

图 3-49　截面线与旋转轴分离的旋转实体示例

a）单个封闭截面线实心体　b）单个封闭截面线薄壁体　c）开放截面线仅能为薄壁体

d）两分离截面线实心体　e）两分离截面线薄壁体　f）两嵌套截面线旋转体

3．举升实体

举升实体是将指定的两个或两个以上的封闭截面线按选择的先后顺序和一定规则在外形之间拟合成平滑曲面的实体模型。

举升实体与举升曲面的操作与外形表面基本相同，仅模型的类型不同，分别为“实体”和“曲面”的差异。图3-50所示为举升实体创建示例，其操作管理器高级选项卡中的“自动预览结果”选项是默认的。与曲面举升类似，串连的选择顺序、起点、方向等对生成的举升实体形状有较大的影响，图中上左实线框示出的串连曲线选择顺序是自下而上的，起点为圆圈所示，方向如图中箭头所示，生成的举升实体如下左、中两实线框示出的图，可以看出外形出现了扭曲。而上右虚线框示出的串连将方形边的中点打断，并以断点为起点选择串连后，生成的举升实体如下右虚线框示出的图，外形没有出现扭曲。

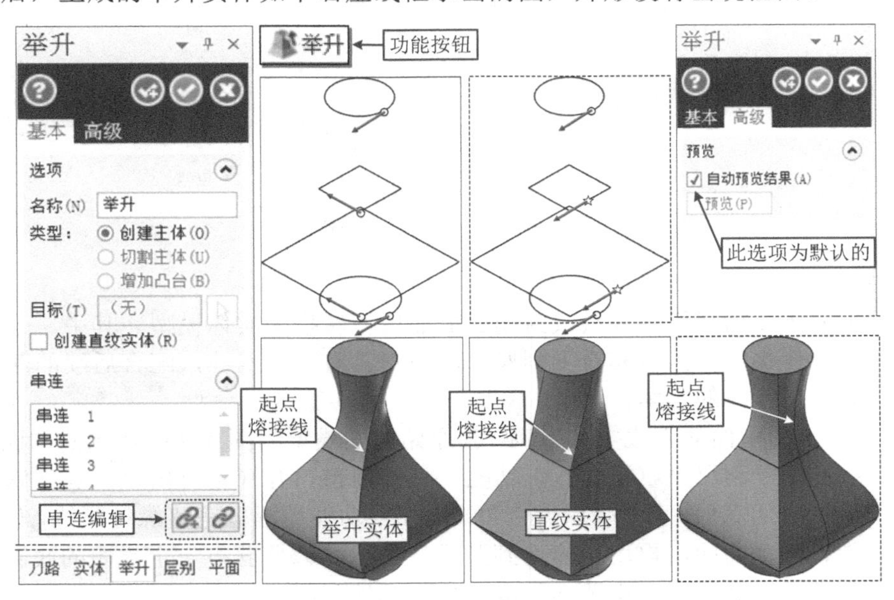

图3-50　举升实体创建示例

4．扫描实体

扫描实体是将共面的一个或多个外形轮廓沿某一曲线轨迹移动所生成的实体模型。扫描实体示例如图3-51所示。扫描实体操作较为简单，按操作提示即可完成操作，这里不赘述。

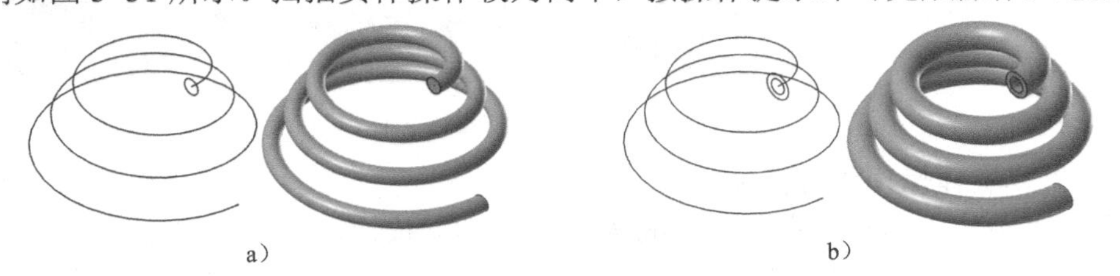

图3-51　扫描实体示例

a）单个截面轮廓线　b）两个截面轮廓线

5．实体的布尔运算

布尔运算可将多个独立的实体模型，通过结合、切割与交集等集合运算转化为一个实体模型。操作时第一个选择的实体为目标主体，其余为工件主体，在切割运算时是用目标主体减去工件主体后的实体，因此此时选择实体的先后顺序会影响布尔运算后的结果。

图3-52所示为布尔运算示例。由图中可见，选择不同的目标主体，其切割运算的结果

有差异，另外布尔运算后实体的颜色是取决于目标主体的。布尔运算的操作较为简单，按操作提示即可完成。

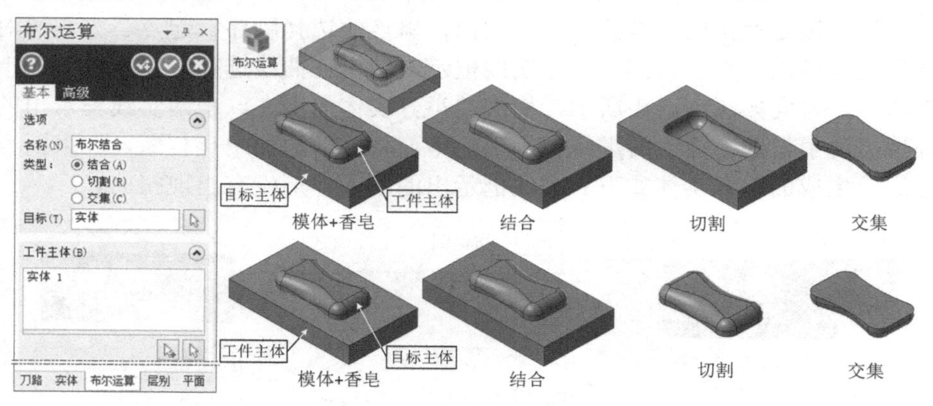

图 3-52　布尔运算示例

6．由曲面生成实体

由曲面生成实体功能可将开放或封闭的曲面模型转换为实体模型。其中，开放曲面转化的实体称为薄片实体，虽然其看不到厚度，但却具有实体属性，配合后续的薄片加厚功能可创建具有一定壁厚的实体。

图 3-53 所示为由曲面生成实体示例，其原始曲面模型为图 3-44a 所示的曲面模型，其操作过程为：首先，利用“填补内孔”功能填补前窗口孔（也可用“恢复到修剪边界”功能做）；其次，封闭底面，具体是先用“单一边界”功能提取底边缘轮廓线，然后用“矩形”功能创建一个曲面，再用“修剪到曲线”功能修剪获得一个封闭的底圆；最后，单独建立一个实体层别，用“由曲面生成实体”功能生成实体。注意，图中用“着色+线框”模式显示实体模型，注意曲面与实体模型的线框显示是不同的。

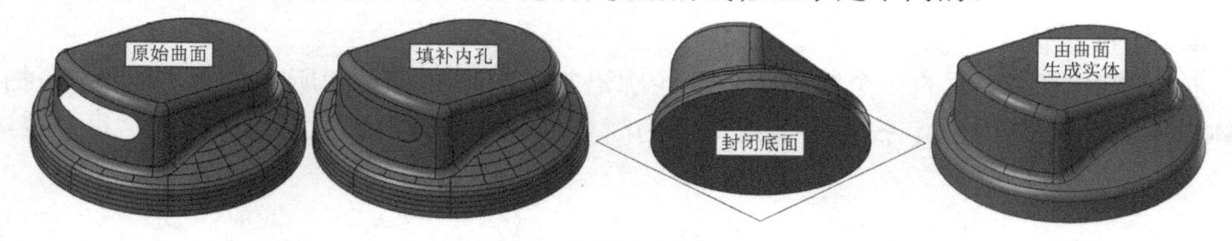

图 3-53　由曲面生成实体示例

由曲面生成实体操作步骤简述如下：

1）单击“实体→创建→由曲面生成实体”功能按钮，弹出操作提示。

2）选择曲面，按回车键，弹出“由曲线生成实体”管理器。注意：选择曲面的方法有多种：①操作提示显示按<Ctrl+A>组合键选择全部。②单击“选择全部曲面”按钮左上半部。③常规的用鼠标窗选等。同样，结束选择的曲面的方法除了回车键外，还可以单击“结束选择”按钮 结束选择 。

3）在操作管理器中设置相关参数或选项。

4）单击“确定”按钮，生成薄片实体模型。

7．实体的阵列

实体阵列是指将选定的特征实体，根据直角或旋转规则按一定的参数复制，或手动指定位置复制。因此，实体阵列有三种操作：直角阵列、旋转阵列和手动阵列，参见图3-45。

（1）直角阵列 图3-54所示为直角阵列和手动阵列示例。图中要求在一块200mm×160mm薄板上对直径为ϕ5mm的通孔按间距10mm的距离进行直角复制（共复制了186个孔）。同时，练习将ϕ6.6mm的通孔手动复制到另外三个角边距为10mm的位置上。

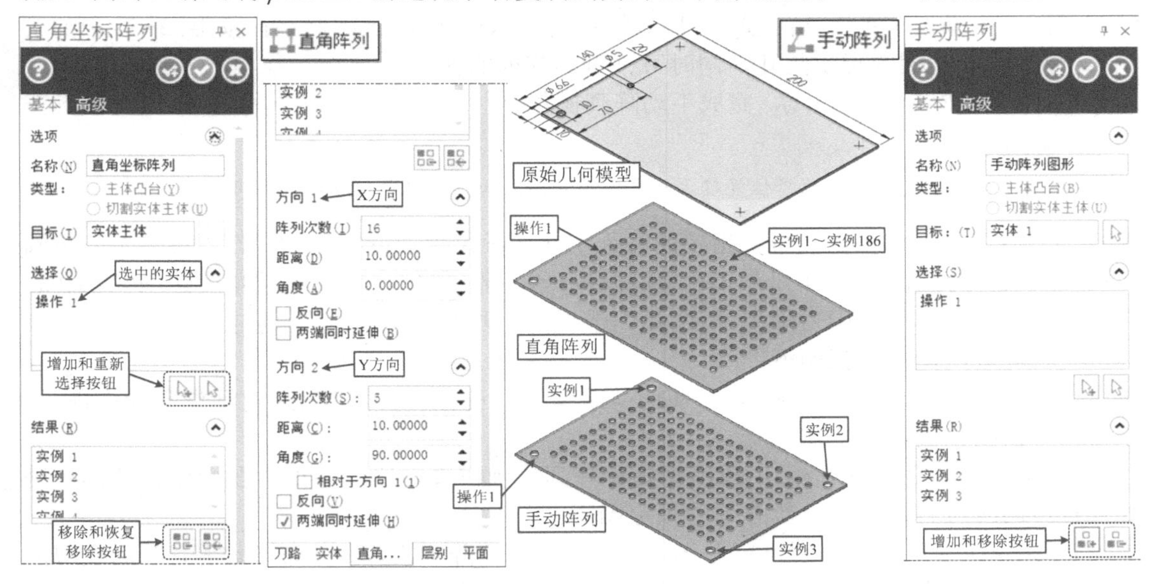

图3-54 直角阵列和手动阵列示例

直角阵列可将指定的特征实体（操作管理器中称操作1）按直角坐标方式（默认方向1为0°，即X方向，方向2为90°，即Y方向）阵列（操作管理器中称实例1～实例n），两个方向阵列的次数、距离和角度可设置，并可反向或双向阵列。直角阵列的操作步骤如下：

1）单击“实体→创建→直角阵列”功能按钮，弹出“实体选项”对话框和操作提示，按要求单击指定的特征实体。

2）单击“确认”按钮，弹出“直角坐标阵列”操作管理器，并提示在操作管理器中进行设置，同时可看到默认参数阵列的预览图形。

3）在操作管理器中分别设置方向1和方向2的阵列次数、距离、角度等，并根据阵列的预览图形确定是否需要反向和双向阵列等。图3-54中的参数设置与图形是对应的。

4）单击“确定”按钮，完成直角阵列操作。

注意

“直角坐标阵列”操作管理器中的操作1指的是指定的特征实体ϕ5mm通孔。实例1～实例186为阵列出的ϕ5mm通孔，单击某实例，图中可看到是选中的哪一个孔，单击“移除”按钮可以删除该实例，若移除的实例不满意，则可用“恢复移除”按钮全部恢复，然后重新移除操作。

（2）手动阵列 该功能可将指定的特征实体（操作管理器中称操作1），通过手工的方式，复制（这里称阵列）到鼠标指针指定的位置，如图3-54中原始几何模型上三个角处指定点，手动阵列的实体在“手动阵列”操作管理器中称为实例，其序号对应单击选择的顺序。手动阵列操作步骤如下：

1）单击“实体→创建→手动阵列”功能按钮，弹出“实体选项”对话框和操作提示，按要求单击指定的特征实体。

2）单击“确认”按钮，弹出“手动阵列”操作管理器，并提示在操作管理器中的“结果”列表框中增加实例以创建阵列。注意：此时的“结果”列表框以红色框显示提示。

3）单击“结果”列表框右下角的“增加”按钮，系统提示选择基准位置，用鼠标指针捕抓图形中操作 1 指定孔的圆心，接着按系统提示依次捕抓阵列位置。如图 3-54 中的实例 1、实例 2、实例 3 指定的孔，同时可预览到阵列的孔。

4）单击“确定”按钮，完成手动阵列操作。

手动阵列的孔是靠单击选择位置确定结果中的实例，这一点与直角阵列等不同。

（3）旋转阵列　该功能可将指定的特征实体（操作管理器中称为操作，可多选）按圆弧（即旋转）方式阵列，阵列方式有整圆阵列（“完整循环”选项）、按角度递增（“圆弧”选项）和在指定角度范围内阵列（“圆弧”选项+“限制总扫描角度”选项）。

旋转阵列的操作步骤如下：

1）单击“实体→创建→旋转阵列”功能按钮，弹出“实体选项”对话框和操作提示，按要求单击指定的特征实体。

2）单击“确认”按钮，弹出“旋转阵列”操作管理器，并提示在操作管理器中进行设置，同时可看到默认参数阵列的预览图形。

3）在操作管理器中分别设置循环阵列参数，包括阵列次数、分布参数等，若原模型的圆心不在系统坐标圆心上，则需单击“圆心选择”按钮重新指定。

4）单击“确定”按钮，完成旋转阵列操作。

图 3-55 所示为旋转阵列与直角阵列示例。几何参数与几何模型如图 3-55a 所示，其中 ϕ11mm 沉孔深度为 6.5mm。图 3-55b 所示为阵列前模型。图 3-55c 所示为直角阵列原始模型，阵列参数：间距为 7mm，在 ϕ100mm 范围内布局，因此，要用到“移除”按钮进行删除操作，图 3-55d 所示为删除后的结果模型。图 3-55e 所示为螺钉沉孔旋转阵列结果模型，其操作参数参见图 3-55a 中操作管理器的设置，注意其操作有两个，包括 ϕ6.6mm 通孔与 ϕ11mm 沉孔。

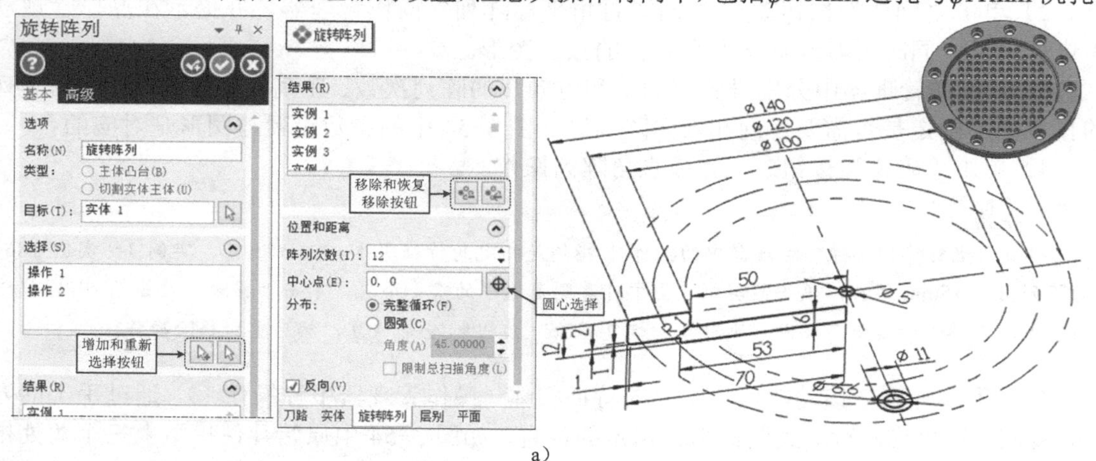

a）

图 3-55　旋转阵列与直角阵列示例

a）设置几何参数与几何模型

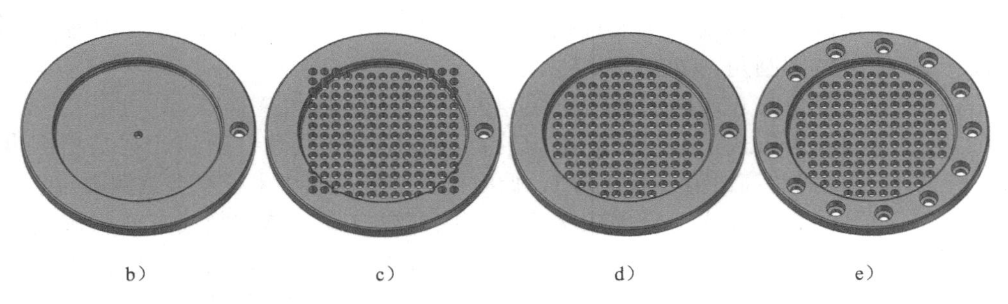

图 3-55　旋转阵列与直角阵列示例（续）

b）阵列前模型　c）直角阵列原始模型　d）直角阵列删除后的结果模型　e）旋转阵列结果模型

3.3.4　实体的修剪

实体的修剪（又称编辑）是实体模型构建中、后期常见的操作方法，包括倒圆角与倒角、抽壳、薄片加厚、拔模、平面与曲面修剪实体等。

1．实体倒圆角

实体倒圆角指在实体的边缘处按指定的圆弧参数倒出圆角，包括最基本的固定半径倒圆角、面与面倒圆角和变半径倒圆角三种，它们集成在一个下拉菜单中，参见图 3-45。

（1）固定半径倒圆角　该功能是基本的倒圆角操作，它基于所选择的边界线、面或实体等倒圆角，如图 3-56 所示。固定半径倒圆角操作较为简单，这里不赘述。但要注意以下几点：

1）注意鼠标指针悬停移动的变化，帮助选择线、面和体，参见图 3-56 中框线①内的各种鼠标变化。

2）弹出的“实体选项”对话框可对线、面和体等的选择有所帮助，可逐渐体会学习。

3）注意操作管理器中线框③标出的选项对倒圆角转角处的影响。

4）在遇到倒圆角报错时，可展开“超出处理”的选项进行尝试，如图 3-56 中框线④处。

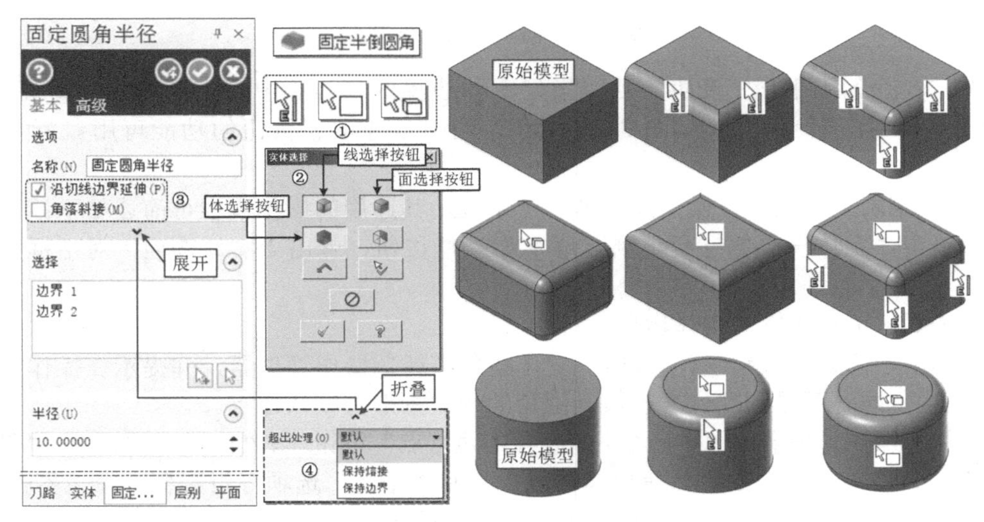

图 3-56　固定半径倒圆角示例

（2）面与面倒圆角　该功能可通过指定的第一面与第二面之间，基于“半径”“宽度”“控制线”三种类型倒圆角，如图 3-57 所示。

1）“半径”倒圆角方式，两面之间倒圆角的半径值不变。

2）“宽度”倒圆角方式，通过控制不同的宽度和比率倒圆角。所谓比率是指倒出的圆角在第一、二组面上的弦高比值，默认为 1，此时倒出的圆角同“半径”类型倒圆角。

3）“控制线”倒圆角方式，分单控制线与双控制线方式。单控制线方式将选定的控制线与另一面之间倒圆角，其圆角半径多为变化的。双控制线方式将选定的两控制线之间倒圆角，其圆角半径也是多变化的。其中，“沿切线边界延伸”和“曲线连续”等选项会对倒出的圆角面曲率产生影响，读者可自行尝试，将鼠标指针悬停在选项上会弹出帮助，有助于理解。

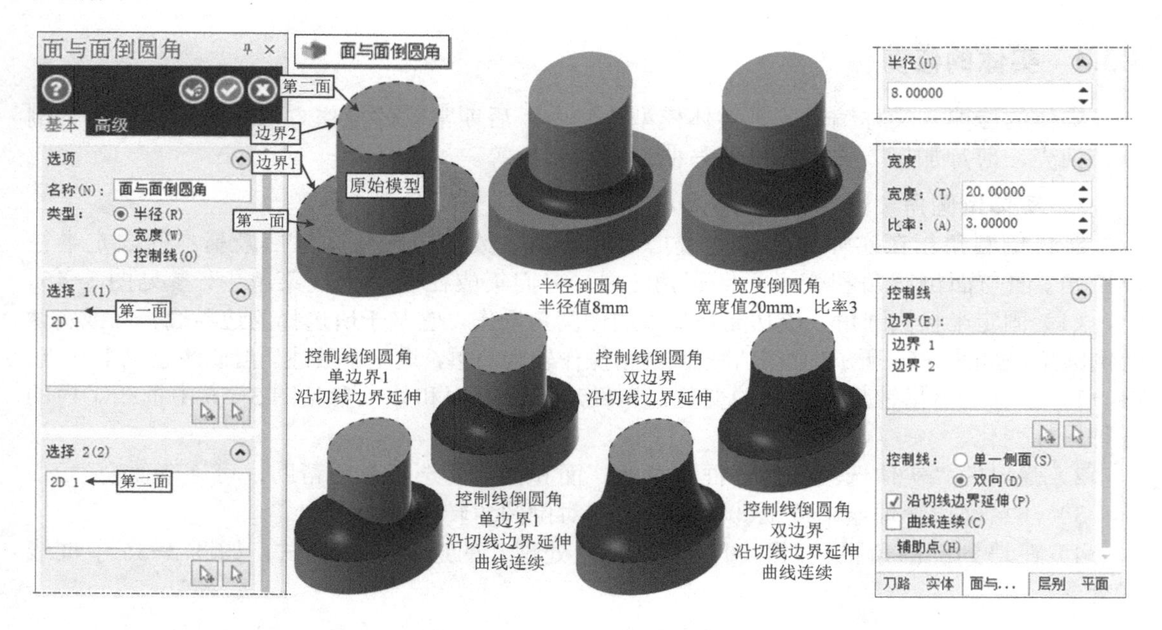

图 3-57　面与面倒圆角示例

（3）变半径倒圆角　该功能可对指定实体边界的顶点、中点和动态点（即任意点）指定不同的半径值倒圆角，如图 3-58 所示。图中各选项和按钮的功能可用鼠标指针悬停弹出。

变半径倒圆角的操作按操作提示基本可掌握，其通用的操作步骤可简述如下：

1）单击“实体→修剪→变化倒圆角”功能按钮，弹出“实体选项”对话框和操作提示。

2）按要求单击指定的实体边界。

3）单击“确认”按钮，弹出“变化圆角半径”操作管理器，并提示在操作管理器中进行设置，同时可看到默认半径值倒圆角的预览图形与默认定点。

4）基于操作管理器的“中点”按钮、“动态点”按钮、“位置”按钮、“循环”按钮循环(C)、“单一点”按钮等以及“线性”和“平滑”选项等设置变半径边界圆角。

5）单击“确定”按钮，完成变半径倒圆角操作。

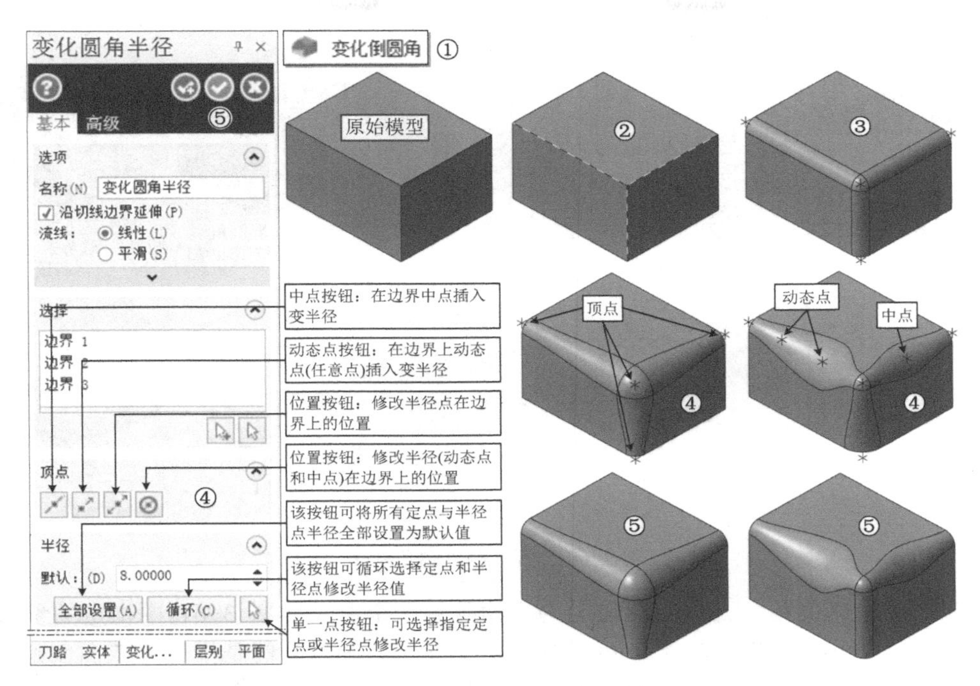

图 3-58 变半径倒圆角示例

图 3-59 所示为一个香皂模型的造型过程，其核心操作是变半径倒圆角，读者可尝试创建该模型。

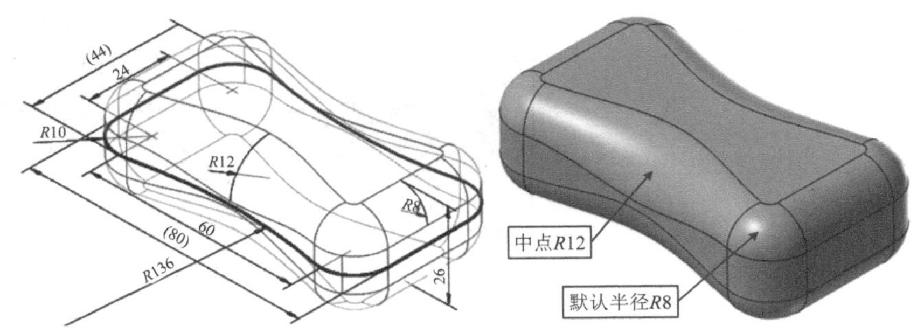

图 3-59 香皂模型的几何尺寸与模型示例

2. 实体倒角

实体倒角指在实体的边缘处按指定的倒角参数进行倒角，包括最常用的单一距离倒角、不同距离倒角和距离与角度倒角三种，它们集成在一个下拉菜单中，参见图 3-45。

（1）单一距离倒角 该功能是常用的倒角操作，其是基于所选的边界线、面和实体等按统一边距创建倒角。图 3-60 所示为单一距离倒角示例，倒角值均为 10mm。单击“单一距离倒角”功能按钮，弹出“实体选项”对话框，显示可选择边界、面和实体及操作提示，可设置为仅选择边界、面和实体，也可用鼠标移至预选择边界、面和实体，待出现基于边界、面和实体的捕抓选择（提示图符参见表 2-1），确定后会出现倒角预览，在操作管理器中设置和修改相关参数，单击“确定”按钮即可完成倒角操作。注意，练习时可不断改变参数根据预览图形理解设置内容。

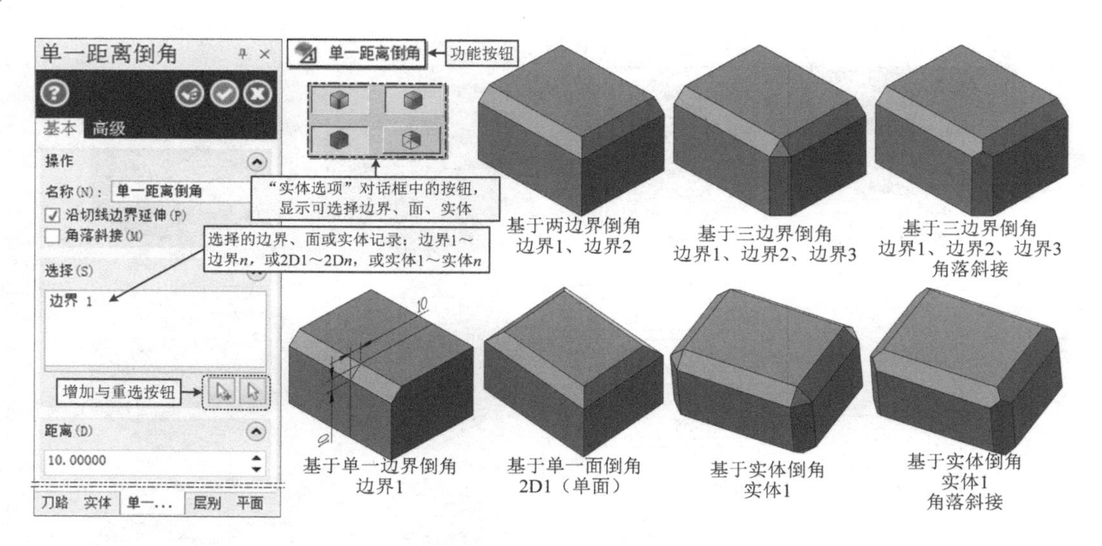

图 3-60　单一距离倒角示例

（2）不同距离倒角　其倒角的边距为不相等的两个值，如图 3-61 中指定的参考面上的边距 1 为 20mm，而边距 2 为 5mm 的倒角。不同距离倒角只能基于边界或面创建。为确定长边距的位置，基于边界倒角操作过程中需要指定一个参考面作为长边距的位置，而基于面倒角时，选择的面就是参考平面。

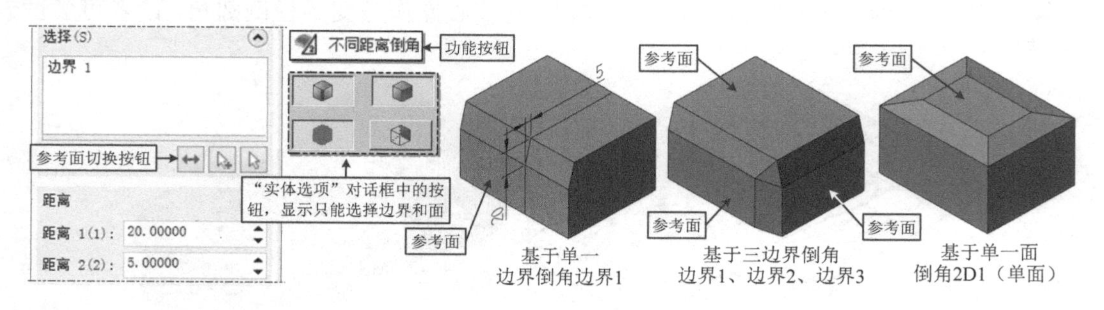

图 3-61　不同距离倒角示例

（3）距离与角度倒角　其倒角的参数为距离与角度，只能基于边界和面创建，为确定边距位置，操作过程中也必须指定参考面。如图 3-62 中，倒角参数为边距 20mm，相对参考面的角度为 30°，基于面倒角时指定面即为参考面。

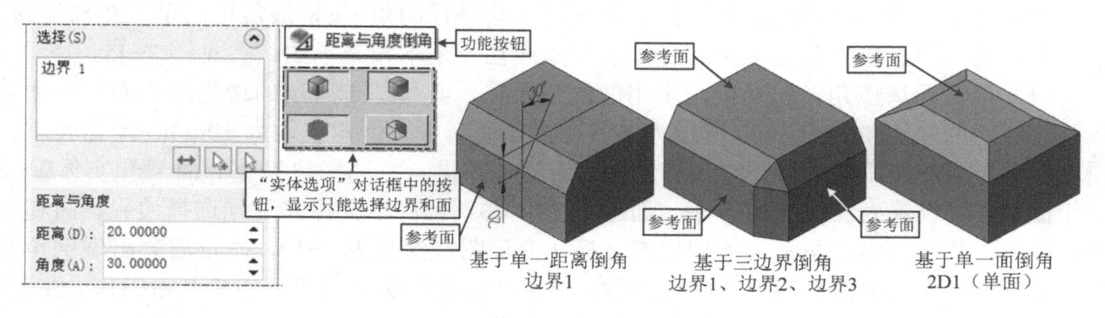

图 3-62　距离与角度倒角示例

3．实体抽壳

实体抽壳指将实体抽去部分材料以获得一定厚度的壳体模型。抽壳方式多为开放式抽壳，包括单面开放与多面开放，也可封闭式抽壳。图3-63所示为抽壳示例，启动抽壳功能后会弹出“实体选项”对话框，可设置快速选择选项，默认有“面”与“实体”两选项。也可直接用鼠标捕抓面、实体等。抽壳加厚实体方向有方向1、方向2和两端三个，预览方式下可看到方向箭头，方向1与方向2可用“加厚方向翻转”按钮反向操作。选择列表框中显示当前选择的面（如图3-63中的2D 1）或实体等，可用“增加”按钮或“重选”按钮编辑。抽壳厚度值分别对应抽壳方向设置。抽壳操作过程按操作提示进行即可。

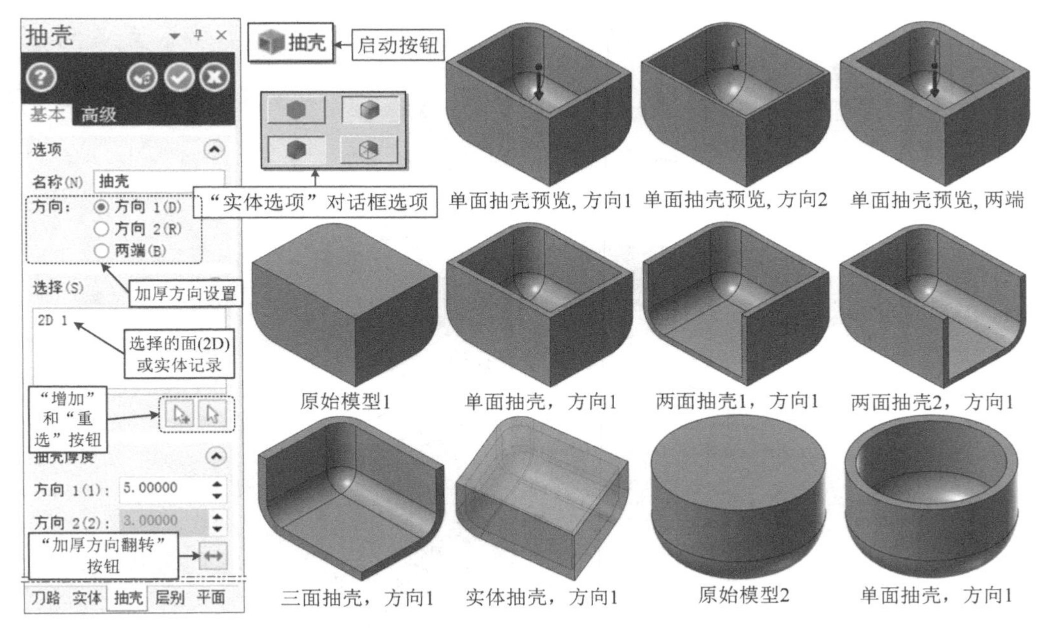

图3-63　抽壳示例

4．薄片实体的创建与薄片加厚

薄片实体又称薄片，是开放曲面经过“由曲面生成实体”功能生成的一种具有实体属性但无厚度的实体模型。薄片加厚是针对薄片实体专设的功能，它可以将薄片实体按一定的方向与厚度加厚为具有一定厚度的实体模型。

图3-64所示为图3-6b所示的曲面经过“由曲面生成实体”功能生成薄片实体，薄片实体与曲面模型在着色模式下无明显差异，但在线框模式下差异明显。其操作步骤简述为：①单击“由曲面生成实体”功能按钮启动该功能；②选择曲面；③设置相关参数和选项；④单击“确定”按钮，生成薄片实体模型。

图3-65所示为将该薄片实体加厚2mm示例。其操作步骤简述如下：

1）单击“实体→修剪→薄片加厚”功能按钮，启动加厚功能。

2）启动后，弹出“加厚”操作管理器和操作提示，并出现薄片加厚预览图及其加厚方向箭头。

3）在操作管理器中设置参数和选项。

4）单击“确定”按钮，生成加厚实体模型。

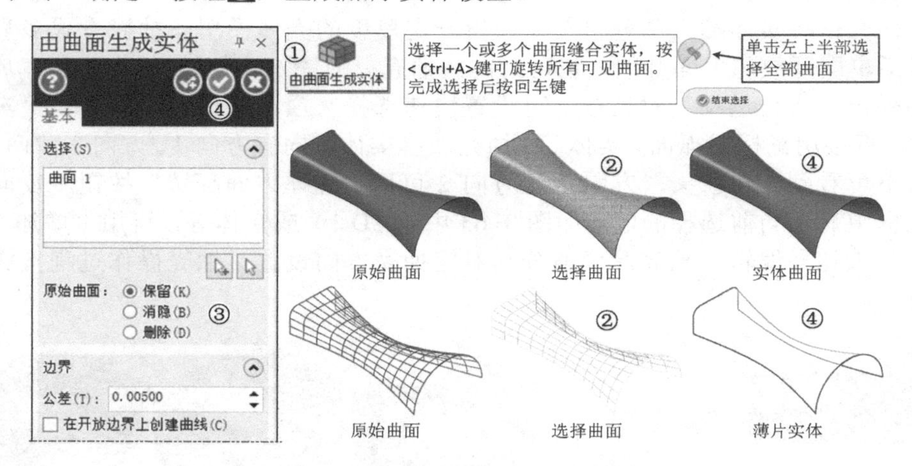

图 3-64　由曲面生成薄片实体示例

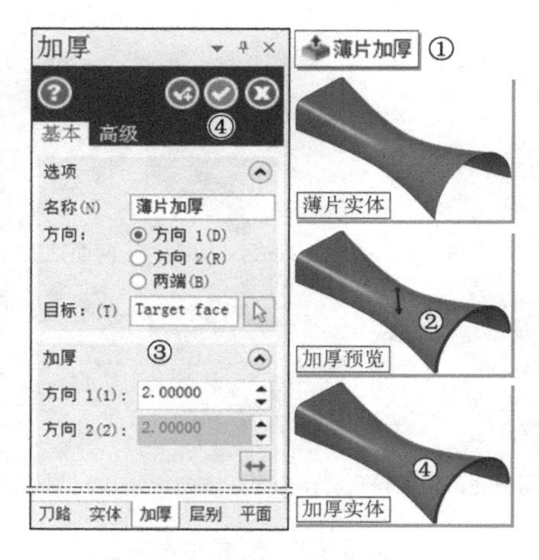

图 3-65　薄片实体加厚示例

5．实体拔模

拔模一词源于机械制造铸造与锻造工艺。实体拔模是指将柱形实体上的侧立面向外翻转一定角度的过程，其实质是获得具有一定锥度的模型。系统提供了四种实体拔模的方法：依照实体面拔模、依照边界拔模、依照拉伸边拔模以及依照平面拔模，这四个功能按钮集成于一个下拉式拔模子菜单中，参见图 3-45。

（1）依照实体面拔模　该功能通过指定拔模面与实体上的参考平面，以拔模面与参考面的交线为偏转原点，所有拔模面相对于过交线垂直于参考面的曲面均匀偏转指定的角度生成拔模模型。

图 3-66 所示为依照实体面拔模示例，其操作步骤如下：

1）单击“实体→修剪→拔模▼→依照实体面拔模”功能按钮，启动拔模功能，弹出“实体选项”对话框和操作提示。

2）按操作提示选择拔模面，单击“确认”按钮，再选择参考面，弹出“依照实体面拔模”操作管理器。

3）在操作管理器中设置拔模参数和选项，如设置拔模角度为 5°，勾选“沿切线边界延伸”选项，单击“反向”按钮实现拔模方向的翻转等。通过图形预览观察拔模模型。

4）拔模模型满意后，单击“确定”按钮，完成实体拔模操作。

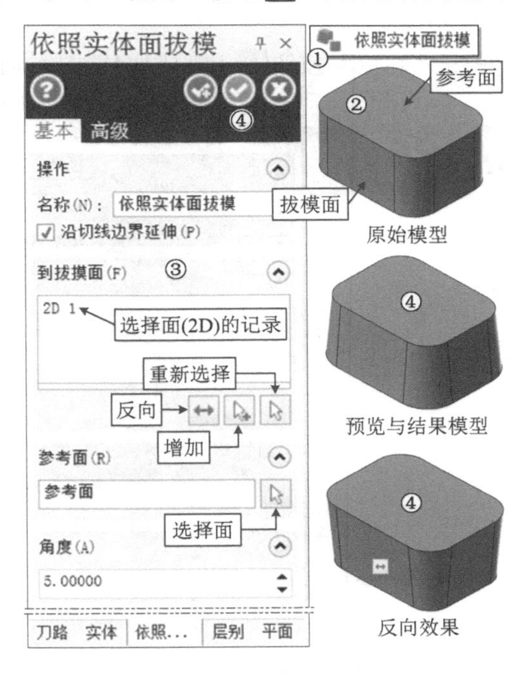

图 3-66　依照实体面拔模示例

注意

对于图 3-66 所示的拔模面相切的模型，第 2）步选择拔模面时可仅选择一个面，然后在操作管理器中勾选“沿切线边界延伸”复选框，否则，要选取所有拔模面。另外，完成拔模操作后不满意时，可进入“实体”操作管理器，双击拔模记录重新激活操作管理器，利用“增加”、“重新选择”和“选择面”等按钮重新编辑拔模模型。

（2）依照边界拔模　该功能通过依次指定每一个拔模面与边界，再指定实体上的参考平面，所有拔模面均以对应边界为偏转原点，相对于过边界垂直于参考面的曲面均匀偏转指定的角度生成拔模模型。

图 3-67 所示为依照边界拔模示例，各拔模面的边界可以不相连，当然结果就存在差异。序号④的模型是所有拔模面的边界均为上边界且相连，其拔模的效果与图 3-66 所示的效果基本相同，但序号⑤和序号⑥的模型由于选择的边界是上、下交错，且同一拔模面的上、下边界不同，因此其拔模的模型不同。

依照边界拔模操作步骤如下（以序号④的模型结果为例）：

1）单击“实体→修剪→拔模▼→依照边界拔模”功能按钮，启动拔模功能，弹出“实体选项”对话框和提示选择拔模面。

2）按操作提示选择拔模面 1，“实体选项”对话框暂时退出，提示选择拔模面 1 上的参考边界，选择边界 1，又弹出提示选择拔模面，选择拔模面 2，“实体选项”对话框暂时退出，提示选择拔模面 2 上的参考边界，如此循环提示选择拔模面和对应参考边界，直至选择完拔模面 4 和边界 4。单击“确认”按钮，提示选择参考平面，选择参考平面后，弹出“依照边界拔模”操作管理器，同时可看到拔模预览，并提示修改设置参数和选项等设置。

3）在操作管理器中设置拔模参数和选项，如设置拔模角度为 5°、设置“反向”按钮等，通过图形预览观察拔模模型。

4）拔模模型满意后，单击“确定”按钮，完成实体拔模操作。

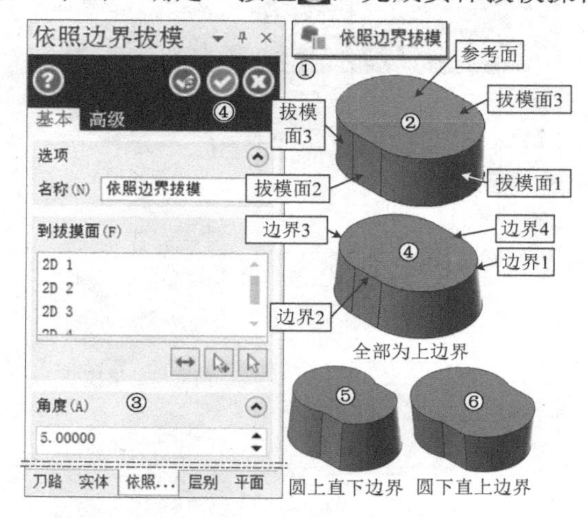

图 3-67　依照边界拔模示例

注意

各拔模面的边界不相连时，不仅拔模结果不同，甚至可能得不到结果；虽然依照边界可以对各拔模面选择不相连接的旋转轴点边界，但得到的拔模模型实用价值不大，且操作繁杂；而若选择相连的边界，则效果与依照实体面拔模效果相同，因此使用不多。

（3）依照拉伸边拔模　实现该功能的前提条件是实体模型必须是拉伸功能生成的实体。该功能通过指定拔模面，系统以拉伸操作时的串连曲线（即指令名称中的拉伸边）为转轴点控制拔模面偏转指定的角度生成拔模模型。对于拉伸实体，这种拔模方式非常方便。

图 3-68 所示为依照拉伸边拔模示例，其操作步骤如下：

1）单击“实体→修剪→拔模▼→依照拉伸边拔模”功能按钮，启动拔模功能，弹出“实体选项”对话框和操作提示。

2）按操作提示选择拔模面，单击“确认”按钮，弹出“依照拉伸边拔模”操作管理器，并可看到拔模图形预览，同时提示在操作管理器中修改设置。

3）在操作管理器中设置拔模参数和选项，通过图形预览观察拔模模型。

4）拔模模型满意后，单击“确定”按钮，完成实体拔模操作。

注意

首先，“实体选项”对话框中（图中未完整示出）有一个“背面”按钮，默认为释放状态，此时只能选择模型中可见的前部曲面，若单击按下“背面”按钮（如图 3-68 中所示），则只能选择背面曲面，若再配合半透明显示模式（或柔和阴影曲线线框模式），则可方便地选取背面。如图 3-68 所示，在鼠标位置单击时，释放“背面”按钮选择的是顶面，而按下“背面”按钮则选择的是顶面遮挡住的后部拔模面。其次，选择面时注意鼠标捕抓的图形符号，如图 3-68 所示的箭头单击后选择的是面。

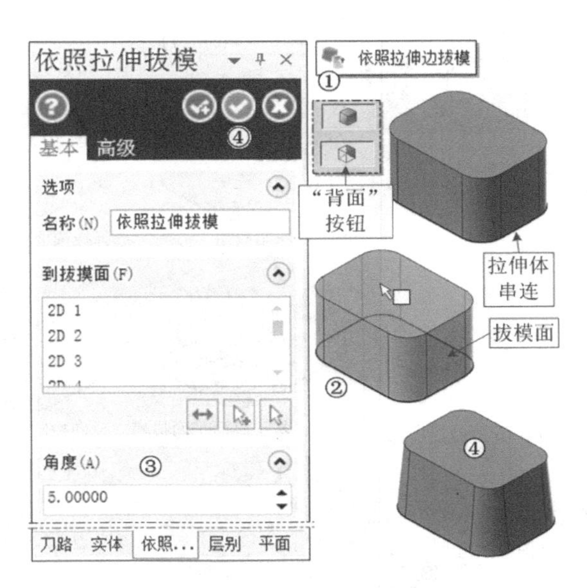

图 3-68　依照拉伸边拔模示例

（4）依照平面拔模　该功能通过指定拔模面，然后指定一个平面，这个平面与拔模面的交线为拔模面偏转轴线点，而这个平面就类似前述的参考平面，拔模面通过这些轴线点偏转指定的拔模角度生成拔模模型。

“依照平面拔模”操作管理器中平面的指定方式有三种：

1）依照直线定义平面。通过选择直线，以其所在的绘图平面为平面。

2）依照图素确定平面。通过选择可以确定平面的图素确定平面，如一个现存的平面、两直线、三个点、一个圆弧等。这种方式最为实用。

3）依照标准视图或预定义视图定义平面。该方式激活后会弹出“选择平面”对话框选择标准视图等。

图 3-69 所示为依照平面拔模示例，图中序号⑤、⑥分别为定义底面为平面的拔模模型，底面定义可单击“视图”按钮，在弹出的“选择平面”对话框中选择俯视图定义底面，然后用“反向”按钮↔调整拔模方向；序号⑦、⑧为定义顶面为平面的拔模模型。依照图中模型可见选择圆弧面的上圆弧边线定义上平面，图中下部底面边界处的粗实线为拉伸操作的串连曲线。

依照平面拔模操作步骤如下：

1）单击“实体→修剪→拔模▼→依照平面拔模”功能按钮，启动拔模功能，弹出“实体选项”对话框和操作提示。

2）按操作提示选择拔模面（可参照图 3-67 所示方式选取），单击“确认”按钮，弹出“依照平面拔模”操作管理器，同时提示在操作管理器中修改设置。

3）在操作管理器中设置拔模参数和选项，如平面定义可基于“图素”按钮选择两直线或圆弧线等定义平面，也可基于“视图”按钮选择俯视图定义底面。另外还有拔模角度设置，翻转拔模方向等。通过图形预览观察拔模模型。

4）拔模模型满意后，单击“确定”按钮，完成实体拔模操作。

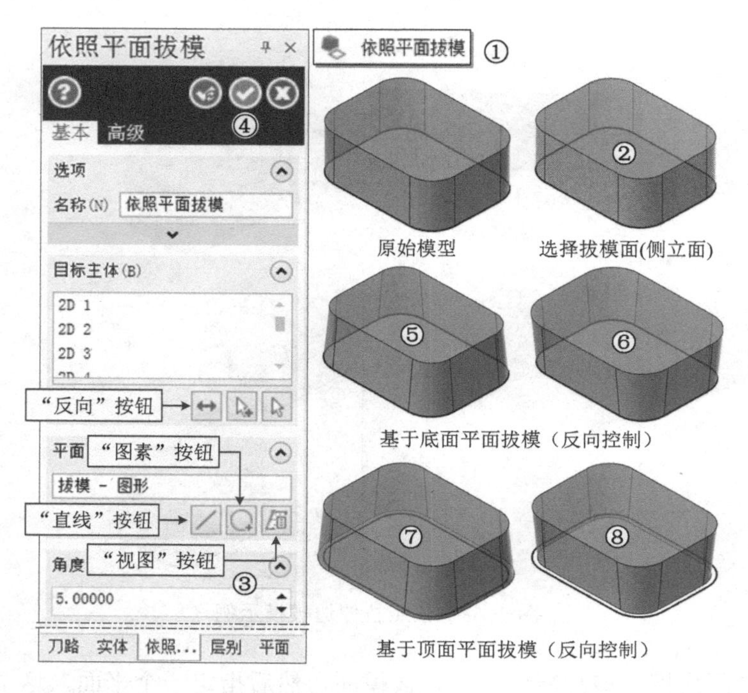

图 3-69 依照平面拔模示例

6．实体修剪

实体修剪是将指定的实体，按照指定的平面、曲面或薄片实体去剖切，获得所需的半边或分割为两部分实体。实体修剪包括依照平面修剪和修剪到曲面/薄片实体两种，集成在一个下拉菜单中，参见图 3-45。

（1）依照平面修剪 该功能可将实体按指定的平面进行修剪。指定平面的定义包括：①按直线构成平面，该平面与构图平面有关，实质包含直线的构图平面的垂直面；②按图素构成平面，这些图素是能构成平面的图素，如平面、两平行直线或两相交直线、三个不在一条直线上的点、一段圆弧等；③视图平面，单击该按钮会弹出“选择平面”对话框，选择标准视图等。

图 3-70 所示为依照平面修剪示例。其原始模型为一抽壳模型（由图 3-59 的实体模型抽壳获得的模型）。依照平面修剪操作步骤如下：

1）单击“实体→修剪→依照平面修剪▼→依照平面修剪”功能按钮，启动修剪功能，弹出“实体选择”对话框和操作提示。

2）单击实体模型，启动“依照平面修剪”操作管理器，默认平面选择文本框为红色框线的空白文本框。

3）指定修剪平面。单击“直线平面”按钮或“图素平面”按钮返回绘图窗口，选择相应图素确定平面。或单击“视图平面”按钮，在弹出的“选择平面”对话框中指定视图平面。同时设定相关选项，如反向、分割实体等，并观察预览模型。

4）修剪模型满意后，单击“确定”按钮，完成实体修剪操作。

（2）修剪到曲面/薄片 该功能可将实体按指定的曲面或薄片实体进行修剪。图 3-71 所示为一五角星实体凹模模型创建过程，原始条件为五角星曲面模型（序号①）。其创建过程简述如下：

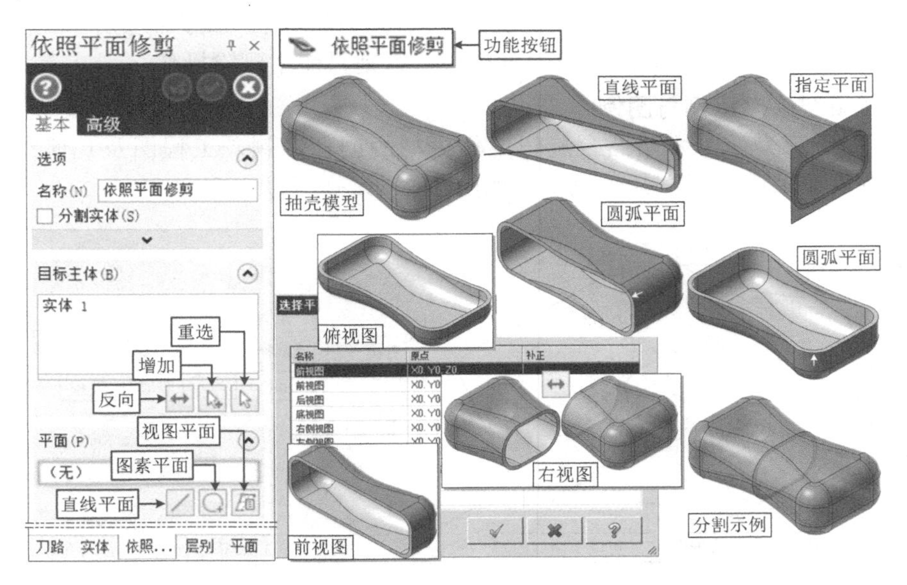

图 3-70　依照平面修剪示例

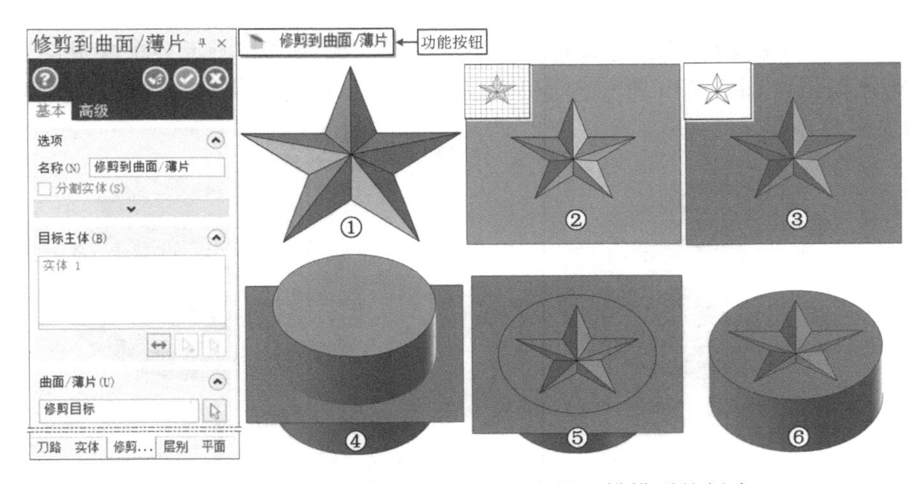

图 3-71　修剪到薄片示例——五角星凹模模型的创建

1）创建分模曲面（序号②）。将五角星模型水平面镜像，然后绘制一个矩形曲面，再基于五角星轮廓线修剪完成。注意，五角星模型水平面镜像是为了后续模型观察方便，若不做该操作，则可旋转模型观察。

2）创建薄片实体模型（序号③）。用“由曲面生成实体”功能操作完成。

注意

着色模式下曲面与薄片实体模型基本无区别，但切换至线框模型可看出明显差异，见序号②、③图中左上角小图。

3）创建一个圆柱实体模型（模体），如序号④所示。

4）基于“修剪到曲面/薄片”功能，将圆柱实体按指定的薄片实体修剪，保留下半部实体（序号⑤）。

5）隐藏（或删除）薄片实体，获得五角星实体凹模模型，如序号⑥所示。注意，若薄片实体分别创建在不同层别上，则用隐藏操作，否则只能用删除操作。

7．实体模型创建示例与图例

图 3-72 所示为一个六角凸台旋钮实体模型的创建示例，工程图及几何参数参见图 3-44b，读者可按顺序练习。其大致步骤如图 3-72 所示。

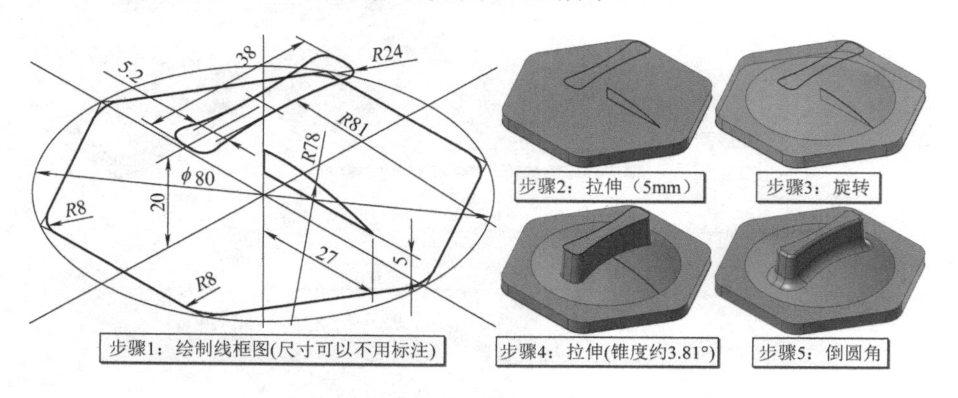

图 3-72　六角凸台旋钮实体模型创建示例

图 3-73 所示为实体模型创建示例，供学习参考。图 3-73a 所示要求参见图 3-43 所示尺寸创建实体模型。图 3-73b 所示为基于图 3-44a 所示尺寸按实体相关功能创建的壁厚为 1mm 的扣盖实体模型。

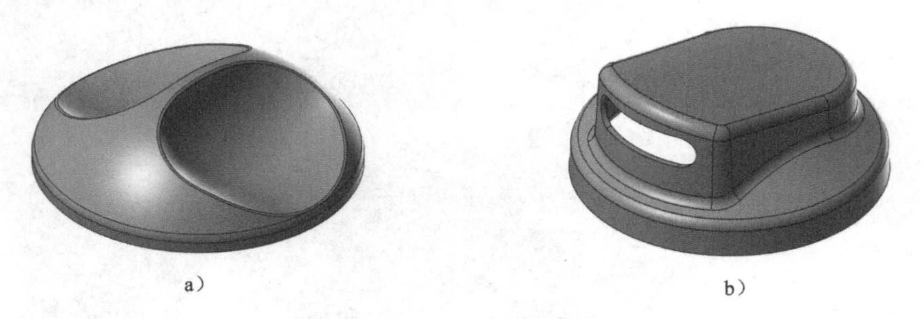

a）　　　　b）

图 3-73　实体模型创建示例

a）球头旋钮　b）扣盖

这里对相同零件分别用曲面和实体方式创建三维模型，通过实践，读者会感悟出自己习惯用哪种方式创建三维模型，不同的人有不同的结论，但都不影响后续的加工编程。

3.3.5　实体模型的准备与编辑

模型准备是 Mastercam 2017“建模”（MODEL PREP）功能选项卡中的功能，如图 3-74 所示，包括创建、建模编辑、修改实体、布局和颜色等选项区，其中主要的基于同步建模技术的建模编辑与修改实体选项功能不仅能够快速地编辑与修改模型，更主要的是能对外部导入的无参数和历史记录的模型进行编辑与修改，在编程之前模型的准备中有其应用价值。以下主要介绍与数控加工联系紧密的建模与模型修改功能，其余功能读者可根据需要学习。

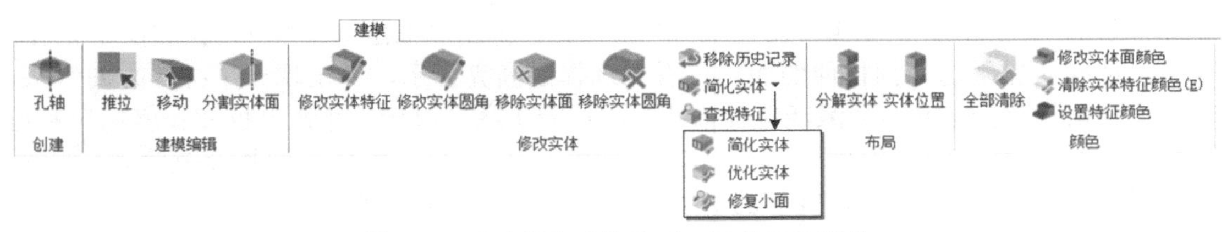

图 3-74 “建模”功能选项卡及其下拉菜单

1. 创建孔轴线

创建孔轴线指创建指定实体孔的轴线及其相关图素，其轴线可设置两端的延伸、端点、圆等，并可显示提示圆柱面半径和轴线方向等，所创建轴线等的属性使用当前系统属性设置。创建轴线的操作较简单，直接按操作提示操作即可。该操作属于同步建模功能指令，可对无参数模型以及有参数和历史记录的模型进行操作。创建孔轴线操作示例如图 3-75 所示。

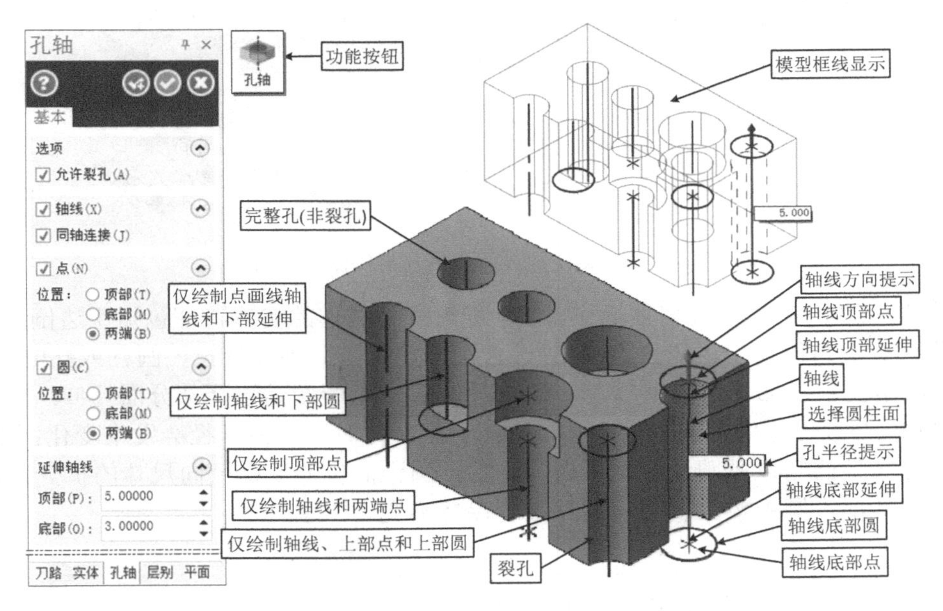

图 3-75 创建孔轴线操作示例

2. 实体的建模编辑

“建模编辑”功能选项区的推拉、移动和分割实体面功能，是同一类同步建模功能指令，仅适用于无参数模型的操作，即使是一个有参数和历史记录的实体模型，在进行操作之前也要求去除历史记录而成为一种无参数模型，因此在使用前要考虑好是否还需继续操作。

（1）实体推拉 该功能可将实体的指定面或特征延伸或缩短，也可将指定的锐边创建圆角或将指定的圆角特征的圆角值修改或删除圆角。其常见操作为动态指针的几何体推拉操作，也可精确指定数值操作。

1）指定实体面推拉几何体操作。该功能可对实体上指定的面进行推（缩短）和拉（伸长）操作，快速改变模型。图 3-76 所示为指定实体面推拉几何体操作示例，其操作步骤如下：

① 单击“建模→建模编辑→推拉”功能按钮，弹出“推拉”操作管理器和操作提示。

② 按操作提示选择预拉伸的面，可看到选择面高亮显示，并出现一个拉伸方向箭头。

③ 将鼠标移至箭头处，激活拉伸箭头，可见箭头高亮显示，并弹出拉伸长度标尺和可随鼠标拉伸距离变化的长度值文本框。若长度值满意后可单击完成拉伸长度值输入。注意，鼠标拉伸难以完成精确拉伸长度值的输入，这时可进入第④步操作。

④ 在长度标尺以及长度值文本框激活的状态下，直接键入长度值，即在文本框精确输入长度值。按回车键完成数值的输入。

⑤ 单击“确定并继续”按钮，完成一次拉伸操作，并返回第①步的操作提示。

⑥ 继续第①～④步可对侧面进行推拉操作（缩短操作）。单击“确定”按钮，完成推拉操作并退出。

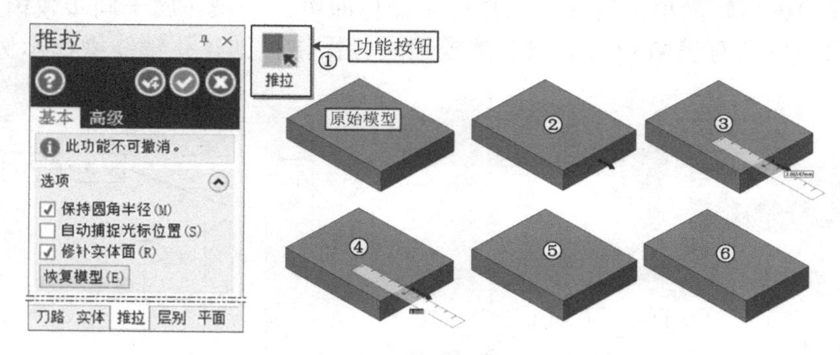

图 3-76　指定实体面推拉几何体操作示例

2）指定实体特征推拉几何体操作。该功能可推拉操作的实体特征包括锐边倒圆角、修改圆角值（含圆角值为零，即删除圆角）、含圆角面推拉、锥体推拉、圆柱或孔的推拉等。图 3-77 所示列举了部分示例供参考。其中，图 3-77a 所示为选择部分面拉伸；图 3-77b 所示拉伸时，必须勾选“保持圆角半径”选项，否则拉伸时圆角面半径会发生变化；图 3-77c 所示为锐边拉伸圆角以及圆角编辑示例，注意，圆锥面拉伸仅是径向尺寸的扩大，内孔面也是可以拉伸的，圆锥体上表面拉伸时锥度保持不变。

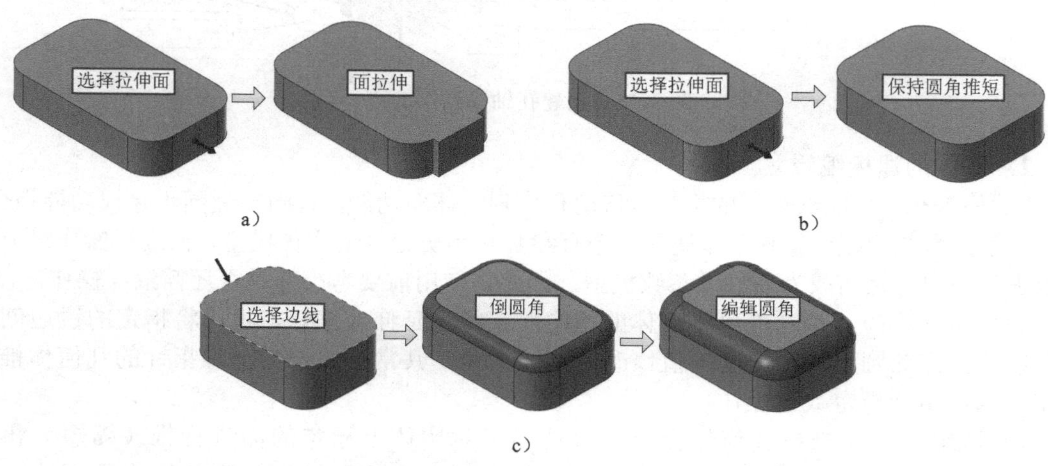

图 3-77　指定实体特征推拉几何体操作示例

a）部分面拉伸　b）保持圆角拉伸　c）锐边倒圆角与编辑

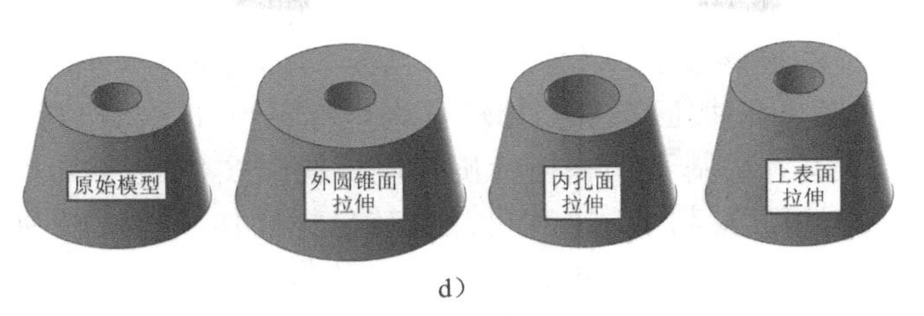

d)

图 3-77　指定实体特征推拉几何体操作示例（续）

d）圆锥面与孔拉伸

（2）实体移动　该功能可平移、旋转和复制实体特征与曲面。实体移动功能主要基于动态坐标指针操作，涉及动态指针的坐标系状态下的坐标系操作以及几何体状态下的几何体操作。以下通过示例进行讲解。

1）实体特征的平移操作。图 3-78 所示为一实体特征移动功能（平移）示例，要求用实体移动功能将原始模型中间的圆锥实体平移复制到四个圆角圆心处。其操作步骤如下：

① 单击“建模→建模编辑→移动”功能按钮，弹出操作提示和“移动”操作管理器。

② 按操作提示双击选择锥体特征，选择后按回车键，选中后锥体高亮显示，并弹出动态指针，将鼠标移至指针左下角可看到几何体操作图标。

③ 单击几何体操作图标开关，转换至坐标系操作图标，进入坐标系操作状态。

④ 单击坐标系原点，激活坐标系平移操作，捕抓锥体底圆圆心，将坐标系移至底圆圆心。

⑤ 单击坐标系操作图标开关，转换至几何体操作图标，返回几何体操作状态。

⑥ 单击选中图形复制模式，单击 X 坐标轴，移动锥体捕抓圆弧圆心或端点 a。

⑦ 单击选中图形移动模式，单击 Y 坐标轴，移动锥体捕抓圆弧圆心或端点 b。

⑧ 单击选中图形复制模式，单击 X 坐标轴，移动锥体捕抓圆弧圆心或端点 c。

⑨ 保持图形复制模式，单击 X 坐标轴，移动锥体捕抓圆弧圆心或端点 d。

⑩ 保持图形复制模式，单击 Y 坐标轴，移动锥体捕抓圆弧圆心或端点 e。

⑪ 单击“确定”按钮，完成平移操作并退出，平移结果如图 3-78 中序号⑪所示。

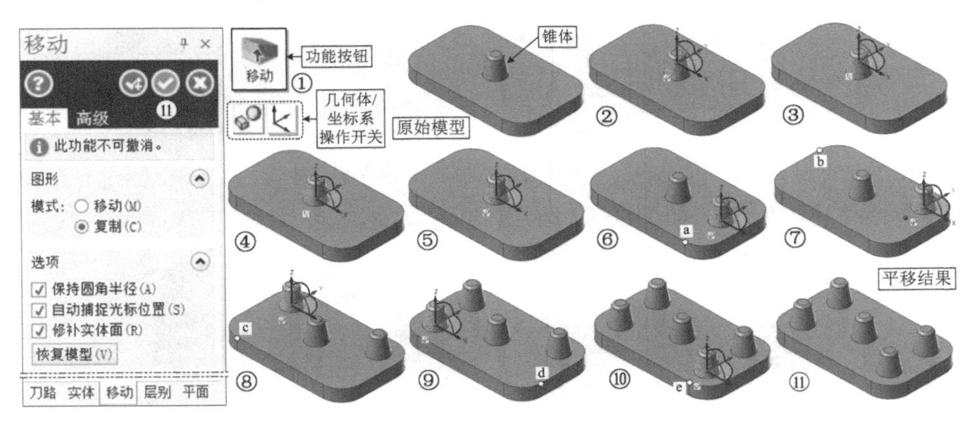

图 3-78　移动功能（平移）示例

2）实体特征的旋转操作。图 3-79～图 3-81 所示为一实体特征移动功能（旋转）示例，其要求将图 3-79 中原始模型上的凸台与圆孔利用实体移动功能（旋转）复制的方式按 90° 增量角复制三个，如图 3-81 中旋转复制结果 2 所示的模型。其具体操作步骤简述如下：

第 1 步：凸台特征的旋转复制，如图 3-79 所示。①启动移动功能指令，选择凸台顶面、外圆柱面和倒圆角面，按回车键；②转化为坐标系操作，将坐标系移动至底板圆心；③再次转回实体操作状态；④基于动态指针旋转坐标操作实体旋转 90° 复制一次；⑤再次旋转坐标操作实体旋转 90° 复制一次；⑥再次旋转坐标操作实体旋转 90° 复制一次；⑦单击“确定”按钮，完成移动功能（旋转）操作，获得凸台旋转复制结果 1。

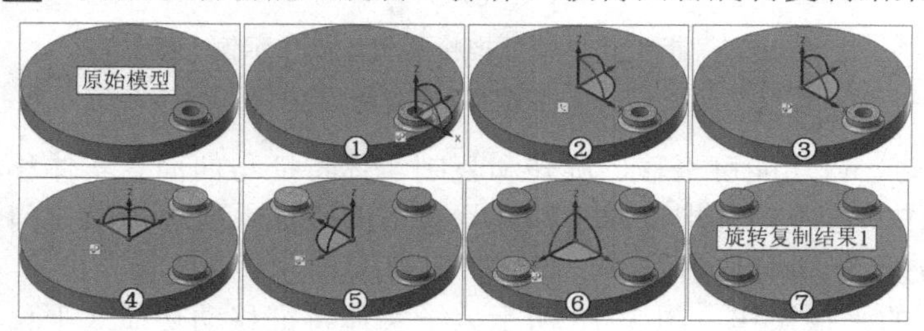

图 3-79　移动功能（旋转）复制凸台示例

第 2 步：凸台孔的拉伸贯通，如图 3-80 所示。图 3-79 所示的旋转复制结果缺少凸台中间的孔。旋转复制前先须做以下工作：①切换至线框模式，可看到孔仍然在底板上；②翻转模型视角，启动“推拉”功能，选中孔底面；③返回视角显示，用鼠标向上拉伸成通孔；④单击“确定”按钮，完成推拉操作，获得凸台通孔。

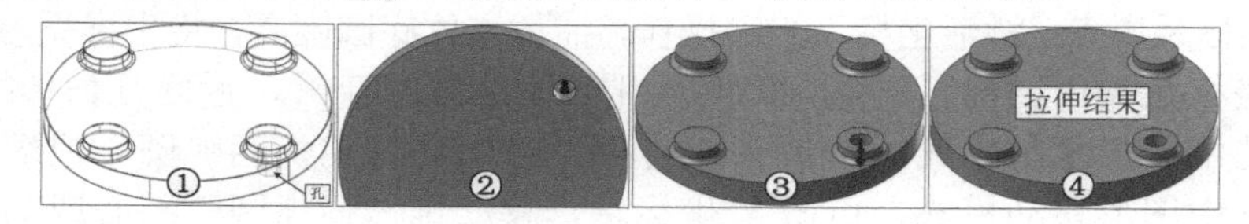

图 3-80　移动功能（旋转）拉伸凸台示例

第 3 步：凸台孔的旋转复制，如图 3-81 所示。其操作方法类似第 1 步，操作步骤简述如下：①选择孔内表面，按回车键；②切换至坐标系操作，移动坐标系至底板中心；③返回实体操作状态；④参照第 1 步的方法复制三次，获得孔旋转复制结果 2。

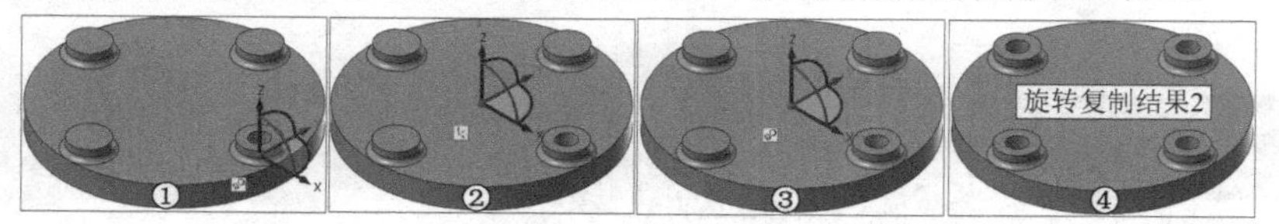

图 3-81　移动功能（旋转）复制孔示例

3）其他移动功能示例，如图 3-82 所示，供学习时参考。

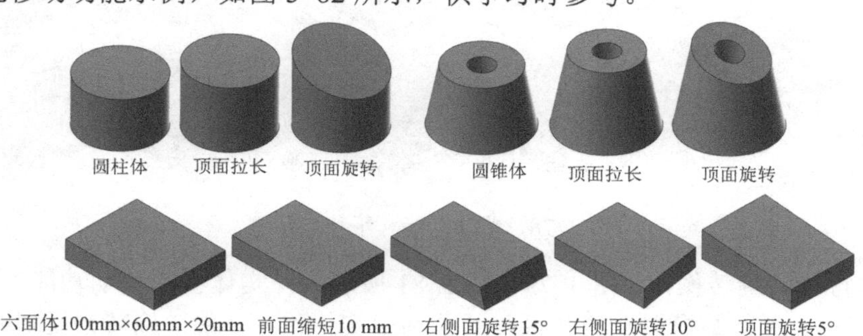

图 3-82　其他移动功能示例

（3）分割实体面　该功能可对指定的单一实体面按指定的分割图线分割为多个实体面，这里图线与实体面可共面或不共面。这些分割的实体面能够应用推拉功能进行建模等。图 3-83 所示为分割实体面操作与应用示例，指定曲面是六面体顶面，图线分别有与顶面共面的圆和顶面之上的六边形。

分割实体面操作步骤如下：

1）单击“建模→建模编辑→分割实体面”功能按钮，启动分割实体面功能，弹出“分割实体面”操作管理器和操作提示。

2）按操作提示选择实体面和分割图线。其中分割图线可用窗选方式快速选择。同时在操作管理器中修改设置等，可预览分割边界与实体面等。如图 3-83 中序号②所示。

3）单击“确定”按钮，完成分割实体面操作并退出。如图 3-83 中序号③所示。

序号④为隐藏分割边界，将鼠标移至外分割区触发的分割面显示。六面体顶面被分割为三个实体面，这些实体面可用推拉功能进行操作。序号⑤为推拉圆柱体，序号⑥为推拉六棱柱体，序号⑦为分别推拉圆柱体与六棱柱体，序号⑧为向下推拉模型，序号⑨为外分割面向下推拉减薄六面体厚度的模型。

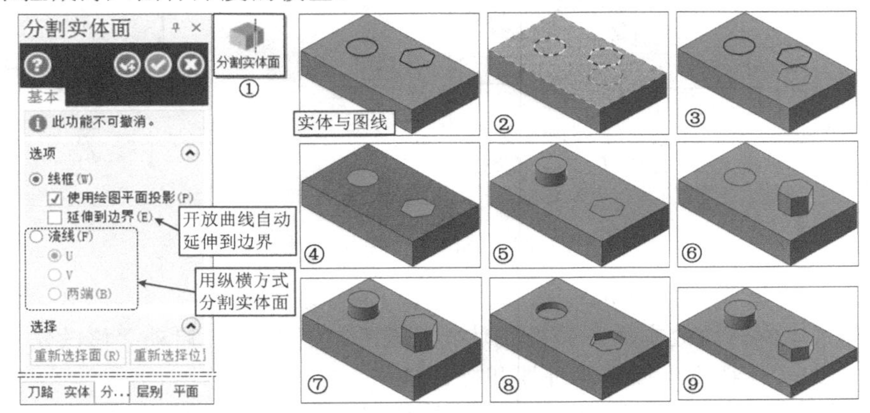

图 3-83　分割实体面操作与应用示例

3．实体局部的修改

实体局部的修改主要集中在“建模”功能选项卡“修改实体”功能区，如下所述。

（1）修改实体特征　该功能可从实体模型上选择一个或多个实体特征，实现创建主体、删除或移除并创建主体特征。

创建主体：将选择的实体特征创建出新的、独立的实体主体，原始实体模型保持不变。若选择的特征是凸特征，则新创建的实体与原始实体重叠。若选择的特征是凹特征，则新创建的实体填补圆特征。

删除：将选择的实体特征从原始模型中删除。

移除并创建主体：首先将选择的实体特征删除，然后在原位置上创建出独立于删除特征后实体模型之外的实体特征。若选择的特征是凸特征，则新创建的实体占据删除特征的位置。若选择的特征是凹特征，则新创建的特征与删除特征后的实体模型重叠。

图 3-84 所示为修改实体特征示例，其原始模型是一个倒圆角的六面体，上表面包含一个凸实体特征（圆锥体）和一个凹实体特征（圆锥孔）。序号②所示为同时选择了凸实体特征和凹实体特征操作（按操作提示双击选定实体）。若选项类型为“创建主体”，则确定后

的实体模型如序号③所示，新创建的实体与原始实体重叠，查询实体特征管理器可看到多出两个独立的实体。若选项类型为“移除”，则确定后的实体模型如序号④所示，仅剩下倒圆角的六面体实体。若选项类型为“移除并创建主体”，则确定后的实体模型如序号⑤所示，凸实体和凹实体与下部的倒圆角六面体是分离的，查询实体特征管理器可看到其变化。

对于序号③的模型，若选中原始模型，然后沿 Y 轴移动一段距离，如图中的 70mm，则可看到的画面如序号⑥所示，新创建的凸实体和凹实体特征仍然在原处。

对于序号⑤的模型，若选中倒圆角的六面体实体模型，并沿 Y 轴移动一段距离，如图中的 70mm，则可看到移出的模型是删除了凸实体和凹实体特征的六面体实体模型，同时新创建的凸实体和凹实体特征还留在原处。

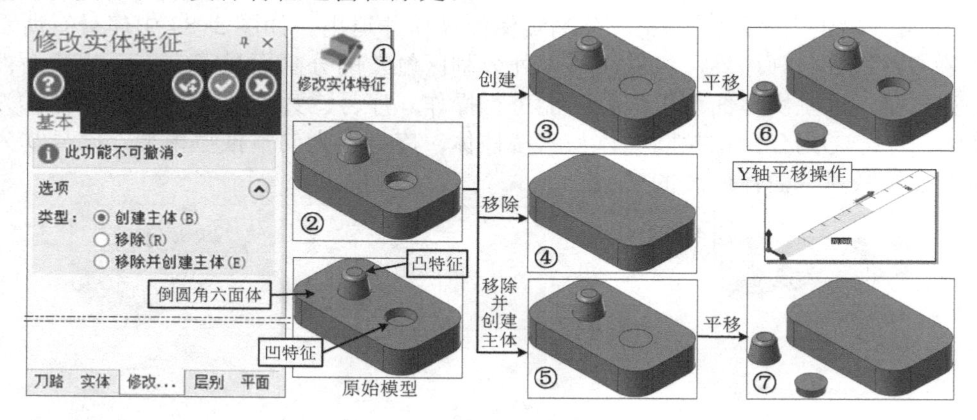

图 3-84　修改实体特征示例

修改实体特征操作步骤如下：

1）单击“建模→修改实体→修改实体特征”功能按钮，启动“修改实体特征”功能，弹出“修改实体特征”操作管理器和操作提示。

2）按操作要求选择要修改或移除的实体特征。单击选择单一实体面，双击选择一个特征，可选择多个特征。如选中图 3-84 中的凸实体特征和凹实体特征。

3）在“修改实体特征”操作管理器中单击选择所需要的选项类型（创建主体、移除或移除并创建主体），单击“确定”按钮，完成修改实体特征操作并退出。图3-84中序号③、④、⑤分别为创建主体、移除、移除并创建主体三个选项对应的模型。

（2）修改实体圆角　该功能可快速修改实体圆角半径。图3-85所示为修改实体圆角示例。操作步骤如下：

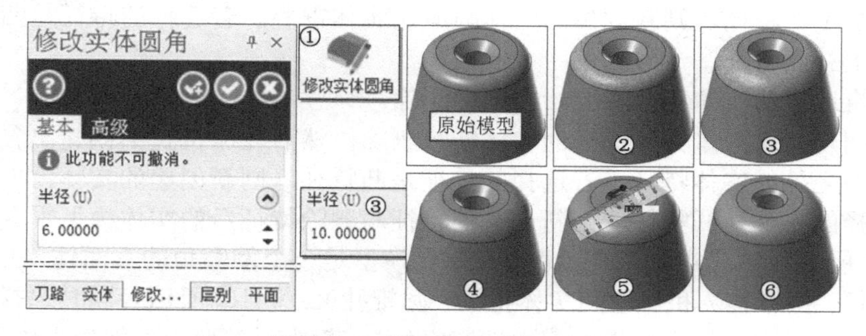

图 3-85　修改实体圆角示例

1）单击“建模→修改实体→修改实体圆角”功能按钮，弹出“修改实体圆角”操作管理器和操作提示。

2）按操作要求选择要修改的圆角。图 3-85 中操作管理器中的半径值为 6.00000。

3）修改圆角半径值，同时可预览到圆角的变化。图 3-85 中修改半径值为 10.00000。

4）单击“确定”按钮，完成修改实体圆角操作并退出。

注意

①修改实体圆角功能同样适用于凹圆弧的修改；②修改实体圆角操作的第 2）步显示该功能可用于测量实体圆角；③若将圆角值设置为“0”，则相当于删除圆角；④在“建模”功能选项区似乎没有见到倒圆角的孪生兄弟“实体倒角修改”，但仔细分析可见推拉功能可用于实体倒角的修改，图 3-85 中序号⑥和序号⑦显示了将内孔倒角拉伸 1.5mm 的操作与结果。

（3）移除实体面　该功能可将实体上指定的一个或多个实体表面删除。删除后的模型是一个没有厚度的薄片实体模型，可进行加厚操作等。图 3-86 所示为移除实体面示例，其中增加了薄片实体加厚示例供参考。操作时“实体选项”对话框显示默认为模型前面的选择，也可单击“背面”按钮选择实体背面。移除实体操作较简单，其操作方法不赘述。

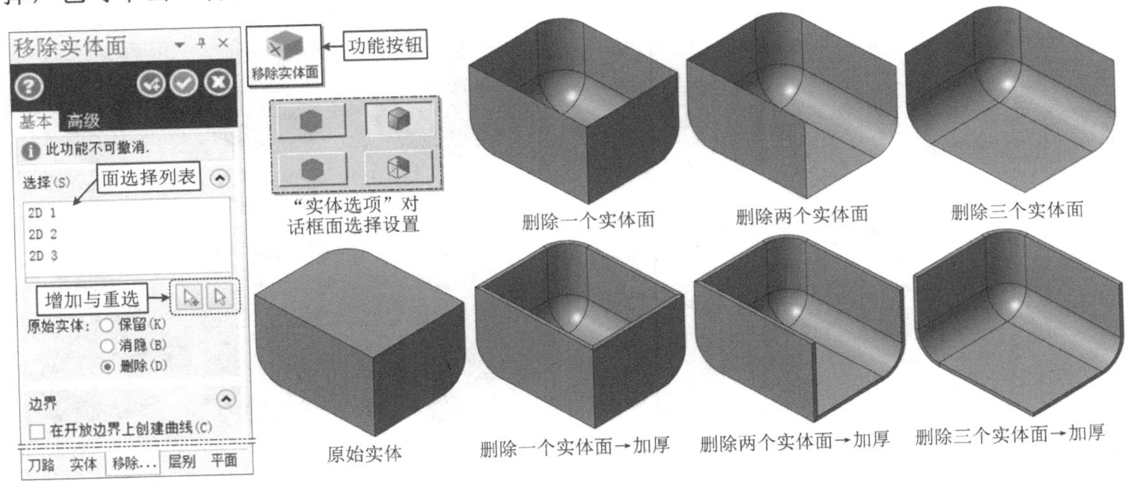

图 3-86　移除实体面示例

（4）移除实体圆角　该功能可将实体上指定的圆角及倒角删除。图 3-87 中上图所示为移除实体圆角示例，以原始模型 1 为例，其操作步骤如下：

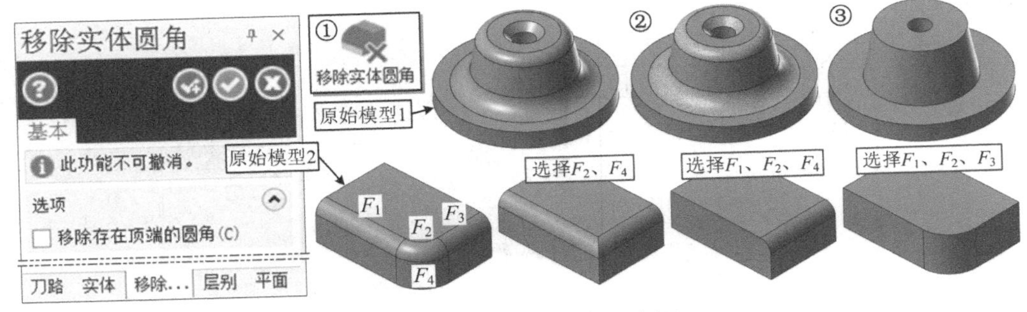

图 3-87　移除实体圆角示例 I

1）单击“建模→修改实体→移除实体圆角”功能按钮，弹出“移除实体圆角”操作管理器和操作提示，如序号①所示。

2）按操作要求选择要移除的圆角。可选择单个或多个圆角面和倒角面，序号②所示同时选择了凹圆角面、凸圆角面和倒角面。

3）在操作管理器中选择是否勾选“移除存在顶端的圆角”选项。图 3-87 所示为不勾选示例。

4）单击“确定”按钮，完成移除实体圆角操作并退出，如序号③所示。

图 3-87 下图为一包含四个圆角的原始模型 2，右侧依次示出了第 2）步选择不同圆角时移除实体圆角的操作示例，供学习参考。

在“移除实体圆角”操作管理器中，若勾选“移除存在顶端的圆角”选项，其移除实体圆角后会在所选圆角的两端保留一小段端圆角面，若端圆角面继续与它相邻的圆角面同时选择执行移除实体圆角操作时，可继续进行移除实体面操作。若无相邻的圆角面时，只能使用“修改实体特征”功能同时选择这一小段圆角面和侧面移除。图3-88所示列举了三种移除实体圆角操作示例，原始模型和圆角编号仍与图3-87相同，其中第一步均为勾选了“移除存在顶端的圆角”后的移除实体圆角操作，后续操作均未勾选。

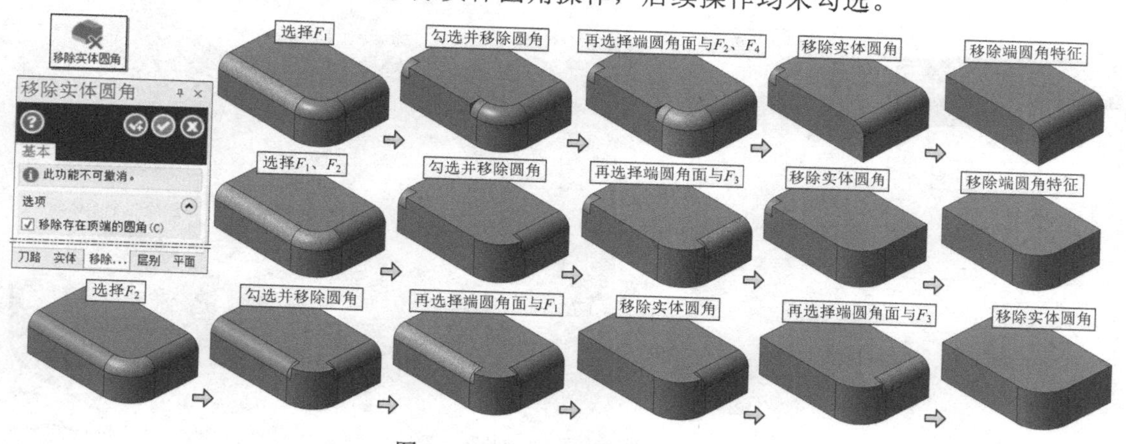

图 3-88 移除实体圆角示例 II

（5）移除历史记录 该功能可将基于历史记录的顺序建模模型中的历史记录移除。移除后的模型是一种无造型特征和参数的模型，只能用“建模”选项卡中的相关操作进行编辑与修改，类似于其他三维软件建模然后导入的模型。图 3-89 所示为某实体模型移除历史记录前、后实体管理器中的显示内容。

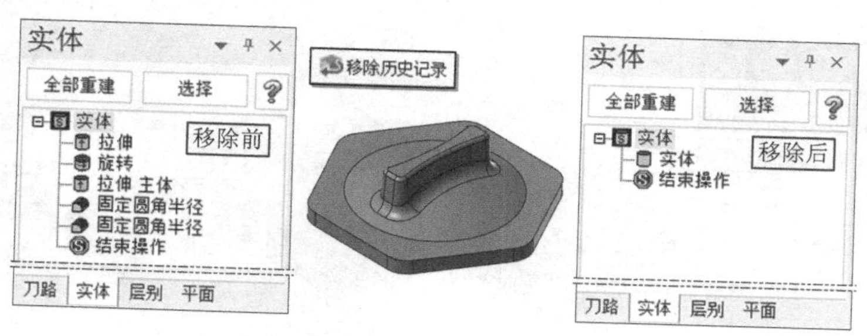

图 3-89 移除历史记录示例

（6）实体模型的简化、优化与小面修复简介　如下所述：

1）简化实体：从整个实体主体或个别表面和边界移除冗余的面和边界。

2）优化实体：自动修复导入的实体（整个实体或个别面），通过改善边界的精度并识别优化和混合。对修复的刀路将维持相关关联的面。

3）修复小面：分析实体模型（无操作历史记录）上可修复的小面，并可预览、显示结果和修复。这些可修复的小面可以在“修复小面”操作管理器中通过设置适当的公差值进行搜索。

（7）查找特征　该功能可查询外部导入的实体模型上指定的倒圆角或圆孔特征，查询的特征可以在“实体”操作管理器中创建相应的特征参数化操作记录（又称历史记录），也可直接删除。

图3-90所示为查找特征示例，左侧的“查找特征”操作管理器上的“选项”类型包括“创建操作”和“删除特征”。中间的“特征”选项包括“圆角（倒圆角）”与“孔（圆孔）（包括盲孔）”。下面的“半径”选项区允许设置查询半径的范围（最小和最大）。图中上面的模型为查询前的导入模型，此时右侧的“实体”操作管理器中仅有导入的“实体”操作记录一项。中间的模型为查询圆角后的模型，此时右侧对应的“实体”管理器中增加了三项“倒圆角”操作记录，分别对应模型中三个不同半径的倒圆角特征。下面的模型为继续查找圆孔后的实体模型，查询后孔特征上出现了几个圆线框，对应拉伸操作时的串连线，同时在“实体”操作管理器中可看到操作记录中又增加了两个“拉伸-切割”操作记录。这些生成的特征操作记录是可以用“实体”选项卡中的相应操作功能进行编辑的。

查找特征功能可以将导入实体模型中损坏、无效或抑制特征等特征删除，有利于后续的编程。

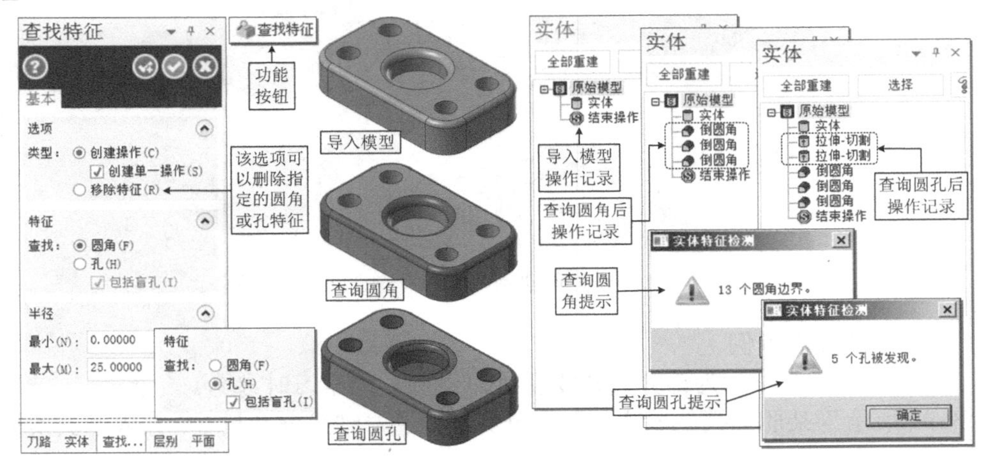

图3-90　查找特征示例

3.3.6　实体模型创建示例与练习图例

1．实体模型创建示例

例3-1　图3-91所示为一个果冻杯实体模型的创建示例，读者可按顺序练习。其大致步骤如下：①绘制三维线框图；②旋转杯体实体；③扫描圆柱体；④旋转复制7个圆柱体（共8个圆柱体）；⑤布尔切割运算，构造杯体凹槽；⑥凹槽边界及底部外圆

边界倒圆角 *R*0.5mm；⑦上表面抽壳，向内 1mm。

图 3-91　实体模型创建示例 I——果冻杯

例 3-2　图 3-92 所示为某连杆凹模与电火花加工电极构造练习。

原始条件为一 STP 格式的连杆模型，凹模外形与电极底座尺寸自定。

凹模创建步骤：①导入连杆，此时模型为无参模型；②构建凹模体（提示，连杆分型面外廓曲线向外偏置 30mm，并以其为极限尺寸构建矩形线框，然后向下拉伸 50mm 创建主体）；③布尔切割运算，获得所需凹模实体，图中隐藏了第②步的线框。

电极创建步骤：①导入连杆；④依照平面沿分型面平面修剪连杆，然后沿 X 轴和 Y 轴方向比例缩放 99.5%，留出放电间隙；⑤利用推拉功能向下拉长 5mm；⑥利用拉伸功能构建最小边距为 5mm、厚度为 15mm 的底座。

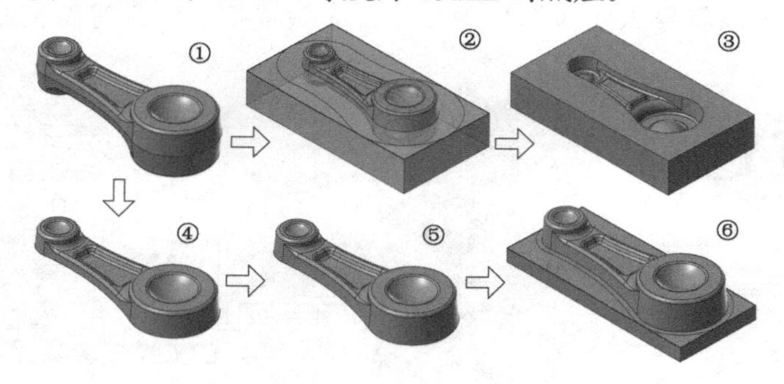

图 3-92　实体模型创建示例 II——连杆凹模与电极

2．实体模型练习示例

图 3-93～图 3-97 所示为部分实体模型练习示例，供学习时参考。

图 3-93 所示为某职业技能鉴定样例，图中给出了二维线框及尺寸，并提示其实体模型的创建过程。

图 3-94 所示为一三角旋钮、加工电极与凹模建模练习图例。图中，①为线框图及尺寸；②为基本体建模，ϕ52mm 圆向上拉伸 20mm、拔模 3°，然后用 *R*100mm 圆弧旋转切割上部，三角把手向下拉伸 20mm、拔模 3°，然后用 *R*104mm 圆弧旋转切割上部，ϕ12mm 圆向下拉伸 20mm、拔模 3°；③倒圆角，顶部ϕ12mm 圆凸台倒圆角 *R*1mm，其余倒圆角 *R*1.5mm；④为电极模型，模型底部利用推拉功能拉长 5mm，底座边距为 5mm，厚度为 15mm。⑤为凹模，模体边距为 20mm，厚度为 40mm，利用布尔切割运算获得。

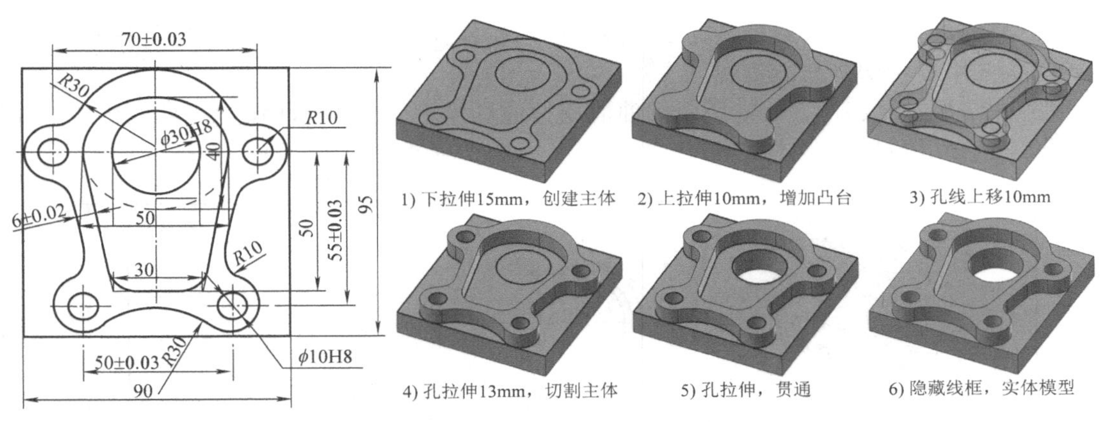

图 3-93　实体模型创建图例——技能鉴定样例

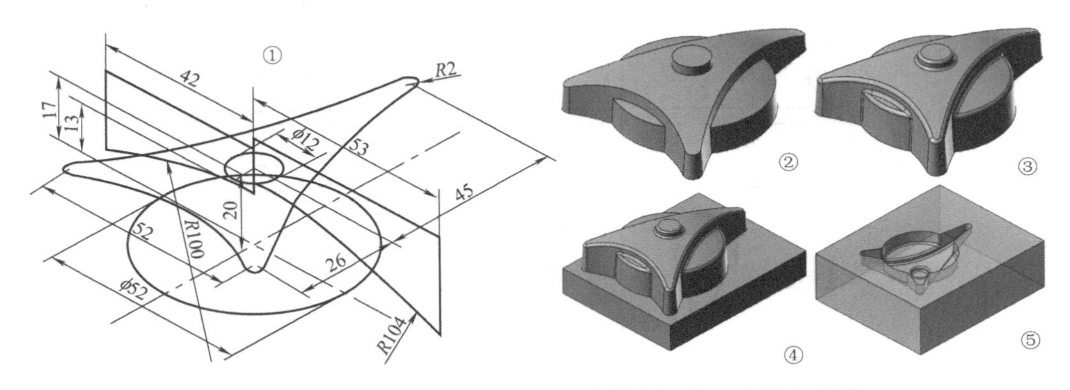

图 3-94　实体模型创建图例——三角旋钮、加工电极与凹模

图 3-95 所示为一圆盘体的闭式凸轮，图中给出了工程图，其实体模型的创建过程：首先绘制三维线框图，然后拉伸盘体，最后扫描获得凸轮槽。

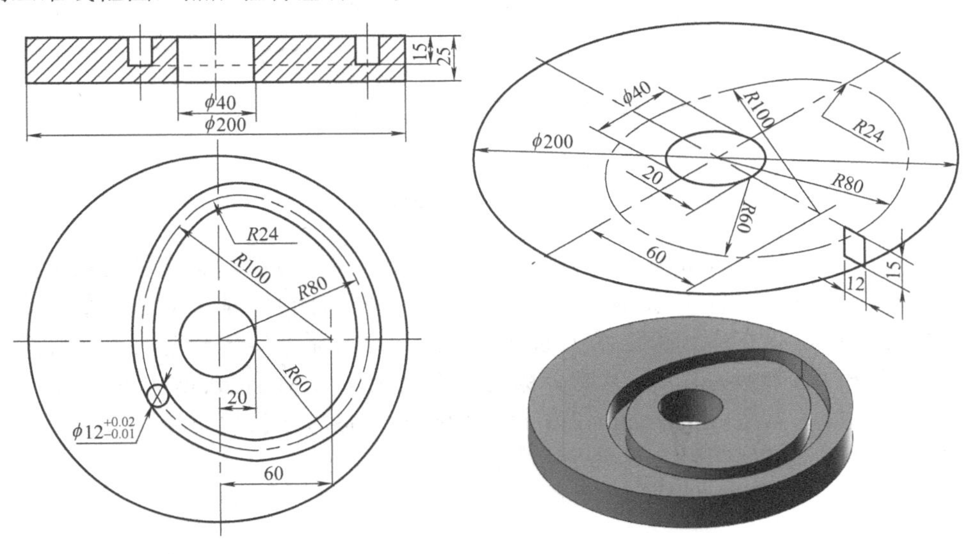

图 3-95　实体模型创建图例——闭式凸轮

图 3-96 所示为一衣架模具的二维线框图与实体模型示例，其主要是练习扫面切割功能，端头采用旋转切割功能实现。

图 3-97 所示是将图 3-44c 所示的曲面模型通过“实体”选项卡中的“由曲面生成实体”功能创建一个五角星的实体模型。

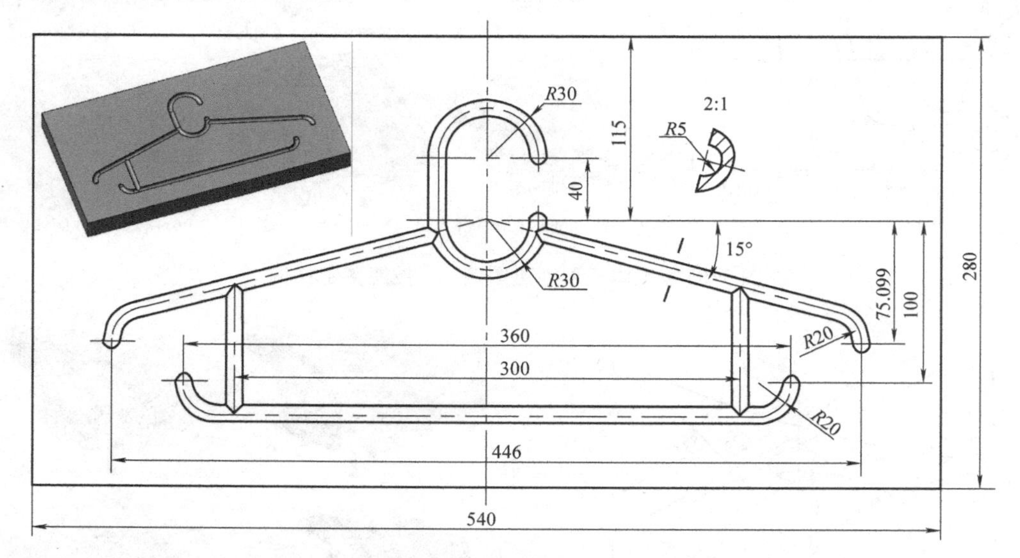

图 3-96　实体模型创建图例——衣架模具

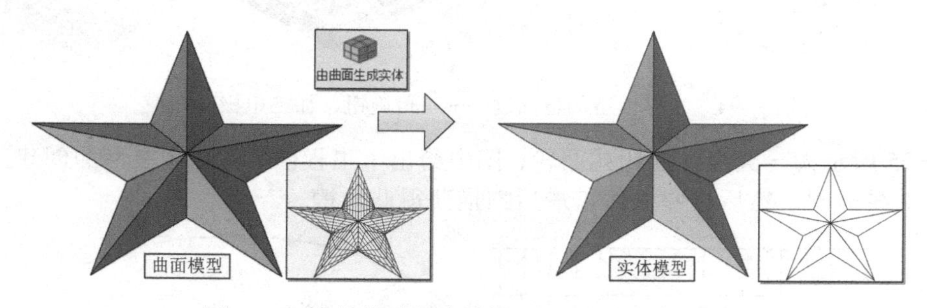

图 3-97　实体模型创建图例——五角星实体模型

本 章 小 结

本章主要介绍了 Mastercam 2017 中三维曲面与实体模型的创建功能以及基于同步建模技术的实体模型准备与剪辑（“建模” 功能选项卡），并相应地安排了适当数量的曲面与实体模型示例与图例，旨在通过操作示例练习，掌握三维曲面与实体模型的创建思路，并检验读者对该部分内容掌握的程度。这部分的功能在老版本的 Mastercam 中基本都有，因此，对于老用户更多的是熟悉 Mastercam 2017 的 Ribbon 风格功能区操作界面的使用。当然，对于新用户，全面系统地学习与熟悉是必要的。

第4章 尺寸标注与编辑要点

4.1 概述

尺寸标注是图样表达的一个重要方面，可详细记录加工模型的几何特征参数，直观表达几何参数值及其公差要求等。Mastercam 2017 设置有专门的“标注”功能选项卡及其尺寸标注和编辑功能按钮，为加工模型提供了记录与测量几何参数的手段。

对于重点偏重数控加工编程的应用软件，是否要学习其尺寸标注，笔者的观点是看您如何应用？若是为了输出工程图，Mastercam 的功能似乎不能完全满足现行机械制图国家标准的要求，那学习尺寸标注的意义何在呢？答案是记录与测量加工模型的几何特征参数，我们在绘制几何图形，完成加工模型后，及时利用 Mastercam 的标注功能，在单独的层别中记录几何图形与模型的几何参数，对后续应用的参数回溯查询会带来极大的帮助。因此，建议学习 Mastercam 时基于记录加工模型几何参数的角度出发学习标注功能，尽可能按照制图的标准表达尺寸标注，对无法达到标准要求格式标注的时候，做到能记录加工模型的几何参数即可。

4.2 Mastercam 的尺寸标注

4.2.1 尺寸的组成

组成尺寸的基本要素是尺寸界线、尺寸线和尺寸数字，如图 4-1 所示，在 Mastercam 中分别称之为延伸线（Witness lines）、引导线（Leader lines）和文本（Text）。以图中总长 58 的尺寸标注为例，其两侧有两条引自图形总长轮廓的尺寸界限，标示出 58 尺寸指的是图形中的总长参数；尺寸线是两端带有指向尺寸界线箭头的直线；尺寸数字一般是放置在尺寸线之上的一组阿拉伯数字，默认其单位为 mm，表示尺寸界线指示的几何模型尺寸参数。

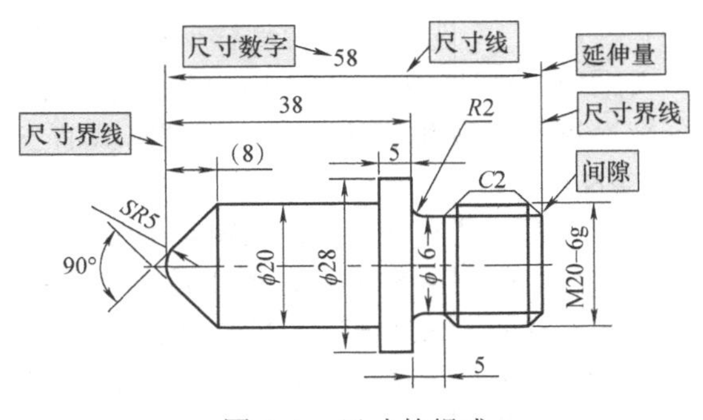

图 4-1 尺寸的组成

按几何图形与模型特征的不同，尺寸标注有线性尺寸标注、角度尺寸标注、圆弧尺寸标注等多种类型，学习尺寸标注必须具有机械基础知识，熟悉机械制图国家标准等。

4.2.2 “标注”功能选项卡

标注是尺寸标注的简称，单击“标注”标签，进入“标注”功能选项卡，如图 4-2 所示，包含尺寸标注、纵标注（即坐标标注，Ordinate Dimensions）、注释、重建和修剪五个功能区。注意，在“尺寸标注”功能区右下角有一个尺寸标注设置按钮，单击该按钮弹出“自定义选项”对话框，可对标注与注释进行全面设置。

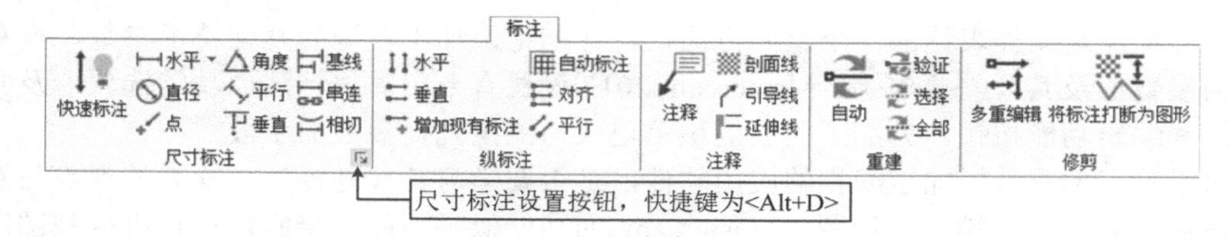

图 4-2 “标注”功能选项卡

4.2.3 尺寸标注的设置

尺寸标注的设置包括尺寸标注的系统配置、尺寸标注的自定义选项设置、尺寸标注操作管理器设置与编辑以及当前尺寸的编辑等，参见图 4-3，合理使用与设置，有助于合理、快捷地管理尺寸标注中众多的设置选项。

1. 尺寸标注的系统配置

尺寸标注的“系统配置”选项设置会修改系统配置文件，因此，不仅当前启动的系统及文件有效，而且下一次启动 Mastercam 也会有效，即修改了开机环境设置。因为这些设置为系统开机默认设置，故适合于通用性选项的设置。

单击“文件→配置”命令，弹出“系统配置”对话框，单击“标注与注释”选项前的展开按钮⊞或双击“标注与注释”文字，展开“标注与注释”选项，如图 4-3 所示，包括尺寸属性、尺寸文字、注释文字、引导线/延伸线和尺寸标注五个选项设置，熟练掌握这些选项设置的含义对尺寸标注有极大的帮助。

（1）“尺寸属性”选项设置　如图 4-3 所示，分为坐标、文字自动对中、符号、公差选项区和右上角的设置样例显示。一般情况下，看图即可理解和掌握参数选项设置，例如直径符号设置，默认为“？（前缀）”选项，可看到样例图中直径尺寸为“ϕ19.101”，若改为“D（前缀）”选项，则图中的尺寸变为“D19.101”。关于公差设置，默认为“无”，其下拉列表中的选项可分别设置尺寸或角度的公差，设置形式有±公差（+/-）、极限尺寸（上下限制）、公差代号（DIN）等。

（2）“尺寸文字”选项设置　即尺寸数字设置，如图 4-4 所示，设置要求与提示见图示。

（3）“注释文字”选项设置　如图 4-5 所示，用于注释文字的设置，设置选项参数等与“尺寸文字”设置基本相同。注意，系统默认的长宽比参数为 0.5，而国家标准的规定为 0.7，若为记录几何参数，可不必纠结这个问题。为保持标准风格的一致性，建议字体大小与字型等与“尺寸文字”设置相同。

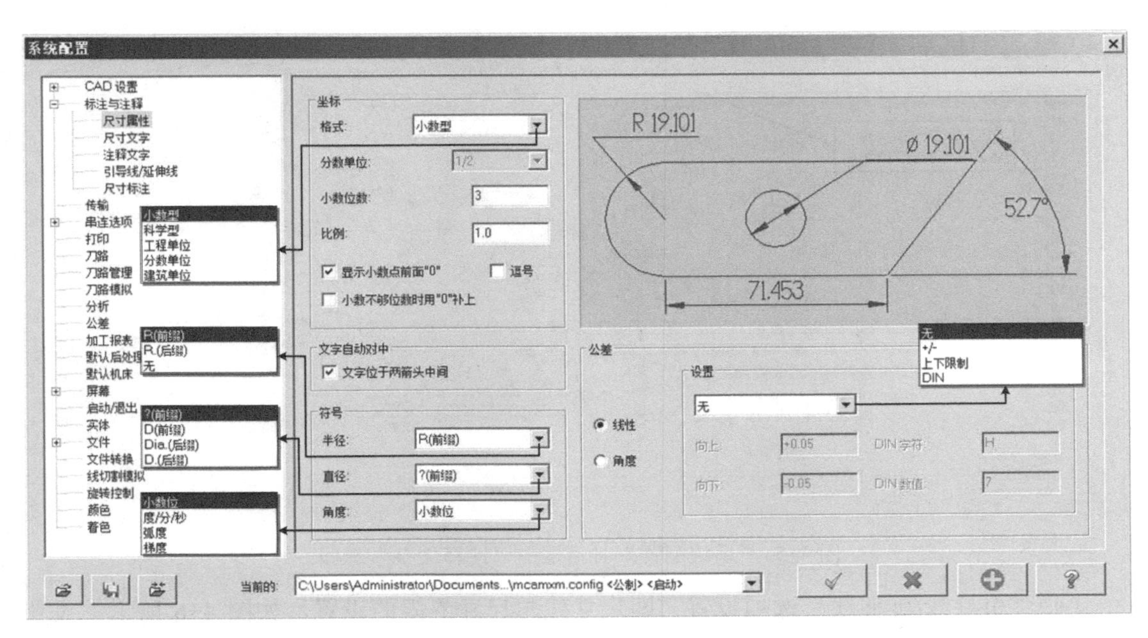

图 4-3 “系统配置”对话框→“尺寸属性”选项

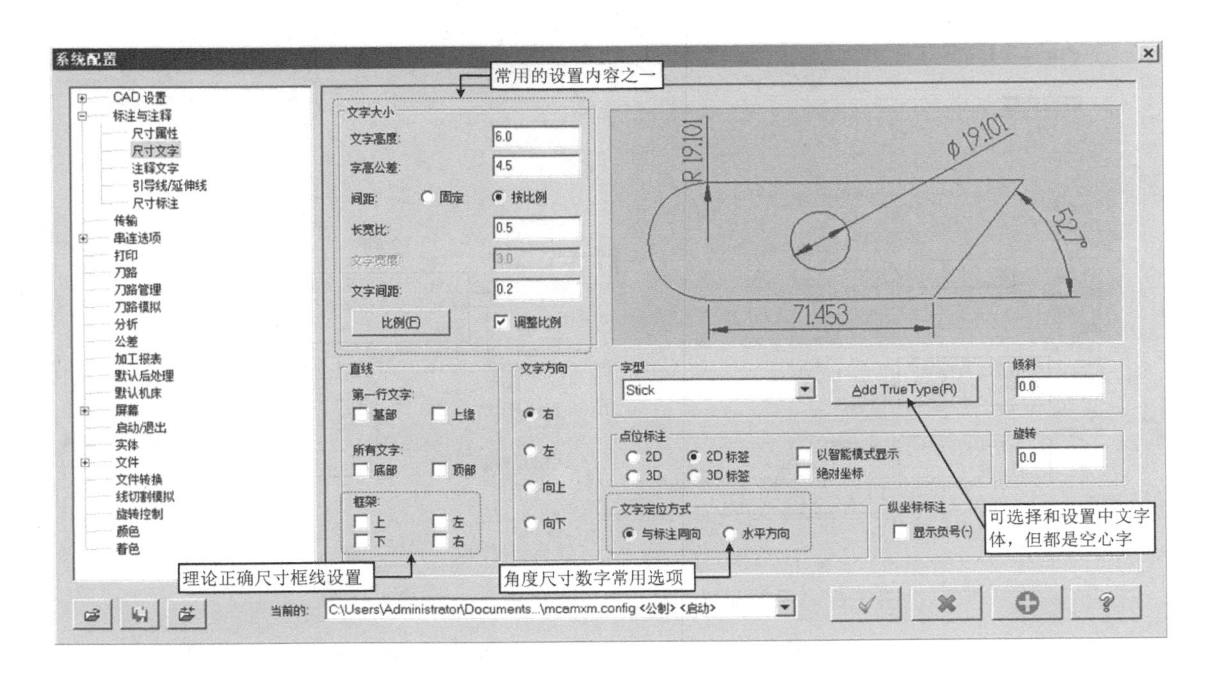

图 4-4 “系统配置”对话框→“尺寸文字”选项

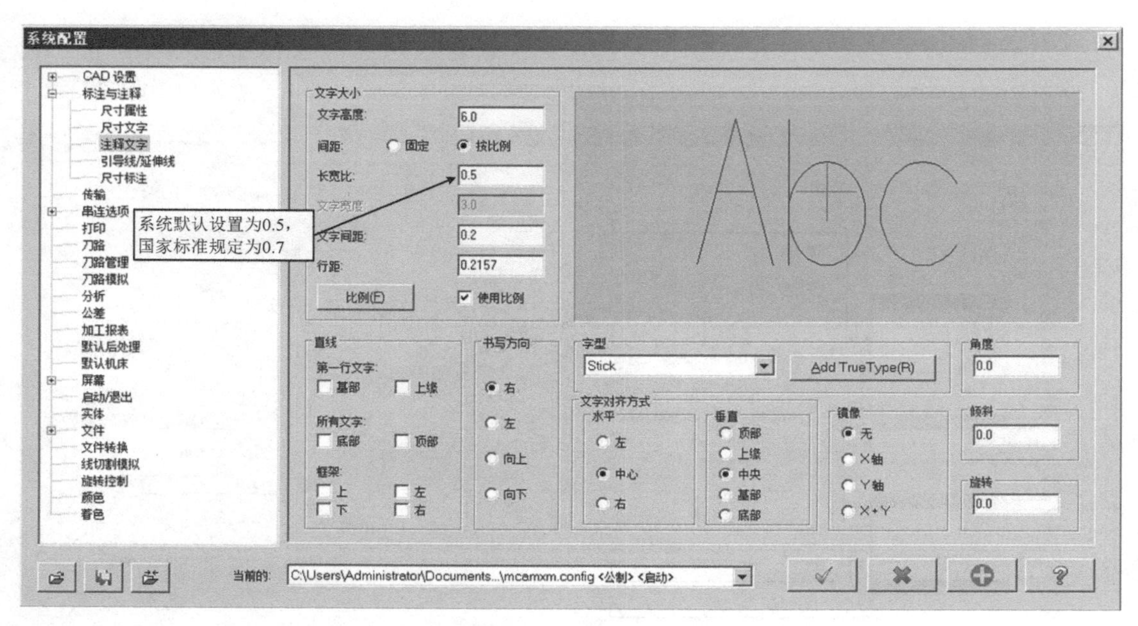

图 4-5 “系统配置”对话框→“注释文字”选项

（4）“引导线/延伸线”选项设置　即尺寸线与尺寸界限的设置，如图 4-6 所示，设置要求与提示见图示。其中，间隙与延伸量的图解参见图 4-6 和图 4-1。

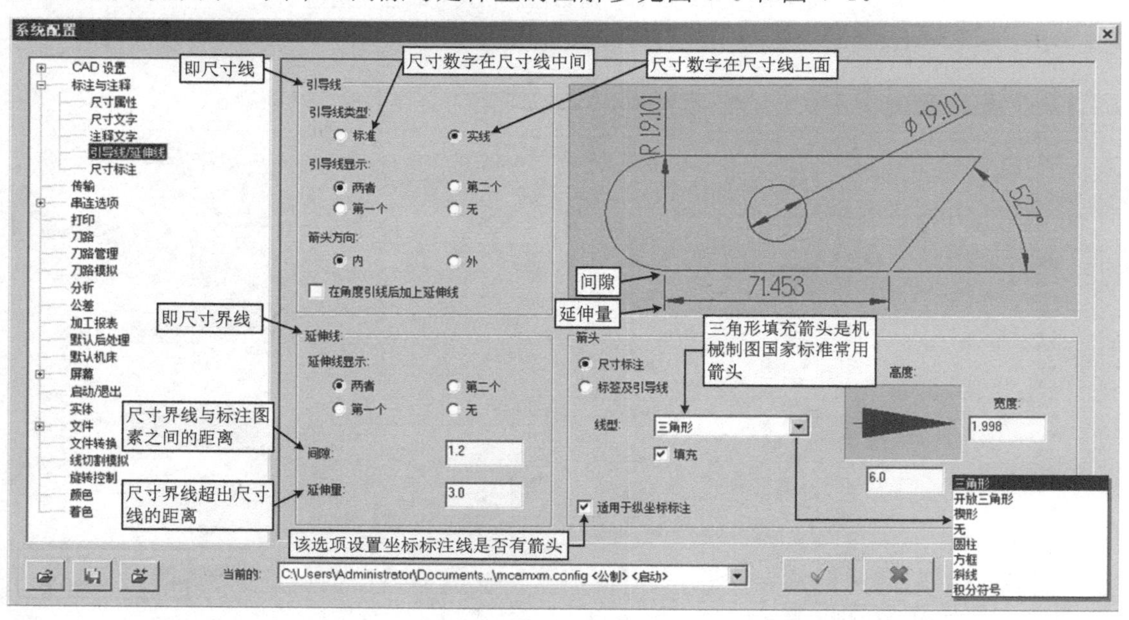

图 4-6 “系统配置”对话框→“引导线/延伸线”选项

（5）“尺寸标注”选项设置　如图 4-7 所示，一般按图示说明即可设置。只说明两处：一是“重建”选项，重建操作在“标注”选项卡的“重建”选项区还可操作；二是基线增量设置，若取消勾选“自动”选项，则在基线标注时需手工放置尺寸线的位置，若勾选“自动”选项，则按后续的 X 或 Y 值距离增量自动放置。

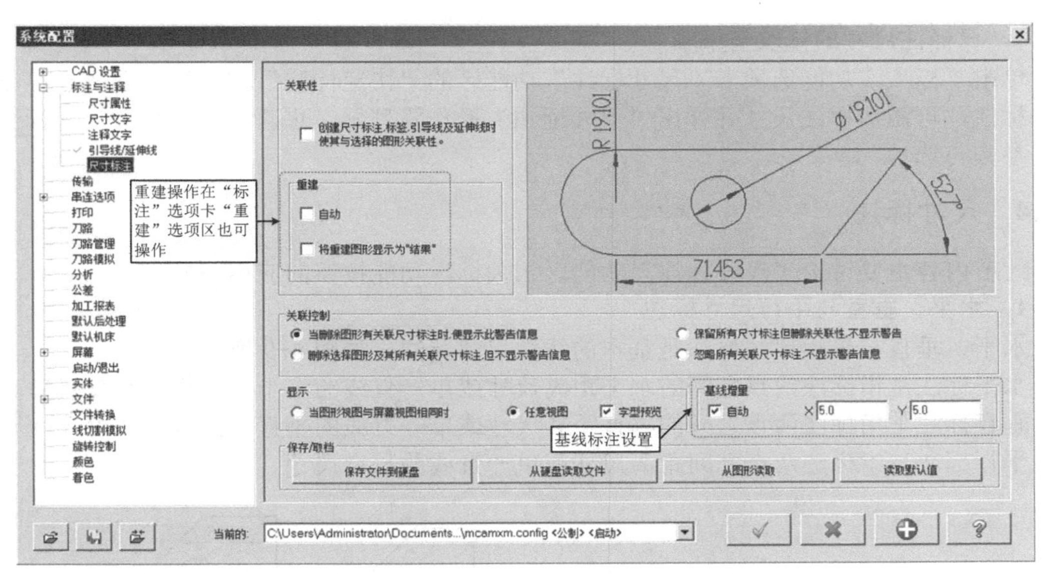

图 4-7 “系统配置”对话框→“尺寸标注”选项

2．尺寸标注的自定义选项设置

单击“标注”选项卡“尺寸标注”选项区右下角的尺寸标注设置按钮，弹出“自定义选项”对话框，其仅具有“系统配置”对话框中的“标注与注释”的五个选项设置，设置内容基本相同，其与系统配置设置的差异是其设置不会修改系统配置文件，因此仅适用于当前启动的操作文件。

3．“尺寸标注”操作管理器

激活“尺寸标注”功能时，会临时弹出“尺寸标注”操作管理器，其分为“基本”与“高级”两个选项卡，如图 4-8 所示，所做设置可对当前未确定之前的标注以及后续的标注有效。选项卡中除列出了常见的标注设置选项外，还可单击“高级”选项卡下部的“选项”按钮 选项(O)，弹出“自定义选项”对话框，对全部选项与参数进行一次性设置，所做的设置仅对当前文件后续标注有效。

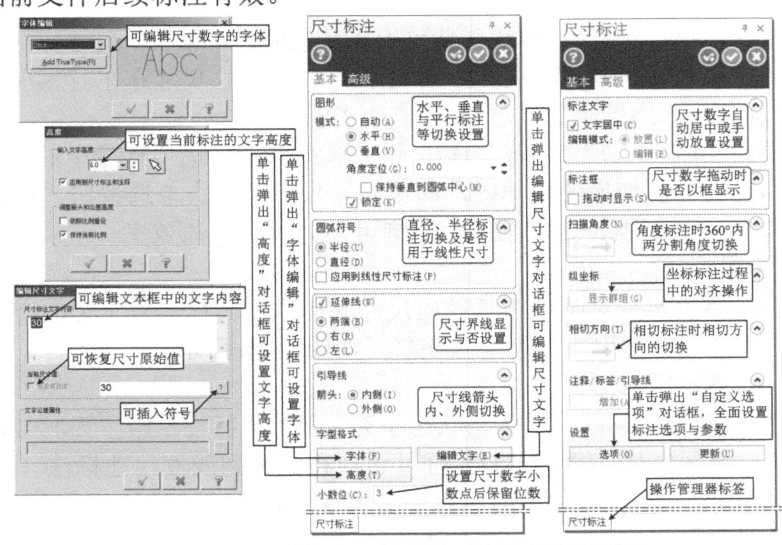

图 4-8 “尺寸标注”操作管理器及其设置说明

4．已标注尺寸的修改与编辑

单击“标注”功能选项卡“尺寸标注”功能区的“快速标注”按钮，选择已存在的尺寸标注，可激活标注尺寸并弹出“尺寸标注”操作管理器，重新编辑与修改尺寸标注相关的参数与选项。

4.2.4 尺寸标注

此节内容主要讨论“尺寸标注”功能区相关标注功能按钮的应用与操作。

1．水平、垂直与平行尺寸标注

水平、垂直与平行尺寸标注是基本的线性尺寸标注，如图 4-9 所示。

水平标注是指标注两点之间的水平距离尺寸或单一直线的水平方向投影长度尺寸。

垂直标注是指标注两点之间的垂直距离尺寸或单一直线的垂直方向投影长度尺寸。

平行标注是指标注两点之间距离尺寸或单一直线的长度尺寸。

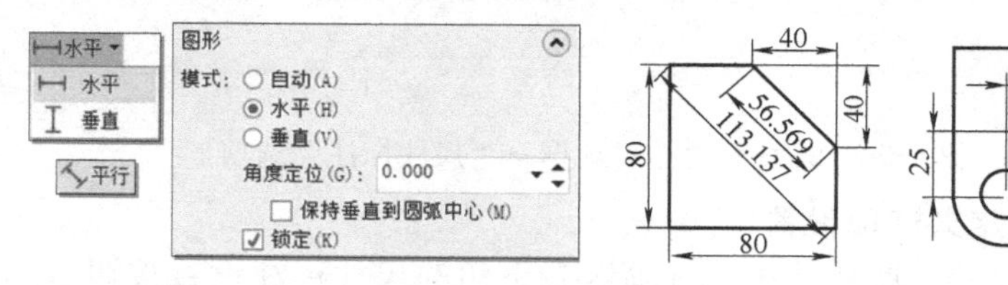

图 4-9 水平、垂直与平行尺寸标注示例

操作说明：

1）单击“尺寸标注”功能区相应的功能按钮可激活相应的尺寸标注，同时弹出“尺寸标注”操作管理器。

2）若标注两点之间的尺寸，则利用捕抓功能先后捕抓两个点。若为单一直线时也可直接捕抓直线（将鼠标靠近直线激活，但不显示捕抓点提示）。

3）捕抓后尺寸随光标拖动，可拖放至适当位置单击定位尺寸，此时尺寸标注为浅蓝色显示，仍可编辑。单击“确定并继续”按钮或按回车键完成标注并继续标注。若单击“确定”按钮，则完成标注并退出。

4）在尺寸拖动期间和确定之前浅蓝色可编辑状态时，可单击“尺寸标注”操作管理器图形模式区的“自动”“水平”或“垂直”单选按钮，将标注尺寸在平行、水平和垂直标注之间切换。每次单击后，“锁定”复选框会自动勾选。

5）单选按钮“自动（A）”“水平（H）”和“垂直（V）”选项括号中的字母 A、H 和 V 是平行、水平和垂直标注切换的快捷键，即第 4）步不用单击单选按钮，而直接在键盘上按字母 A、H 和 V 进行切换。熟练利用快捷键可显著提高标注效率。

2．直径与半径标注

直径与半径标注主要是对圆或圆弧径向尺寸的标注，其标注数字之前会自动增加前缀 ϕ 和 R。直径与半径标注共用一个功能按钮，如图 4-10 所示。

操作说明：

1）标注时注意在拖动期间或可编辑状态下充分利用“标注”操作管理器设置箭头内侧（I）/外侧（O）、半径（U）/直径（D）符号切换和应用到线性尺寸标注（P）、文字居中（C）等，还可调出“自定义选项”对话框中对文字定位方式设置水平方向和与标注同向、引导线箭头的不显示等设置。注意，括号内的字母是快捷操作键。

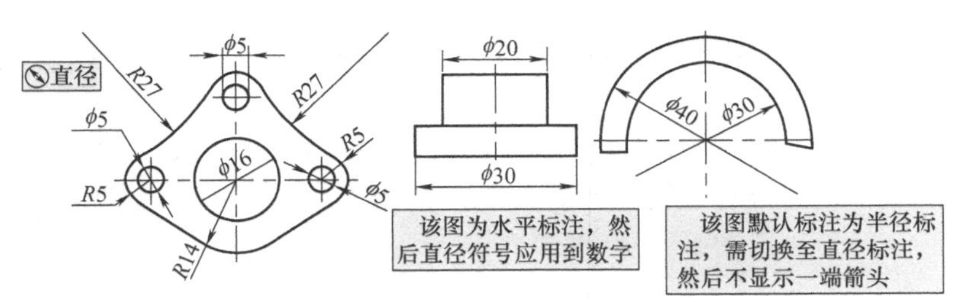

图 4-10　直径与半径标注示例

2）图中的标注仅供练习之用，不要考虑尺寸的重复标注，尝试一下会有其他可能。

3．角度标注

角度标注是指两条不平行直线间夹角的标注，如图 4-11 所示。角度标注的操作方法有两种，即选择两直线或选择三个点（先选顶点再选夹角线上的点，如图中的顶点 1 和点 2、点 3）。角度标注时应注意，按照机械制图国家标准的规定，角度数字一般均水平放置。另外，若将引导线类型设置为标准（参见图 4-6），则可将角度数字设置在打断的尺寸线中间。

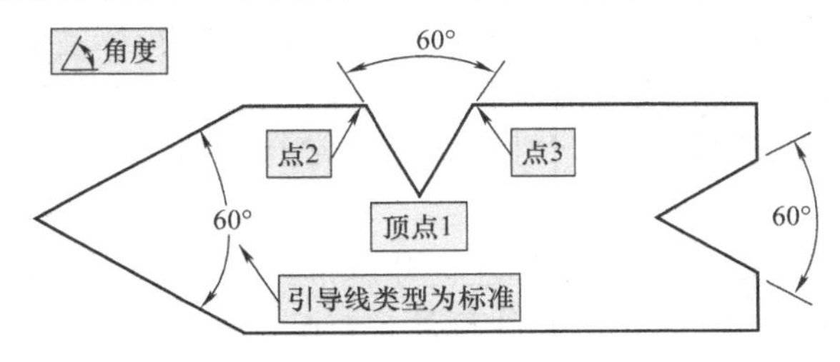

图 4-11　角度标注示例

4．相切标注

相切标注是指一个圆或者圆弧与另外的点、直线、圆（或圆弧）特征点之间的水平或垂直距离标注。图 4-12 所示为其可能的相切标注及其应用示例。

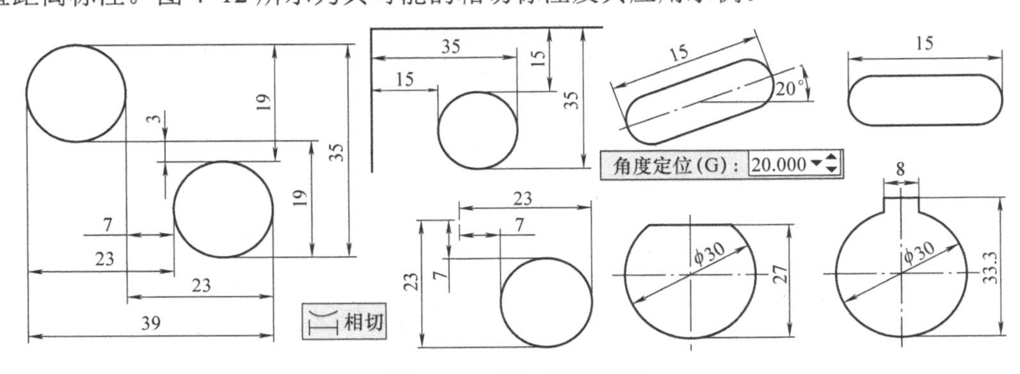

图 4-12　相切标注示例

操作说明：

1）标注时，首先必须选择圆或圆弧。

2）光标拖动至不同位置会切换至不同的相切方向与位置，借助“尺寸标注”操作管理器“高级”选项卡中的相切方向（T）按钮，或快捷键<T>有助于相切位置的切换。

3）相切标注仍然属于水平或垂直标注，因此其图形模式选项中的“角度定位”参数可旋转相切标注，如图 4-12 中旋转了 20° 的腰子形相切标注示例。

5. 垂直标注

垂直标注是指直线外一点与直线之间的垂直距离的标注，若点在直线上，则可以标注两条平行线之间的距离，如图 4-13 所示。

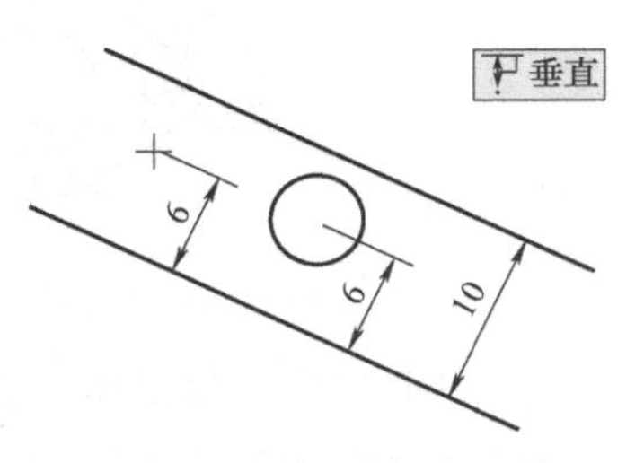

图 4-13 垂直标注示例

操作说明：

1）操作时首先必须选择点或直线上的点。

2）若尺寸拖放摆放方向和位置不能同时兼顾合适时，可先满足摆放方向确定标注，然后再激活“快速标注”功能进行位置拖放标注编辑。

6. 快速标注

快速标注（Smart Drafting Dimensions）又称智能标注，可动态创建和编辑尺寸标注，其尺寸标注功能几乎涵盖以上几种尺寸的标注功能，激活“快速标注”功能，会弹出“尺寸标注”操作管理器，选择已存在的尺寸标注后，可对其进行标注编辑与修改。快速标注与编辑时，以上谈到的操作说明均有效，读者可基于快速标注功能完成图 4-9～图 4-13 所示示例的标注练习。学好快速标注对尺寸标注是非常有益的。

7. 基线标注与串连标注

基线标注是先选择一个现有的线性标注创建基准线（即零点），对相关选择点或线进行线性标注的一种方法。图 4-14 所示为基线标注前、后示例。

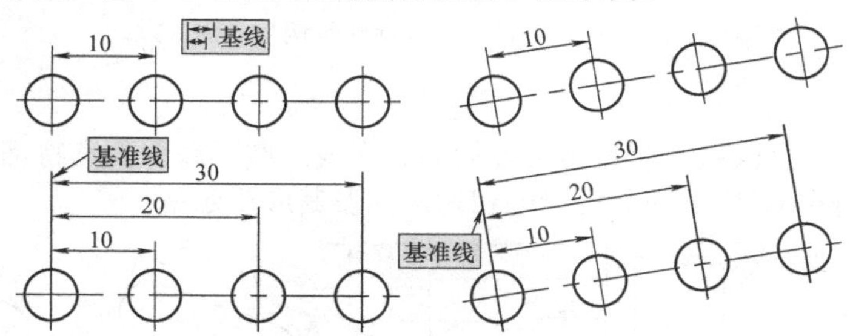

图 4-14 基线标注前、后示例

串连标注是先选择一个现有的线性标注为参照，后续选择的点或线的标注与其串连相连并转变为新的参照，如此循环标注出一连串的尺寸标注。图 4-15 所示为串连标注前、后示例。

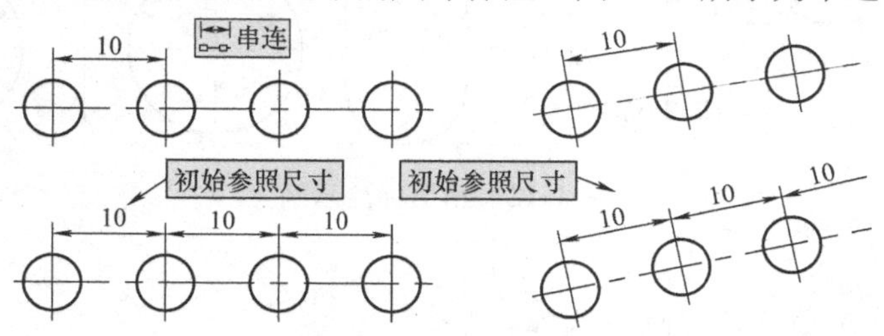

图 4-15 串连标注前、后示例

操作说明：

1）基线标注与串连标注操作时均必须先选择一个已经存在的线性尺寸。

2）基线与串连的标注尺寸继承原标注的选项设置，如图中已存在的尺寸为水平或平行标注，则新标注的尺寸仍然为水平或平行标注，且尺寸数字高度、箭头大小等均继承。

3）基线标注尺寸之间的距离可在“系统配置→标注与注释→尺寸标注”选项右下角的“基线增量”参数中设置，参见图 4-7。

8．点坐标标注

点标注是点坐标标注的简称，可直接标注出图素中指定点的坐标值，如图 4-16 所示为三个圆心坐标点的标注。

操作说明：

1）点标注标出的坐标默认为世界坐标系的绝对坐标。

2）为观察方便，可利用移动到原点功能将点标注图形的基准点移至世界坐标系原点。

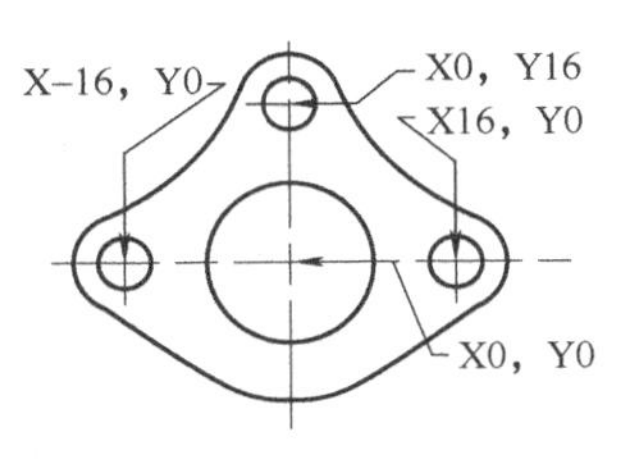

图 4-16　点坐标标注示例

4.2.5　坐标标注

坐标标注是以初始选择点为零点，以水平、垂直或平行方向标注指定点坐标的尺寸标注方式。坐标标注不同于前述的线性标注，它以引导线的形式标注坐标尺寸，因此其标注时的位置、对齐等操作更为灵活方便。坐标标注功能按钮主要集中在“纵标注”功能选项区（注：所谓“纵标注”是翻译的误解，应该为坐标标注，其英文为 Ordinate Dimensions）。

1．水平与垂直坐标标注

水平与垂直坐标标注分别是指水平方向与垂直方向距离的坐标标注，如图 4-17 和图 4-18 所示。

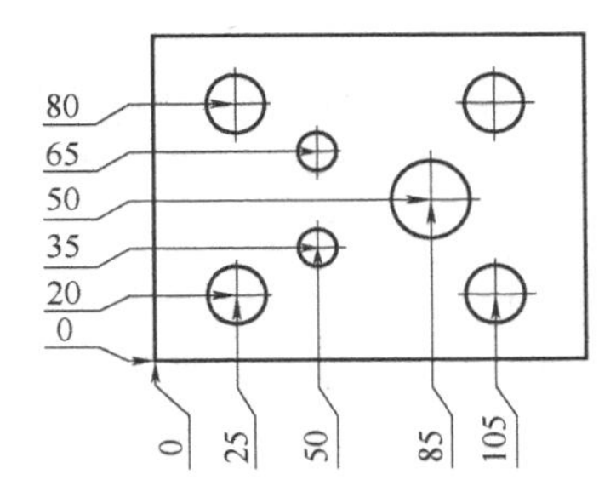

图 4-17　水平与垂直坐标标注示例 I

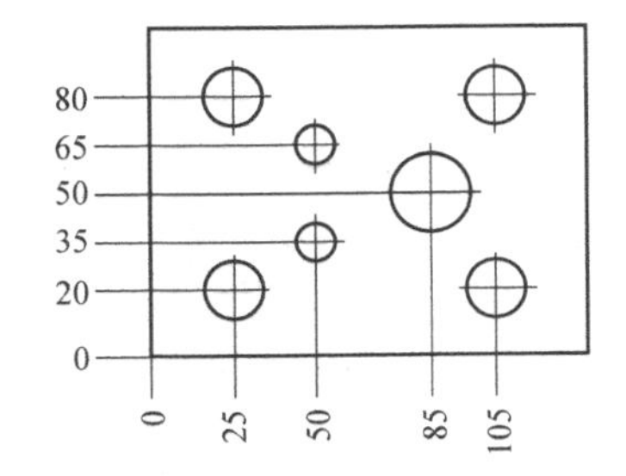

图 4-18　水平与垂直坐标标注示例 II

操作说明：

1）第一选择点即为坐标零点。

2）操作时可在第一点标注拖动状态下在操作管理器中对标注选项与参数进行设置，也可先标注完所有坐标尺寸，然后再选择全部坐标标注，单击“修剪”功能区的“多重编辑”按钮，弹出“自定义选项”对话框，一次性对所有标注进行编辑与设置。

3）引导线是否带箭头，可通过“自定义选项”对话框“引导线/延伸线”选项“箭头”选项的“适用于纵坐标标注”复选框设置，参见图 4-6，若不勾选，则为图 4-18 所示的无箭头引导线形式。

4）在“自定义选项”对话框“引导线”选项区“引导线类”型中，若选择“标准”单选按钮，则尺寸数字是在引导线中间的，如图 4-18 所示，笔者认为这种表达更美观。

2．平行坐标标注

平行坐标标注是指既非水平也非垂直方向距离的坐标标注，如图 4-19 所示。

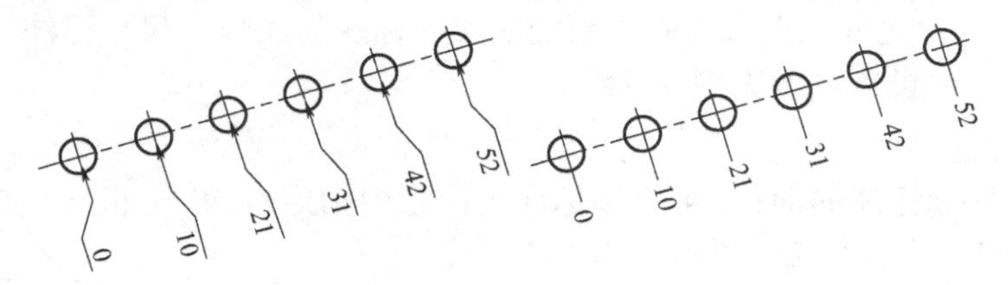

图 4-19 平行坐标标注示例

操作说明：仅第一点选择需要选择两点，第一点确定零点位置，第二点确定移动引导线方向，后续操作会继承，即同前述的水平与垂直坐标标注。

3．自动坐标标注

对于坐标点较多的坐标标注时，逐点选取非常烦琐，为此系统为常用的水平与垂直坐标标注提供了自动坐标标注功能。图 4-20 所示为自动坐标标注示例。

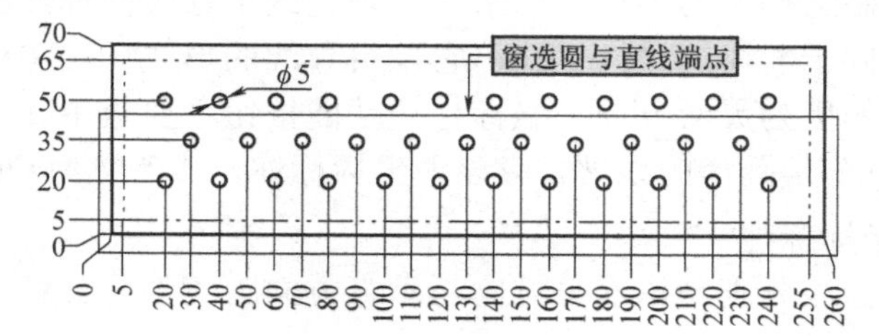

图 4-20 自动坐标标注示例

操作说明：单击“自动标注”功能按钮，会弹出“纵坐标标注/自动标注”对话框，如图 4-21 所示。首先单击原点区的“选择”按钮选择(S)设置坐标原点。若按图示设置，则选择的圆弧圆心、端点为选择的点，下面的创建区仅勾选“水平”选项，单击“确认”按钮，会退出对话框，按提示窗选所需要图素（参见图 4-20），则选中图素的圆心和端点均会被选中，并显示这些点的水平坐标标注。垂直坐标的自动标注与此类似。

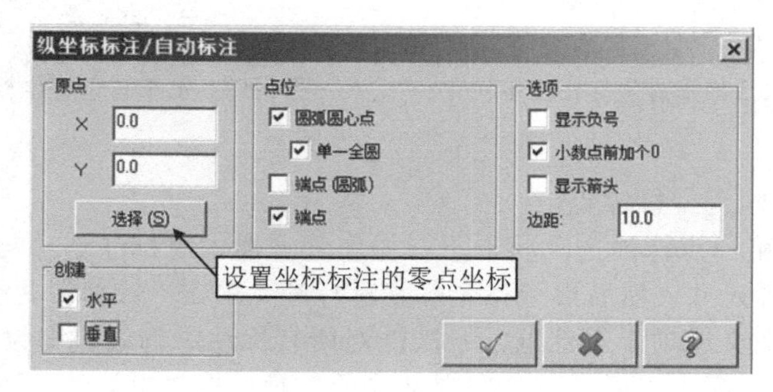

图 4-21 自动坐标标注示例

4．增加现有标注的坐标标注

增加现有标注是指对现有的坐标标注增加新的坐标标注。其操作较简单，首先选择零点坐标引导线，然后选择需增加点的坐标标注即可，新增坐标标注的修改与编辑同上。

5．对齐坐标标注（编辑）

对齐坐标标注实质是坐标标注的快速编辑，启动对齐“坐标标注”功能按钮后，仅须选择一组坐标标注中的一个标注后即可用鼠标拖动对齐并放置坐标标注的位置。

4.3　注释功能

注释故名义意为解释、介绍等，主要用文字等表达，为了具体指定注释部位，常常还用到引导线和延伸线指定。另外，Mastercam 2017 将剖面线也放在“注释”功能区。各注释功能主要集中在“标注”功能选项卡的“注释”选项区。

4.3.1　注释

注释功能是指能够创建和编辑文本注释、引线标签或引线的标注，如图 4-22 所示，图中包含单一注释和引线注释示例。

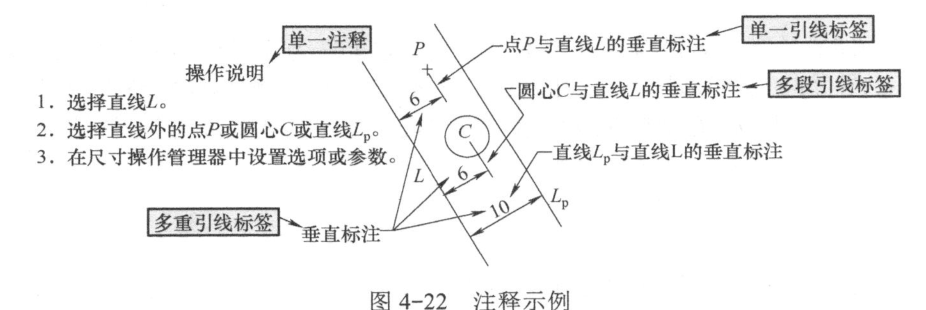

图 4-22　注释示例

操作说明：

1）单击“注释”功能按钮，会弹出“注释文字”对话框，如图 4-23 所示。文本框中的文字是注释的内容。注意，Mastercam 中的中文注释字体一般都是空心的。

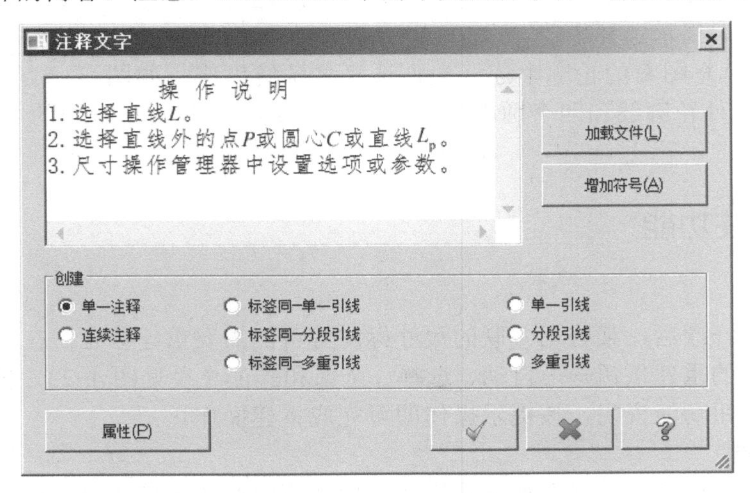

图 4-23　“注释文字”对话框

2）文本框中的文字可以直接用键盘输入，或单击“加载文件”按钮加载文件(L)，导入外部文件记录的文字内容。必要时还能单击“增加符号”按钮增加符号(A)，添加英文字母和一些常用符号。

3）单击“属性”按钮属性(P)，可在弹出的“注释文字”对话框中设置字体、大小等参数。

4）创建的注释包括单一注释或连续注释。带引线的标签和仅标注引线三类。单一注释每次仅注释一处，而连续注释可连续单击多处标注同一注释。带引线标签的引线有单一引线、分段引线与多重引线。仅标注引线即无注释的引线，有单一引线、分段引线与多重引线。

5）单击“确定”按钮，退出对话框，用鼠标在视窗中单击放置注释的位置。对于引线或带引线的注释实际上是放置引线箭头的位置，拖动期间可在“尺寸标注”操作管理器中设置相关选项或参数。

4.3.2 引导线与延伸线

引导线功能是绘制一条带有箭头的单段或多段折线，它与“注释”中创建的无注释引线基本相同。

延伸线功能是绘制一条没有箭头的指引直线，它可作为注释等的指引线或连接线。

说明：引导线与延伸线是具有标注属性的线段，若执行“将标注打断为图形”功能后，则其转化为与“草图”功能绘制的直线相同。因此，延伸线基本可用草图区绘制的直线代替，故延伸线用得不多。

4.3.3 剖面线

剖面线是对图形的封闭区域进行图案的填充，其示例如图 4-24 所示。剖面线在机械零件图中应用广泛。

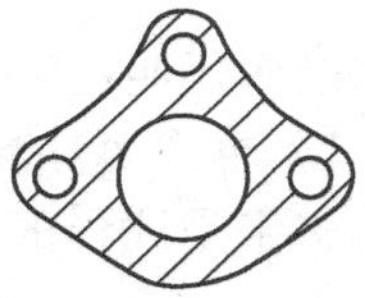

操作说明：

1）单击“剖面线”功能按钮，会弹出“剖面线”对话框，选择图案，设置参数，单击“确定”按钮，退出对话框，弹出“串连选项”对话框，提示选择串连。

图 4-24　剖面线示例

2）选择预填充图案的轮廓串连（允许选择多条线串连，如图 4-24 选择了一条外轮廓线和四个圆串连），单击“串连选项”对话框中的“确定”按钮，完成剖面线操作。

4.4 其他标注功能

1. 重建

当图形做了修改后，某些相关联的尺寸标注等可能需要重建修正。在“重建”功能选项区有四个相关的重建按钮——自动、选择、全部和验证（参见图 4-2），将鼠标放置这些按钮上会弹出按钮功能说明，按提示操作即可完成重建操作。

2. 多重编辑

多重编辑功能可通过选择全部尺寸标注一次性快速对所有标注设置为相同的设置选项与参数。一般可利用视窗右侧的快速选择按钮中的“选择全部尺寸标注”一次性选择所有标注，然后单击“多重编辑”功能按钮，弹出“自定义选项”对话框，对所有标注一次性地设置与修改。

3．将标注打断为图形

“将标注打断为图形”功能类似于AutoCAD软件中的爆炸（或称打散）功能，可将尺寸标注（引导线与延伸线等）、注释引线、引导线、延伸线、剖面线、文字等分解为类似于草图绘制功能绘制的直线、圆弧或样条曲线。例如，注释中写的空心汉字，打断后与草图绘制文字功能创建的文字一样。

4.5　图形标注示例

例4-1　图4-25所示给出了一个图形标注示例，建议读者自行绘制二维图形并完成全部标注操作。另外，有兴趣的读者可以对第2章和第3章的某些带尺寸的图形（如图2-65）与模型为例自行练习绘图、建模与标注，全面掌握标注功能。

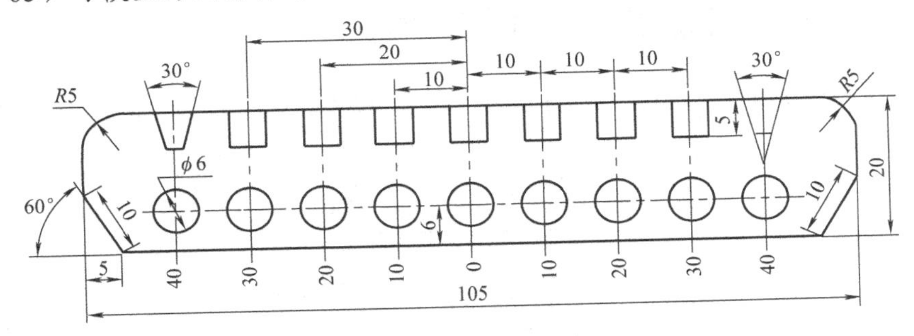

图4-25　图形标注示例

本章小结

本章主要介绍了Mastercam 2017“标注”功能选项卡中的各种标注功能。学习这些功能的目的是为了记录和测量图样或模型的几何参数，虽然其与加工编程没有直接的联系，但笔者仍然建议读者仔细研读这部分内容。本章的标注讲解主要在平面中操作，对于三维线框图，只要借助构图平面与构图深度的知识就可方便掌握其标注方法。

第5章 Mastercam 数控加工编程基础要点

Mastercam 与其他编程软件类似，同样包含 CAD 与 CAM 模块，前述介绍的内容属于 CAD 模块，主要包括二维线框草图的绘制以及三维曲面与实体模型的创建等。本章开始进入 CAM 模块，主要基于前述的 CAD 模型，借助软件提供的编程功能进行计算机辅助编程工作。本章主要介绍 Mastercam 2017 数控加工编程的一般流程，然后通过一个示例展开介绍。

5.1 Mastercam 数控加工编程的一般流程

Mastercam 数控加工编程一般流程如图 5-1 所示，以下就编程过程中的通用问题进行讨论。

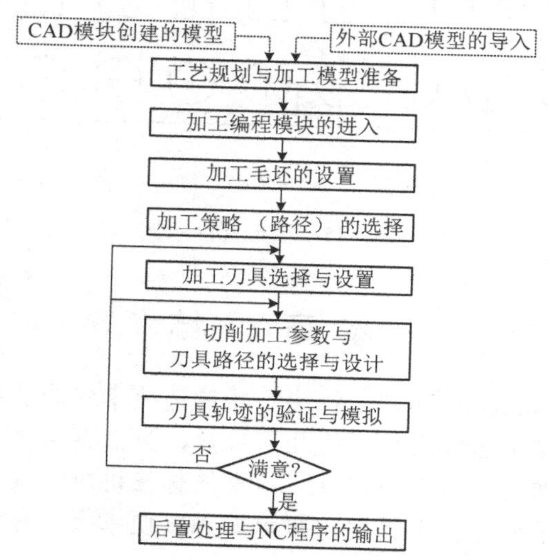

图 5-1 Mastercam 数控加工编程一般流程

5.1.1 工艺规划与加工模型的准备

拿到一个零件的加工任务，首先就必须规划好加工工艺，作为计算机辅助编程，Mastercam 与其他 CAM 软件类似，必须基于加工模型提取加工几何体——加工曲线串连与曲面等，因此编程之前必须要有一个加工模型。加工模型主要来自于 CAD 阶段的设计模型，因此现有的 CAM 软件一般均有 CAD 功能。另外，外部导入其他软件设计的数字加工模型，也是经常用到的方法。

加工模型主要考虑加工的需要，必须考虑加工余量、定位夹紧方案、工艺增加部分等，因此加工模型可以与设计模型相同，也可以略有改进。工艺模型的修改可以基于设计模块的“草图”“曲面”与“实体”功能选项卡中的相关功能操作，Mastercam 2017 的建模模块，由于其可无参数操作，且建模速度快，因此对外部导入的加工模型的修改是一个不错的方法之一。

作为数控加工编程，工件坐标系原点及其方位，程序起/退刀点位置，安全平面高度，工件上表面、加工底面及高度等也是编程时必须确定的参数。

Mastercam 编程常用的工件坐标系原点及其方位的设定方法不同于 UG 等编程软件，其多是以世界坐标系为基准，将工件通过移动与旋转的方式移动至与世界坐标系重合而设定工件坐标系，其中，将工件坐标系移至世界坐标系原点有一个专用功能按钮（移动到原点），可快速将加工模型上工件坐标系原点移至世界坐标系原点。还有一种与 UG 等编程软件建立工件坐标系的方法类似的方法，就是工件固定不动，直接在工件上建立工件坐标系，这种方法到目前为止用的人不多。

5.1.2　加工编程模块的进入

Mastercam 2017 中关于加工编程的功能主要集中在“机床”功能选项卡中，如图 5-2 所示，其中，加工模块的进入主要集中在“机床类型”选项区。

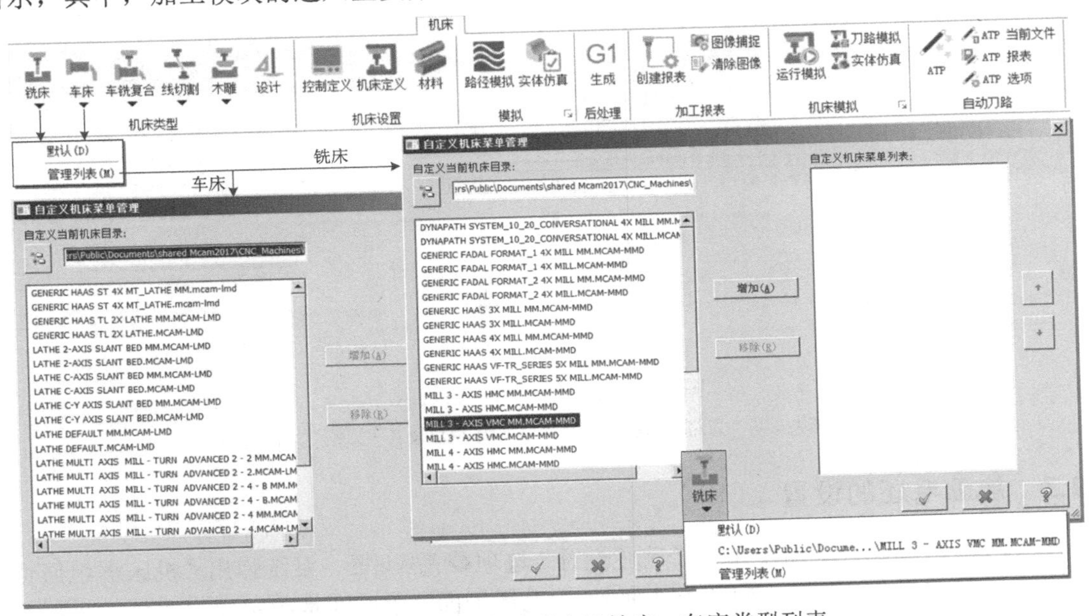

图 5-2　“机床”功能选项卡及铣床、车床类型列表

图 5-2 中主要显示了铣床与车床加工模块的进入示例。以铣床为例，单击“铣床”功能按钮下的下三角形符号▼，展开下拉菜单，包含“默认（D）”与“管理列表（M）”两个命令，“默认（D）”命令是系统设置的一个基本机床类型，如无特殊需求，可直接单击该命令进入加工模块。若单击“管理列表（M）”命令，则会弹出一个“自定义机床菜单管理”对话框，左侧显示有系统提供的可供选择的 CNC 机床列表与来源目录地址。选中左侧列表中某机床类型，中间的“增加”按钮增加(A)可用，单击后可将选中的机床类型加入到右侧的“自定义机床菜单列表”中，单击“确定”按钮，完成自定义机床的设置。之后单击“铣床”功能按钮，下拉列表中可看见该选中的机床，单击其可快速进入该机床的加工编程环境中，如图 5-2 右下角的铣床下拉菜单示例所示。

进入某加工模块后，系统自动加载该加工模块的“刀路”功能选项卡，并在“刀路”操作管理器中加载一个加工群组（Machine Group-1），如图 5-3 所示。

图 5-3a 所示为进入铣床加工模块后的铣床“刀路”功能选项卡和“刀路”操作管理器。铣床“刀路”功能选项卡中包含“2D”“3D”和“多轴加工”三个刀路功能选项列表区和一个刀路编辑的“工具”选项区。“刀路”操作管理器中默认加载了一个加工群组（Machine Group-1），这个加工群组下包含一个默认的铣削属性目录节点（属性-Mill Default MM）和一个刀具路径群组（Toolpath Group-1）。展开属性节点可看到“文件”“刀具设置”和“毛坯设置”三个选项，默认的刀具路径群组下是空的，由用户根据加工需要逐渐添加所需刀路（又称加工策略）。鼠标指针悬停至“刀路”操作管理器上的操作按钮上，会弹出相应的按钮功能说明，图 5-3 中标出了各按钮说明。

图 5-3b 所示为进入车床模块后的“刀路”功能选项卡。

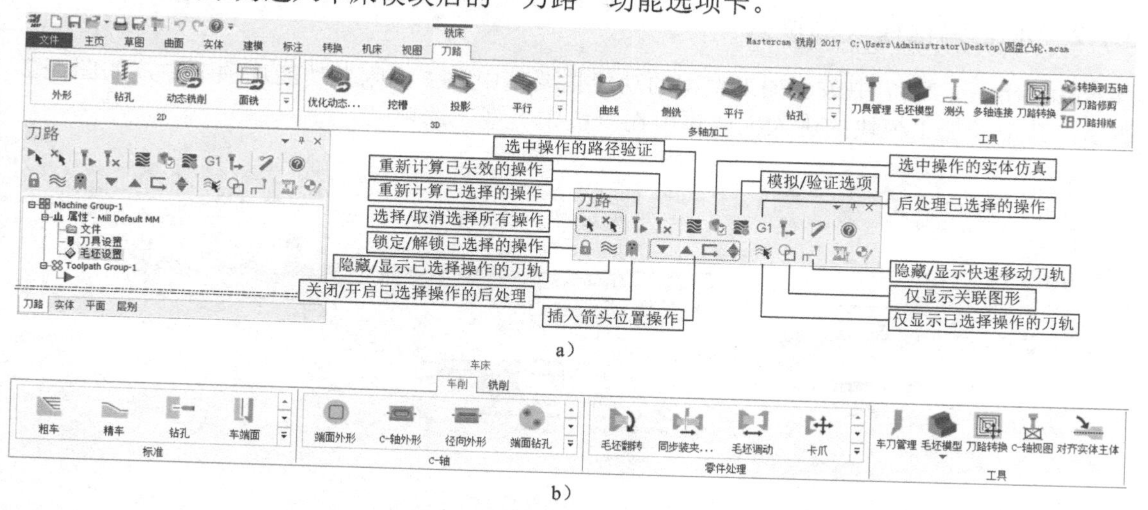

图 5-3　加工编程模块的进入

a）铣床模块及其“刀路”功能选项卡　b）车床模块及其“刀路”功能选项卡

5.1.3　加工毛坯的设置

在“刀路”操作管理器中单击“毛坯设置”选项◆毛坯设置，系统弹出“机床群组属性”对话框“毛坯设置”选项卡，如图 5-4 所示。“毛坯平面”选项区是确定建立毛坯的坐标系，默认为俯视图是系统默认的工件坐标系（WCS）平面，若建立了新的工件坐标系（WCS）平面，则必须单击“选择平面”按钮选择新的工件坐标系平面。“形状”选项区的“立方体”和“圆柱体”单选按钮用于设置规则的立方体和圆柱体毛坯，而“实体”单选按钮是基于当前文件中的指定实体设置毛坯，“文件”单选按钮是指定 STL 格式的文件设置毛坯。勾选“显示”复选框后才能显示毛坯，其可用线框或实体形式显示。双点画线显示的毛坯形状对应“形状”选项中的立方体或圆柱体，同时显示形状尺寸参数文本框，可直接输入或修改毛坯尺寸。毛坯尺寸的确定更多的是基于下述的相关按钮初步地自动确定尺寸，后续还可在文本框中修改。

毛坯边界尺寸确定方法中，一般按操作提示操作即可，但基于边界盒操作会弹出“边界盒”操作管理器进行进一步的设置。图 5-5 所示为边界盒创建立方体与圆柱体示例。单击“机器群组属性”对话框中的“边界盒”按钮边界盒(B)，会激活“边界盒”操作管理器，同时预览到包含模型的透明边界实体，默认的毛坯实体是不包含加工余量的，可在毛坯边界尺寸文本框中直接修改，也可按推拉实体的设置方法对毛坯进行推拉编辑操作，如图中推拉箭头值设置为“增量”并勾选“两端”复选框，经过推拉指针后输入拉伸长度5mm，单击回车键，将指定的面及其对面同时拉伸出5mm的加工余量。对于选择圆柱体毛坯选项时，其毛坯是包容零件的圆柱体，其同样可用推拉的方式对直径与上、下表面增加余量。

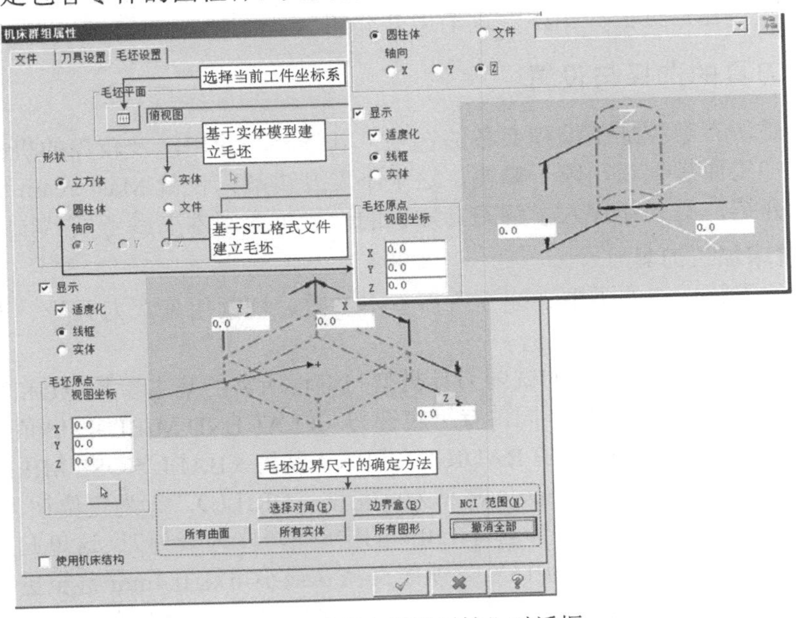

图 5-4 “机床群组属性”对话框

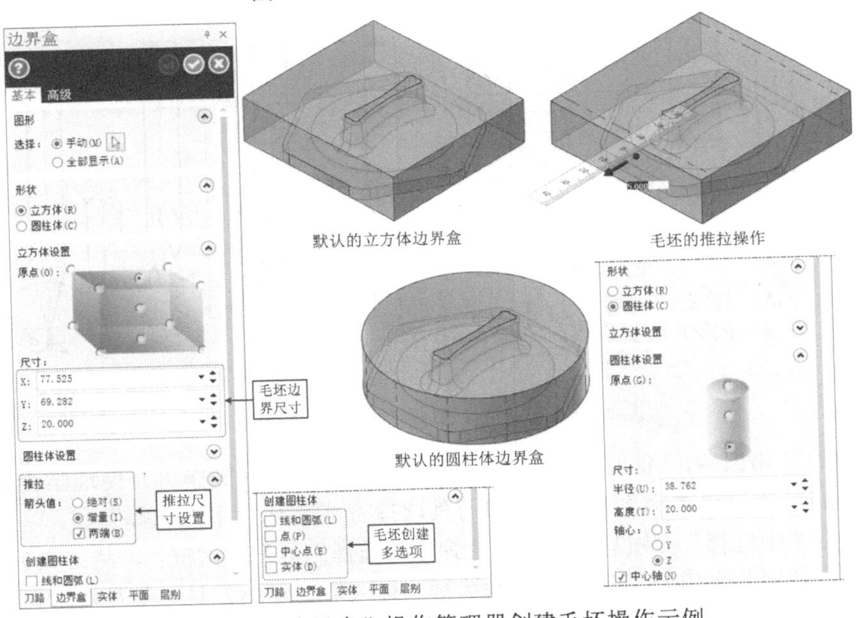

图 5-5 “边界盒”操作管理器创建毛坯操作示例

5.1.4 加工策略的选择

加工策略的实质是加工刀路，针对不同的加工特征，如钻孔点位、2D平面轮廓和车削加工轮廓的串连曲线、3D 曲面等，有着不同的参数设置。Mastercam 2017 中，铣削加工刀路主要分为 2D、3D 和多轴加工三大类，车削加工刀路主要集中在“标准”功能选项列表中，对于车削加工中心等则集中到“C-轴”功能选项列表中，“零件处理”功能选项列表中的功能有助于提高车削程序编程质量。各种加工刀路的参数设置相差较大，也是学习自动编程的重点之一，在后续的介绍中会逐渐展开介绍。

5.1.5 加工刀具的选择与设置

加工刀具是所有数控加工编程必备的选项，其选择与应用涉及较深的机械加工工艺基础与金属切削加工原理知识，限于篇幅，这里不展开讲解，仅就 Mastercam 编程中涉及的操作知识进行介绍，有兴趣深入了解刀具知识的读者可查阅本书参考文献[5]。

1．数控铣床加工刀具

使用时必须了解铣刀的类型、编程所需基本参数、切削用量、刀具号、刀具长度补偿号与刀具半径补偿号等。

图 5-6 所示为铣床加工常用的铣削刀具类型与编程所需的基本参数。①和②是最常用的立式铣刀，根据铣刀端部的变化不同，有平底铣刀（FLAT END MILL）、倒角铣刀、圆角铣刀（又称圆鼻刀，END MILL WITH RADIUS）和球头铣刀（BALL NOSE MILL）。③为面铣刀，有倒角刀与圆角刀等。④为钻头（常见为麻花钻，DRILL）。⑤为定位钻（又称定心钻，SPOT DRILL），常见的顶角为 90°，也有 120° 的定心钻。⑥为雕刻刀（这里归属为锥度刀），一般为单刃结构，锥度半角一般为 15°，顶部直径 d 最小可达 0.4mm 甚至更小，还可做成球头。⑦为丝锥（THREAD TAP），是定尺寸螺纹孔加工刀具，分左旋丝锥与右旋丝锥。

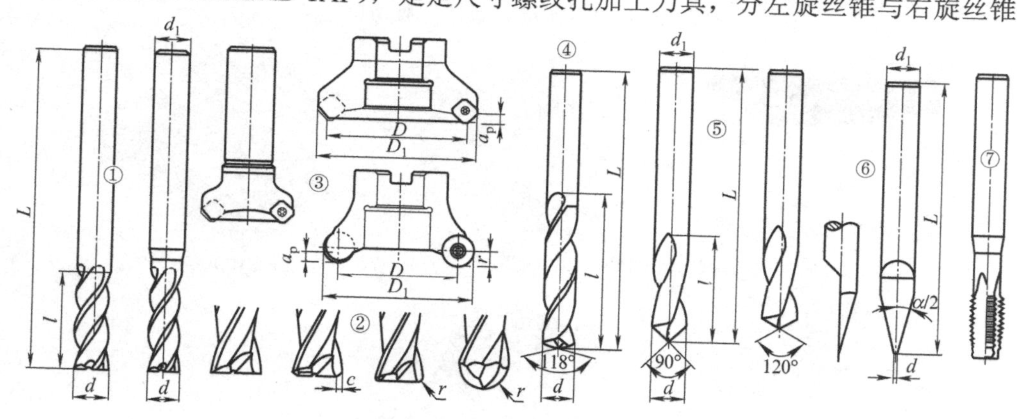

图 5-6 常用铣削刀具类型与基本参数

具有以上刀具知识后，Mastercam 中的铣削刀具选择与设置操作可方便地学会。图 5-7 所示为铣床刀具的选择与设置示例。最常用的刀具选择方式是从刀库中选择刀具，单击刀具列表左下角的“从刀库中选择”按钮从刀库中选择，会弹出“选择刀具”对话框，可从刀具列表中选择，为快速选择，可利用其提供的刀具过滤功能选择。其次是创建新刀具，在刀具列表区右击弹出快捷菜单，单击“创建新刀具”命令创建新刀具(N)，会弹出“定义刀具”对话框，按刀具类型、基本参数等逐步进行即可。另外，若在已有的刀具上右击，则弹出的快捷菜单中“编辑刀具”命令编辑刀具(E)有效，单击其可进入“编辑刀具”对话框，类似于“定义刀具”对话框，只是没有“选择刀具类型”选项。关于切削用量的设置，涉及专业知识，这里不多讨论。

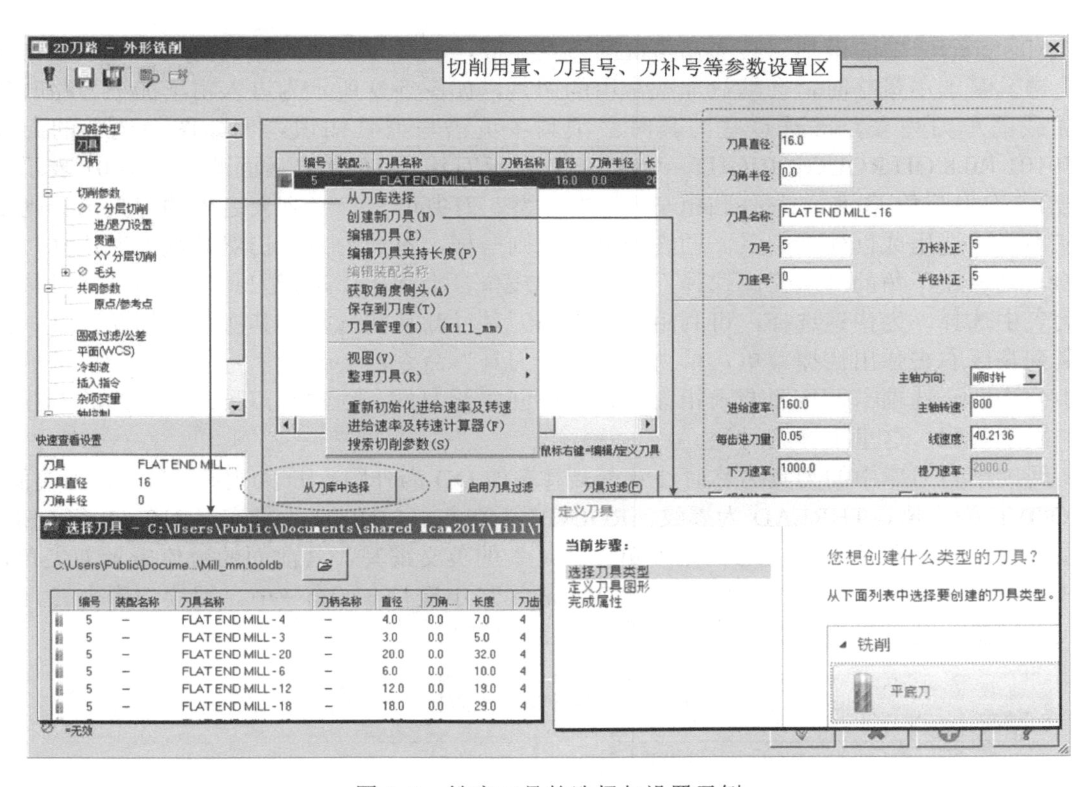

图 5-7　铣床刀具的选择与设置示例

2. 数控车床加工刀具

车床刀具的选择操作与铣床操作类似，仅是车削刀具的类型与参数不同。图 5-8 所示为常见车刀的结构类型，按加工表面特征不同一般分为外圆车刀、端面车刀、内孔车刀（又称镗刀）、切断与切槽刀（切槽刀也可车外圆）和螺纹车刀（含内、外螺纹车刀）。

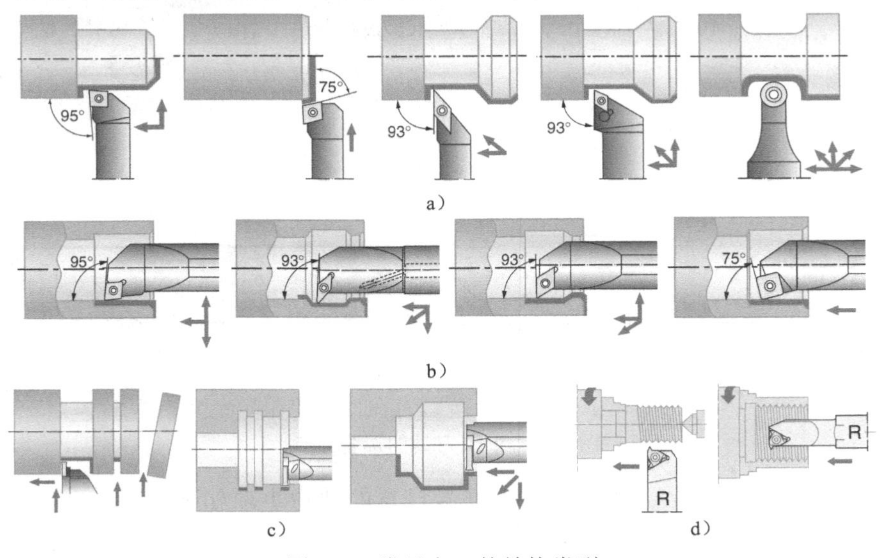

图 5-8　常见车刀的结构类型

Mastercam 中的车削刀具选择与铣削刀具类似，仅是刀具基础知识的差异。默认情况下，进入某加工策略时，会默认加载常用的刀具，如图 5-9 所示为进入粗车加工刀路时默认加载的车刀列表，阅读这些刀具时必须具备英语与刀具知识，例如图中选中的刀具“T0101 R0.8 OD ROUGH RIGHT – 80 DEG.”表示刀具号 T0101（后面两位数字 01 表示刀补号），刀尖圆角 $R0.8$mm，外圆粗车刀，右手型，刀尖角 80°。列表之外的刀具选择则必须从刀库中选用或创建新刀具。同铣刀操作原则一样，首选的方法仍然是从刀库选择，单击刀具列表左下角的“从刀库选择”按钮从刀库选择，会弹出“选择刀具”对话框，可从刀具列表中选择，为快速选择，可利用其提供的刀具过滤功能选择。其次是创建新刀具，在刀具列表区右击弹出快捷菜单，单击“创建新刀具”命令，会弹出“定义刀具”对话框，其中分为四个选项卡，按照要求相应设置，可创建新刀具，创建新刀具需要一定的专业知识，限于篇幅，这里不详细讨论。

阅读车刀刀库中的刀具名称时注意其规律，如 OD 为外圆，ID 为内孔，FACE 为端面，GROOVE 为车槽，THREAD 为螺纹，ROUGH 为粗车，FINISH 为精车，RIGHT 和 LEFT 分别为右手刀和左手刀，DEG.为角度单位“°”的英文缩写，其前面的数值表示刀尖角，如 35 DEG.表示刀尖角 35°，MIN. 32. DIA.表示最小直径 32mm……。阅读刀库中刀具名称，必须要有英语与刀具专业知识，读者应逐步积累。

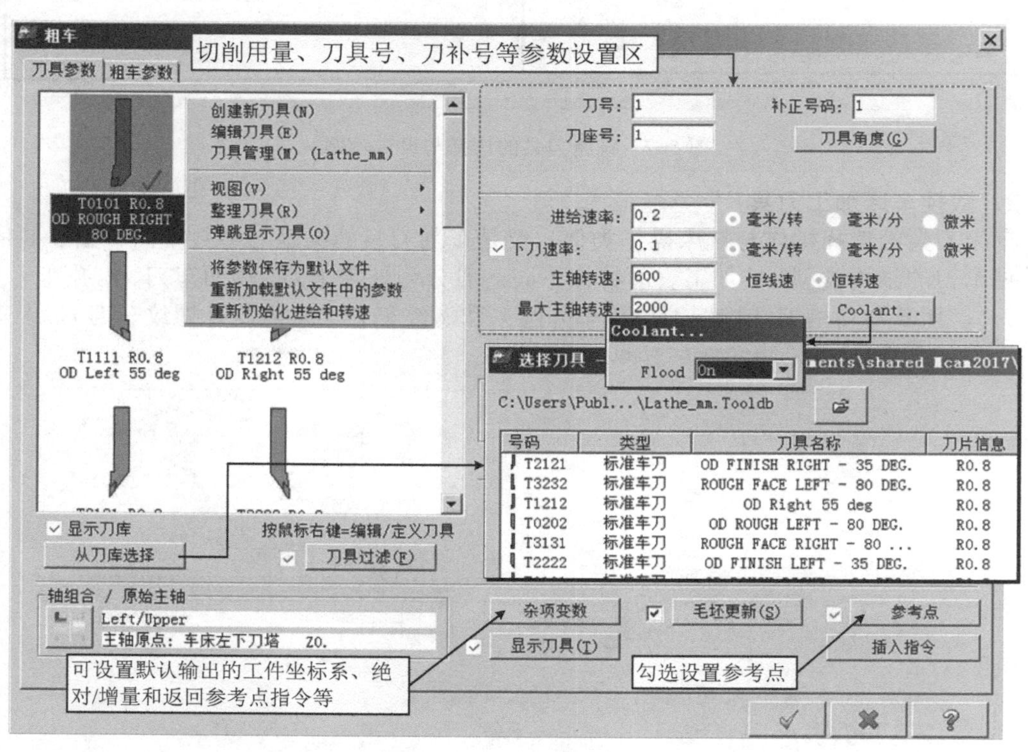

图 5-9 车床刀具的选择示例

刀具选项卡中切削用量、刀具号与刀补号设置的注意事项如下：

1）刀具号与补正号码对应刀具指令 T△△□□，前两位为刀具号，后两位为刀补号，每一把刀均应该设置。

2）进给速率一般选择“毫米/转”选项，主轴转速一般选择“恒转速”选项。

3）若主轴转速选择“恒线速”选项，还要配套设置合适的最大主轴转速参数。

4）Coolant...按钮用于设置冷却液指令 M08 和 M09 等，如图设置 Flood 为 On。

5）杂项变数按钮可设置工件坐标系、绝对/增量坐标和返回坐标参考点指令，默认为 G54、G90 和 G28，这些参数可满足大部分要求。

6）勾选参考点复选框可设置参考点参数，参考点一般应设置在足够远的安全距离处。本书是为输出刀轨的插图布局而设置得比较小。

5.1.6　共同参数设置

共同参数是每一种加工刀路均必须设置的参数，其说明如图 5-10 所示。

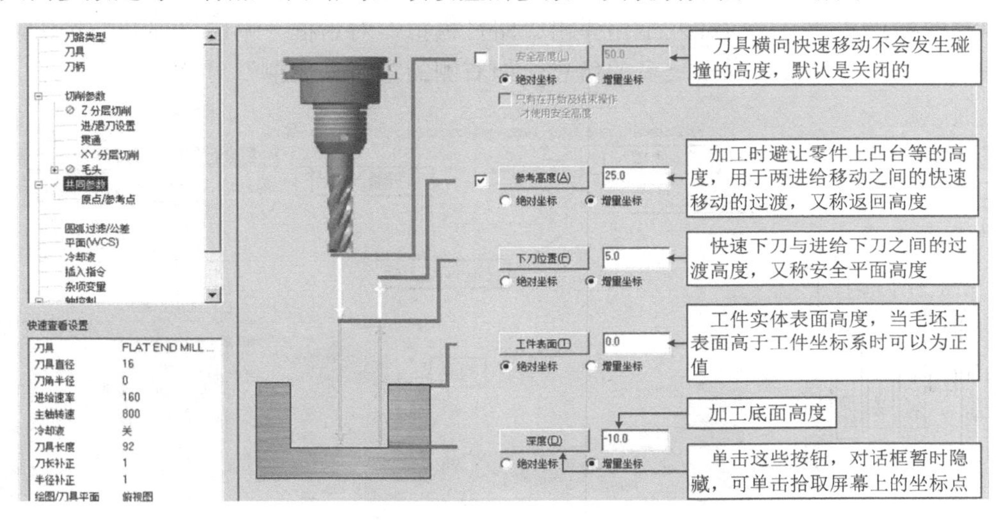

图 5-10　共同参数设置的说明

5.1.7　参考点设置

参考点是加工程序的起始点/结束点，加工完成后返回的结束点必须确保工件的装夹、测量等操作的方便，实际中常见起始点与结束点重合。参考点设置的说明如图 5-11 所示。“数值传送”按钮可将两者的数值互送，简化设置。“鼠标抓取”按钮可进入屏幕捕抓进/退出点。

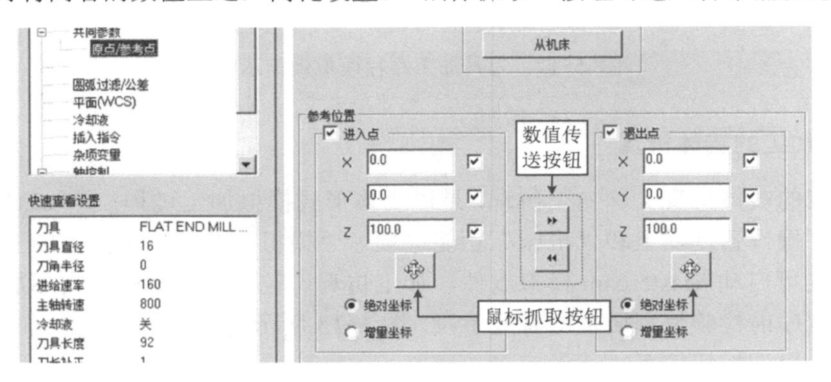

图 5-11　参考点设置的说明

5.1.8 刀具轨迹的路径模拟与实体仿真

刀具轨迹的路径模拟与实体仿真是系统提供的动态观察刀具轨迹与加工效果的功能，几乎成为编程过程中必不可少的手段。

1. 刀具轨迹的路径模拟

刀具轨迹的路径模拟主要用于观察刀具的加工路径，其示例如图 5-12 所示。路径模拟有两处入口，单击“刀路”操作管理器上或“机床”功能选项卡的“模拟”功能选项区中的“路径模拟”功能按钮均可启动刀具路径模拟功能。启动后会在操作窗口上部弹出路径模拟播放器操作栏，同时在左上角弹出“路径模拟”对话框。单击“展开”按钮，可展开“路径模拟”对话框，显示更多的信息，如右侧的“路径模拟”对话框。

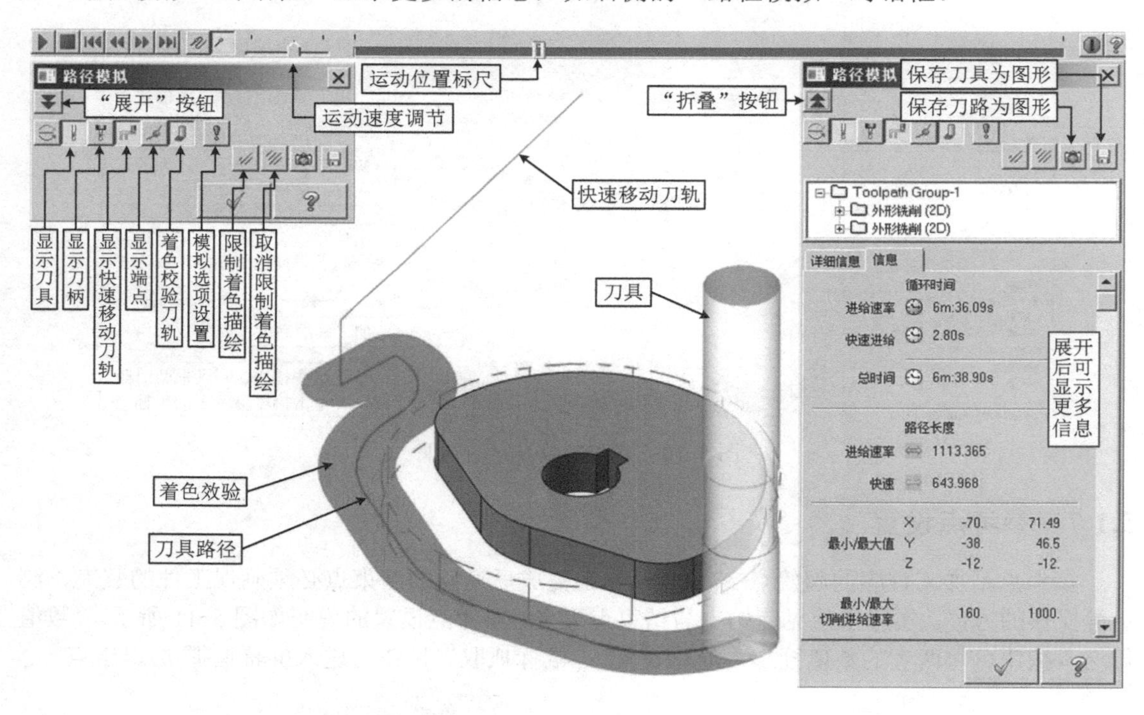

图 5-12 刀具加工路径模拟操作示例

2. 刀具加工的实体仿真

刀具加工的实体仿真又称加工仿真，是以实体形式模拟加工过程，其入口同样有两处。单击“刀路”操作管理器上和“机床”功能选项卡“模拟”功能选项区中的“实体仿真”功能按钮均可启动 Mastercam 模拟软件。加工仿真可较为真实地验证实际加工效果，是后处理输出程序前检验编程质量的有效手段。图 5-13 所示为加工仿真操作界面示例，其功能较为强大，操作按钮较多，读者应多加研究。

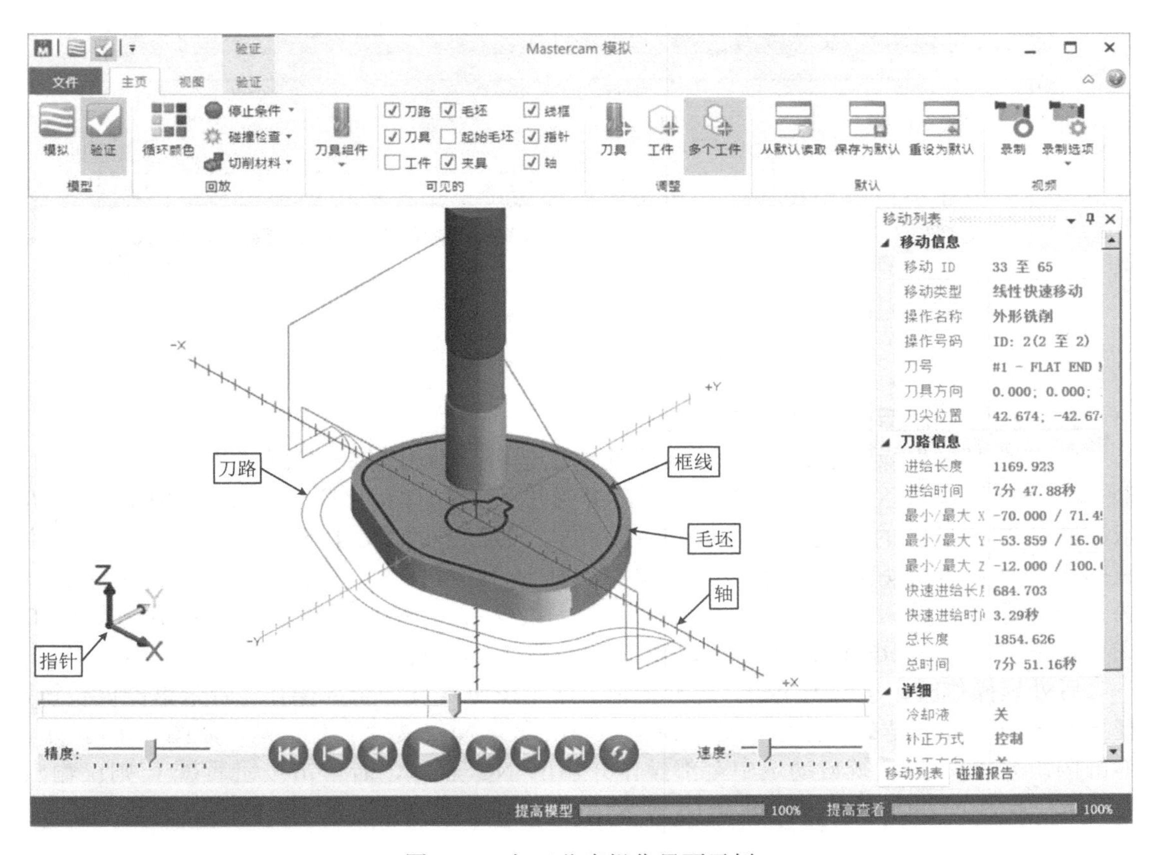

图 5-13　加工仿真操作界面示例

5.1.9　后处理与 NC 程序的输出

后处理是将系统的刀路文件*.NCI 转换成数控加工程序文件*.NC。后处理首先必须有一款适合加工机床数控系统的后处理程序，此处采用系统默认的后处理程序 MPFAN.PST。其次，需要一款适用的程序编辑器，用于程序的阅读、检查与修改。

1．程序编辑器的设置

在“系统配置”对话框（图 5-14）的“启动/退出”选项中，单击“编辑器”下拉列表，可看到多个选项，第一项是“MASTERCAM”，这是系统安装时的默认选项，其激活的是系统自带的 Code Expert 编辑器，是大部分使用 Mastercam 用户常用的编辑器。“CIMCO”选项可激活 CIMCO Edit 软件（要求计算机上必须事先安装该软件），该软件是 CIMCO 系列软件中的一个模块，主要用于数控程序的阅读、编辑与修改等，其与 Code Expert 最显著的区别是具有对应的刀具路径动态模拟仿真功能，在数控编程技术人员中应用广泛。“记事本”是 Windows 系统自带的一款通用文本编辑器，若选择该选项，则输出程序时激活的是记事本软件编辑程序。熟悉 CIMCO Edit 软件的用户可尝试一下第 2 个选项，会带给您满意的效果。这里还是选择默认的 Code Expert 编辑器输出程序为例给予介绍。

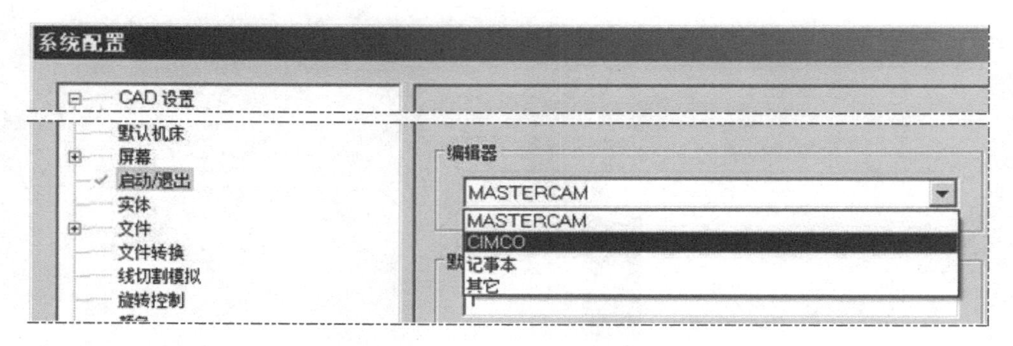

图 5-14　程序编辑器的设置

2. Mastercam 后处理与程序输出操作

单击“刀路”操作管理器上的“后处理已选择”操作按钮G1或“机床”功能选项卡“后处理”选项区的“生成”按钮G1生成，会弹出“后处理程序”对话框，如图 5-15 所示，默认灰色显示的后处理器是 MPFAN.PST，其输出的 NC 代码对各型 FANUC 数控铣削系统通用性较好，按图示设置，单击“确认”按钮✓，弹出“另存为”对话框，选择保存路径，输入程序名，单击“保存”按钮保存(S)，在保存路径处会生成一个*.NC 文件，同时激活 Code Expert 程序编辑器，如图 5-16 所示。

后处理操作时，建议先单击“选择全部”操作按钮选中全部操作，若未单击该按钮，且当前选中的可能是部分操作，则会弹出“输出部分 NCI 文件”对话框，如图 5-15 所示，单击按钮是(Y)，则系统自动选中全部操作并输出 NC 程序，若单击按钮否(N)，则仅输出当前选中操作的 NC 程序，如图 5-16 所示。

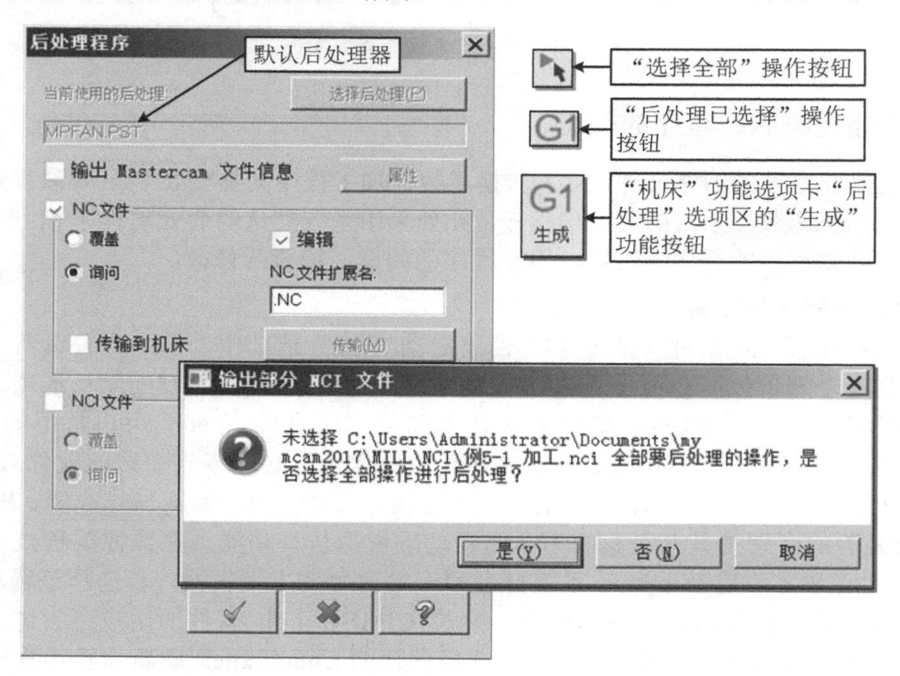

图 5-15　后处理操作按钮与“后处理程序”对话框

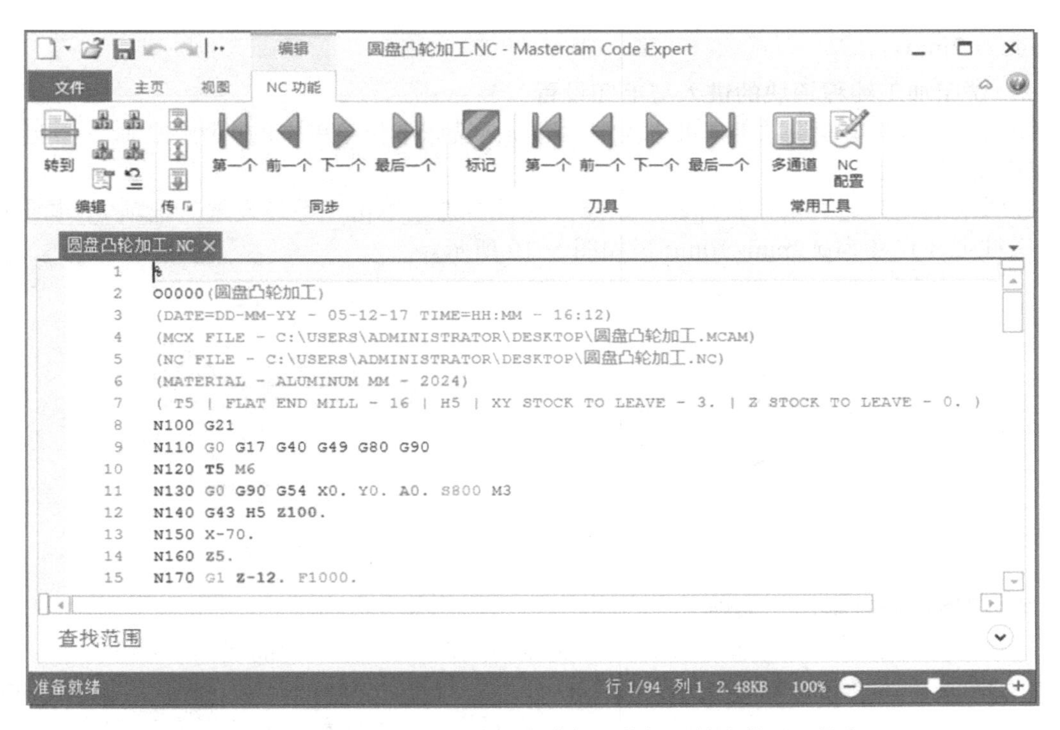

图 5-16　激活 Code Expert 程序编辑器并打开输出的 NC 程序

5.2　Mastercam 数控加工编程示例

例 5-1　图 5-17 所示为某圆盘凸轮及其几何参数，凸轮厚度为 10mm，拟采用数控加工方法加工凸轮外轮廓曲线。

编程步骤如下：

1．工艺规划与加工模型的准备

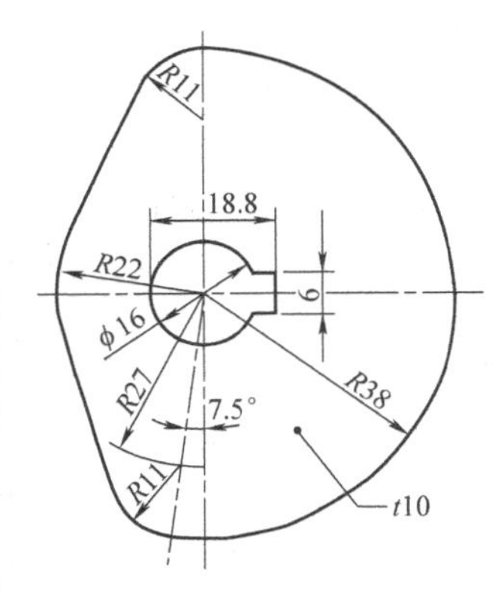

图 5-17　圆盘凸轮

根据凸轮的结构特点，拟采用ϕ16mm 圆孔与底面定位装夹，工件坐标系设置在圆孔上表面中心，将零件的长边旋转至 X 轴方向，单击“视图”功能选项卡“显示”功能区的“显示轴线”按钮（也可按功能键<F9>）以及“显示指针”按钮，可显示坐标系轴线与工件坐标系图标，如图 5-18 所示。

圆盘凸轮外轮廓加工属二维外轮廓加工，Mastercam 编程仅需轮廓曲线即可，图中实体模型可增强观察效果，建议实体模型单独建立层别，便于编程时方便隐藏。加工模型按图 5-17 所示尺寸绘制二维轮廓或进一步创建实体模型。

本例凸轮外廓加工选用ϕ16mm 平底铣刀，毛坯选用ϕ82mm×10mm 的半成品圆盘料，上、下表面以及中间孔已加工完成。首先粗铣部分轮廓，逆铣加工，留单面加工余量 3mm；然后分粗铣与精铣两步顺铣加工轮廓，精铣单面加工余量 0.5mm。粗铣时，主轴转速为 800r/min，进给速度为 160mm/min；精铣时，主轴转速为 1200r/min，进给速度为 120mm/min，深度一次加工完成。精铣时要求并采用刀具半径补偿功能，交接处重叠量为 2mm。

2．铣床加工编程模块的进入与毛坯设置

单击“机床”功能选项卡“机床类型”选项区铣床下拉菜单中的“默认”命令默认(D)进入铣床加工模块。

在激活的“刀路”操作管理器中，展开属性节点，单击“毛坯设置”选项◈毛坯设置，设置圆柱毛坯尺寸为ϕ82mm×10mm，如图 5-19 所示。

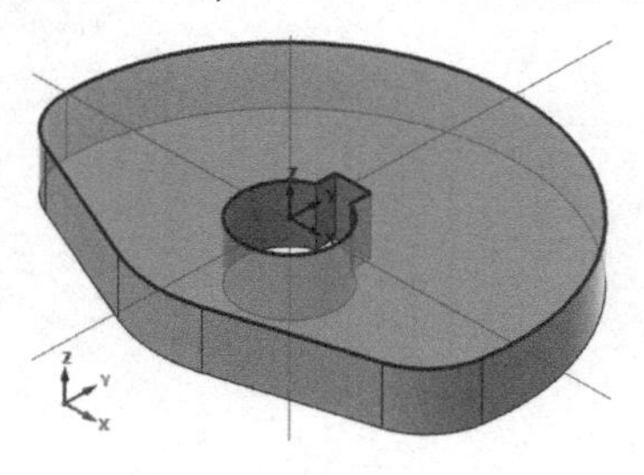

图 5-18　工艺处理

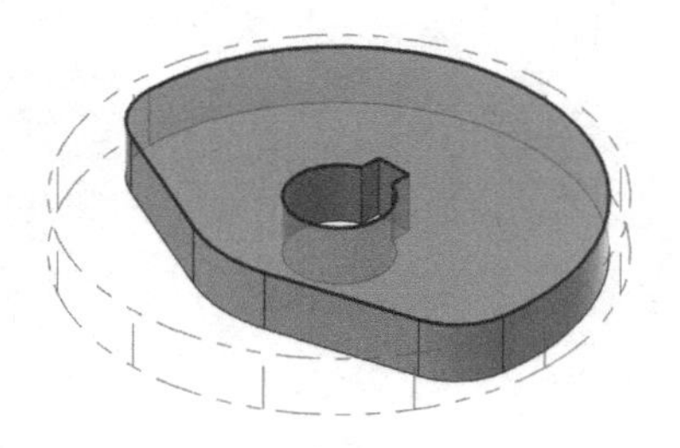

图 5-19　圆柱毛坯设置

3．粗铣部分轮廓加工编程

粗铣部分轮廓加工编程操作步骤如图 5-20 所示。其操作步骤简述如下：

步骤 1：单击“铣床刀路”选项卡“2D 刀路”列表中“外形铣削”功能按钮，由于是第一个操作，因此弹出“输入新 NC 名称”对话框，输入名称“圆盘凸轮”，单击“确定”按钮，弹出“串连选项”对话框。

步骤 2：在“串连选项”对话框中单击“部分串连”按钮，如图所示在“部分串连”方式下依次选择起始线段与结束线段选中部分串连轮廓，注意方向为如图所示逆时针方向。单击“串连选项”对话框中的“确定”按钮，弹出“2D 刀路-外形铣削”对话框。

步骤 3：确认刀路类型为“外形铣削”。

步骤 4：单击“刀具”选项。首先从刀库中选择ϕ16mm 平底铣刀，其次设置主轴转速为 800r/min，进给速度为 160mm/min，刀具号、长度补正和半径补正均为 1。

步骤 5：单击“切削参数”选项。设置壁边预留量为 3.0mm，其余采用图示默认设置。

步骤 6：单击“进/退刀设置”选项。按图设置相关参数。

步骤 7：单击“贯通”选项。设置贯通距离为 2.0mm。

步骤 8：单击“XY 分层切削”选项。设置粗铣次数为 2，其余采用图示默认设置。

步骤 9：单击“共同参数”选项。设置深度等于零件厚度 10.0mm，下刀位置为 5.0mm（相当于安全平面高度），取消安全高度与参考高度参数。

步骤 10：单击“原点/参考点”选项。设置参考点在原点上方 100.0mm。注意：参考点的进入点/退出点即通常所说的起/退刀点，此高度根据机床的结构应适当取高一点，便于工件装卸等操作，这里设置 100.0 是为了后续刀轨的快速移动路径图示不要太长。

步骤 11：单击“2D 刀路-外形铣削”对话框下方的“确定”按钮，退出“2D 刀路-外形铣削”对话框，并自动生成刀具轨迹。

生成刀具轨迹后，可在刀具路径群组（Tool Group-1）节点下看到外形铣削操作。双击其中的“参数”选项参数，可激活“2D 刀路-外形铣削”对话框进行再编辑。

步骤 12：单击“实体仿真”按钮，进行实体仿真验证。

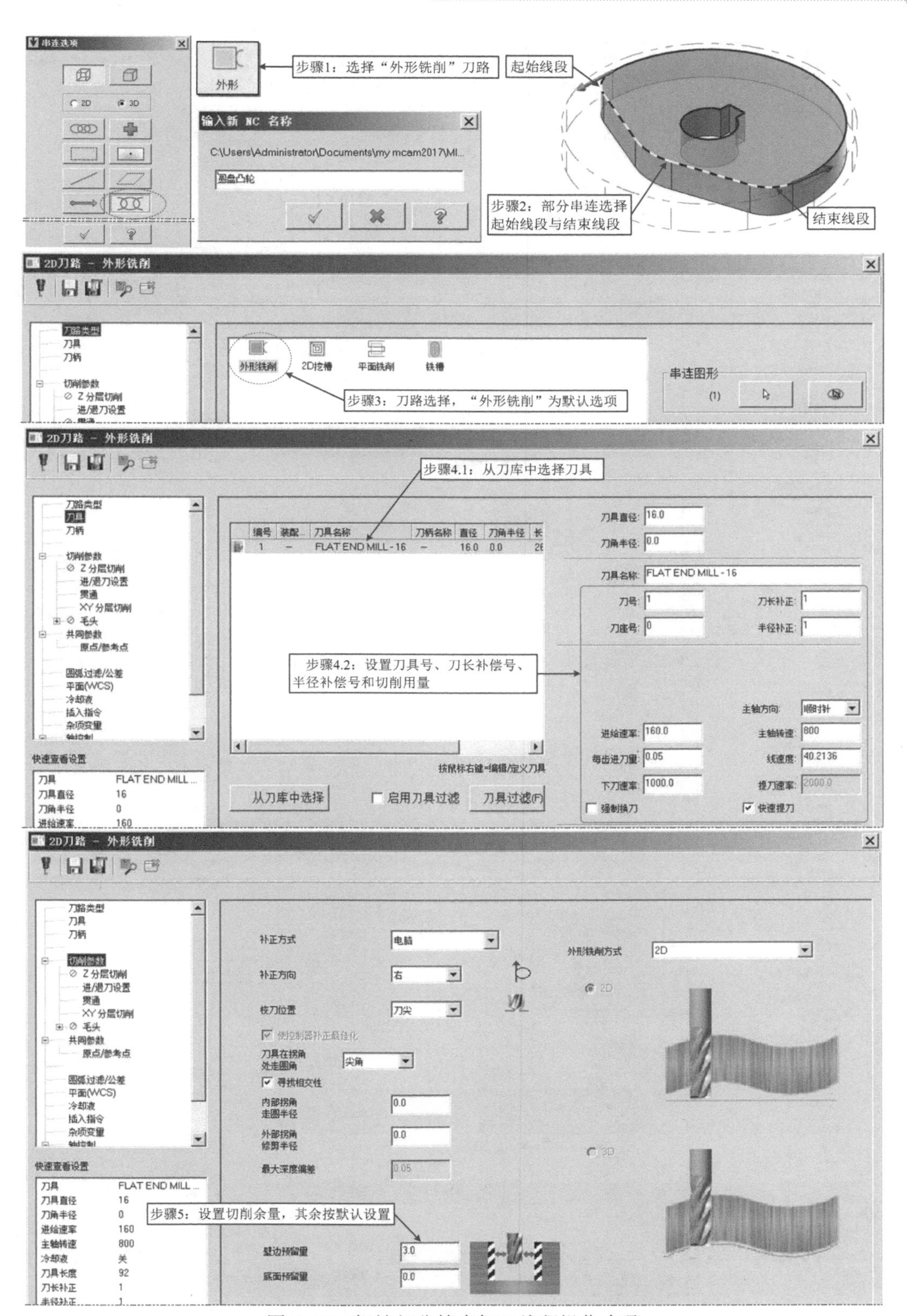

图 5-20 粗铣部分轮廓加工编程操作步骤

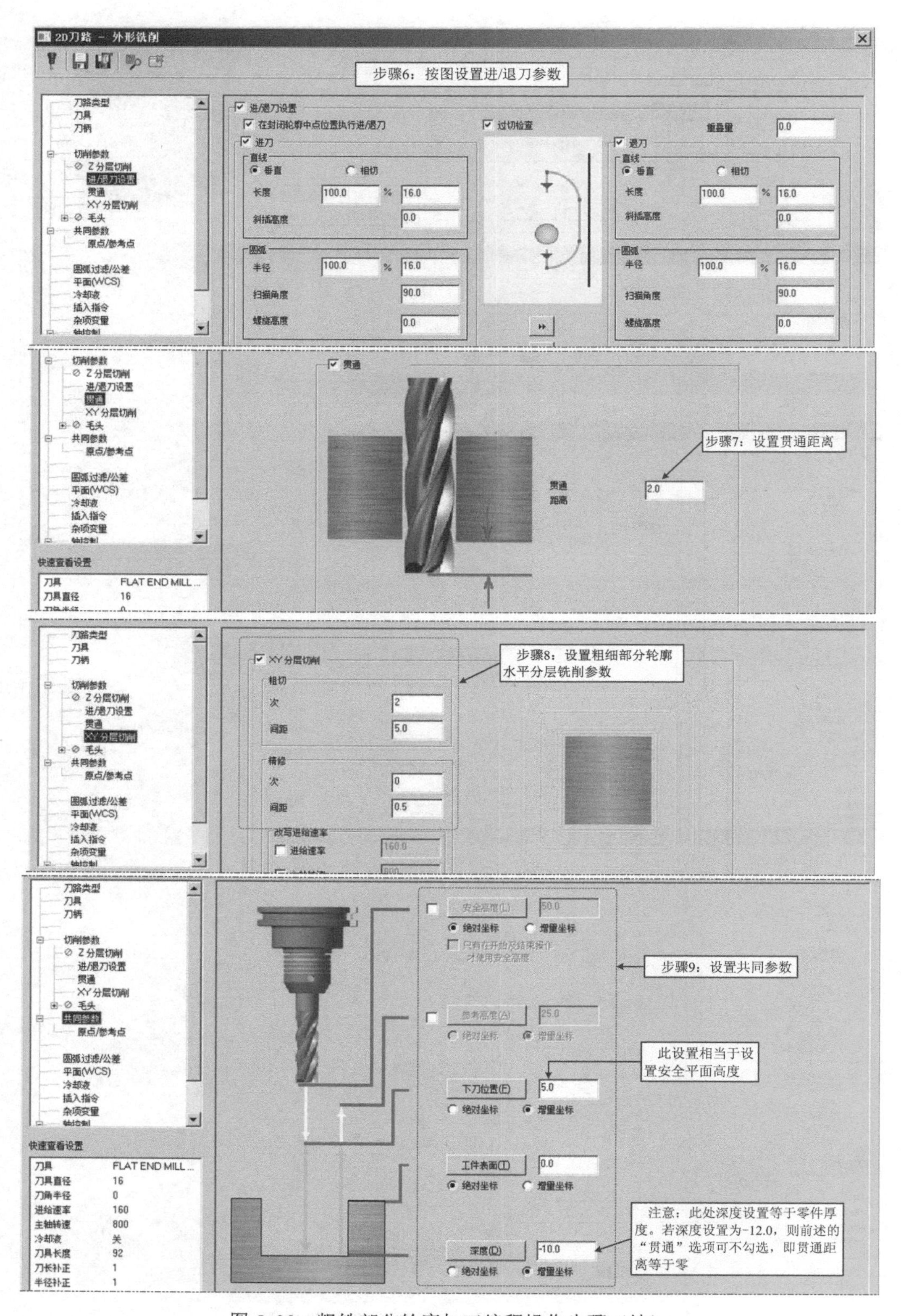

图 5-20　粗铣部分轮廓加工编程操作步骤（续）

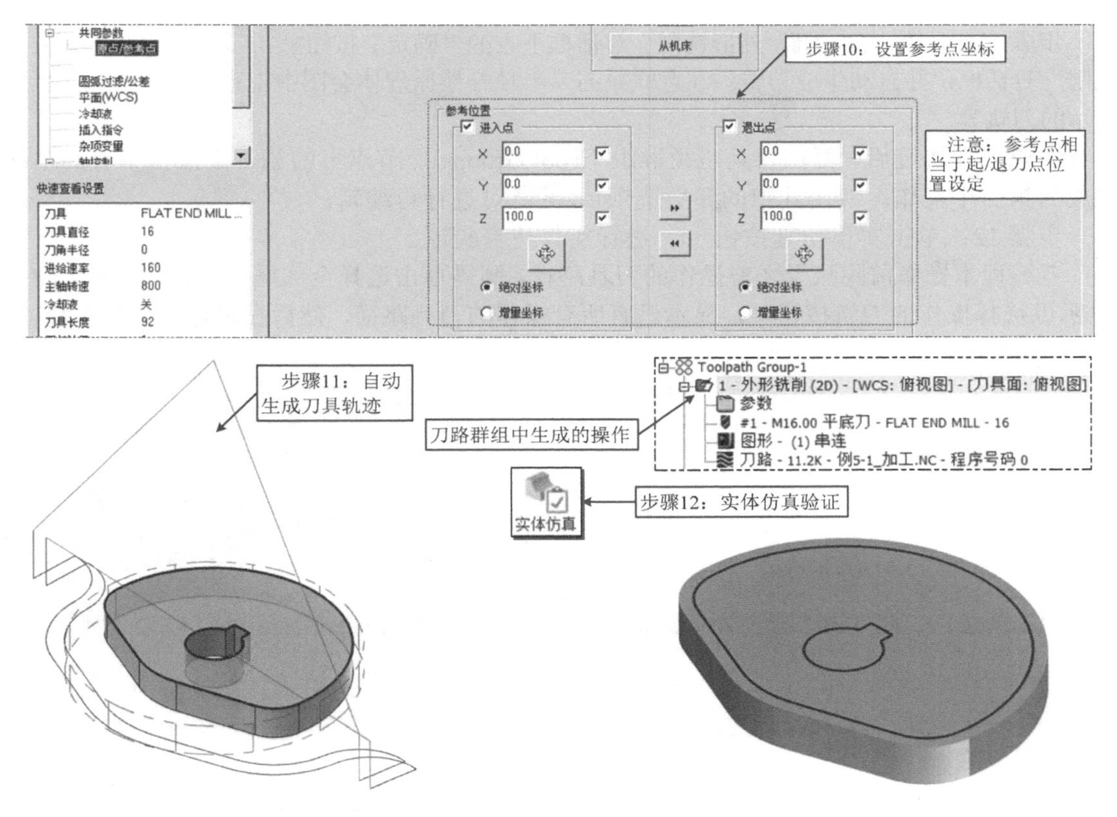

图 5-20　粗铣部分轮廓加工编程操作步骤（续）

4．粗、精铣轮廓加工编程

粗、精铣轮廓加工编程操作步骤如图 5-21 所示。其操作步骤简述如下：

为简洁编程轨迹画面，一般在新的编程操作前，可先单击“选择全部”操作按钮，然后单击隐藏/显示已选择操作的刀轨按钮，隐藏已有操作的刀具路径。

步骤 1：单击“铣床刀路”选项卡“2D 刀路”列表中的“外形”功能按钮，弹出“串连选项”对话框。

步骤 2：在“串连选项”对话框单击“串连”按钮，如图所示选择轮廓串连，注意串连的方向及起点如图选择，使后续切入/切出点在直线段上。单击“串连选项”对话框中的“确定”按钮，弹出“2D 刀路-外形铣削”对话框。

步骤 3 与步骤 4：刀路类型与刀具设置同上一操作。

步骤 5：单击“切削参数”选项。设置补正方式为控制器，补正方向为左，壁边预留量为 0.0。

步骤 6：单击“进/退刀设置”选项。设置重叠量为 2.0，进刀/退刀直线为相切。

步骤 7：“贯通”选项设置同上一操作。

步骤 8：单击“XY 分层切削”选项。设置粗铣次数为 1，精修次数为 1，精修间距为 0.5mm，精修进给速率为 120.0mm/min，精修主轴转速为 1200r/min，最后深度执行精修，不提刀。其余采用图示默认设置。

步骤 9 和步骤 10：“共同参数”选项设置同上一操作。

步骤 11：单击“2D 刀路-外形铣削”对话框下方的“确定”按钮，退出“2D 刀路-外形铣削”对话框，并自动生成刀轨。注意联系刀具半径补偿原理体会图中指定的补正刀轨（紫色显示的刀轨）。

生成刀具轨迹后，可在刀具路径群组（Tool Group-1）节点下的第 1 个操作下看到本次生成的第 2 个操作。双击其中的参数选项 参数 可进行再编辑。

步骤 12：单击实体仿真按钮，进行实体仿真验证。

若编程本操作前隐藏了之前操作的刀具路径，则需单击选择全部操作按钮，单击隐藏/显示以选择操作的刀轨按钮，显示已有所有操作的刀具路径，然后在进行实体仿真验证。

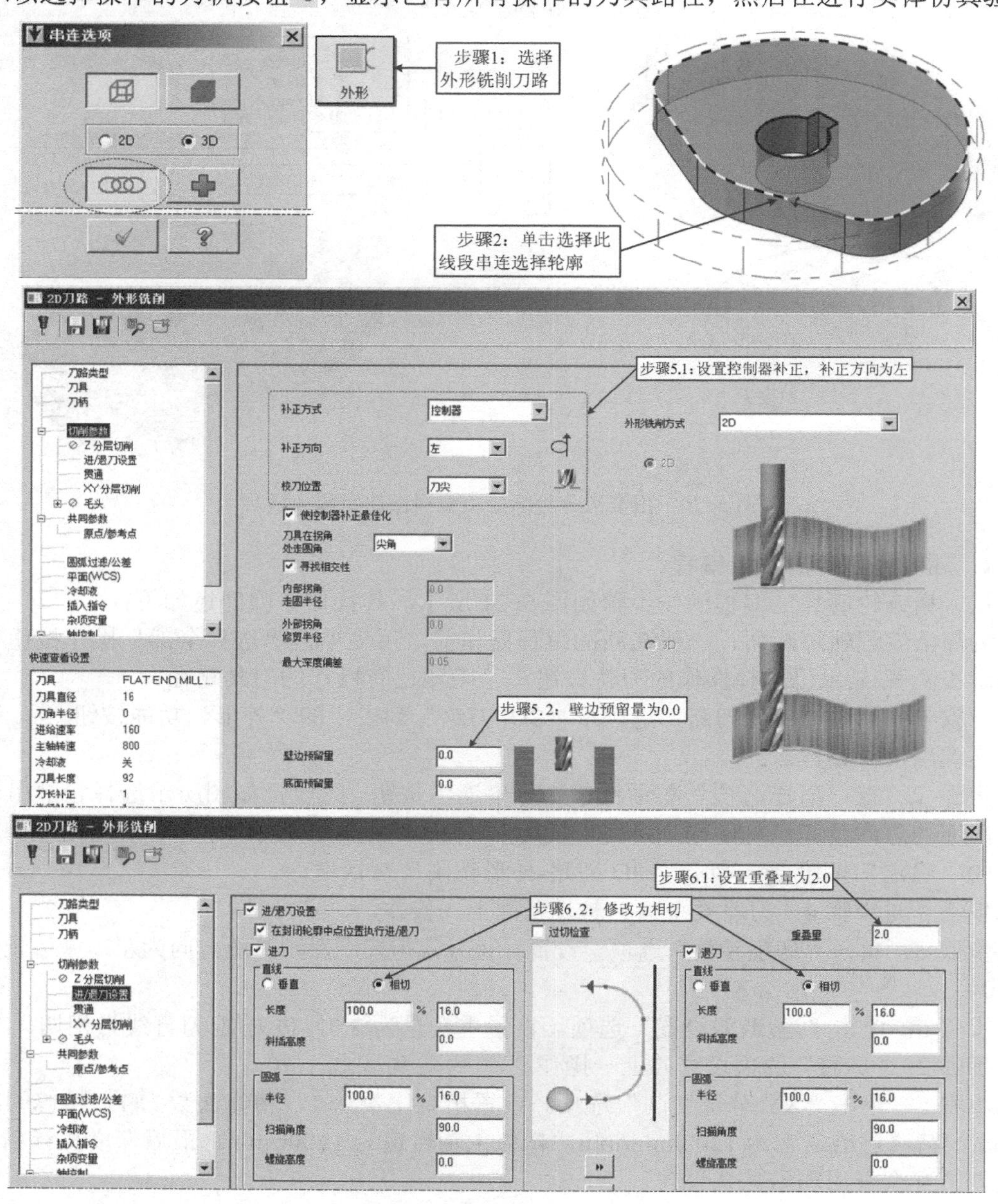

图 5-21　粗、精铣轮廓加工编程操作步骤

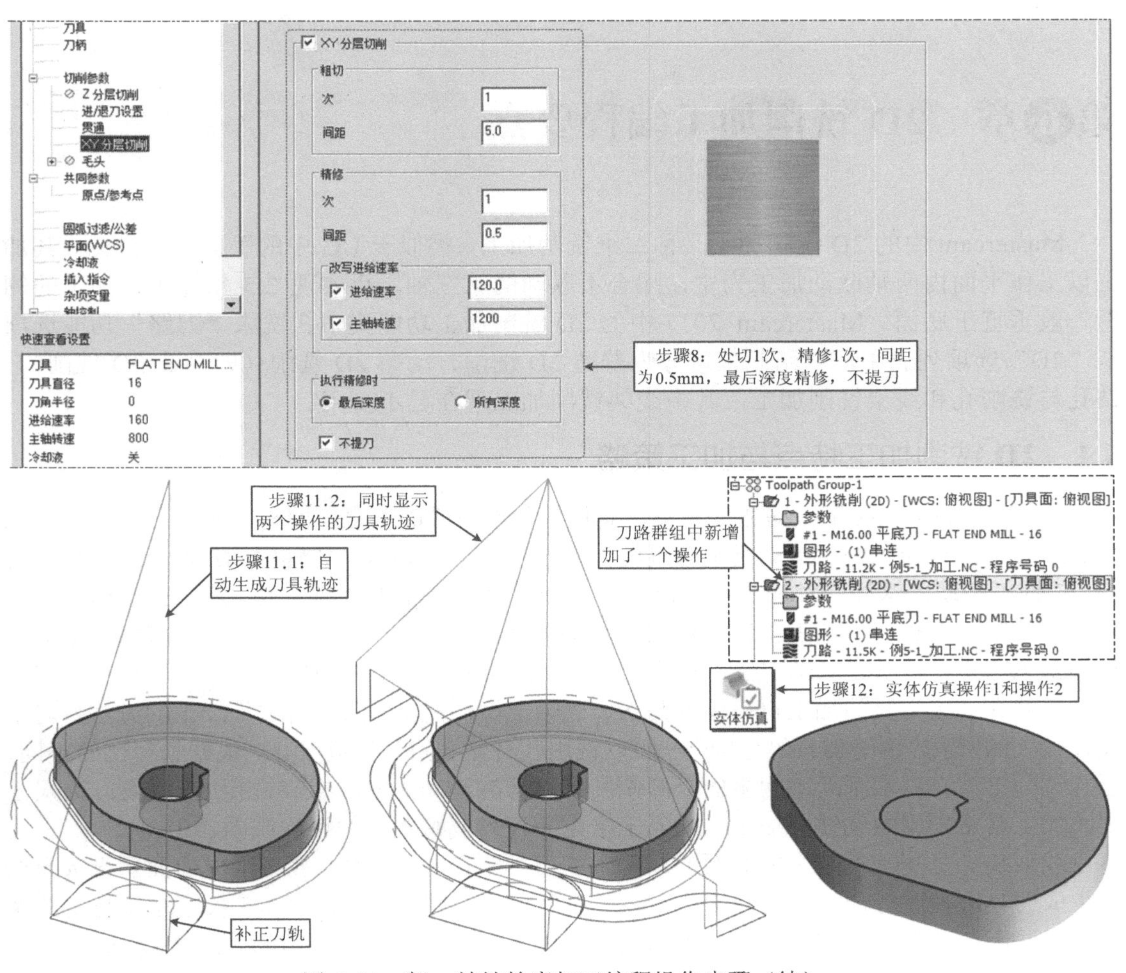

图 5-21　粗、精铣轮廓加工编程操作步骤（续）

5．后置处理与 NC 程序输出

参照图 5-14 和图 5-15 所示方法输出加工程序。

本 章 小 结

本章主要介绍了 Mastercam 2017 的编程流程，并重点介绍了 Mastercam 编程加工中的通用性问题。最后以一个简单零件的数控编程为例，介绍了 Mastercam 编程加工的全过程。

第6章 2D 铣削加工编程要点

Mastercam 中的 2D 铣削加工又称二维铣削加工，类似于 UG 中的平面铣削加工，其加工以工作平面内两轴联动加工为主，配合不联动的第三轴，可实现 2.5 轴加工，加工的侧壁一般垂直于底面。Mastercam 2017 中的 2D 铣削加工功能集中在铣床“刀路”功能选项卡“2D”选项列表中，归结起来可分为普通 2D 铣削、动态 2D 铣削（即高速 2D 铣削）、钻孔与铣削孔和线架铣削加工，其中线架铣削加工现在已不多用。

6.1 2D 铣削加工特点与加工策略

2D 铣削加工以两轴联动加工为主，其加工侧壁与底面垂直，即与主轴平行。以立式铣床加工为例，其加工的主运动为主轴旋转运动，进给运动为 X、Y 轴联动运动，Z 轴移动与 X、Y 轴不联动，这样一种加工特点决定了其加工以平面曲线运动为主，对于封闭曲线，有外轮廓铣削与内轮廓挖槽加工以及沿曲线轨迹移动的截面取决于刀具外形的沟槽铣削。另一种加工思路是，以 X、Y 轴定位，Z 轴轴向进给移动进行加工，如插铣加工。以钻孔为代表的定尺寸孔加工刀具的加工也采用的是 X、Y 轴定位，Z 轴轴向进给进行加工的方法。对于孔径较大的圆孔，由于刀具等原因，一般以铣削代替钻孔进行圆孔加工，根据长径比的不同，圆孔铣削工艺有以水平运动为主的全圆铣削和以螺旋运动为主的螺旋铣孔加工方法。大尺寸螺纹加工常常采用螺纹铣削加工，其属于指定导程（或螺距）的螺旋铣削加工。

线架加工是基于线架生成曲面的原理生成刀具路径，其与相应线架生成曲面后再选择曲面生成刀具路径进行加工相比，仅是省略了曲面生成的过程，且线架加工仅适用于特定线架的加工，因此其加工范围远不如基于曲面铣削加工广泛，近年来使用的人逐渐减少。

2D 铣削加工策略集成在“铣削刀路”选项卡的“2D”选项列表区，如图 6-1 所示，默认为折叠状态，需要时可上、下滚动或展开使用。

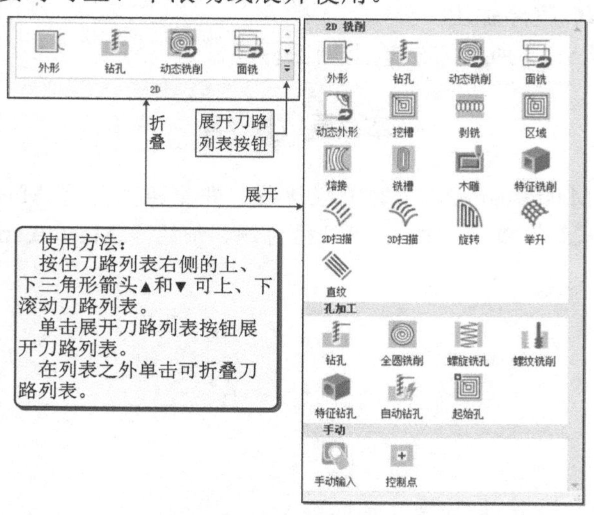

图 6-1　2D 刀路列表的展开与折叠

6.2　普通 2D 铣削加工编程

普通 2D 铣削加工是相对后续介绍的动态 2D 铣削（高速铣削）加工而言的，其切削用量的应用多表现为低转速、大切深、小进给的特点，多用于普通型数控铣床加工。刀具路径的转折常见尖角转折，若高速切削加工必然出现切削力的突变现象，很容易出现打刀现象。普通 2D 铣削在早期的 Mastercam 中就已存在，是经典的加工策略之一。

6.2.1　外形铣削加工

外形铣削加工可沿着选取的串连曲线的左、右侧或中间进行加工，对于封闭的串连曲线，则常称作外形（外轮廓）铣削和内侧（凹槽轮廓）铣削，沿着串连线正中铣削则属于沟槽加工。常规的外形铣削刀具偏离串连曲线的距离等于刀具半径，其偏置方法可以是计算机控制或控制器控制，控制器控制在程序输出时有刀具半径补偿指令 G41 或 G42，其实际偏置距离取决于输入数控机床刀具半径补偿存储器的补偿值，这种方法可以精确地控制二维铣削加工件的轮廓精度，从而用于 2D 轮廓的精铣加工。

经典的 2D 铣削加工仅有一条加工路径，但若将这条加工路径水平扩大或缩小生成刀路、上下逐层增加刀路，则可实现 2D 铣削的粗加工。2D 铣削主要使用立式圆柱平底铣刀，也可选用倒角铣刀、圆角铣刀、球头铣刀等进行特定加工。

外形铣削的功能按钮布局在“铣削刀路”选项卡“2D”刀路列表框的“2D 铣削”功能区。外形铣削的几何参数主要是轮廓串连曲线和深度值（编程时指定），但为了确定侧吃刀量（又称行距）以及横向切削次数，还需要毛坯轮廓参数。当深度太大时，深度方向要考虑多刀加工。

图 6-2 所示显示了 2D 铣削加工所需的轮廓串连与毛坯轮廓参数（该图尺寸参见图 2-65），以及随之可能变换的外形铣削轮廓与凹槽挖槽轮廓加工零件，其中，凹槽内部的岛屿高度可以小于槽深，其参考基准是岛屿串连曲线的高度。

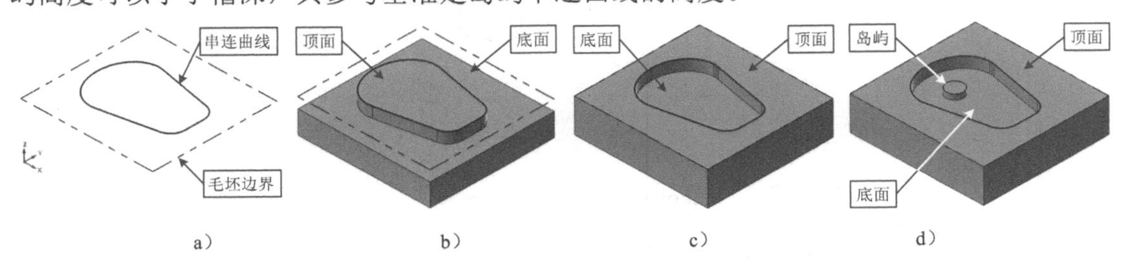

图 6-2　2D 铣削几何参数及实体模型

a）2D 铣削几何参数　b）2D 凸台　c）2D 凹槽　d）2D 凹槽+2D 岛屿

外形铣削加工编程与第 5 章介绍的编程流程相比，可简化为三大块。首先，从模型前期准备到创建毛坯这一段，基本相同。其次，加工策略到路径模拟与实体仿真之前，这部分内容属外形铣削加工自有的内容，这是本小节主要讨论的参数设置。最后，从刀轨模拟与仿真完成直至后处理输出程序，其操作方法基本相同。为此，进一步的学习仅需重点学习中间部分。

1．外形铣削主要参数设置说明

外形铣削参数设置主要集中在“2D 刀路-外形铣削”对话框中，其刀具的创建和参考点的设置操作与大部分加工基本相同，因此，如无特殊情况，一般不予详细说明。

这里以 2D 凸台外形铣削加工编程为例介绍外形铣削主要参数的设置。

（1）串连曲线的选择　串连曲线可以是封闭曲线或开放曲线（部分串连选择，参见图 5-20），串连曲线拾取的线段确定了刀具切入与切出的位置，鼠标拾取点较近的线段端点是串连曲线的起点，串连曲线的方向决定了刀具切削移动的方向。方向的确定与外/内侧轮廓铣削、顺铣/逆铣、左/右补偿等有关，必须事先规划。

（2）“刀路类型”等选项　“2D 刀路-外形铣削”对话框的第一个选项，由于选择的刀路是外形铣削，所有刀路类型选项列表框中默认也是外形铣削，如图 6-3 所示。需要提醒的是，对话框左上角的“保存参数到默认文件”按钮可将自己所做的设置保存，下次使用时可直接调取，加快设置。其余按钮的作用参见图中说明。

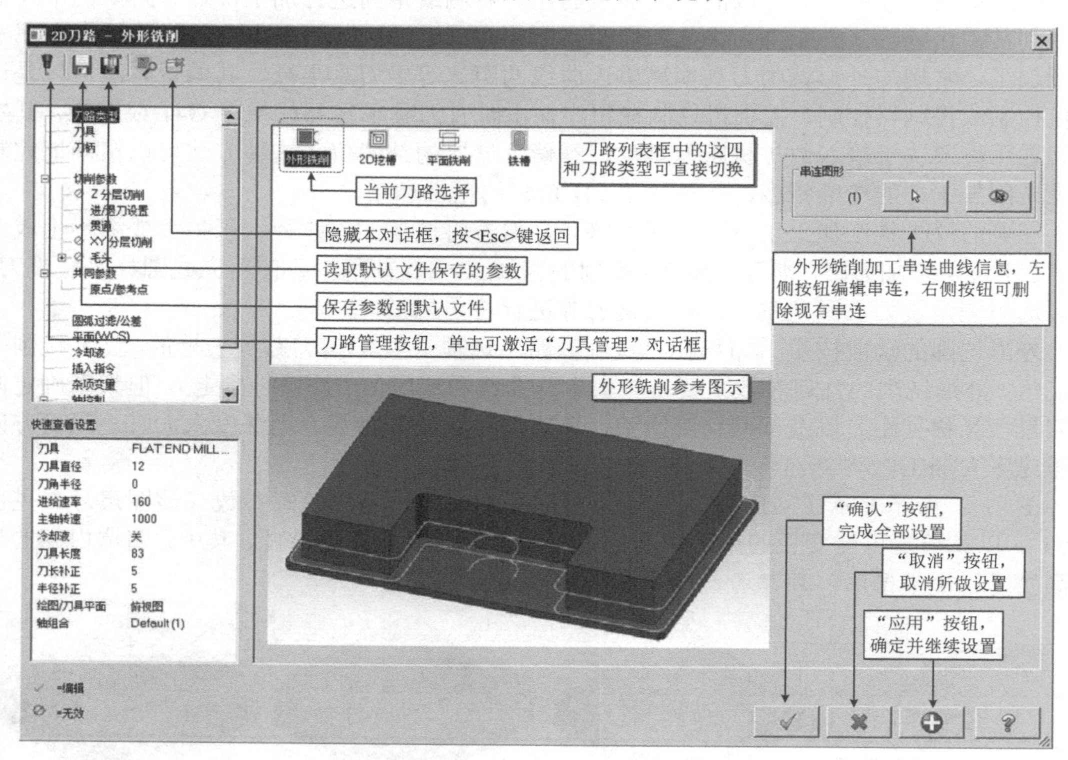

图 6-3　“刀路类型”选项

（3）“切削参数”选项　如图 6-4 所示，设置说明如下；

1）补正方式。补正在数控加工中称之为补偿或偏置。系统提供了五种补正方式。

电脑：由计算机按所选刀具直接计算出补正后的刀具轨迹，程序输出时无 G41/G42 指令。

控制器：在 CNC 系统上设置半径补偿值，程序轨迹按零件轮廓编程，程序输出时有 G41/G42 指令与补偿号等。这种方法特别适用于 2D 轮廓精铣加工。该选项在 CNC 系统设置时，几何补偿设置为刀具半径值，磨损补偿设置为刀具磨损值。

磨损：刀具轨迹同电脑补正，但程序输出时与控制器补正一样有 G41/G42 指令与补偿号等。其应用时在 CNC 系统上仅需设置磨损补偿值。该选项在 CNC 系统设置时，几何补偿设置为 0，磨损补偿设置为刀具磨损值。

反向磨损：与磨损补正基本相同，仅输出程序时的 G41/G42 指令相反。

关：无刀具半径补偿的刀具轨迹，且程序输出时无 G41/G42 指令等。该选项适合于刀具沿串连曲线的沟槽加工。

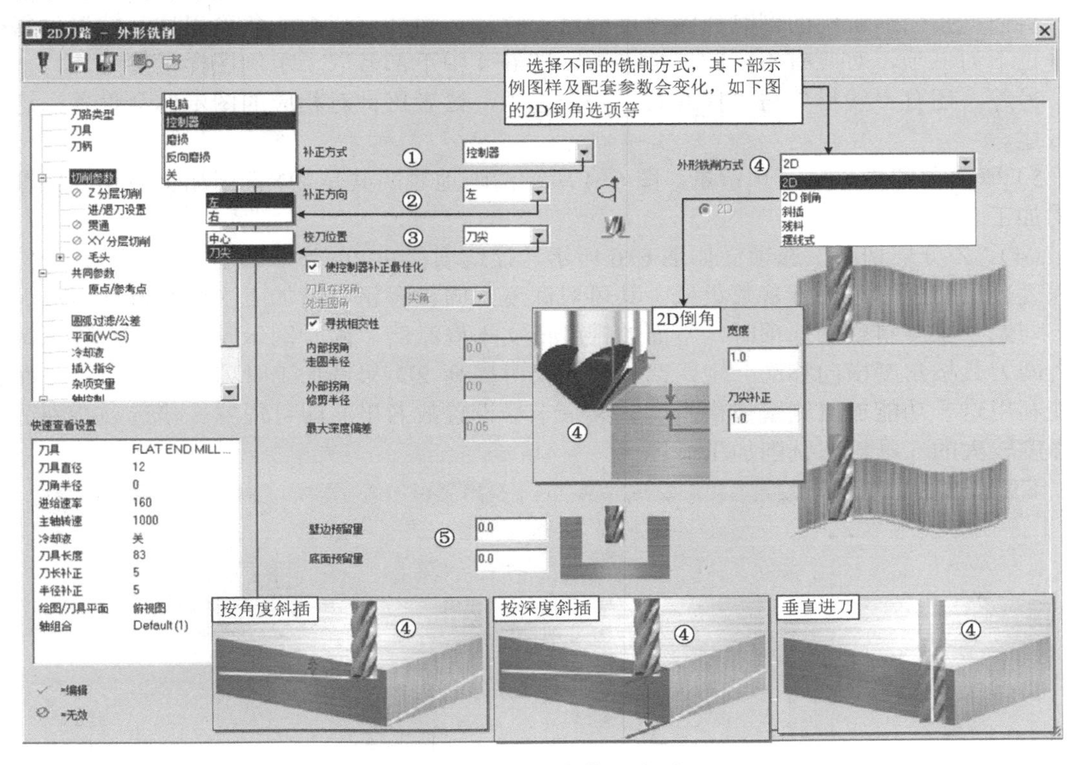

图 6-4 “切削参数”选项

2）补正方向。补正方向指刀具沿编程轨迹的左侧或右侧偏置移动，有“左”与“右”两个选项。补正方向与编程轨迹的关系如图 6-5 所示，程序输出时对应 G41 与 G42 指令。选择补正方向时右侧的图标会发生变化。若补正方式选择关，则刀具沿编程轨迹移动。

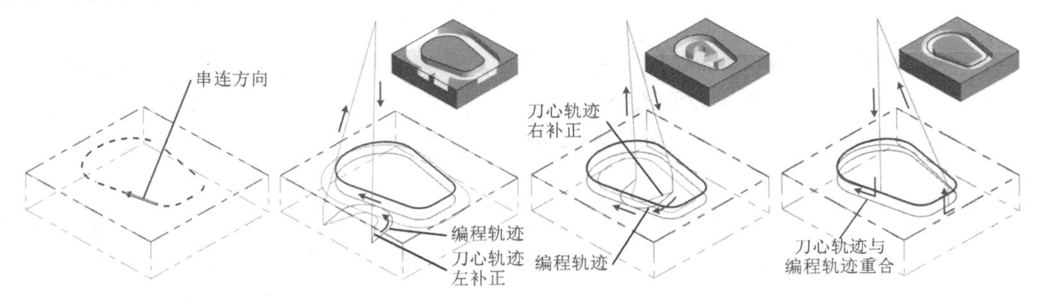

图 6-5　补正方向与编程轨迹的关系

3）校正位置。这里的校正位置指刀具上的刀位点，即刀具上描述刀具轨迹的位置点，有“中心”与“刀尖”两个选项，选择时右侧的图示会发生变化提示，默认且常用为刀尖。

4）外形铣削方式。其下拉列表中显示有五个选项，说明如下：

2D：是默认选项，常规的 2D 铣削加工。

2D 倒角：是利用倒角铣刀对轮廓进行倒角加工，选择该选项时，下面的图示会发生变化，显示要求设置的倒角宽度与刀尖位置补偿值，如图 6-4 中间截取了 2D 倒角示例图像与参数供参考。

斜插：指轮廓铣削的同时伴随深度的进刀移动，斜插方式有按角度斜插、按深度斜插和垂直下刀三项，对应有不同的斜插参数，图 6-4 中下部截取了示例图样供参考。

另外，还有“残料”与“摆线式”两个选项，读者可针对相应的图示体会设置，这里不赘述。

5）壁边预留量与底面预留量。图 6-4 所示清晰地表明其是 2D 铣削加工后相应位置留下的加工余量。

（4）“Z 分层切削”选项　如图 6-6 所示，该选项仅在 2D 外形铣削方式下有效，勾选“深度分层切削”可进行参数设置，其可对深度方向设置粗、精加工次数和每一刀的深度值。勾选“锥度斜壁”选项时，下面的锥度值文本框激活，同时图示发生变化，显示每一层之间刀具按角度横向移动一定距离，其不仅可提高 2D 粗铣加工时刀具的寿命等，而且还能利用这一功能加工侧壁拔模斜度。其余未尽设置故名思义即可理解。该选项特别适用于深度较大的二维轮廓铣削加工。

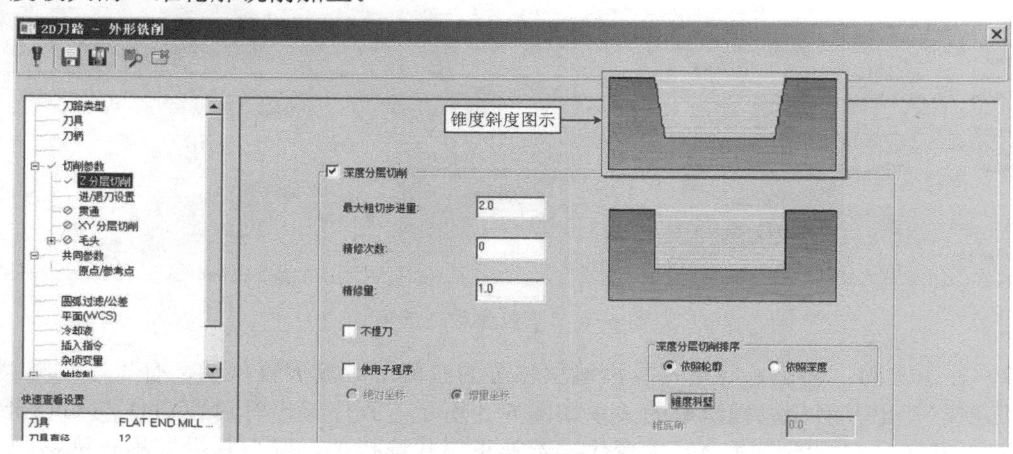

图 6-6 “Z 分层切削”选项

（5）“进/退刀设置”选项　如图 6-7 所示，其主要设置在图中已说明。该选项的设置对二维铣削的切入/切出刀轨设计非常有益，直接影响加工质量，如“重叠量”是精铣轮廓的必须选项。同时注意，当选用了控制器补正方式，进/退刀段的直线长度不得为零，一般在刀具直径的 50%以上。

（6）“贯通”选项　该选项指纯 2D 铣削，类似示例 5-1 所示的纯侧壁加工，此时若“共同参数”中的“深度”设置为下表面时，可用贯通距离将刀具向下延伸一段距离，确保外轮廓侧壁的完整切削。其设置如图 6-8 所示。当然，若深度设置考虑了贯通超出量，则该选项可不设置。

（7）“XY 分层切削”选项　如图 6-9 所示，该选项设置用于横向加工余量较大场合的加工，其主要设置按对话框图示即可理解与设置。

（8）“毛头”选项　毛头指封闭轮廓切削时内部零件与外部夹紧废料之间的一小段连接段，轮廓加工完成后内部与外部之间仍然连接的部分。该选项设置用于加工轨迹封闭，内部材料无装夹的场合。

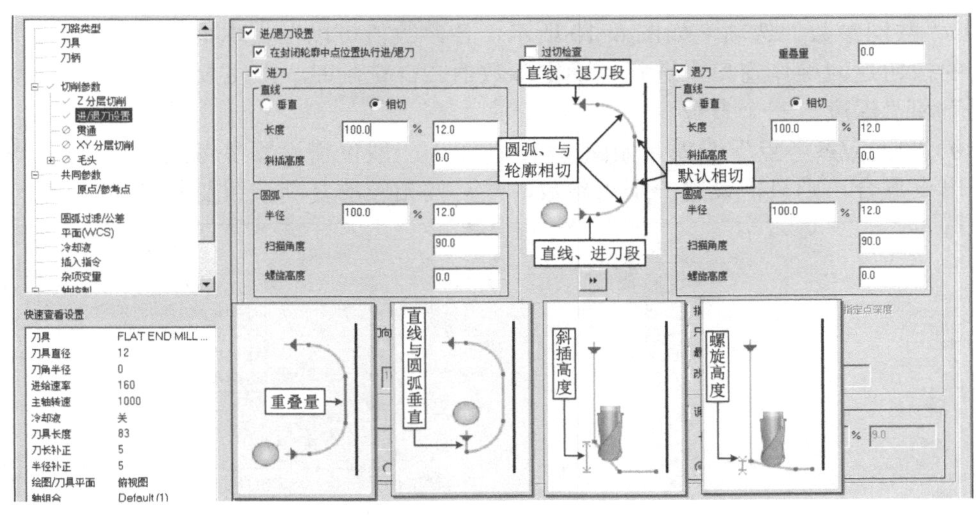

图 6-7 “进/退刀设置”选项

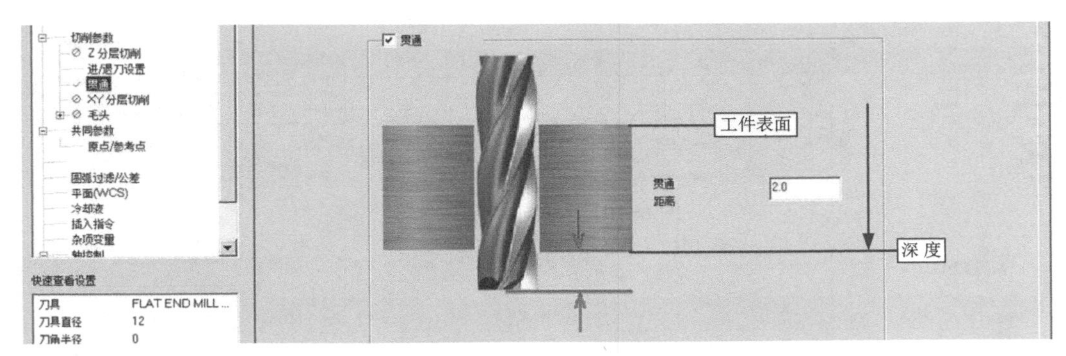

图 6-8 “贯通”选项

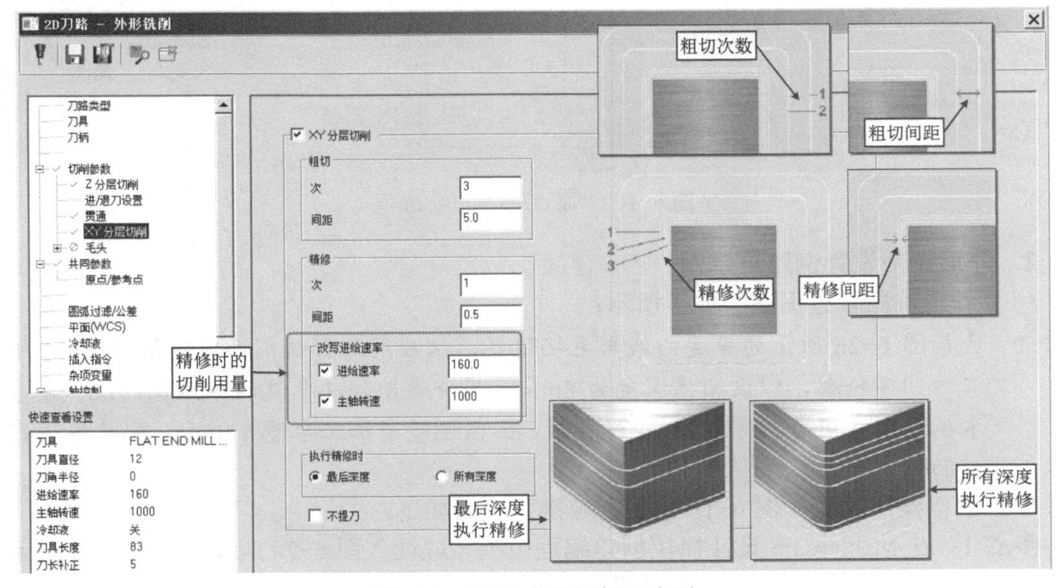

图 6-9 “XY 分层切削”选项

（9）“共同参数”选项　如图 6-10 所示，各参数值可以在文本框中直接输入，也可单击左侧的按钮返回操作窗口中选择点确定参数值。2D 铣削时一般主要设置“下刀位置”“工件表面”和“深度”三个参数。

（10）“原点/参考点”选项　如图 6-11 所示，一般仅需设置参考点坐标即可，若进入点与退出点重合，则只需设置一个点参数，然后按相应的复制按钮复制到另一点。

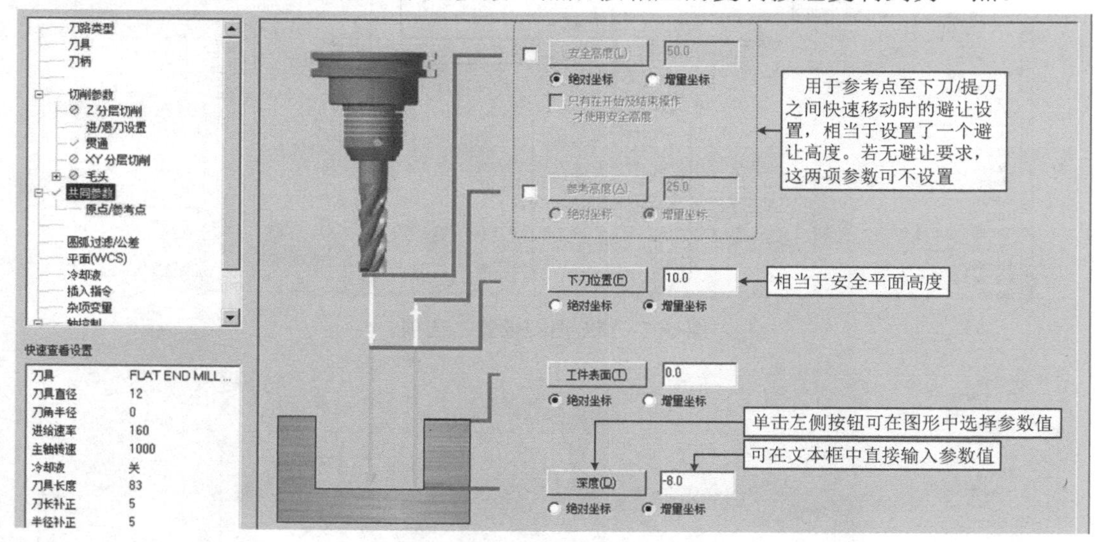

图 6-10 “共同参数”选项

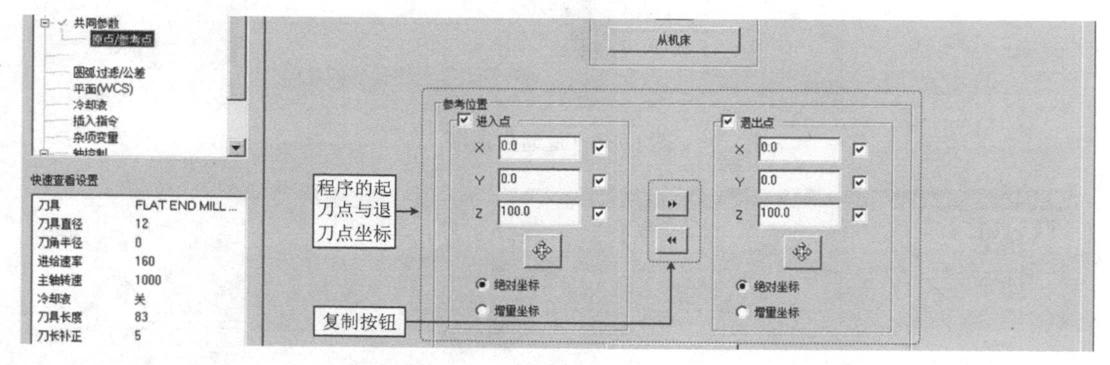

图 6-11 “原点/参考点”选项

2．外形铣削设置例题与示例

（1）外形铣削设置例题　如下所示：

例 6-1　已知图 6-2a 所示的串连曲线与毛坯边界，试应用外形铣削功能铣削图 6-2c 所示二维凹槽轮廓，假设凹槽深度为 8mm。其余原始条件参见以下示例的统一要求。本例也可先用 6.2 节的 2D 挖槽粗铣，凹槽侧壁留加工余量 1.0mm，然后再进行本例的精铣加工。

加工编程操作过程如图 6-12 所示，其操作步骤如下：

步骤 1：在 Mastercam 设计模块创建编程模型，或读入图 6-2a 所示的串连曲线与毛坯边界的模型，并假设椭圆中心位于世界坐标系原点位置。

步骤 2：单击“机床→机床类型→铣床▼→默认（D）”命令，进入铣床加工模块，同时在“刀路”操作管理器中自动生成一个加工群组。

步骤 3：单击“毛坯设置”选项◈毛坯设置，创建一个包含边界曲线且厚度为 25mm 的毛坯。

步骤 4：单击“铣床刀路→2D→外形”功能按钮，由于是第一个操作，会弹出“输入新 NC 名称”对话框，可不修改默认名称单击“确定”按钮，弹出“串连选项”对话框。注意，“新 NC 名称”对话框中设置的名称默认是当前文件名，是否修改对加工程序的输出基本没有影响，仅是在前面说明部分提示是 NC 文件的名称。

步骤 5：如图 6-12 所示选择串连曲线，注意起点和方向对加工路径与切入/切出点有较大的影响。注意分析与理解图中的选择与最后刀轨的关系。单击“串连选项”对话框中的“确定”按钮，弹出“2D 刀路-外形铣削”对话框。

步骤 6：在“刀路类型”选项下，确认刀路类型为“外形铣削”。

步骤 7：单击“刀具”选项，从刀库中创建一把ϕ12mm 的平底铣刀，按图设置刀具号、刀具长度补偿和刀具半径补偿，设置切削用量等。

步骤 8：单击“切削参数”选项，设置控制器补正，左补正方向，壁边预留量与底面预留量均为 0。

步骤 9：单击“进/退刀设置”选项，按图所示设置进刀、退刀参数以及重叠量。

步骤 10：单击“共同参数”选项，设置深度为-8mm，下刀位置为 5mm 等。

步骤 11：单击“原点/参考点”选项，设置参考点（0，0，100）。

步骤 12：单击“2D 刀路-外形铣削”对话框下方的“确定”按钮，生成刀具轨迹。

步骤 13：单击“路径模拟”按钮，模拟观察刀路。

步骤 14：单击“实体仿真”按钮，观察实体仿真加工结果。

步骤 15：后置处理，生成数控加工程序（图略）。

说明：由图 6-12 中步骤 14 的实体仿真可见，前期未经粗铣加工，工艺存在不合理的地方，如垂直下刀以及精铣加工余量较大等问题，因此可在学完挖槽加工内容后，按例题中要求的“2D 挖槽粗铣－外形铣削精铣”的工艺方案加工。

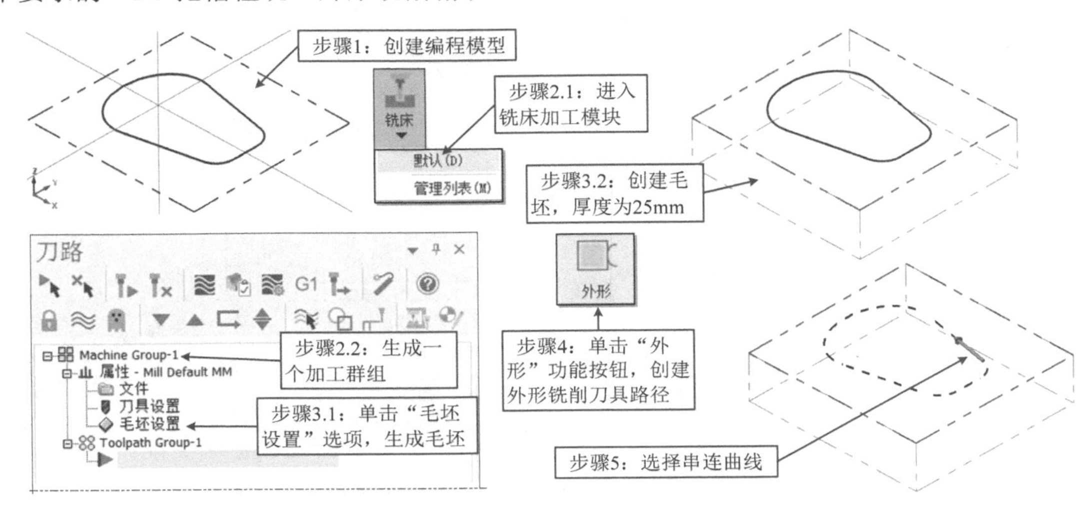

图 6-12　例 6-1 加工编程操作过程

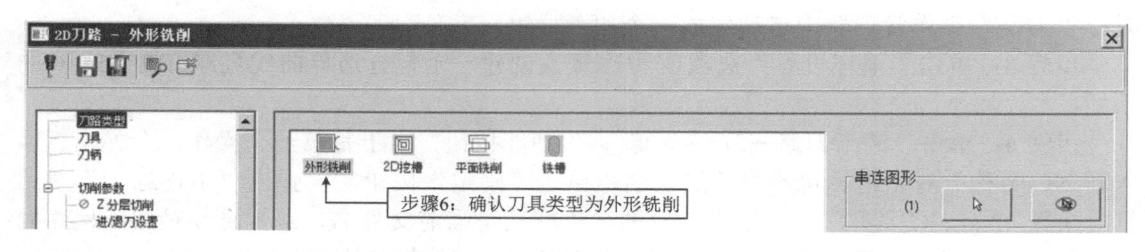

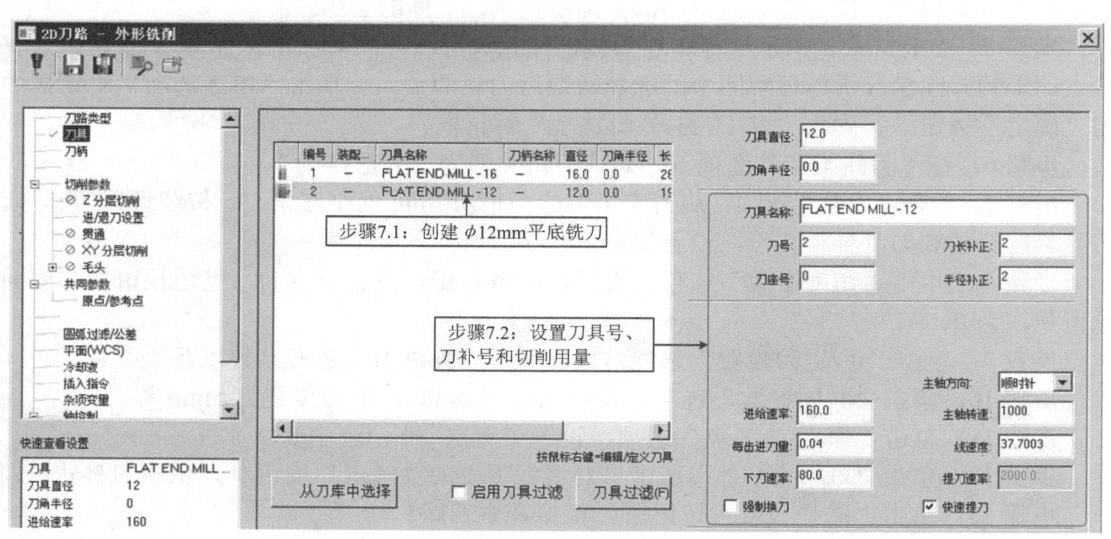

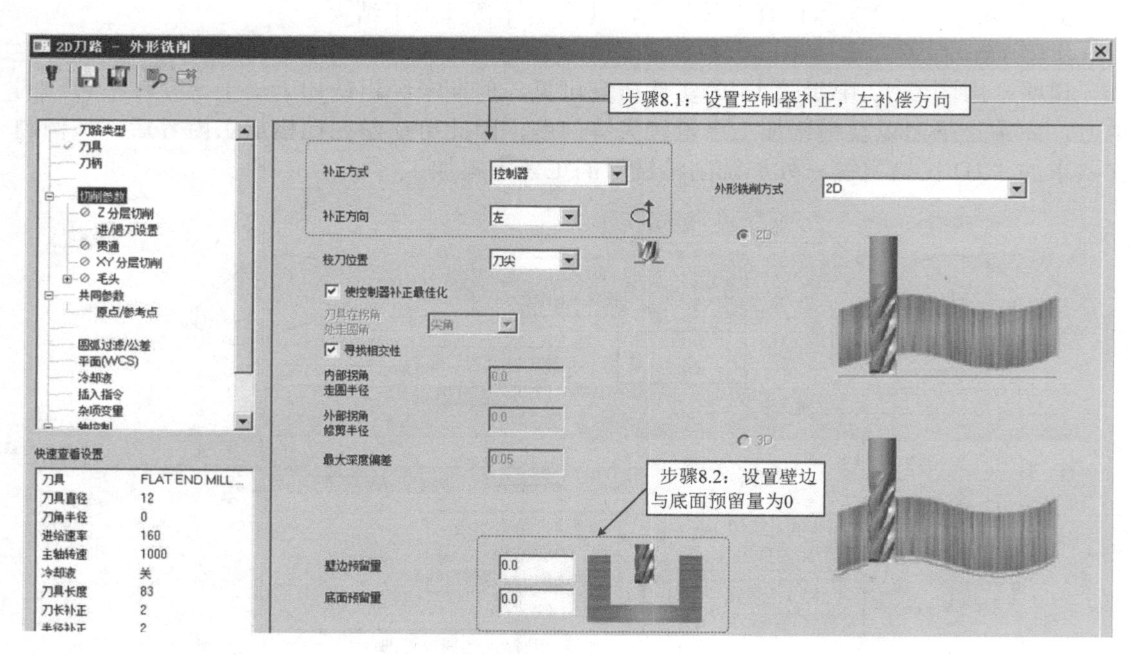

图 6-12　例 6-1 加工编程操作过程（续）

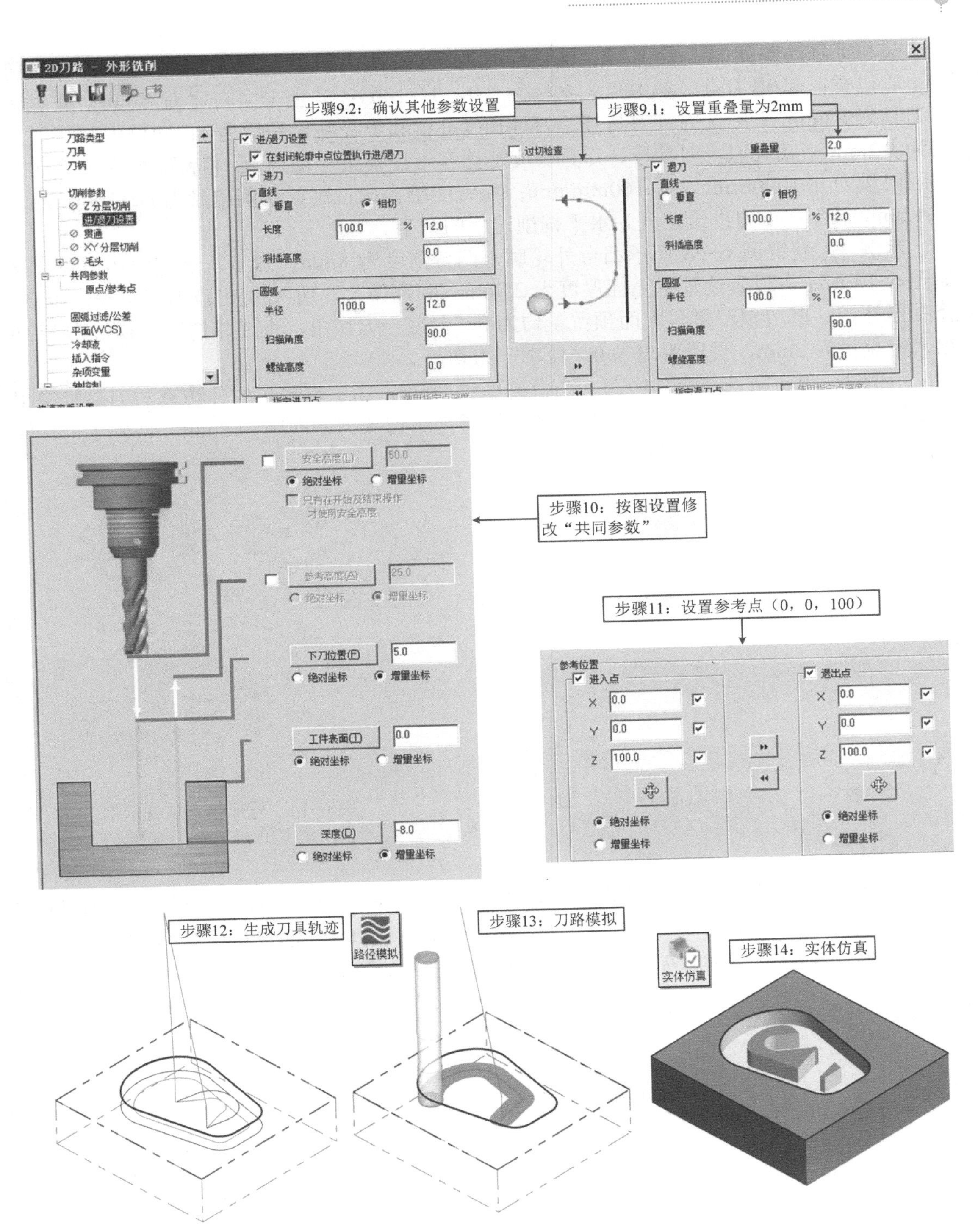

图 6-12　例 6-1 加工编程操作过程（续）

（2）外形铣削设置示例　如下所示：

以下给出几个外形铣削设置示例，供学习时检查自己的掌握程度。基本原始条件：串连曲线与毛坯轮廓如图 6-2a 所示；毛坯厚度为 25mm；工件坐标系的原点在零件上表面椭圆中心位置；起/退刀点（参考点）坐标为（0，0，100）；安全平面高度为 5mm；外形铣削刀具为ϕ16mm 平底铣刀，刀具号、刀具长度补偿和半径补偿号均为 1；凹槽内廓铣削刀具为ϕ12mm 平底铣刀，刀具号、刀具长度补偿和半径补偿号均为 2；粗铣凹槽内廓铣削的切削用量为 n=1000r/min，v_f=160mm/min；精铣凹槽内廓铣削的切削用量为 n=1200r/min，v_f=120mm/min；下刀进给速度为水平铣削速度的一半。

示例 1：精铣图 6-2b 所示凸台外轮廓，凸台高度为 8mm，加工轨迹与实体仿真效果如图 6-13 所示。设置选项：毛坯厚度为 25mm，顺铣加工，切入/切出点为图示线段中点，控制器补正，壁边预留量与底面预留量均为 0，深度一刀切出，直线相切圆弧切线切入/切出，重叠量为 2mm，贯通距离为 0，轮廓一刀切出。

示例 2：粗、精铣凸台外轮廓，凸台高度为 8mm，加工轨迹、实体仿真与刀路径模拟效果如图 6-14 所示。“XY 分层切削”选项设置为粗切 4 刀，间距为 8mm，精修 1 刀，间距为 0.5mm。其余设置同示例 1。

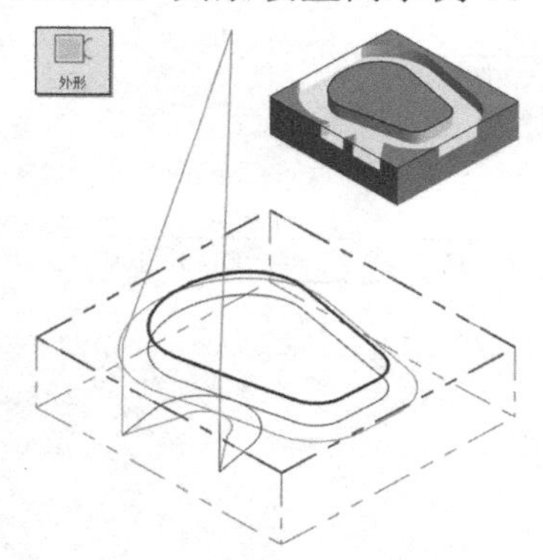

图 6-13　外形精铣示例

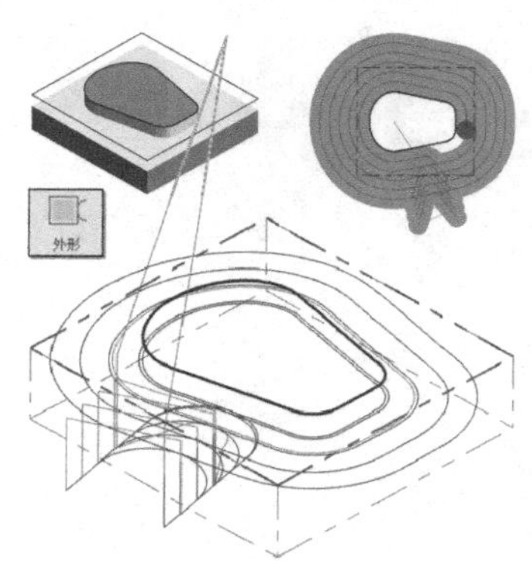

图 6-14　外形粗、精铣示例

外形铣削刀路粗铣外轮廓时，存在很多空刀加工，加工效率受影响。利用刀路修剪功能修剪刀路可适当提高加工效率，图 6-15 所示为用外轮廓外偏置 4mm 的修剪线修剪刀路后的刀具路径。“刀路修剪” 刀路修剪 功能按钮布置在“刀路”功能选项卡的“工具”选项区。

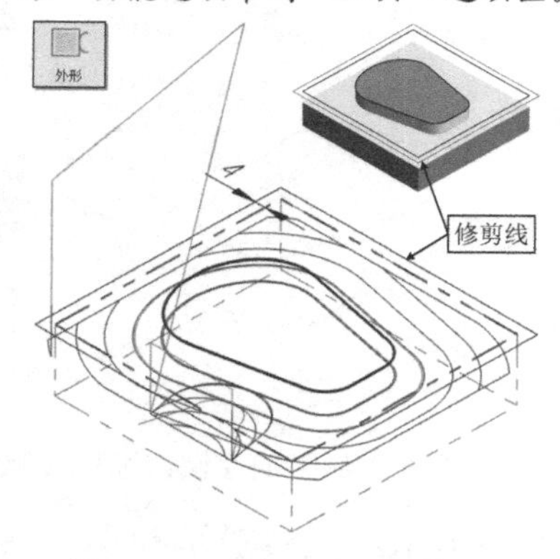

图 6-15　示例 2 的刀路修剪

示例 3： 粗、精铣凸台外轮廓，如图 6-16 所示，凸台高度为 16mm，加工轨迹与实体仿真效果如图 6-16 所示。“Z 轴分层切削”选项设置为最大粗切步进量 5mm，精修 1 次，精修量 1mm，不提刀，深度分层切削排序为依照轮廓。其余设置同示例 2。

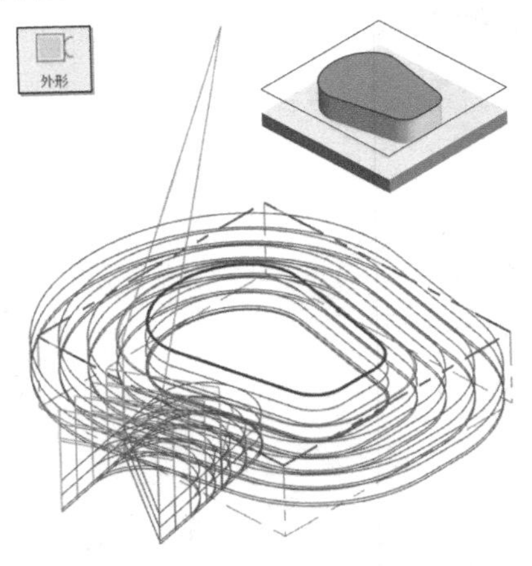

图 6-16　外形粗、精铣示例 3

6.2.2　2D 挖槽加工

2D 挖槽加工顾名思义是指将工件上指定串连曲线内部一定深度的材料挖去，非常适用于凹槽外形铣削（即轮廓铣削）之前的凹槽粗加工。2D 挖槽允许同时选择两条嵌套的封闭串连曲线，其中内曲线围绕区域的材料称为“岛屿”，挖槽过程中会给予保留，利用这一特点，挖槽加工也可用于图 6-2b 所示的 2D 凸台加工。“2D 挖槽”功能按钮布局在“铣床刀路”功能选项卡“2D”刀路列表框的“2D 铣削”功能区。

1．2D 挖槽加工主要参数设置说明

2D 挖槽加工编程的操作与外形铣削类似。以下介绍外形铣削的“2D 刀路-2D 挖槽”对话框中，与“2D 刀路-外形铣削”对话框不同部分参数的设置。以图 6-17 所示 2D 挖槽加工编程为例对相关选项设置进行说明。

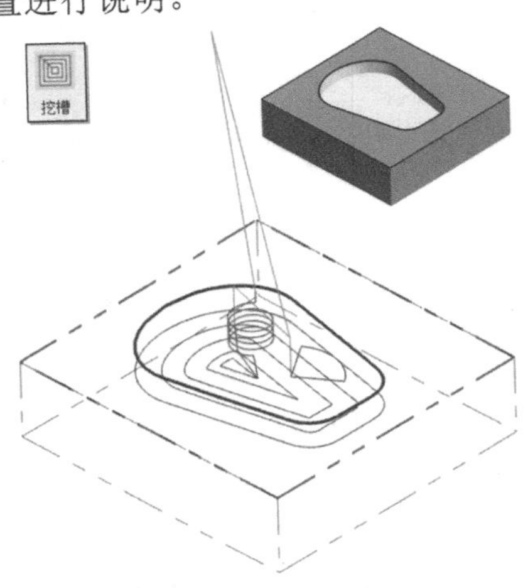

图 6-17　2D 挖槽加工

（1）“刀路类型”等选项　如图 6-18 所示，默认挖槽加工时仅选择一条串连曲线，若要增加串连数量，可单击“选择串连”按钮，在弹出的“串连管理”对话框中设置。当然，一般在弹出“2D 刀路-外形铣削”对话框之前的操作就已经选定了所需的串连曲线。

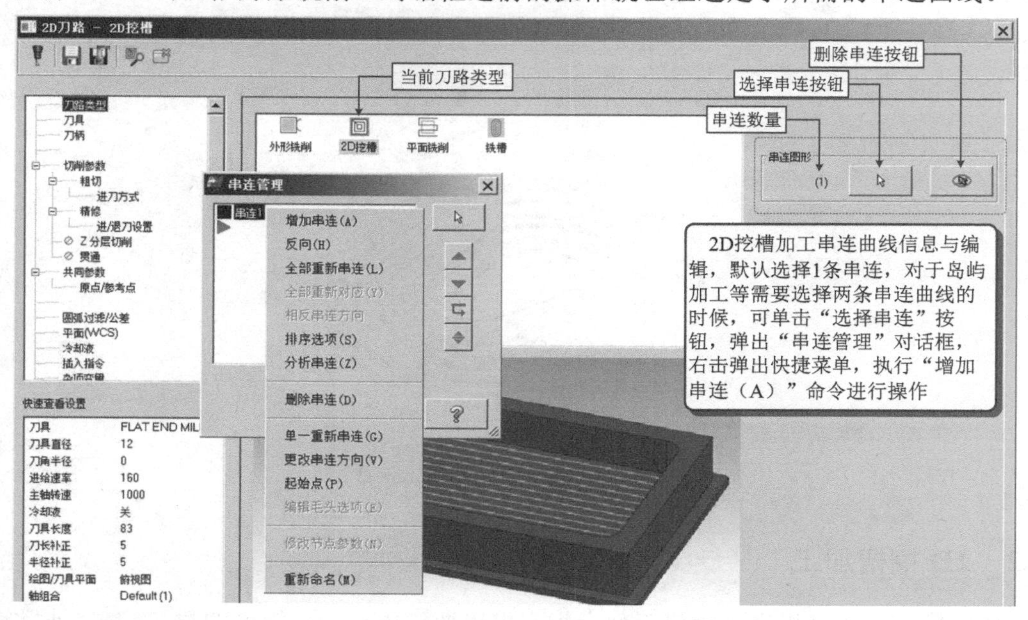

图 6-18　“刀路类型”选项和增加串连操作说明

（2）“刀具”选项　如图 6-19 所示，该选项出现了“RCTF”复选项，RCTF（Radical Chip Thinning Function）又称径向减薄技术，可在保持切削厚度恒定的情况下，进一步提高进给的速度和效率。勾选“RCTF”选项后，可通过设置每齿进刀量和线速度自动计算进给速度和主轴转速。注意，图 6-19 中设置每齿进刀量和线速度时上面对应的进给速率和主轴转速会自动按刀具齿数和直径自动计算。

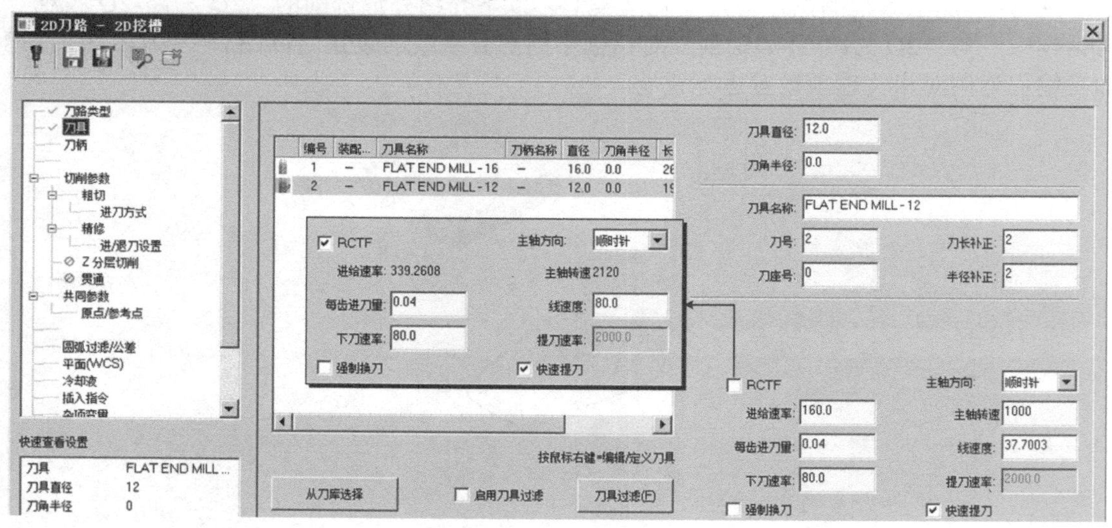

图 6-19　“刀具”选项

（3）“切削参数”选项　如图6-20所示，挖槽加工方式有五种，说明如下：

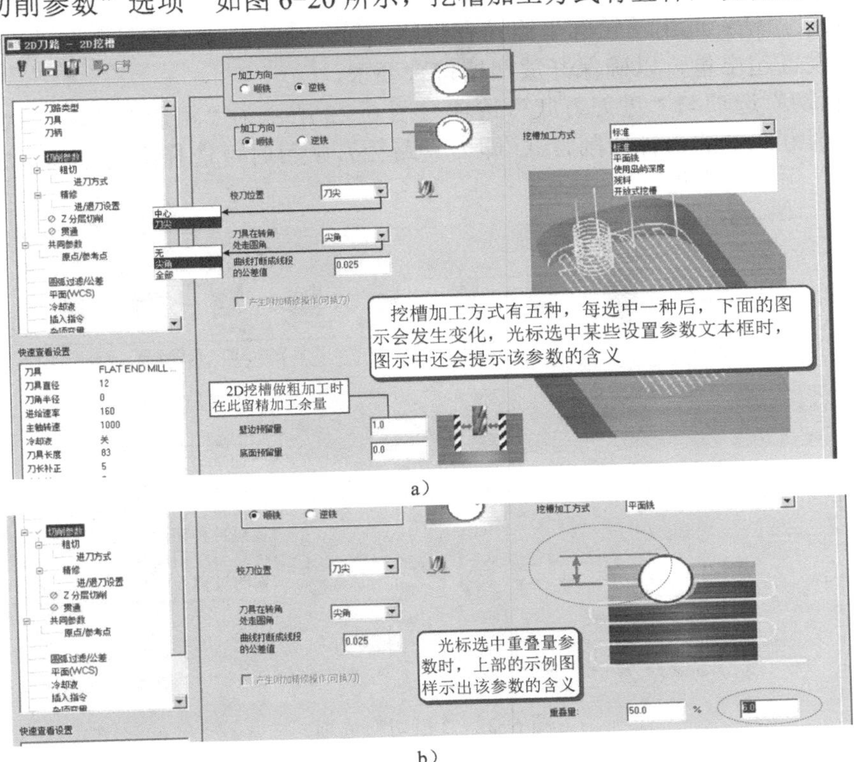

a）

b）

图6-20　“切削参数”选项

a）标准挖槽加工方式　b）平面铣加工方式重叠量及其图示

1）标准：系统默认的挖槽方式，其加工串连仅为一条曲线，仅铣削串连曲线内部区域的材料，如图6-21a所示。

2）平面铣：适用于2D凸台外轮廓粗铣加工，加工时需选择两条串连曲线，其外边的串连曲线是毛坯边界曲线，如图6-21b所示。加工时可将刀具路径向外侧的毛坯边界外延伸，以达到对挖槽底平面的铣削加工。

3）使用岛屿深度：适用于槽内部具有岛屿的挖槽加工，加工时也需选择两条串连曲线，如图6-21c所示，系统设定内部曲线为岛屿串连曲线，串连曲线高度坐标是岛屿高度参考基准，若岛屿曲线与顶面等高，则可设置负值确定岛屿顶面位置。

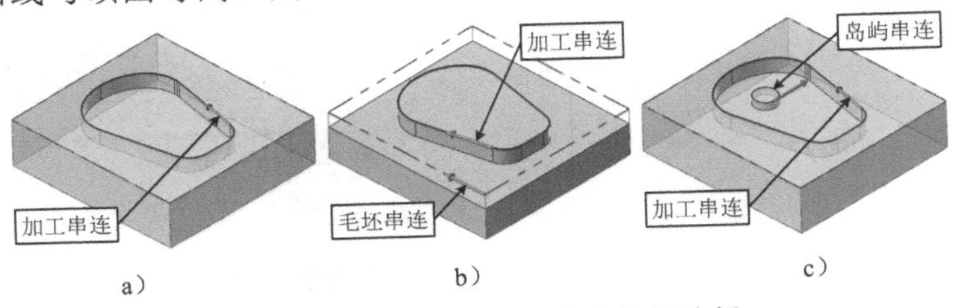

a)　b)　c)

图6-21　挖槽方式与串连曲线的选择

a）标准挖槽　b）平面铣　c）使用岛屿深度

4）残料：可对之前加工留下的残料进行加工。之前的残料包括所有先前操作、前一个操作和粗切刀具直径（需设置粗切刀具直径）三项。

5）开放式挖槽：适用于轮廓串连没有封闭、部分开放的槽形零件的加工。为挖出开放式槽，必须设置超出量，以确保开放凹槽符合要求。

（4）“粗切”选项与“进刀方式”选项　图 6-22 所示为“粗切”选项，这里重点学习的内容是切削方式中的各种切削方式（即刀具路径），学习时可选择不同方式生成刀路轨迹，观察其特点，领悟其用途。

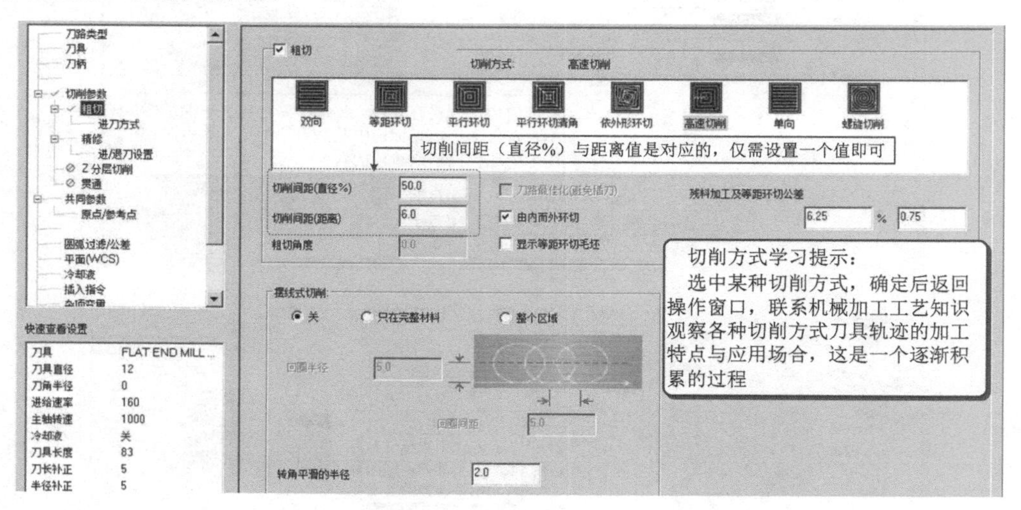

图 6-22 “粗切”选项

图 6-23 所示为粗切加工的“进刀方式”选项，有关、斜插与螺旋三种方式，每种方式的参数选择时，对应的样例会显示参数的含义，如图中的“Z 间距”对应的图样表明“Z 间距”的含义。

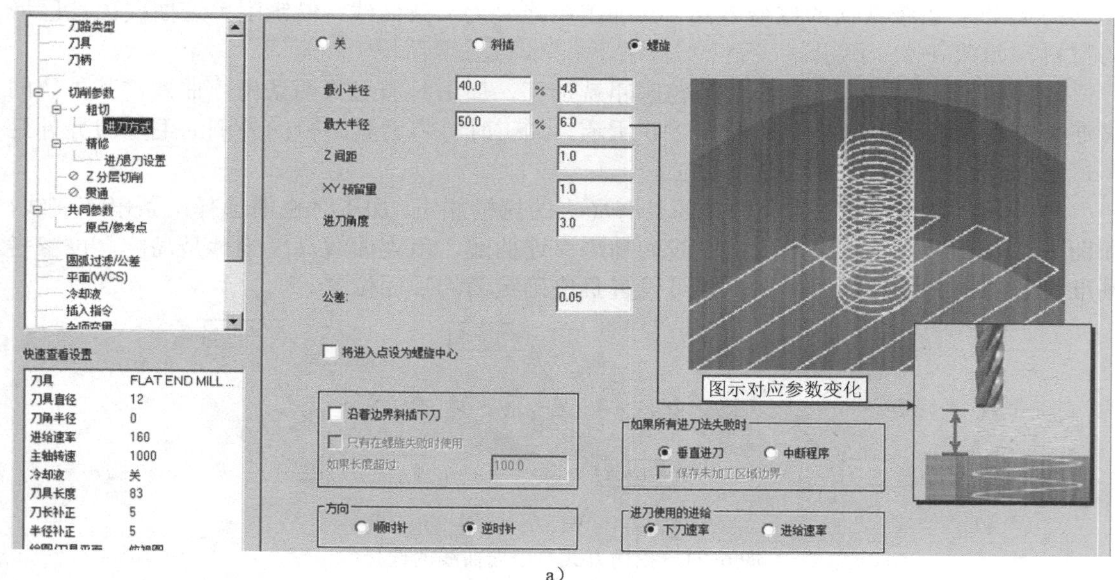

a）

图 6-23 粗切加工的“进刀方式”选项

a）螺旋进刀与参数

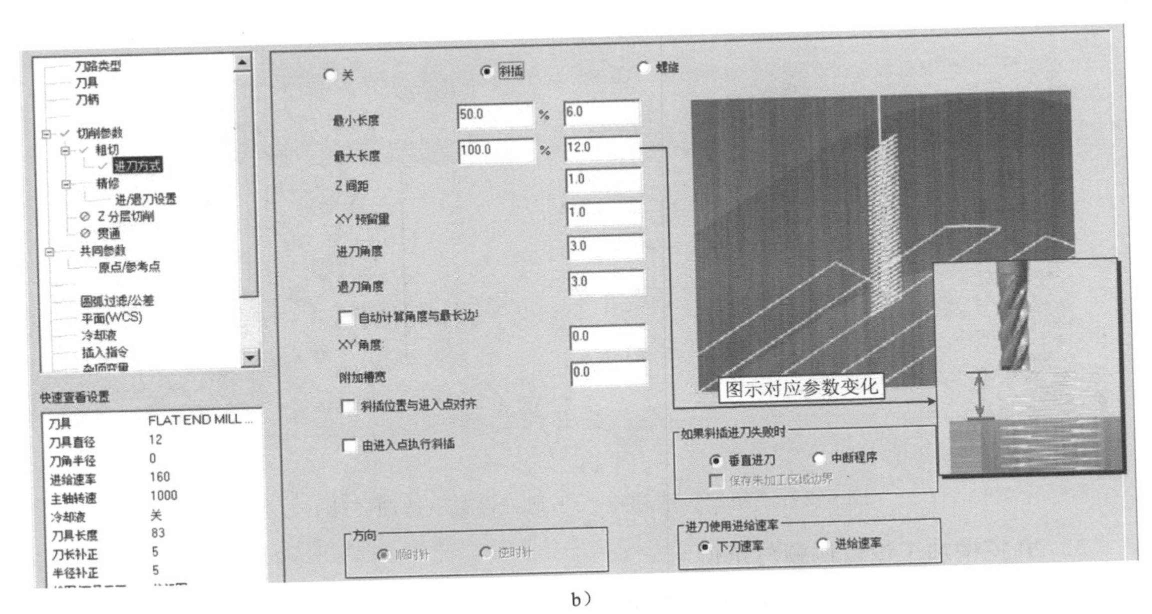

b）

图 6-23　粗切加工的“进刀方式”选项（续）

b）斜插进刀与参数

（5）“精修”选项与“进/退刀设置”选项　图 6-24a 所示为“精切”选项，刀具补正方式选项若选择控制器补正，由于空间限制，常常出错，因此建议选用电脑补正，此原因也提示挖槽加工一般用于粗铣加工，另外再配合外形铣削、控制器补正进行精铣加工效果较好。

图 6-24b 所示为精修加工时的“进/退刀设置”选项，其与外形铣削基本相同，但针对挖槽时内部空间较小的特点，建议切入/切出直线与圆弧设置为垂直，圆弧的扫描选择 45°，见图中的四个圈出部分，切入/切出刀具轨迹由图 6-17 所示可看出其类似一个扇形。

后续的“Z 分层切削”“贯通”“共同参数”以及“原点/参考点”选项设置与外形铣削基本相同。

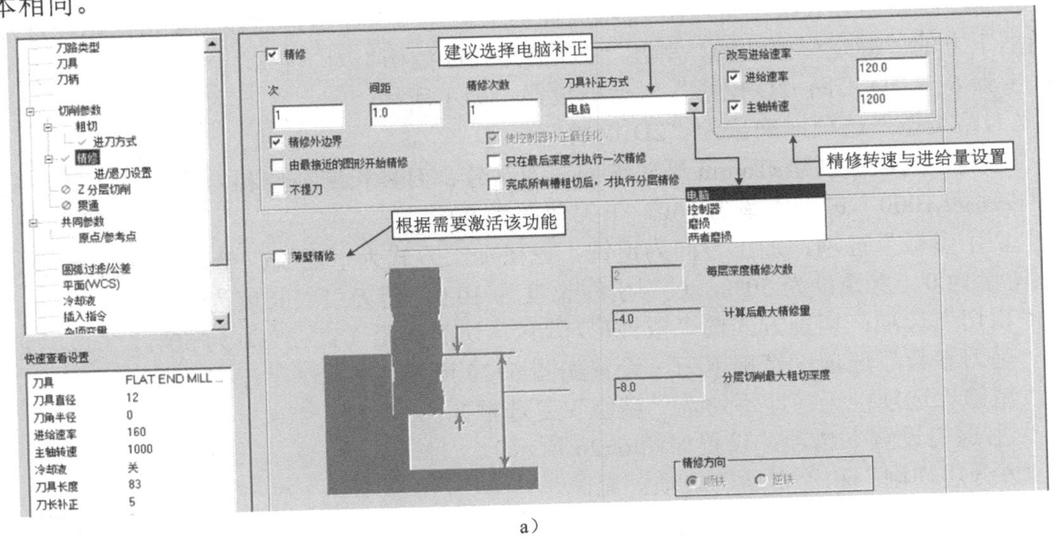

a）

图 6-24　“精修”选项与“进/退刀设置”选项

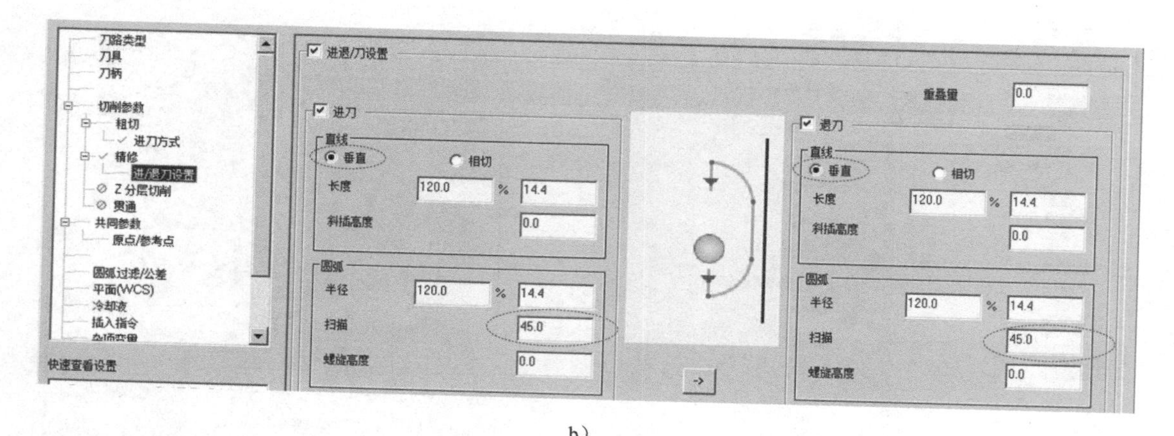

b）

图 6-24 “精修”选项与“进/退刀设置”选项（续）

2. 2D 挖槽加工设置例题与示例

（1）2D 挖槽加工设置例题　如下所示：

例 6-2　已知图 6-2a 所示的串连曲线与毛坯边界，试应用 2D 挖槽加工功能粗铣图 6-2b 所示二维凸台轮廓，凸台高度为 8mm，毛坯为六面体，包容毛坯边界，厚度为 25mm，侧壁留精加工余量 1.0mm。其他原始条件参见 6.2.1 节中的外形铣削示例要求。

加工编程操作步骤简述如下：

步骤 1～3：同例 6-1，内容包括编程串连曲线的准备，铣床加工模块的进入，毛坯的创建等。

步骤 4：单击“铣床刀路→2D→挖槽”铣削功能按钮，由于是第一个操作，会弹出“输入新 NC 名称”对话框，单击“确定”按钮，弹出“串连选项”对话框。

步骤 5：串连方式按图 6-21b 所示选择加工串连与毛坯串连曲线。单击“串连选项”对话框下方的“确定”按钮，弹出“2D 刀路-2D 挖槽”对话框。

步骤 6：“2D 刀路-2D 挖槽”对话框设置，如下所述：

“刀路类型”选项：确认为“2D 挖槽”。

“刀具”选项：创建 ϕ16mm 平底铣刀，刀具号、刀具长度补偿和刀具半径补偿均为 1，主轴转速为 1000，进给速率为 160，下刀速率为 80。

“切削参数”选项：加工方向为逆铣，挖槽加工方式为平面铣，壁边预留量为 1.0，底面预留量为 0，重叠量为 50%，进刀引线长度为 10.0，退刀引线长度为 0。

“粗切”选项：切削方式选“依外形环切”，切削间距（直径%）为 50%。

“进刀参数”选项：螺旋下刀，设置如图 6-25 所示。

“精修”选项：无（即不勾选“精修”复选框）。

“进/退刀设置”选项：设置如图 6-26 所示。

“Z 分层切削”和“贯通”选项：无。

“共同参数”选项：下刀位置为 5.0，工件表面为 0，深度为-8.0，其余不勾选。

“原点/参考点”选项：进入点与退出点相同，均为（0，0，100）。

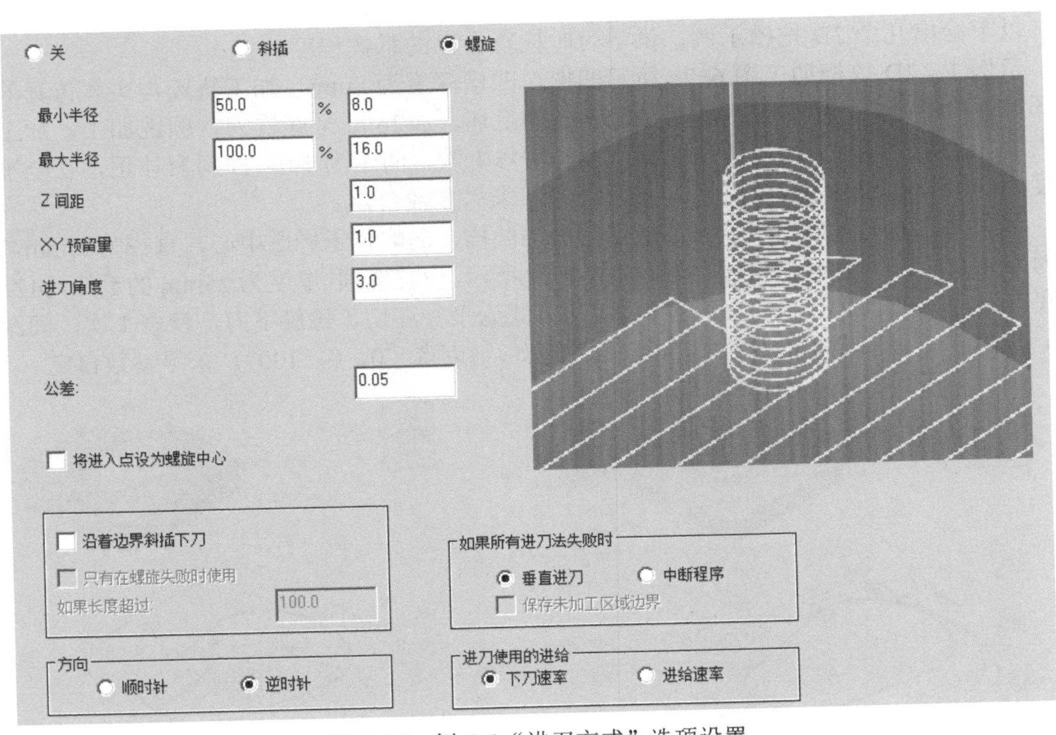

图 6-25　例 6-2“进刀方式”选项设置

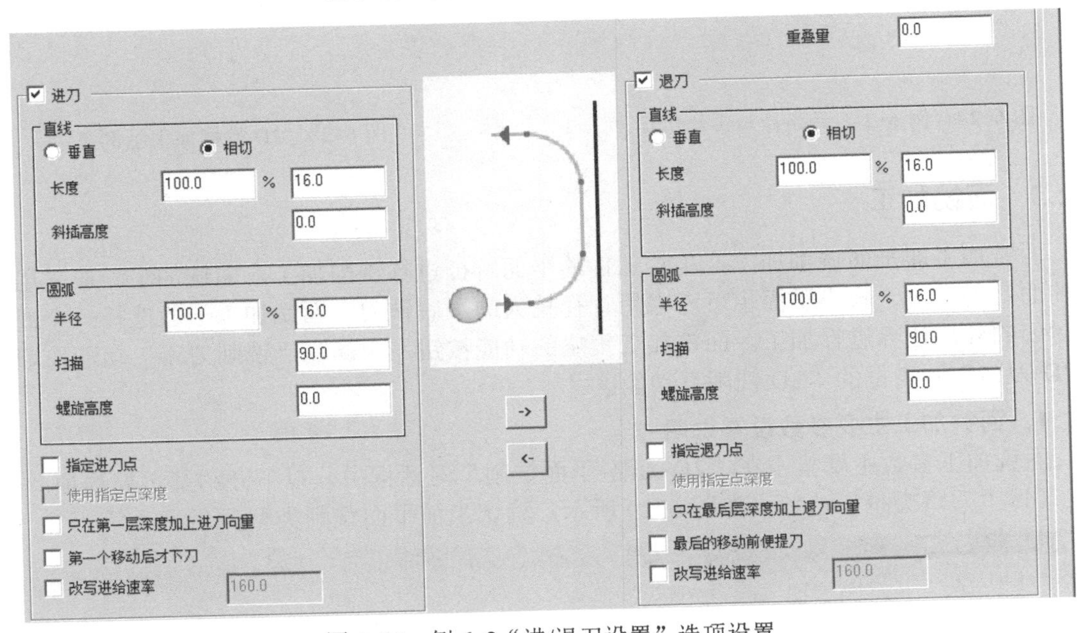

图 6-26　例 6-2“进/退刀设置”选项设置

步骤 7：单击“2D 刀路–2D 挖槽”对话框下方的“确定”按钮✓，生成刀具轨迹，如图 6-27 所示。

步骤 8：实体仿真参见图 6-27 右上角。路径模拟、后置处理等略。

（2）2D 挖槽加工设置示例　如下所示：

以下给出几个 2D 挖槽示例，供学习时检查自己的掌握程度。

示例 1：2D 挖槽加工图 6-2c 所示凹槽，凹槽深度为 8mm，加工轨迹与实体仿真效果如图 6-17 所示。设置选项：厚度为 25mm 的毛坯，ϕ12mm 平底铣刀，顺铣加工，加工余量为 0，粗切方式为平行环切、螺旋下刀，精修 1 次，间距为 1.0，控制器补正，安全平面高度为 5.0，程序起始/结束点（0，0，100），未尽参数自定。

示例 2：2D 挖槽加工图 6-2d 所示带岛屿凹槽，岛屿位于椭圆中心，直径为ϕ6mm，高度为4mm，加工轨迹与实体仿真效果如图 6-28 所示。设置选项：厚度为25mm 的毛坯，ϕ12mm 平底铣刀，顺铣加工，加工余量为 0，粗切方式为平行环切、螺旋下刀，精修 1 次，间距为 1.0，电脑补正，安全平面高度为 5.0，程序起始/结束点（0，0，100），未尽参数自定。

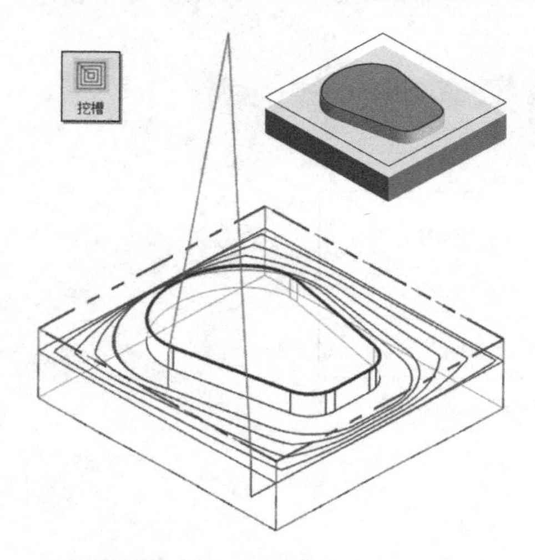

图 6-27　例 6-2 刀具路径与实体仿真

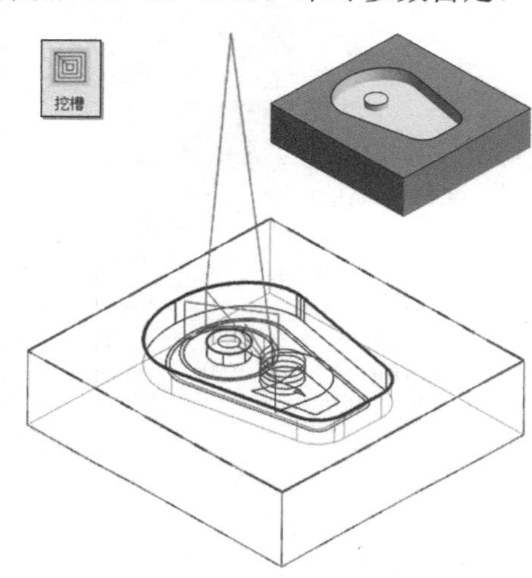

图 6-28　2D 挖槽加工示例 2

6.2.3　面铣加工

面铣加工即平面铣削加工，是对工件的平面特征进行铣削加工。面铣加工一般采用专用的面铣刀，对于较小平面也可考虑用直径稍大的平底铣刀。面铣加工一般选择一个或多个封闭的外形边界进行加工。面铣加工策略的功能按钮布局在“铣削刀路”功能选项卡“2D 刀路”列表框的“2D 铣削”功能区。

1．面铣加工主要参数设置说明

面铣加工参数主要集中在“2D 刀路-平面铣削”对话框中，以下介绍其主要选项。

（1）“刀路类型”选项　如图 6-29 所示，确认当前平面铣削类型。

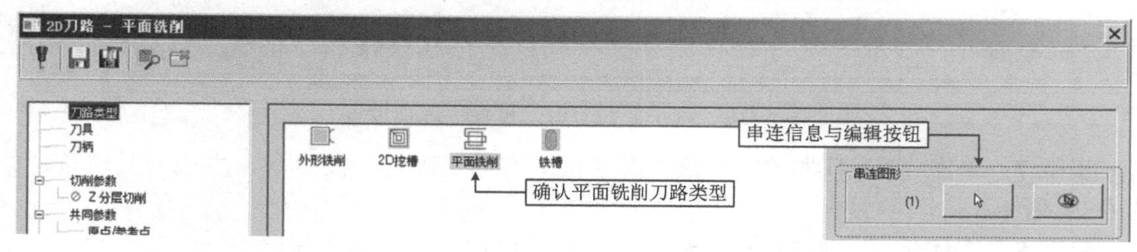

图 6-29　“刀路类型”选项

（2）“刀具”选项　如图 6-30 所示，从刀库中选择一把面铣刀，设置切削用量等。

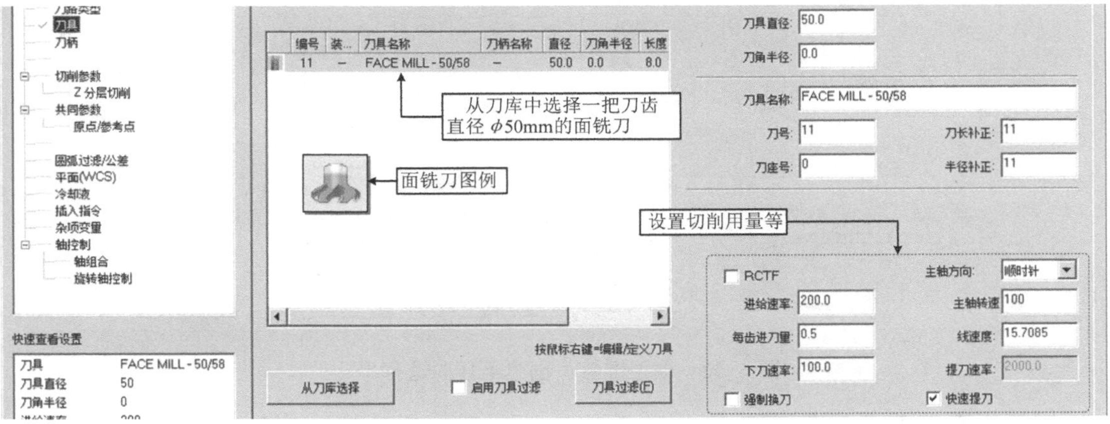

图 6-30　“刀具”选项

（3）“切削参数”选项　如图 6-31 所示，各选项设置含义如图所示。

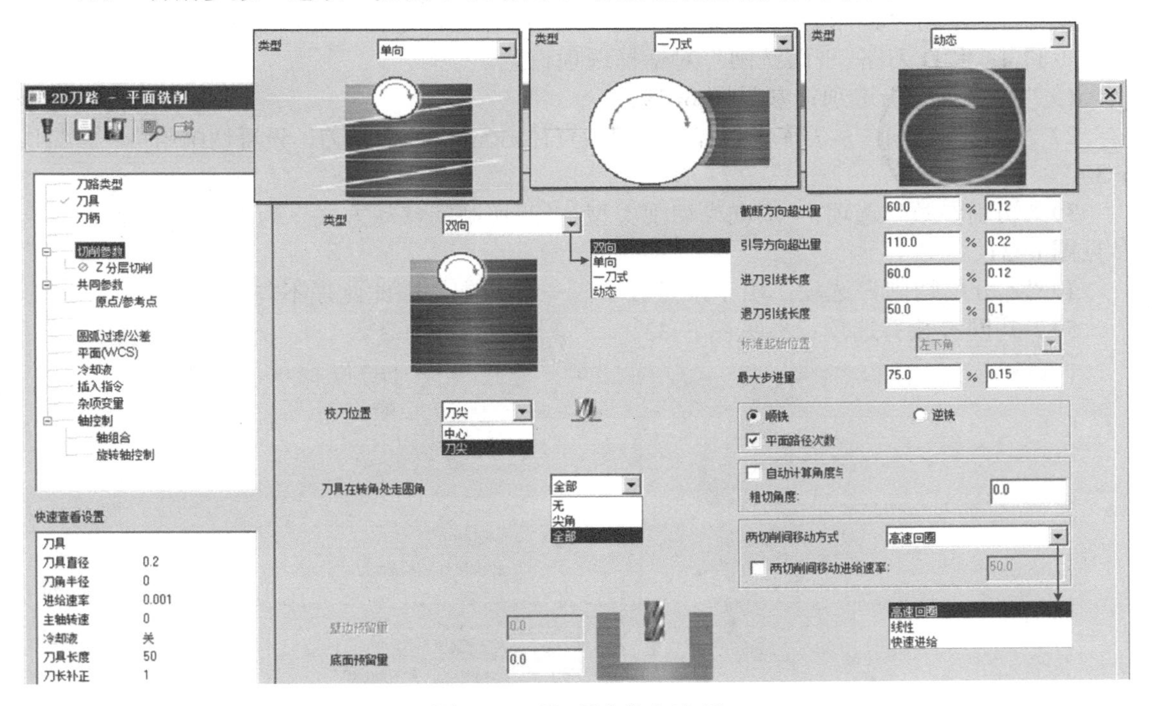

图 6-31　“切削参数”选项

（4）“Z 分层切削”选项　与外形铣削等基本相同。

（5）“共同参数”与“原点/参考点”选项　与前述设置基本相同。

2．面铣加工操作举例

例 6-3　某平面铣削串连曲线，总体尺寸：长×宽=340mm×160mm，毛坯边界外延 10mm，厚度为 12mm，如图 6-32 所示，试编程加工。

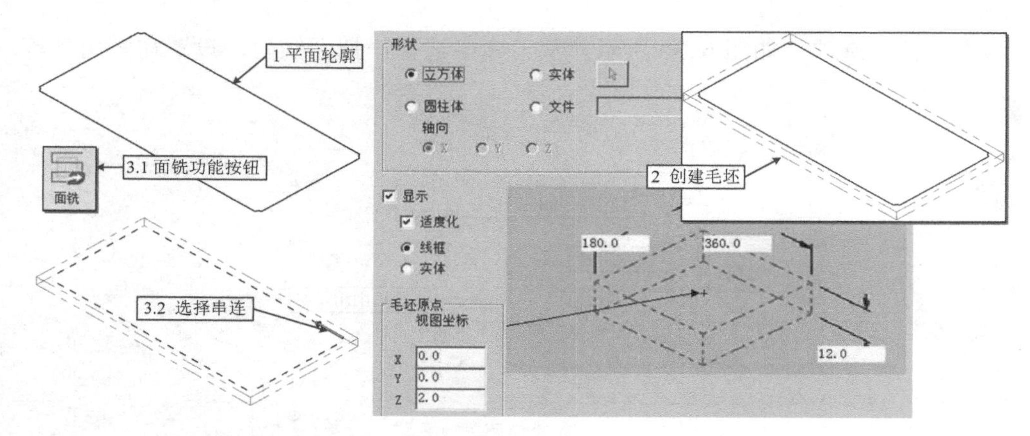

图 6-32　模型准备、创建毛坯与选择串连

操作步骤如下：

步骤 1：模型准备。在 Mastercam 中绘制轮廓曲线，进入铣削加工模块。

步骤 2：创建毛坯，毛坯厚度为 12mm，上表面留 2mm 加工余量，如图 6-32 所示。

步骤 3：单击“铣床刀路→2D→面铣”功能按钮，选择串连，参见图 6-32。

步骤 4：“2D 刀路-平面铣削”对话框选项设置。

1）“刀路类型”选项：参见图 6-29。

2）“刀具”选项：从刀库中选择一把刀齿直径ϕ50mm 的面铣刀，设置切削用量，参见图 6-30。

3）“切削参数”选项：“双向”切削类型，“两切削间移动方式”为“高速回圈”，其余参见图 6-31。

4）“Z 分层切削”选项：由于余量较小，一层切完，因此此项不勾选。

5）“共同参数”选项：参见图 6-33。

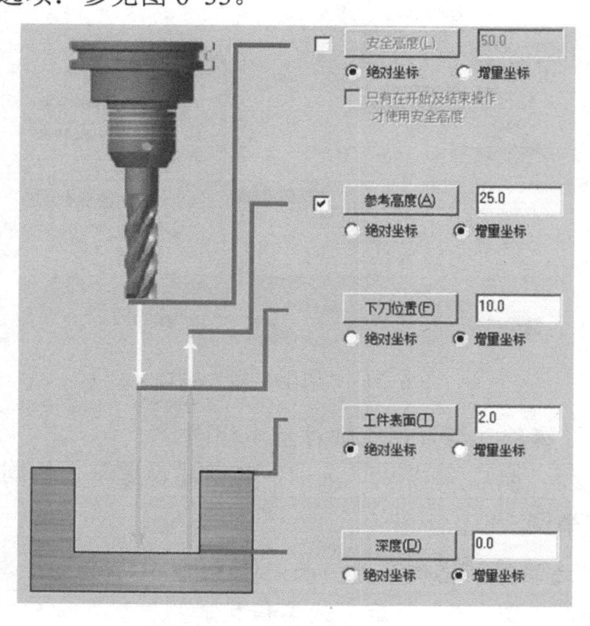

图 6-33　“共同参数”选项

6）“参考点”选项：进入点/退出点坐标均为（0，0，150），参见图6-34。

步骤5：刀具轨迹与实体仿真如图6-35所示。后处理输出数控程序略。

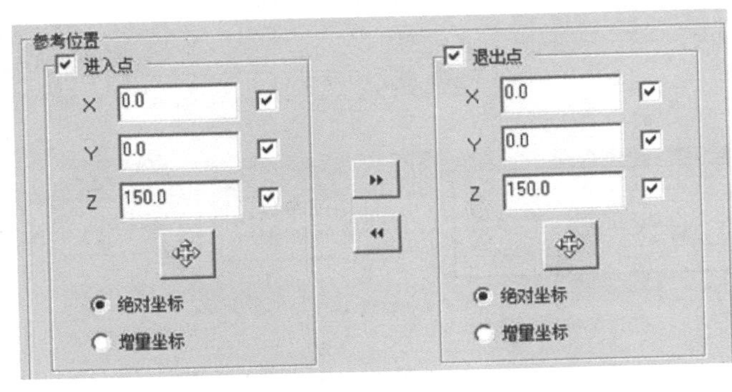

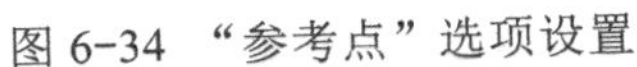

图6-34 “参考点”选项设置

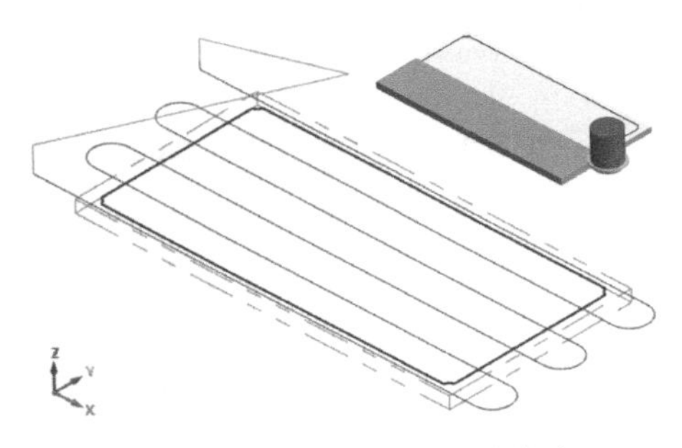

图6-35 刀具路径实体仿真

6.2.4 键槽铣削加工

键槽铣削加工是专为腰子形平键键槽而开发的加工策略，可认为是挖槽的特例。键槽加工操作较为简单，以下通过实例给予讨论。

例6-4 加工长度为52mm、宽度为12mm、深度为5mm的键槽，如图6-36所示。

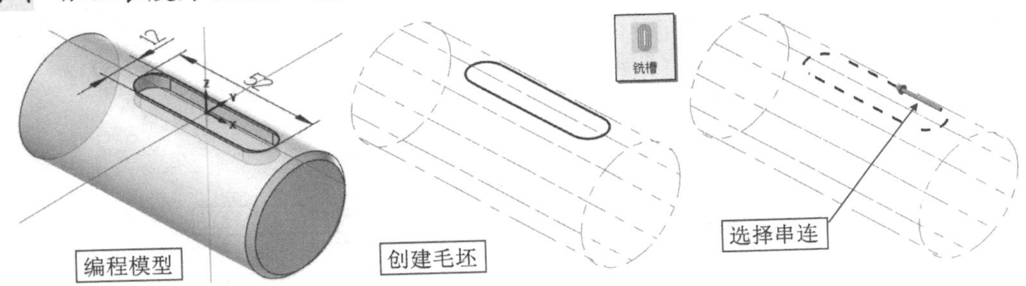

图6-36 编程前期准备等

编程操作过程简述如下：

1）前期工作：创建编程模型，进入铣削模块，创建毛坯，单击“铣床刀路→2D→铣槽 ”功能按钮，进入键槽铣削加工策略，选取键槽边界串连，如图6-36所示。弹出“2D刀路-铣槽”对话框。

2）铣槽主要参数选项设置：在“2D刀路-铣槽”对话框中按图6-37所示设置。

“刀路类型”选项：铣槽，如图6-37a所示。

“刀具”选项：ϕ8mm平底铣刀（FLAT END MILL-8），切削用量等自定。

“切削参数”选项：控制器补正方式，补正方向为左，进/退刀圆弧扫描角度为45°，重叠量为1.0mm，壁边预留量与底面预留量均为0，如图6-37b所示。

“粗/精修”选项：斜插进刀，进刀角度为2°，粗切步进量取刀具直径的50%，精修1次，间距为0.5mm，如图6-37c所示。

“共同参数”选项：下刀位置为5.0mm，工件表面为0，深度为-5.0mm。

“参考点”选项：程序进入点与退出点重合，坐标为（0，0，100）。

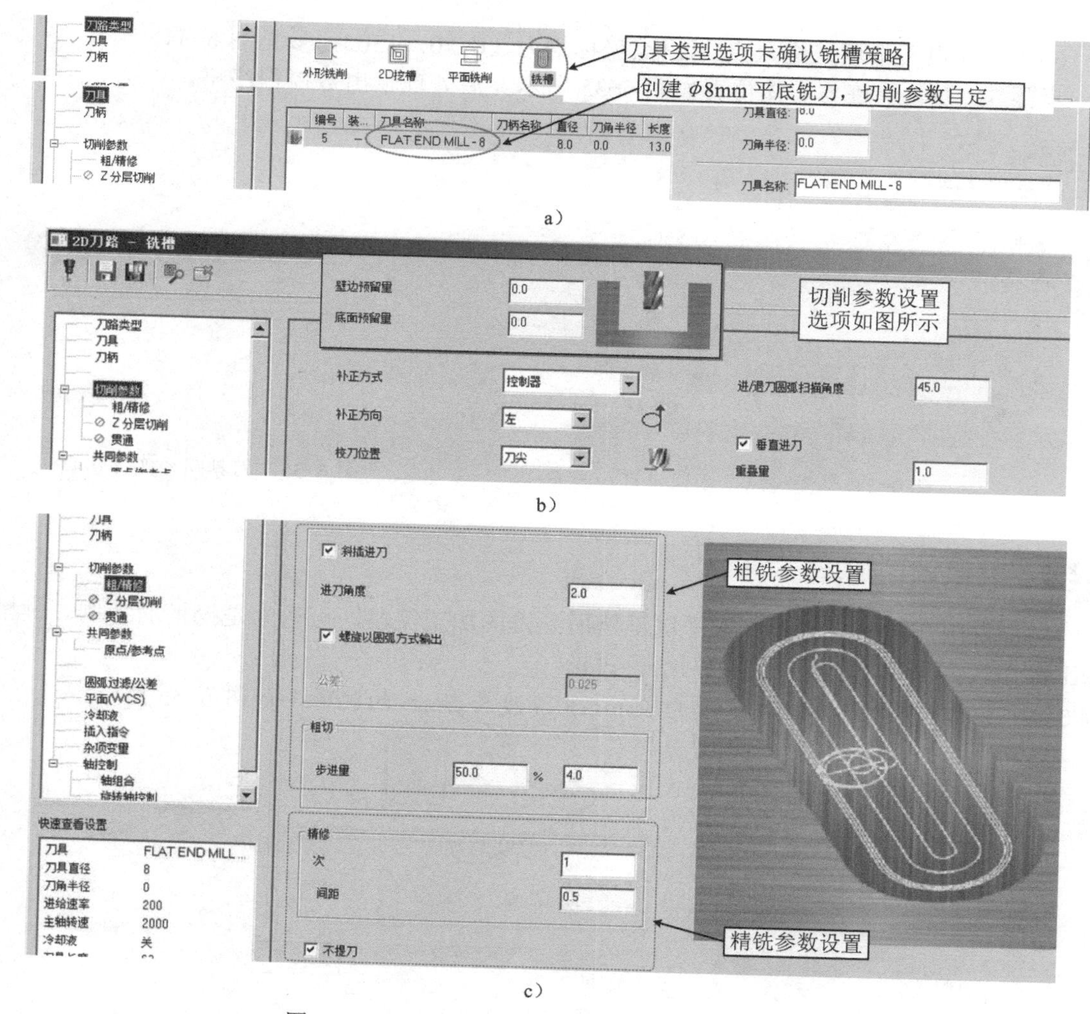

a）

b）

c）

图 6-37 “2D 刀路-铣槽”对话框主要参数设置

a）“刀路类型”选项 b）“切削参数”选项 c）“粗/精修”选项

3）生成刀路，实体仿真等：单击“2D 刀路-铣槽”对话框下方的“确定”按钮✓，生成刀具轨迹，实体仿真等观察效果，如图 3-38 所示。

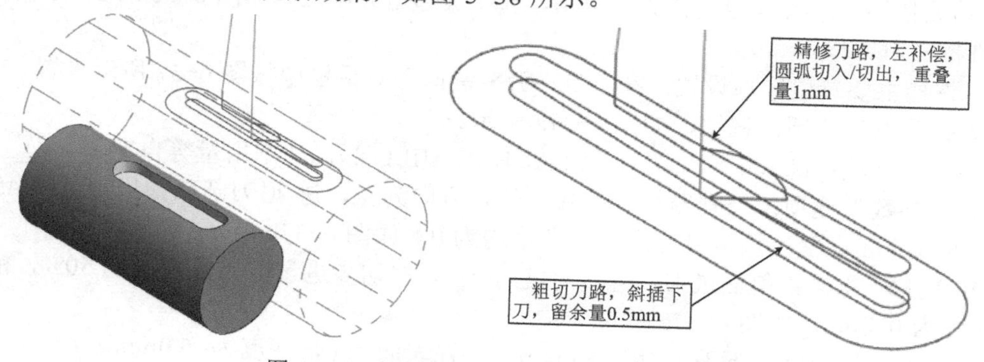

图 6-38 生成刀路、实体仿真与刀路分析

4）铣槽刀路分析：如图 6-38 中右图所示（右图为刀具轨迹放大图），其粗铣刀路是以斜插方式沿键槽边界坡度下刀，且下刀角度可设，效果较好。精铣采用外形铣削刀路，一般设置为控制器补正，可较好地控制加工精度。

6.2.5　2D 雕铣加工

雕铣加工是数控加工技术应用的广泛领域之一，其实质属于数控铣削加工，但其加工工艺却有自身特点，主要表现在以小直径锥度刀加工，受雕铣机（又称数控雕刻机）结构、刀具与加工材料等因素的影响，其切削参数表现高转速、大进给、小切深，一般主轴转速 n 在 10000r/min 以上，背吃刀量 a_p 一般不大于 1mm，进给速度随加工材料变化较大，从 200～300mm/min 到 3000～5000mm/min 变化不等。虽然雕铣加工有专用的数控雕刻机，但对具有数控机床单件小批量加工少数雕刻件而言，基于通用数控编程软件和非专业雕刻机床的用户来说，学习雕铣加工还是有必要的。

1．雕铣加工编程模型与主要参数设置说明

（1）雕铣加工模型分析　2D 雕铣加工的编程模型主要是串连曲线，以图 6-39 所示字体模型为例，第一行的字显然是手书汉字，计算机字库中是调不出这种字体的，实际是勾勒出字体的边界曲线，因此其必须当作图案或图形等处理。第二、三行的字显然是计算机上直接能够输入字体的外廓曲线，Mastercam 自身就有输入这种字体曲线的功能（“草图”功能选项卡“形状”选项区“文字”功能按钮A）。因此，雕铣加工的编程模型可分为由各种曲线组合而成的图形和计算机直接调用字库的字体曲线模型。

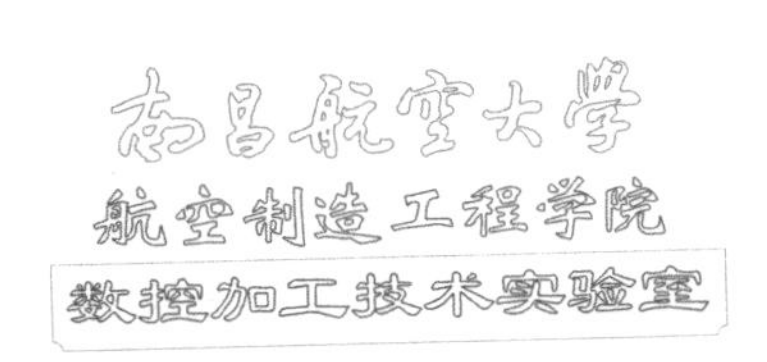

图 6-39　雕铣加工串连曲线分析

（2）雕铣加工主要参数的设置　2D 雕铣加工的功能按钮布局在“铣床刀路”功能选项卡“2D 刀路”列表中，其功能按钮名称为“木雕”（按钮图标为），加工时参数主要集中在“木雕”对话框中。讨论如下：

1）加工串连曲线的选择。一般采用窗选方式、范围内选择范围内所需串连，然后按系统提示指定曲线草图的起始点即可，选择时是否包含边框曲线（参见图 6-40）会产生不同的加工效果。如图 6-40 所示，若窗选的仅仅是字体，则加工的是凹字，若同时选择了字体与边框，则加工出的是边框范围内的凸字。

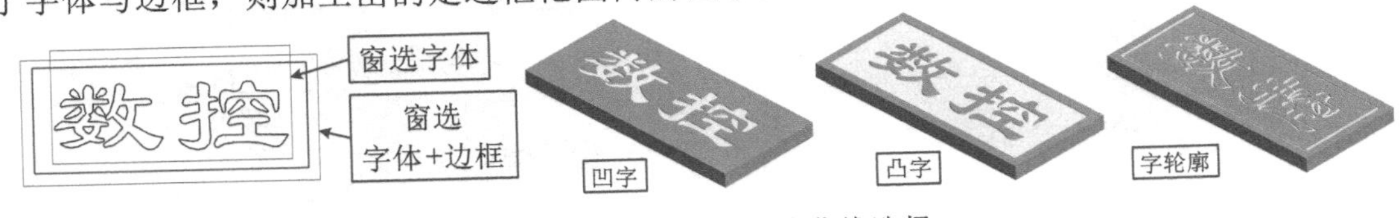

图 6-40　雕铣加工串连曲线选择

2）“木雕”对话框主要参数设置。选择串连曲线后，单击“确定”按钮，后会弹出“木雕”对话框，如下所述。

图 6-41 所示是“刀具参数”选项卡示例。雕铣刀具一般选择锥度立铣刀，刀库中没有，因此要自己创建（创建方法可参见图 7-56）。该选项卡右下角有一个默认未勾选的“参考点”按钮参考点，勾选后可设置参考点坐标。

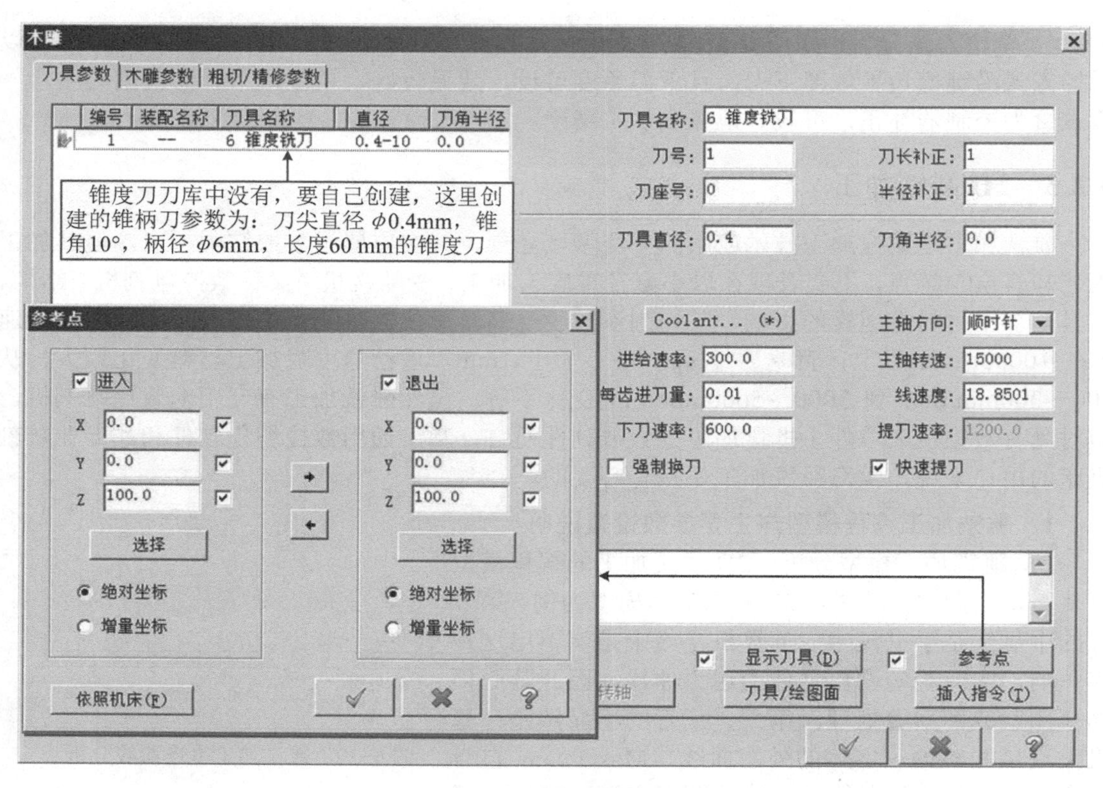

图 6-41 “刀具参数”选项卡

图 6-42 所示为“木雕参数”选项卡示例。雕刻深度一般不大于 1mm，另外要注意 XY 预留量一般设置为 0。

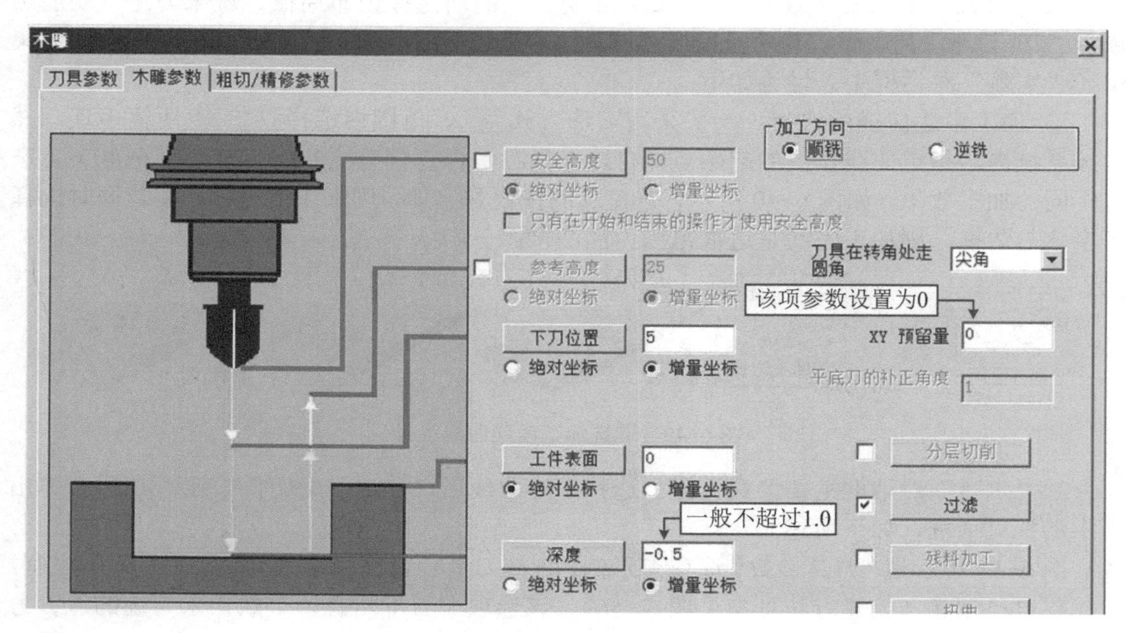

图 6-42 “木雕参数”选项卡

图 6-43 所示为“粗切/精修参数”选项卡示例。若仅勾选平滑外形，则是沿字串连轮廓偏置一个刀具半径走刀。

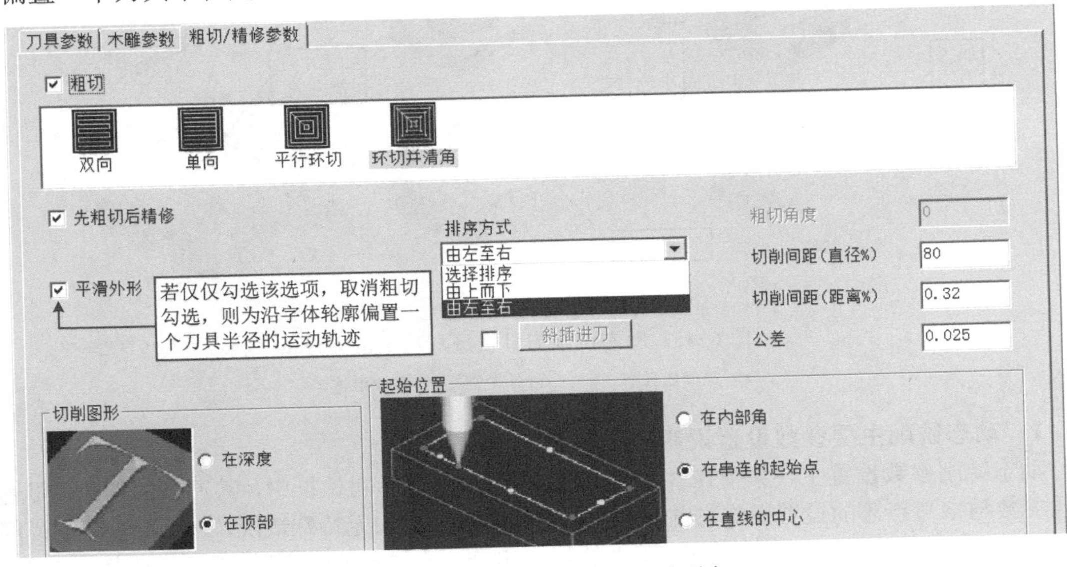

图 6-43 “粗切/精修参数”选项卡

3）关于图 6-40 右侧字轮廓雕刻的讨论。这种字体的雕刻，理论上应该是刀具沿着曲线轮廓轨迹走刀移动，因此可用前述的外形铣削加工策略，关闭刀具补正，取消进刀/退刀选项设置即可。当然，也可以设置一把刀具直径足够小的锥度刀（例如ϕ0.005mm），然后按图 6-43 所示取消勾选“粗切”选项，仅仅勾选“平滑外形”选项精铣即可，这时刀具的偏置距离可以忽略不计。

2. 雕铣加工应用示例

例 6-5　图 6-44 所示为图 6-39 所示字体，通过增加边框和孔等加工的标牌设计。其边框和第一行字为字轮廓雕铣，第二行为凹字雕铣，第三行为凸字雕铣。另外，还可以在之前增加一道平面铣操作（图中未示出），后续增加一道钻孔加工操作。

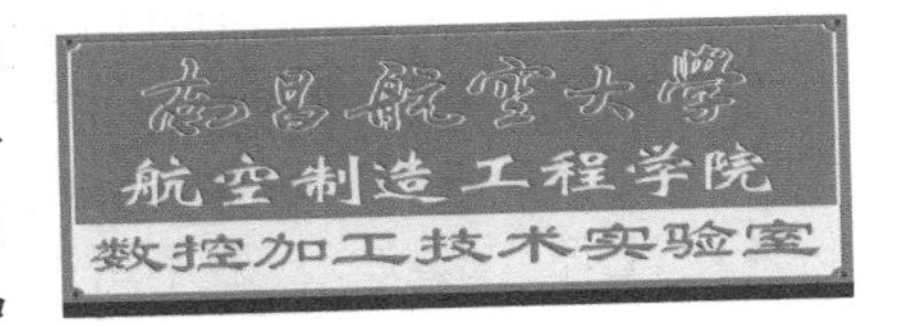

图 6-44　雕铣加工应用示例

6.3　动态 2D 铣削加工编程

动态铣削是为适应高速铣削加工而开发出来的一种加工策略，以下学习时可以看到其刀具轨迹追求切削力的稳定，不出现剧烈的突变，包括切削力和切削方向的突然变化，确保了高速加工稳定、持续进行，因此这种加工在高速铣削加工的粗铣阶段效果明显。高速铣削加工切削用量选用的特点是高转速、小切深（包括背吃刀量 a_p 和侧吃刀量 a_e）、大进给。

6.3.1　动态铣削加工

动态铣削是基本与常用的高速铣削加工策略之一，可进行 2D 的凹槽挖槽粗铣削、凸台外形粗铣削，还能对开放的部分串连曲线进行阶梯铣削，如图 6-45 所示。

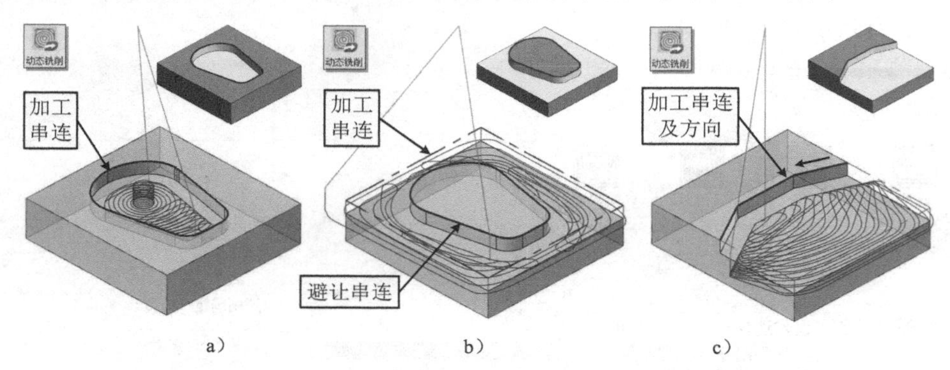

图 6-45　动态铣削刀具轨迹与加工示例

a）挖槽内轮廓　b）凸台外轮廓　c）开放串连

1．动态铣削主要参数设置说明

动态铣削参数设置主要集中在“2D 高速刀路-动态铣削”对话框中，其刀具的创建、贯通、共同参数与参考点等的设置操作与前述介绍基本相同，因此如无特殊情况，一般不予详细说明。

（1）串连曲线的选择　如图 6-45 中的加工串连。动态铣削串连曲线仅需选择一条曲线即可，但允许是部分串连（开放串连曲线）等，部分串连选择时串连方向会影响加工区域。

（2）“刀路类型”选项　如图 6-46 所示，刀路列表中的五种刀路均属高速铣削加工策略。“加工区域策略”选项选择“开放”选项时适用于图 6-45b、c 所示示例。“关联到毛坯”的三个选项主要用于开放型加工区域加工时刀路是否扩展延伸或延伸多少，如图 6-45c 所示刀轨选择了关联到毛坯相切，使刀路延伸到底面下部边界。加工区域设置区域的四项设置：“避让范围”可选择串连限制加工区域，如图 6-45b 所示凸台外轮廓铣削就是选择毛坯轮廓为加工串连曲线，然后选择凸台边界为避让串连曲线，如此得到凸台轮廓的外轮廓加工范围；“控制区域”则是选择串连限制刀具加工的区域，其含义与避让正好相反。最下面的“进入串连”以及“预览串连”和“颜色”按钮用于预览加工区域、空切区域和控制区域等。

（3）“刀具”选项　与前述介绍基本相同。

（4）“毛坯”选项　一般不用设置。也可设置之前操作的剩余毛坯，进行清角加工等，参见图 6-49。

（5）“切削参数”选项　如图 6-47 所示，该选项中的设置内容多且重要，但大部分选项当光标单击文本框时右上角的样例图会相应显示提示，读者可按样例理解并设置，图中带圈的数字选项与图例对应。需要说明的是，对于图 6-45b、c 所示的凸台外廓铣削时，刀路向外延伸的多少与第一刀补正量有关，具体根据需要设置。而图 6-45a 则不需设置该值（默认为 0 即可）。关于步进量（即侧吃刀量 a_e），高速铣削与普通切削不同，一般取 20%～30%即可。

（6）“Z 分层切削”选项　对于深度较大的 2D 铣削时，可进入该选项，勾选“深度分层”并设置相关选项与参数，其设置方法与前述基本相同。

（7）“进刀方式”选项　实质是图 6-45a 所示挖槽加工时的下刀方式设置，如图 6-48 所示。每种进刀方式会激活下面相应的参数设置项，且可激活并设置下刀进给速度与主轴转速。

（8）“贯通”选项　与前述介绍基本相同。

（9）“共同参数”与“参考点”选项　与前述介绍基本相同。

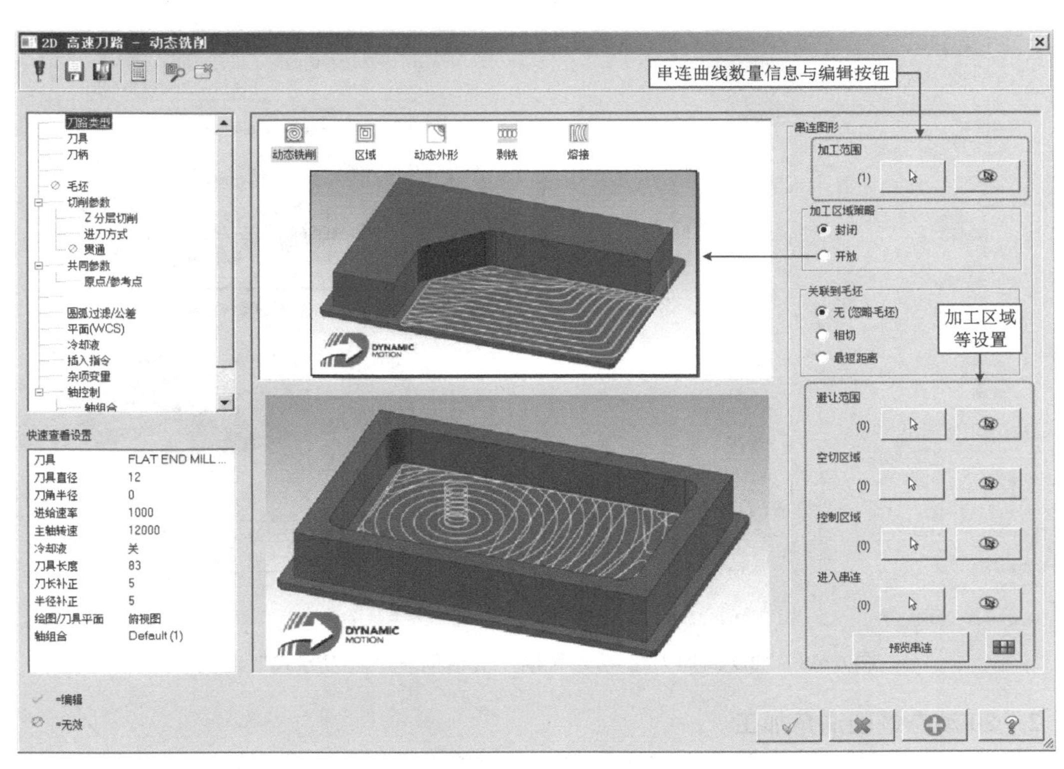

图 6-46 “2D 高速刀路-动态铣削”对话框→“刀路类型”选项

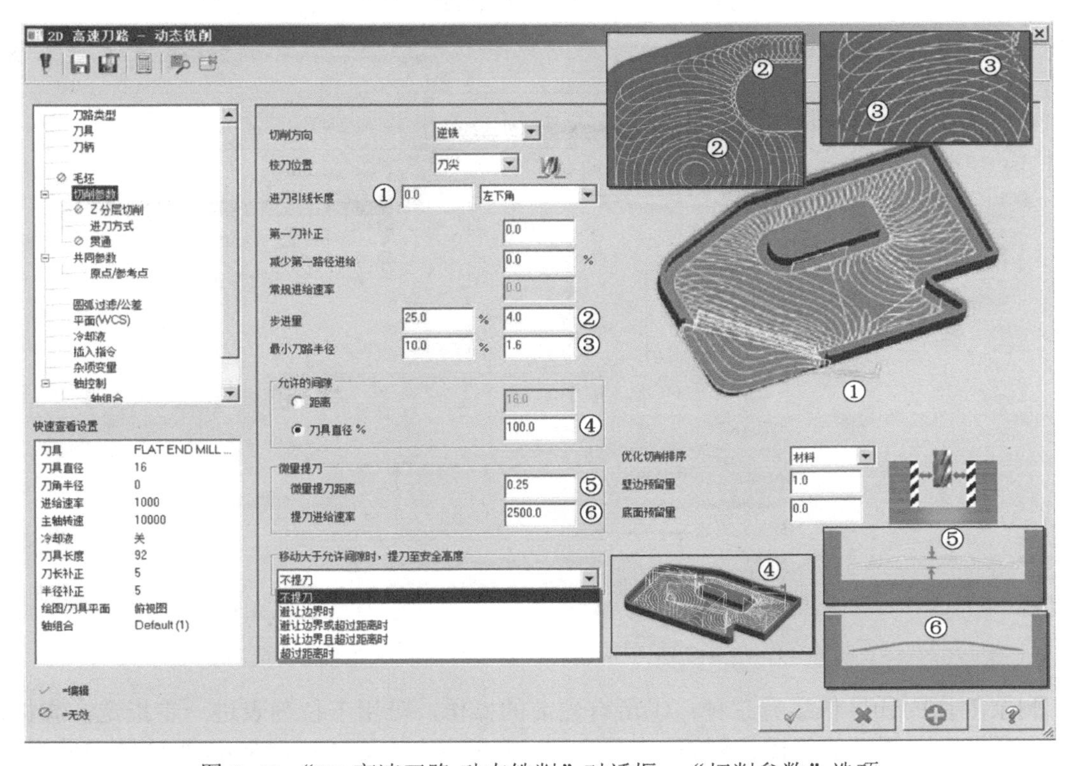

图 6-47 “2D 高速刀路-动态铣削”对话框→“切削参数”选项

图 6-48 “2D 高速刀路-动态铣削”对话框→“进刀方式”选项

2. 2D 动态铣削清角加工

在“2D 高速刀路-动态铣削”对话框中，有一项“毛坯”选项，如图 6-49 所示，进入并激活“剩余毛坯”复选框后可以进行清角加工设置。

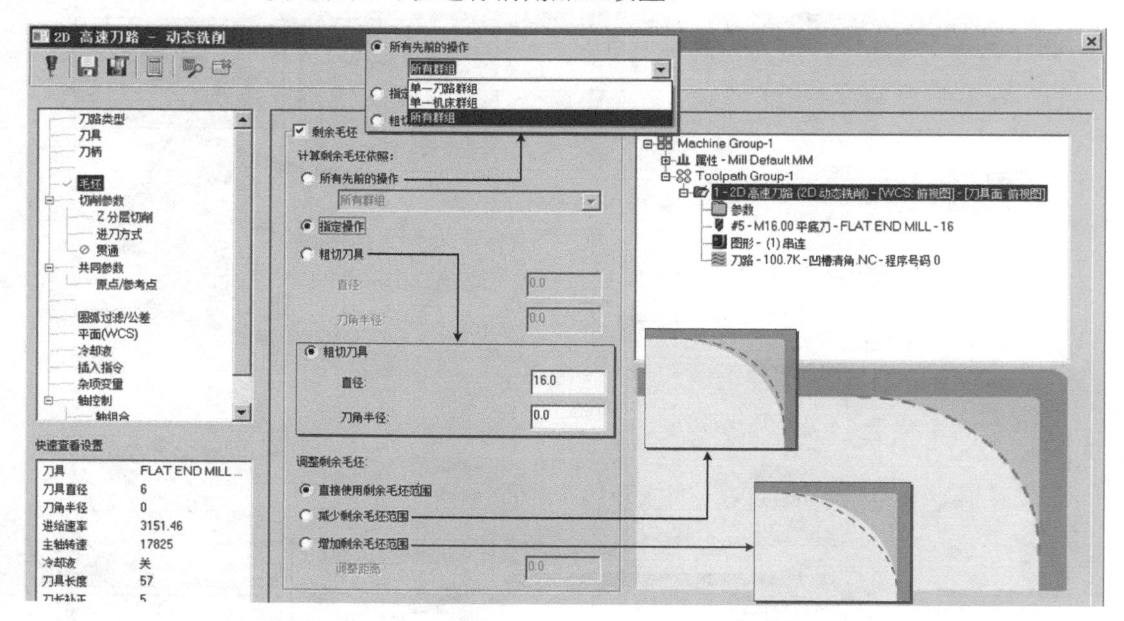

图 6-49 “2D 高速刀路-动态铣削”对话框→“毛坯”选项

剩余毛坯的计算依据有三种：①所有先前的操作，可用下拉列表进一步指定；②指定操作，可指定右侧之前的操作列表，如图 6-49 中指定上一道工序ϕ16mm 平底铣刀的操作；

③也可直接指定粗切刀具，如图 6-49 中指定ϕ16mm 平底铣刀。另外，该对话框下部还可以调整剩余毛坯的余量。

由于清角加工刀具一般直径较小，因此要激活并设置“Z 分层切削”选项，参见图 6-51 示例。

3．动态铣削应用示例

例 6-6　试按表 6-1 所示参数完成图 6-45 所示三个动态铣削加工示例，未尽参数自定。图形轮廓串连与毛坯轮廓参数参见图 2-65 及图 6-2 中的说明，图 6-45c 中的阶梯轮廓可为任意一段线段，例如图中的三段直线。三例相同的参数是：毛坯设置均为包容边界厚为 25mm 的立方体，刀路类型为动态铣削，壁边预留量为 1mm，底面预留量为 0，贯通无，共同参数深度为−8mm、工件表面为 0、下刀位置为 3mm、参考高度为 6mm，参考点为进入/退出点相同，均为（0，0，100）。

表 6-1　动态铣削练习参数设置

主要参数名称	图 6-45a 所示挖槽内轮廓铣削	图 6-45b 所示凸台外轮廓铣削	图 6-45c 所示开放串连轮廓铣削
毛坯设置	包含毛坯边界，厚 25mm	同左	同左
串连曲线	图 6-45a 所示的加工串连	图 6-45b 所示的加工串连	图 6-45c 所示的加工串连
刀路类型	加工区域策略为封闭，关联到毛坯为无	加工区域策略为开放，关联到毛坯为无，凸台边界为避让串连曲线	加工区域策略为开放，关联到毛坯为相切
刀具	ϕ12mm 平底铣刀，刀具号 2、刀具长度补偿号 2、刀具半径补偿号 2	ϕ16mm 平底铣刀，刀具号 1、刀具长度补偿号 1、刀具半径补偿号 1	ϕ16mm 平底铣刀，刀具号 1、刀具长度补偿号 1、刀具半径补偿号 1
切削参数	逆铣，进刀引线长度 0，左下角，第一刀补正 0，步进量 25%，最小刀路半径 10%，允许的间隙 100%，微量提刀距离 0.25，提刀进给速率 2500	逆铣，进刀引线长度 0，左下角，第一刀补正 25，步进量 25%，最小刀路半径 10%，允许的间隙 100%，微量提刀距离 0.25，提刀进给速率 2500	逆铣，进刀引线长度 0，左下角，第一刀补正 0，步进量 25%，最小刀路半径 10%，允许的间隙 100%，微量提刀距离 0.25，提刀进给速率 2500
Z 分层切削	无（可尝试分层切削练习）	无	无
进刀方式	单一螺旋（可尝试其他方式，观察进刀刀路变化情况）	单一螺旋	单一螺旋

例 6-7　2D 动态铣削清角加工示例如图 6-50 所示。①加工模型与尺寸参数，其转角半径为 R4mm，加工工艺为ϕ16mm 平底铣刀动态铣削粗铣，然后用ϕ6mm 平底铣刀清角铣削；②清角刀路；③清角加工前ϕ16mm 平底铣刀实体仿真模型；④ϕ6mm 平底铣刀清角中途实体仿真局部放大模型；⑤ϕ6mm 平底铣刀清角实体仿真模型。

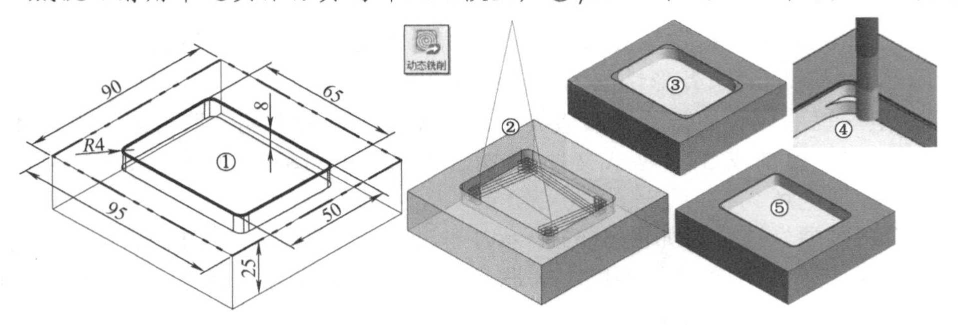

图 6-50　2D 动态铣削清角加工示例

其加工选项参数设置主要包括“毛坯”选项（参见图 6-49）和“Z 分层切削”选项，

如图 6-51 所示，图中步进量取 2.0，则深度分 4 层加工。

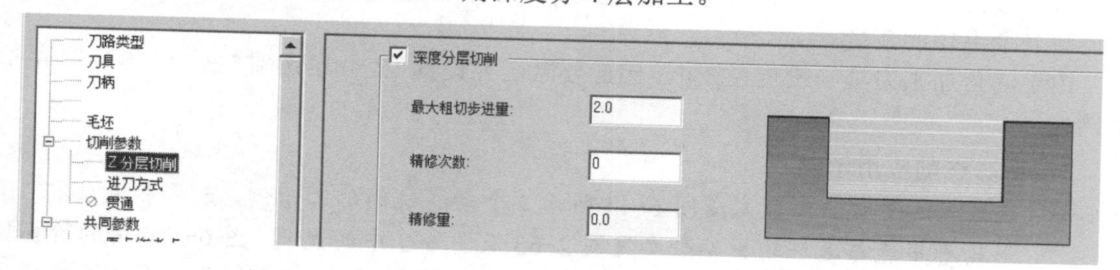

图 6-51　2D 动态铣削清角加工“Z 分层切削”选项设置

6.3.2　动态外形铣削加工

动态外形铣削适用于模型偏置毛坯（如铸造、锻造类零件）2D 轮廓曲线的粗、精铣削加工，其加工余量沿铣削轮廓是均匀的，如图 6-52 所示各图的加工余量均为 3mm，因此也可用于粗铣加工后模型的精铣加工。动态外形铣削与前述动态铣削相比，其不仅有粗切刀轨，而且还可设置一条具有控制器补正的精修刀轨，可较好地控制精铣轮廓的尺寸精度。但粗切刀轨少了一个下刀选项，只能生成垂直下刀的刀路。

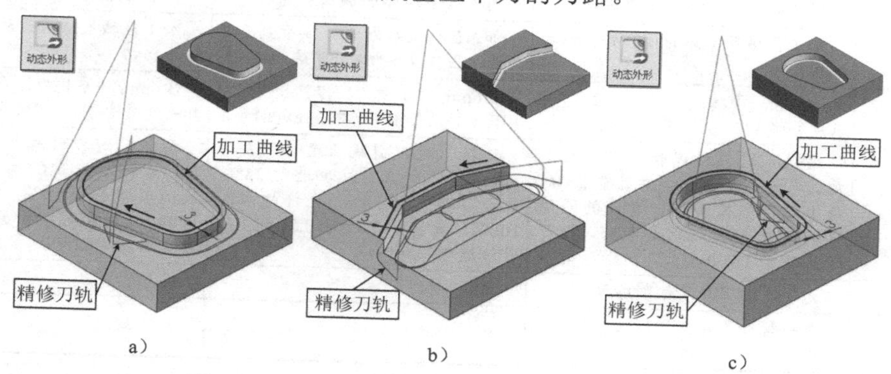

图 6-52　2D 动态外形铣削刀具轨迹与加工示例

a）凸台外轮廓　b）开放串连　c）挖槽内轮廓

1．动态外形铣削主要参数设置说明

动态铣削参数设置主要集中在“2D 高速刀路-动态外形”对话框中，其串连曲线的选择，刀具的创建、贯通、共同参数与参考点等的设置操作与动态铣削基本相同。以下以图 6-52a 所示凸台外轮廓动态外形铣削为主进行介绍。

（1）模型偏置毛坯（如铸造、锻造类零件）设置　这类毛坯一般可采用图 5-4 所示对话框中的基于实体模型或 STL 格式文件方式设置。例如，图 6-52 所示设置的是加工面偏置 3mm 实体模型毛坯。

（2）“刀路类型”选项　如图 6-53 所示，与动态铣削相比，仅加工范围的串连信息与编辑按钮有效，下面的加工区域策略、关联到毛坯和避让范围、空切区域、控制区域等选项均不可用（图 6-53 中未截取这几个选项）。

串连曲线的选择：如图 6-52 中的加工曲线串连，其中图 6-52b 所示的开放曲线要注意串连曲线的方向与顺、逆铣的对应。若按图示箭头走向，则为顺铣加工。

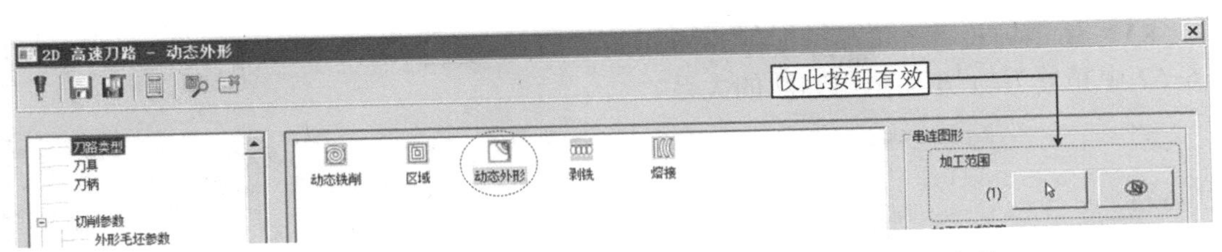

图 6-53 “2D 高速刀路-动态铣削”对话框→“刀路类型”选项

（3）“刀具”选项　与前述介绍基本相同。图 6-52a、b 选用ϕ16mm 平底铣刀，图 6-52c 选用ϕ12mm 平底铣刀。

（4）“切削参数”选项　如图 6-54 所示，补正方向设置为左，确保以顺铣加工，第一刀补正 3mm 针对加工余量 3.0mm 设置，步进量为刀具直径的 10%是考虑其可为半精加工，壁边预留量与底面预留量均为 0 考虑其包含精加工。

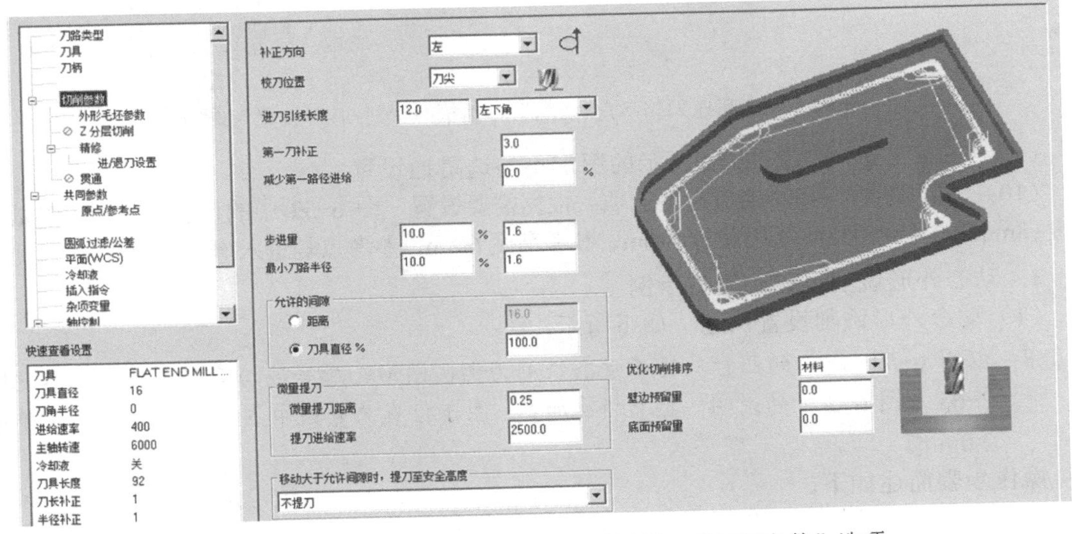

图 6-54 “2D 高速刀路-动态铣削”对话框→“切削参数”选项

（5）“外形毛坯参数”选项　采用系统默认设置。

（6）“Z 分层切削”选项　用于深度较大、需要深度分层加工的场合，此处未设置。

（7）“精修”选项　如图 6-55 所示，精修 1 次，余量为 0.5mm，控制器补正。注意精修进给速度与主轴转速可以设置得与粗切不同。

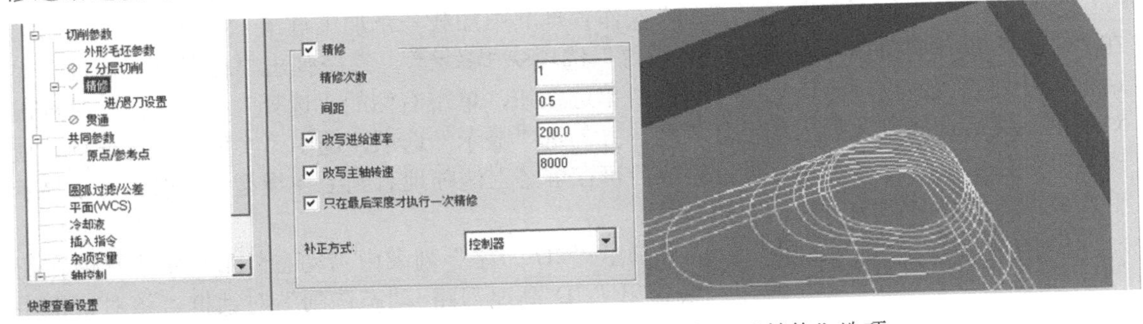

图 6-55 “2D 高速刀路-动态铣削”对话框→“精修”选项

（8）“进/退刀设置”选项　如图 6-56 所示，注意图中圈出的垂直、扫描角度等设置与图 6-52 中精修刀轨切入/退出刀轨的关系。

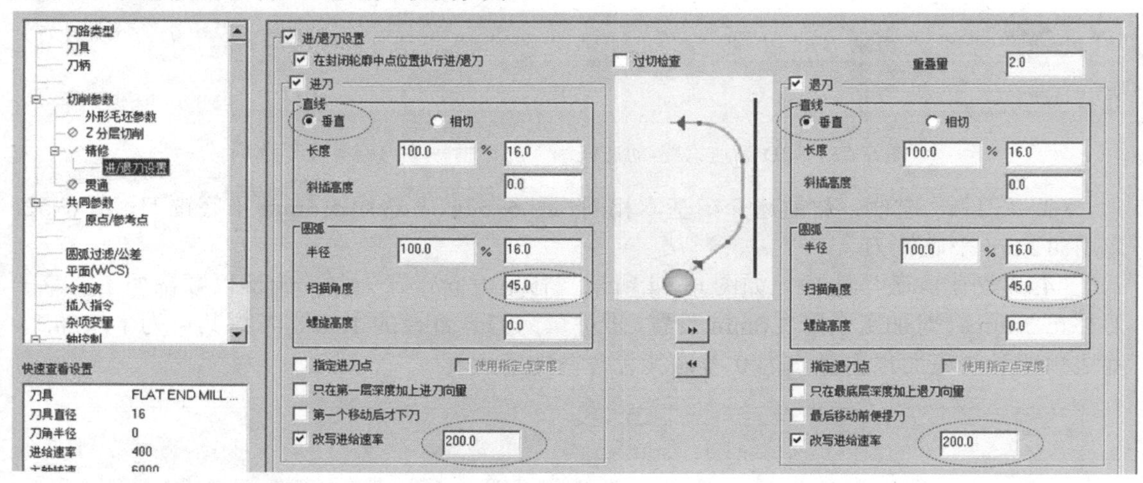

图 6-56 “2D 高速刀路-动态铣削”对话框→“进/退刀设置”选项

（9）“贯通”选项　图 6-52 所示的图形不勾选贯通设置。

（10）“共同参数”和“参考点”选项　根据需要设置。图 6-52 中的设置是，共同参数是深度-8mm、工件表面 0、下刀位置 3mm、参考高度 6mm，参考点是进入/退出点（0，0，100）。

2．动态外形铣削设置例题与示例

（1）动态外形铣削设置例题　如下所示：

例 6-8　以图 6-52a 所示的凸台外轮廓动态铣削为例，图形轮廓串连与毛坯轮廓参数参见图 2-65 及图 6-2 中的说明，要求顺铣加工，图示位置为直线中点切入/切出，重叠量为 2.0mm。

操作步骤简述如下：

步骤 1：毛坯模型的准备　图 6-52a 所示的毛坯是模型加工面偏置 3mm 加工余量的模型，如图 6-57 所示。毛坯模型创建时注意其模型层别必须与加工模型当前层别不同，且世界坐标系的位置必须相同。

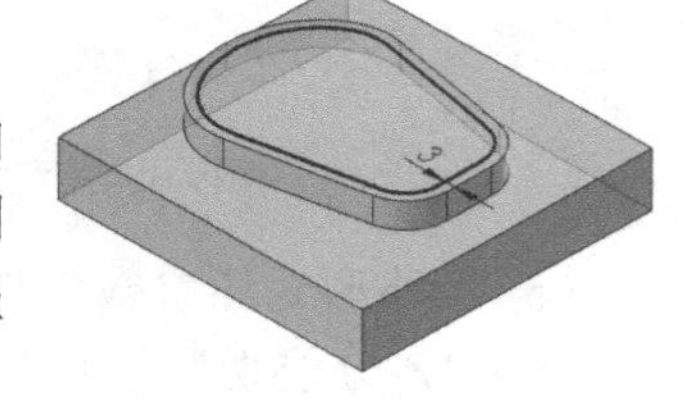

图 6-57　毛坯实体模型

启动图 6-2b 所示的加工模型（图中的实体模型可以不用），单击“文件”选项卡下的“合并”命令，导入准备好的毛坯模型。

步骤 2：进入铣床模块，在“刀路”操作管理其中加载一个加工群组（Machine Group-1）。在“刀路”操作管理器中单击“毛坯设置”选项◆毛坯设置，系统弹出“机器群组属性”对话框“毛坯设置”选项卡，选中“实体”单选按钮，单击右侧的“选择”按钮，临时退出对话框，然后选择刚才导入的毛坯模型，并勾选“显示”选项，选中“实体”单选选项，使模型以红色实体的形式显示，设置完成后可在屏幕上清晰地看到毛坯模型。当然也可不显示毛坯模型，其不会影响后续的实体仿真。

步骤 3：单击“铣床刀路”功能选项卡“2D 刀路”列表中“动态外形”铣削功能按钮，创建一个 2D 高速刀路操作，会弹出“2D 高速刀路-动态铣削”对话框，该对话框中主要参数的设置如下：

1）串连曲线的选择。选择图 6-52a 中的加工曲线，串连方向与拾取位置如图 6-58 所示。

2）“刀路类型”选项。参见图 6-53，确认为“动态外形”铣削类型。

3）“刀具”选项。从刀库中创建一把 ϕ16mm 平底铣刀，修改刀具号、刀长补正和半径补正号为 1，设置进给速率为 400mm/min，主轴转速为 6000r/min，下刀速率为 100mm/min。

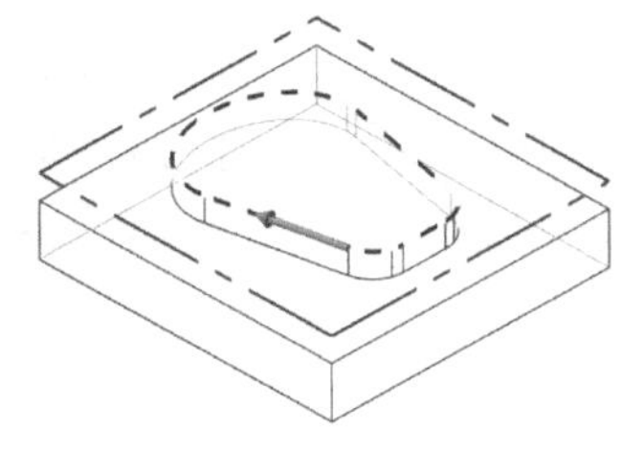

图 6-58　加工串连的选择

4）“切削参数”选项。参见图 6-54 设置。

5）“精修”选项。参见图 6-55 设置。

6）“进/退刀设置”选项。参见图 6-56 设置。

7）“共同参数”和“参考点”选项。共同参数是深度-8mm、工件表面 0、下刀位置 3mm、参考高度 6mm，参考点是进入/退出点（0，0，100）。

步骤 4：生成刀轨与实体仿真等，如图 6-59 所示。图中标号①为刀路三维视图，标号②为刀路俯视图，标号③为路径模拟中途截图，标号④为实体仿真切削前状态，标号⑤为实体仿真切削中途状态，标号⑥为实体仿真切削结束状态。

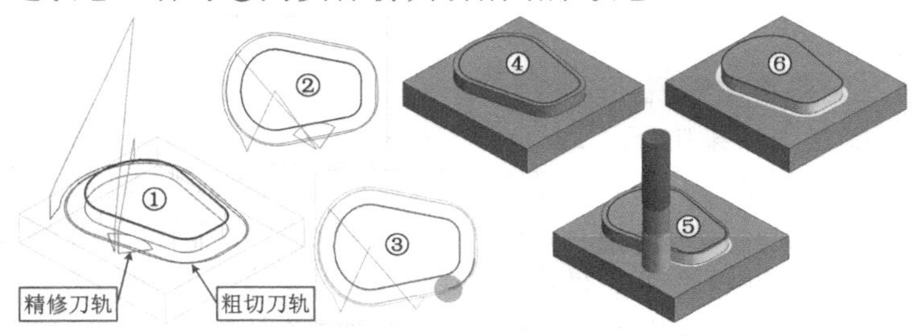

图 6-59　生成刀轨、路径模拟与实体仿真

（2）动态外形铣削设置示例　如下所示：

示例 1：图 6-52c 所示动态外形铣削挖槽内轮廓的加工。将例 6-6 中的挖槽内轮廓动态铣削示例的壁边预留量修改为 3mm，作为本示例的毛坯模型，接着开始本示例动态外形铣削加工。与例 6-8 不同的设置选项有“刀具”选项：ϕ12mm 平底铣刀，修改刀具号、刀长补正和半径补正号为 2；“切削参数”选项：步进量 15%，最小刀路半径 10%。

示例 2：图 6-52b 所示动态外形铣削开放串连曲线侧壁动态外形铣削加工。将例 6-6 中的开放串连轮廓动态铣削的壁边预留量修改为 3mm，作为本示例的毛坯模型，接着开始本示例动态外形铣削加工。与例 6-8 不同的设置选项有“切削参数”选项：步进量 10%，最小刀路半径 50%。

读者也可尝试参照例 6-8 的方式创建模型加工面偏置 3mm 加工余量的毛坯模型，合并后指定其为毛坯，进行外形动态铣削加工。另外，还可尝试将图 6-57 所示的毛坯实体模型另存为*.stl 格式文件，然后尝试练习用文件方式调用 STL 格式的毛坯文件进行毛坯的设置。通过这些毛坯的创建，也许会形成您对毛坯创建的新认识与习惯。

6.3.3　区域铣削加工

区域铣削是一种以粗铣为主的刀路，特别适合于挖槽粗铣加工，如图 6-60a 所示，其刀具路径与 2D 挖槽相比主要不同是切削在转折处增加了部分圆弧刀轨的过渡，提高了高速切削的稳定性，因此，Mastercam 2017 将其归类为 2D 高速铣削类。由于其“刀路类型”选项部分的设置参数与动态铣削类似，因此其也可用于凸台外廓粗铣加工（参见图 6-60b）以及开放串连开放区域的加工（参见图 6-60c），但其刀轨提刀以及快速移动的刀轨转折较多，建议加工的进给速度不宜取得太大。

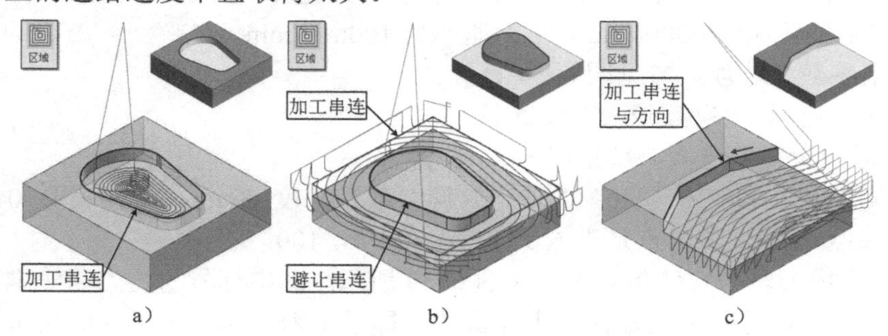

图 6-60　2D 区域铣削刀具轨迹与加工示例

a）挖槽内轮廓　b）凸台外轮廓　c）开放串连

1．动态铣削主要参数设置说明

区域铣削参数设置主要集中在“2D 高速刀路-区域”对话框中，其串连选择、刀具的创建、贯通、共同参数与参考点等的设置操作与前述介绍基本相同。

（1）串连曲线的选择　如图 6-60a、c 中的加工串连，其选择要求同动态铣削加工。图 6-60b 所示的凸台轮廓还可以直接选择内、外两轮廓而不设置避让的方式选择。

（2）“刀路类型”选项　与图 6-46 所示动态铣削基本相同，仅“刀路类型”中的选中项为区域回刀路。

（3）“刀具”选项　与前述介绍基本相同。图 6-60a 采用 ϕ12mm 平底铣刀，图 6-60b、c 采用 ϕ16mm 平底铣刀。

（4）“切削参数”选项　设置说明如图 6-61 所示。

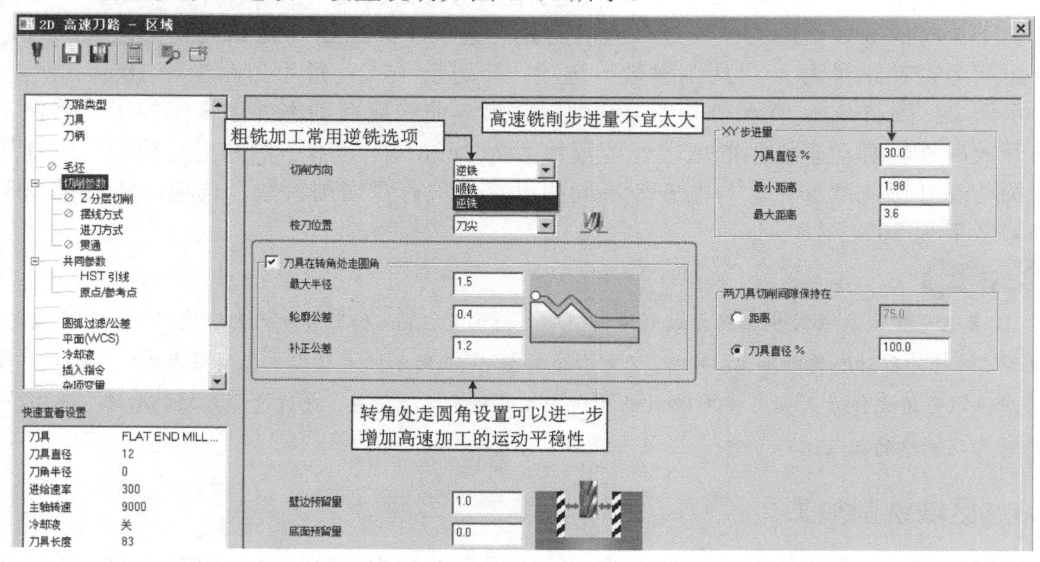

图 6-61　“2D 高速刀路-区域”对话框→“切削参数”选项

（5）“Z 分层切削”选项　用于深度较大、需要深度分层加工的场合，此处未设置。

（6）“摆线方式”选项　摆线刀路可使侧吃刀量尽可能均匀，以有效地保证切削力的平稳，是高速铣削加工常见的刀轨参数设置。摆线方式选项默认是关闭的，图 6-62 所示显示了该选项开启前后的刀路俯视图，开启后在转折处出现了大量的摆线刀轨，读者可通过路径模拟体会其作用。

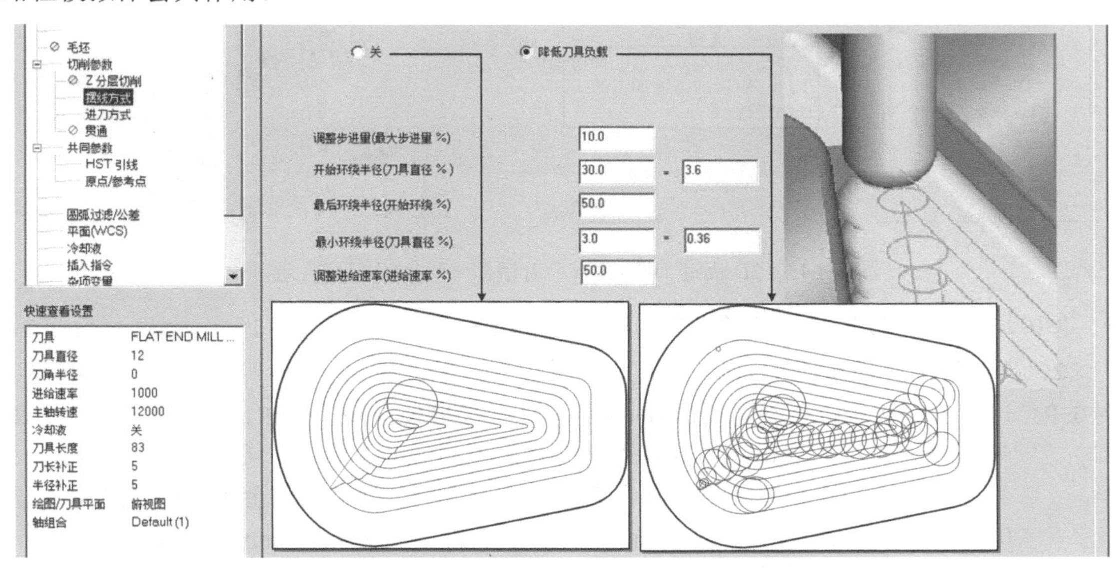

图 6-62　“2D 高速刀路-区域”对话框→“摆线方式”选项

（7）“进刀方式”选项　实质是下刀切入的方式，如图 6-63 所示，有斜插进刀与螺旋进刀两种。螺旋进刀半径设置建议不大于刀具半径。下部的进刀参数可全为 0 或按需要设置。

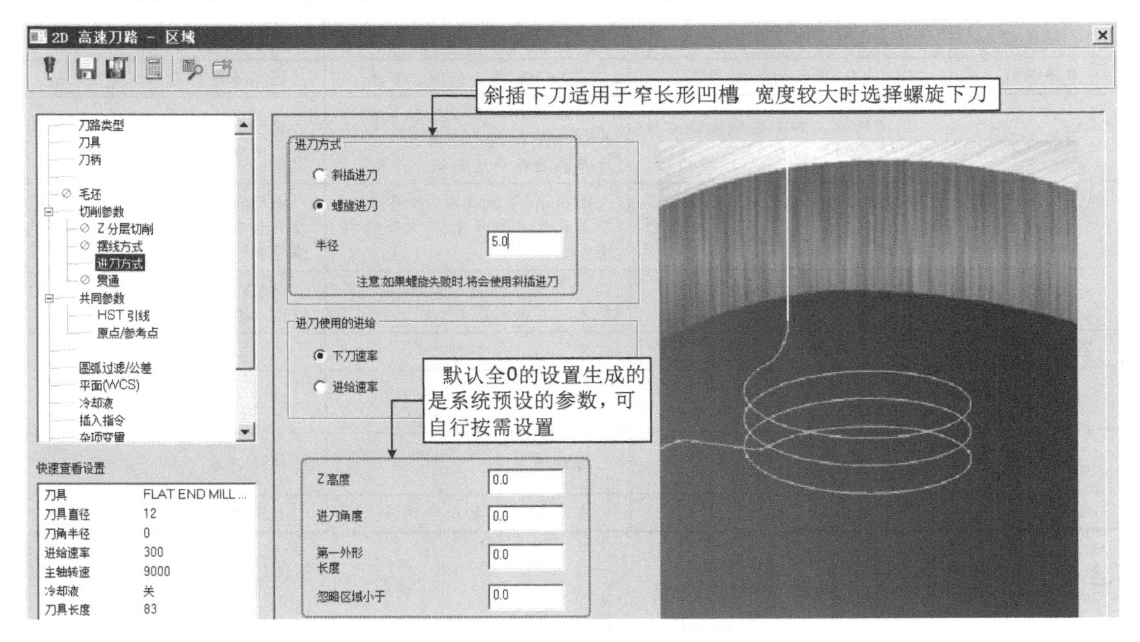

图 6-63　“2D 高速刀路-区域”对话框→“进刀方式”选项

（8）“贯通”选项　不设置贯通距离。

（9）“HST 引线”选项　用于设置垂直进给下刀与横向进给切削之间的圆弧过渡，包括切入与切出引线设置，如图 6-64 所示。

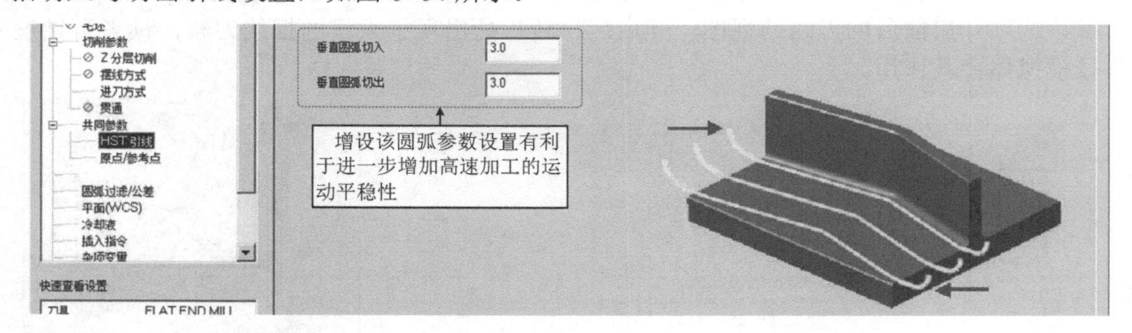

图 6-64 “2D 高速刀路-区域”对话框→“HTS 引线”选项

（10）“共同参数”与“参考点”选项　同前所述。

2．区域铣削应用示例

例 6-9　试按表 6-2 所示参数完成图 6-60 所示三个区域铣削加工示例，未尽参数自定。图形轮廓串连与毛坯轮廓参数同例 6-8。三例相同的参数是：毛坯设置均为包含边界厚 25mm 的立方体毛坯，刀具类型为区域铣削，壁边预留量 1mm，底面预留量 0，贯通无，共同参数深度-8mm、工件表面 0、下刀位置 3mm、参考高度 6mm，参考点为进入/退出点（0，0，100）。

表 6-2　区域铣削练习参数设置

主要参数名称	图 6-60a 所示挖槽内轮廓铣削	图 6-60b 所示凸台外轮廓铣削	图 6-60c 所示开放串连轮廓铣削
毛坯设置	包含毛坯边界，厚 25mm	同左	同左
串连曲线	图 6-60a 所示的加工串连	图 6-60b 所示的加工串连	图 6-60c 所示加工串连
刀路类型	区域铣削，加工区域策略为封闭，关联到毛坯为无	区域铣削，加工区域策略为开放，关联到毛坯为无，凸台边界为避让串连曲线	区域铣削，加工区域策略为开放，关联到毛坯为相切
刀具	ϕ12mm 平底铣刀，刀具号 2、刀具长度补偿号 2、刀具半径补偿号 2	ϕ16mm 平底铣刀，刀具号 1、刀具长度补偿号 1、刀具半径补偿号 1	ϕ16mm 平底铣刀，刀具号 1、刀具长度补偿号 1、刀具半径补偿号 1
切削参数	参数设置参见图 6-61	“刀具在转角处走圆角”不勾选，其余同图 6-61	“XY 步进量”为刀具直径的 45%，其余同图 6-61
Z 分层切削	无（可自行尝试分层切削）	无	无
摆线方式	关（可尝试图 6-62 中降低刀具负载参数设置，观察刀轨变化）	关	关
进刀方式	螺旋进刀（可尝试斜插进刀，观察进刀刀路变化情况）	螺旋进刀	螺旋进刀
HST 引线	垂直圆弧切入/切出均为 3	直圆弧切入/切出均为 3	直圆弧切入/切出均为 3

6.3.4　剥铣加工

剥铣加工是以摆线刀路加工凹槽的一种专用高速加工刀轨，其还配有精修刀轨，可一次性完成粗、精铣槽的加工，如图 6-65 所示。剥铣加工凹槽的两条加工串连曲线不能封闭，必要时可采用部分串连的方式选择加工串连。图 6-65a 所示是典型的剥铣加工示例，其定义凹槽的串连曲线有两条；图 6-65b 所示阶梯面本身只有一条串连曲线，但可通过轮廓边线偏置大于壁边预留量的距离构建一条辅助曲线，从而满足剥铣加工曲线的要求，实现开放凹槽的剥铣加工。

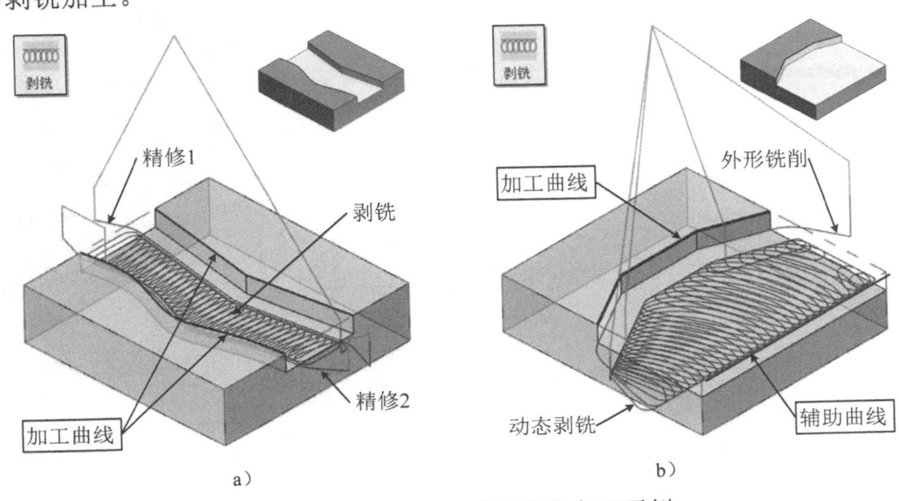

图 6-65 剥铣加工刀具轨迹与加工示例
a）凹槽剥铣 b）开放凹槽剥铣

1. 剥铣加工主要参数设置说明

剥铣加工参数设置主要集中在“2D 高速刀路-剥铣”对话框中，其刀具的创建、贯通、共同参数与参考点等的设置操作与前述介绍基本相同。

（1）串连曲线的选择 图 6-65 中的加工曲线和辅助曲线，选择时要求串连方向相同，同时注意串连方向决定了剥铣的进入方向。

（2）“刀路类型”选项 如图 6-66 所示，与动态外形铣削相似，仅加工范围的串连信息与编辑按钮有效，下面的加工区域策略、关联到毛坯和避让范围、空切区域、控制区域等选项均不可用。

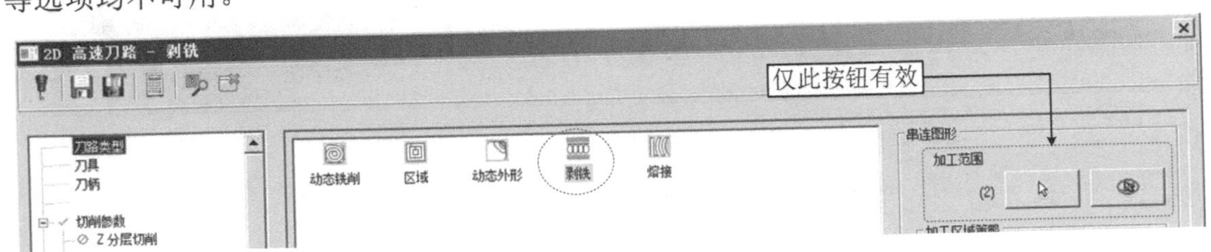

图 6-66 “2D 高速刀路-剥铣”对话框→“刀路类型”选项

（3）“刀具”选项 与前述介绍基本相同。图 6-65a 采用ϕ12mm 平底铣刀，图 6-65b 采用ϕ16mm 平底铣刀。

（4）“切削参数”选项 如图 6-67 所示，“切削类型”中的“动态剥铣”更适合于高速铣削。粗铣时切削方向一般选逆铣。高速铣削的步进量不宜太大，“切削类型”为“剥铣”

时最小刀路半径必须大于步进量。其余选项由图示说明。

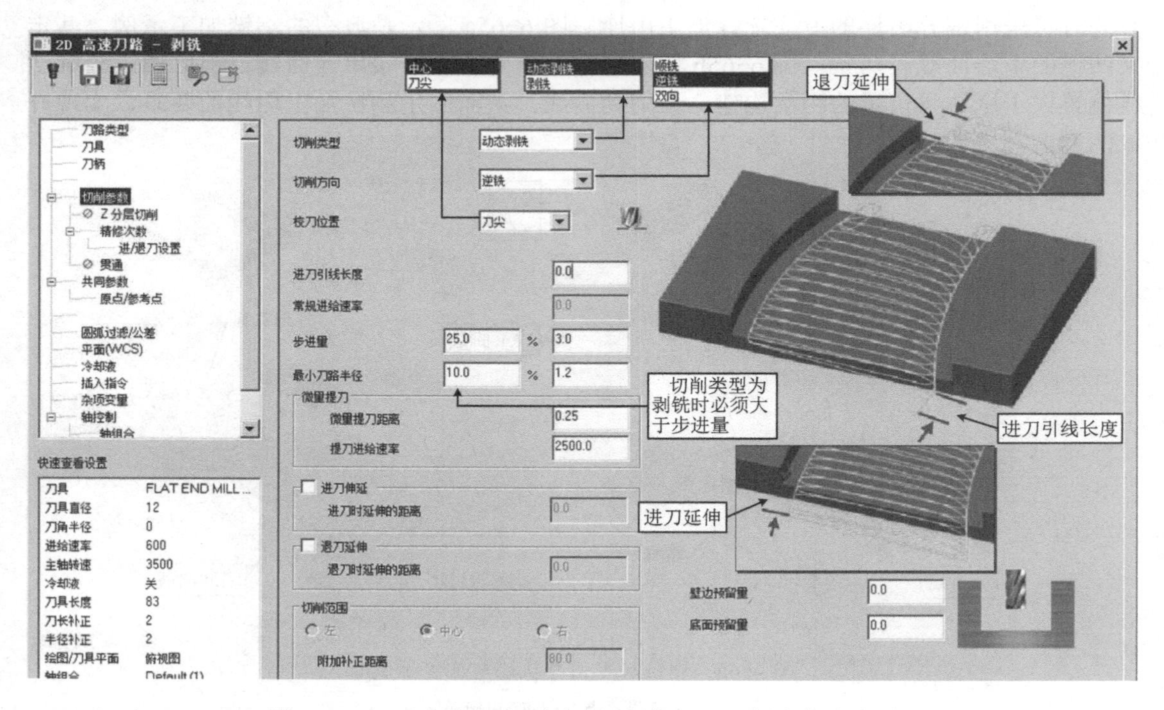

图 6-67 “2D 高速刀路-剥铣”对话框→“切削参数”选项

（5）“Z 分层切削”选项　用于深度较大、需要深度分层加工的场合，此处未设置。

（6）“精修次数”选项　如图 6-68 所示，精修即精铣加工，间距即精加工余量，一般取 0.5～1.0mm，精铣加工切削方向一般选顺铣，补正方式采用控制器补正可较好地控制加工精度。另外，精铣加工时的转速高于粗铣，进给量小于粗铣。

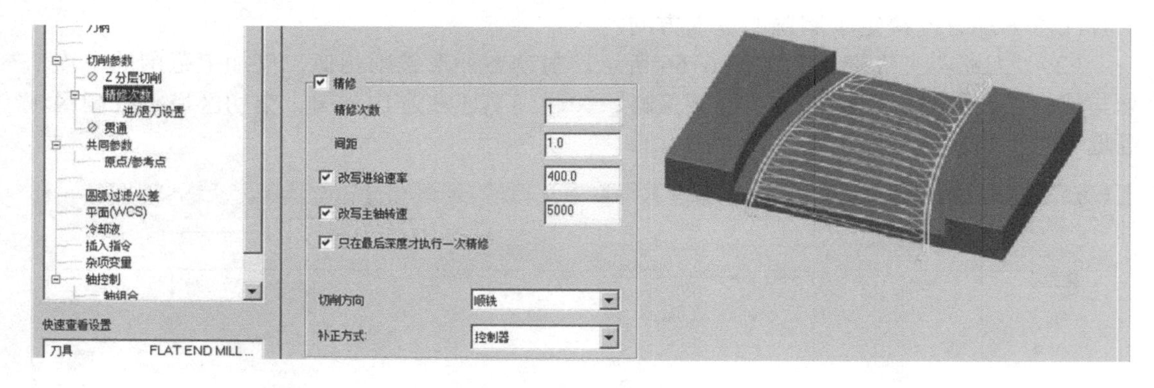

图 6-68 “2D 高速刀路-剥铣”对话框→“精修次数”选项

（7）“进/退刀设置”选项　设置方法同前。精铣加工，控制器补正时必须设置此选项。图 6-65 中的扫描角度设置为 30°，其余为默认设置。

（8）“贯通”选项　同前所述。

（9）“共同参数”与“参考点”选项　同前所述。

2．剥铣加工例题与示例

（1）剥铣加工例题 如下所示：

例 6-10 图 6-69 所示为一槽宽为 12mm、深度为 5mm 的 S 形曲线槽，拟用剥铣方式加工。

操作步骤如下：

步骤 1：加工模型的准备。首先，准备好加工模型与毛坯模型，毛坯模型与加工模型不要建立在同一个层别上；其次，打开加工模型，提取加工曲线，并将圆弧处中点打断。最后，执行“文件”选项卡下的“合并”命令，导入毛坯模型。

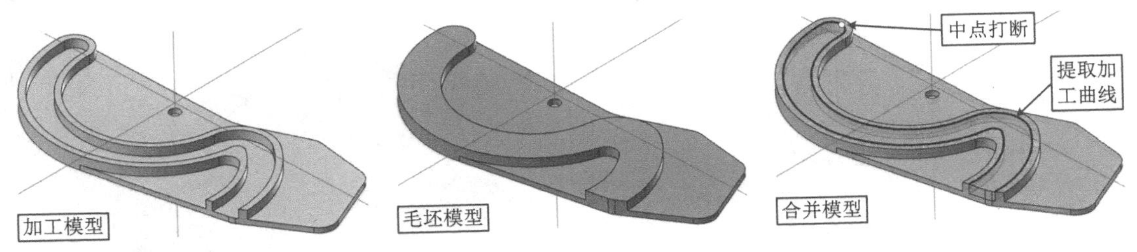

图 6-69 加工模型的准备

步骤 2：进入铣床模块，在默认加载的加工群组（Machine Group-1）中，单击“毛坯设置”选项◈毛坯设置，在弹出的“机器群组属性”对话框“毛坯设置”选项卡中，应用“实体”方式建立毛坯模型。建立后可以在“层别”操作管理器中隐藏毛坯模型。

步骤 3：单击“铣床刀路→2D→剥铣”铣削功能按钮，创建一个 2D 高速刀路操作，会弹出“2D 高速刀路-剥铣”对话框，该对话框中主要参数的设置如下：

1）串连曲线的选择。应用部分串连方式按图 6-70 所示依次选择串连曲线 1 和串连曲线 2。

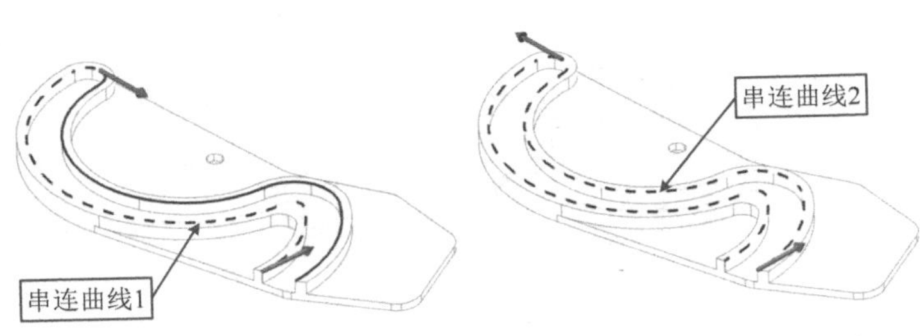

图 6-70 串连曲线的选择

2）“刀路类型”选项。确认为“剥铣”。

3）“刀具”选项。从刀库中创建一把 ϕ8mm 平底铣刀，修改刀具号、刀长补正和半径补正号为 1，设置进给速率为 600mm/min，主轴转速为 6000r/min，下刀速率为 300mm/min。

4）“切削参数”选项。按图 6-71 进行设置。注意，这里将剥铣作为粗铣加工，所以壁边预留量大于零。

5）“Z 分层切削”“精修”“贯通”等选项。由于槽不深，因此不分层加工；由于两串连曲线中点相交，无法设置退刀段刀轨，因此拟后续采用外形铣削，控制器补正方式精铣；贯通不设置。

6）“共同参数”和“参考点”选项。共同参数是深度-5mm、工件表面 0、下刀位置 3mm、参考高度 6mm，参考点是进入/退出点（0，0，100）。

步骤 4：外形铣削方式，控制器补正，顺铣加工，创建一个槽侧壁精铣加工操作，其加工余量为 0。过程略。

步骤 5：生成刀轨，实体仿真，如图 6-72 所示。

步骤 6：后置处理，输出加工程序，略。

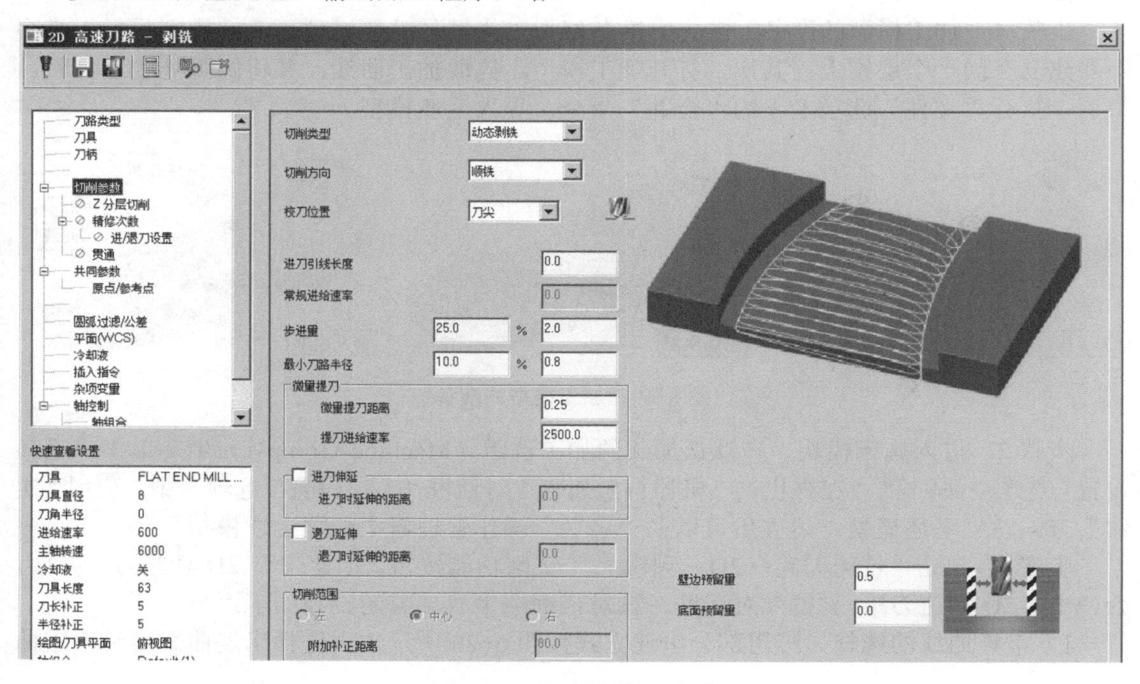

图 6-71 “切削参数”选项

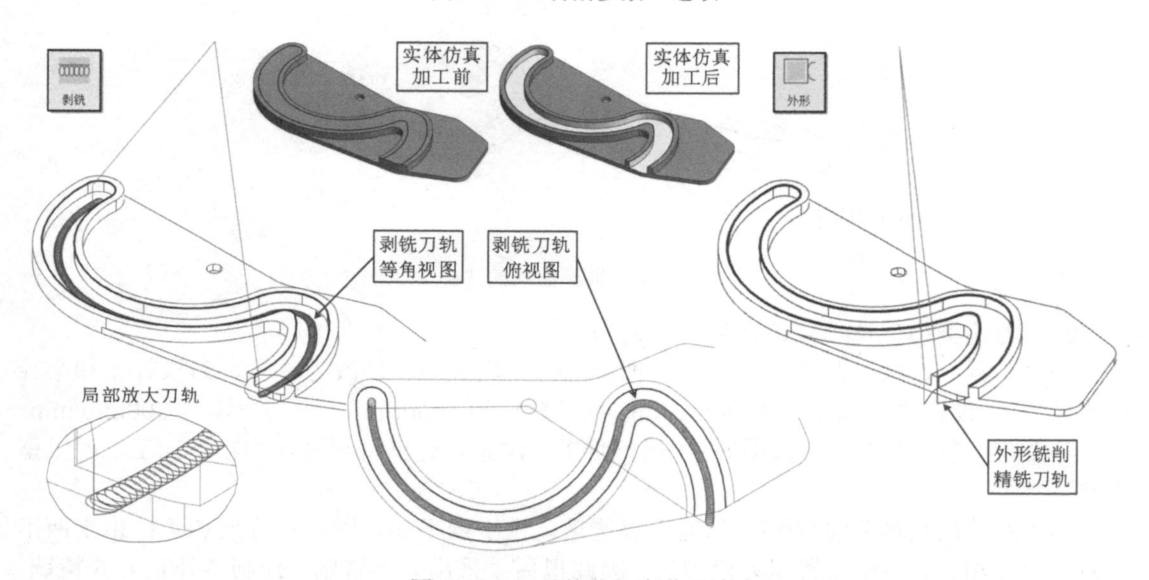

图 6-72 刀具轨迹与实体仿真

（2）剥铣加工示例 如下所示：

示例 1：完成图 6-65a 所示凹槽剥铣加工编程。要求用剥铣操作完成轮廓的粗、精铣加工，精铣加工用控制器补正，顺铣加工。毛坯模型边界与厚度同例 6-6，两条槽边界分别为样条曲线和两段直线，槽宽大约为 35mm，槽深为 8mm，其余参数自定。刀具为ϕ12mm 平底铣刀，切削类型选剥铣，步进量为刀具直径的 25%，最小刀路半径为刀具直径的 30%，精修一次，余量为 0.5mm，其余参数自定。

示例 2：完成图 6-65b 所示开放凹槽剥铣加工编程。要求动态剥铣粗切，外形铣削精铣轮廓，控制器补正。刀具为ϕ16mm 平底铣刀，切削类型选动态剥铣，步进量为刀具直径的 25%，最小刀路半径刀具直径的 10%，不精修。外形铣削精铣轮廓，控制器补正，顺铣加工，其余参数自定。

6.3.5　熔接铣削加工

熔接铣削加工是基于熔接原理在两条边界串连曲线之间按截断方向或引导方向生成均匀过渡的刀具轨迹加工，如图 6-73 所示，在图 6-73b 中可见靠近两边边界的刀轨形状与边界形状接近，中间为逐渐过渡的刀具轨迹。若将开放凹槽的毛坯边构建一条虚拟的边界曲线，则同样可生成熔接刀轨，如图 6-74a 所示为引导线方向熔接铣削刀轨示例。熔接铣削加工的边界曲线也可以是封闭串连曲线，因此可用于凸台外廓铣削加工，如图 6-74b 所示。

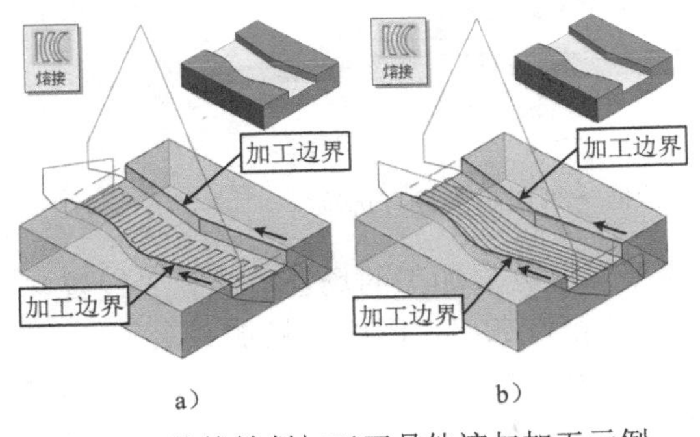

图 6-73　熔接铣削加工刀具轨迹与加工示例
a）截断方向刀轨　b）引导方向刀轨

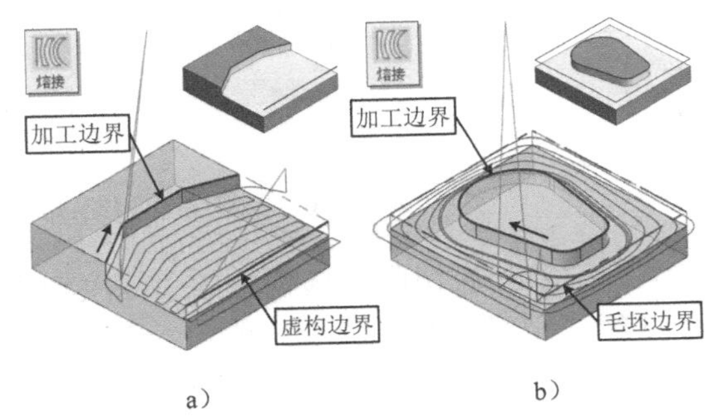

图 6-74　开放凹槽与凸台外轮廓刀具轨迹与示例
a）开放凹槽　b）凸台外轮廓

1．熔接铣削加工主要参数设置说明

熔接铣削加工参数设置主要集中在“2D 高速刀路-熔接”对话框中，其刀具的创建、贯通、共同参数与参考点等的设置操作与前述介绍基本相同。

（1）串连曲线的选择　选择时要求串连方向相同，起点尽可能一致，串连方向决定了铣削加工的进给方向。

（2）“刀路类型”选项　如图 6-75 所示，与剥铣加工相同，仅加工范围的串连信息与编辑按钮有效。

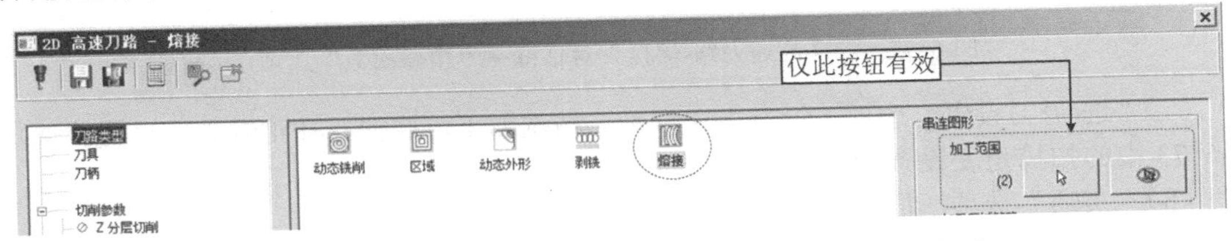

图 6-75　“2D 高速刀路-熔接”对话框→“刀路类型”选项

（3）“刀具”选项　与前述介绍基本相同。图 6-73 采用ϕ12mm 平底铣刀，图 6-74 采用ϕ16mm 平底铣刀。

（4）“切削参数”选项　如图 6-76 所示，各选项参见文本框标题或图示说明。注意“截断”与“引导”单选按钮分别对应图 6-73a 与图 6-73b 的刀轨。

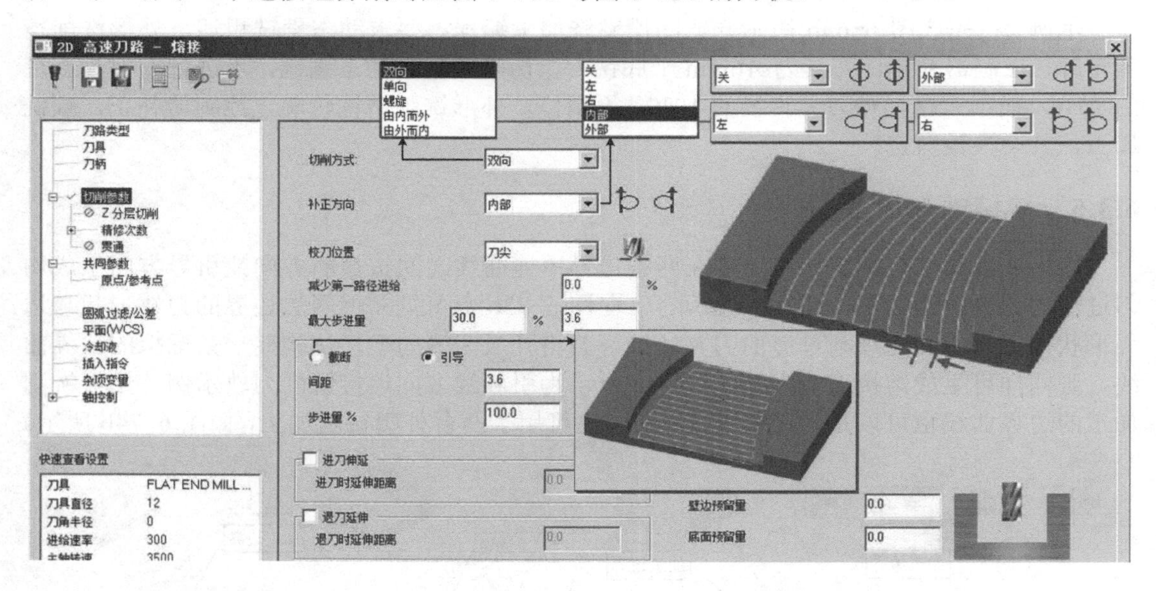

图 6-76　“2D 高速刀路-熔接”对话框→“切削参数”选项

（5）“Z 分层切削”选项　用于深度较大、需要深度分层加工的场合，此处未设置。

（6）“精修次数”选项　如图 6-77 所示，精修即精铣加工，间距即精加工余量，一般取 0.5～1.0mm，精铣加工切削方向一般选顺铣，补正方式采用控制器补正可较好地控制加工精度。另外，精铣加工时的转速高于粗铣，进给量小于粗铣。

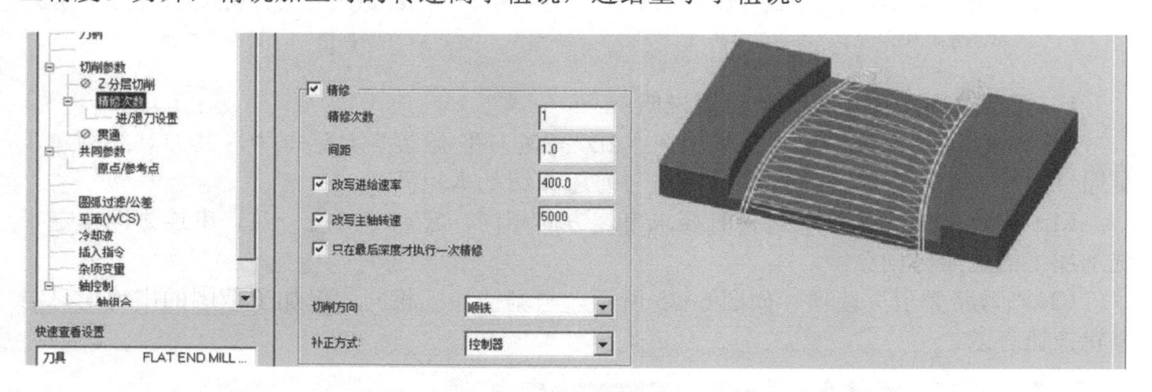

图 6-77　“2D 高速刀路-熔接”对话框→“精修次数”选项

（7）“进/退刀设置”选项　设置方法同前。精铣加工，控制器补正时必须设置此选项。图 6-73 中的扫描角度设置为 30°，其余为默认设置。

（8）“贯通”选项　同前所述。

（9）“共同参数”与“参考点”选项　同前所述。

2. 熔接铣削应用示例

例 6-11　试按表 6-3 所示参数完成图 6-73 与图 6-74 所示四个熔接铣削加工示例，未尽参数自定。图中毛坯外廓尺寸均为 95mm×90mm×25mm，加工边界曲线及方向见图。刀路类型为熔接铣削，进/退刀参数仅修改扫描角度为 30°，其余默认，共同参数深度-8mm、工件表面 0、下刀位置 3mm、参考高度 6mm，参考点为进入/退出点（0，0，100）。

表 6-3　熔接铣削练习参数设置

主要参数名称	图 6-73a、b 所示通槽熔接铣削	图 6-74a 所示开放凹槽熔接铣削	图 6-74b 所示凸台外轮廓熔接铣削
毛坯设置	毛坯边界，厚 25mm	同左	同左
串连曲线	曲线串连及方向参见图 6-73 中的两条加工边界	曲线串连及方向参见图 6-74a 中的加工边界与虚构边界	曲线串连及方向参见图 6-74b 中的加工边界与毛坯边界
刀路类型	熔接	熔接	熔接
刀具	ϕ12mm 平底铣刀，刀具号 2、刀具长度补偿号 2、刀具半径补偿号 2，进给率 300，主轴转速 4000	ϕ16mm 平底刀，刀具号 1、刀具长度补偿号 1、刀具半径补偿号 1，进给率 300，主轴转速 3500	ϕ16mm 平底铣刀，刀具号、刀具长度补偿号 1、刀具半径补偿号 1，进给率 300，主轴转速 3500
切削参数	顺铣，双向切削，内部补正，最大步进量 30%，图 6-73a 为截断，图 6-73b 为引导，间距 3.6，进刀与退刀延伸选项不勾选，壁边预留量与底面预留量均为 0	顺铣，双向切削，内部补正，最大步进量 50%，引导选项，间距 6.0，进刀与退刀延伸选项不勾选，壁边预留量与底面预留量均为 0	顺铣，双向切削，内部补正，最大步进量 50%，引导选项，间距 4.8，进刀与退刀延伸选项不勾选，壁边预留量与底面预留量均为 0
Z 分层切削	无	无	无
精修次数	精修 1 次，间距 0.5，精修进给率 200，主轴转速 6000，顺铣，控制器补正	精修 1 次，间距 1，精修进给率 200，主轴转速 5000，顺铣，控制器补正	精修 1 次，间距 1，精修进给率 200，主轴转速 5000，顺铣，控制器补正
进/退刀设置	扫描角度 30°，其余默认	扫描角度 45°，其余默认	默认

6.4　孔加工编程

关于孔加工编程，这里主要介绍钻孔、全圆铣削和螺旋铣孔三个典型的数控加工刀路。钻孔加工属定尺寸刀具加工，Mastercam 在钻孔加工刀路中集成了钻、铰、锪、镗、攻螺纹等数控系统常见的固定循环指令的刀路。全圆铣削与螺旋铣孔是铣削方法加工浅孔与深度稍大孔的典型刀路。孔加工综合练习示例模型与刀轨参考如图 6-78 所示。

为集中介绍，三种加工刀路拟采用一个综合的模型示例（图 6-78）集中练习，要求工件坐标系建立在长方体上表面几何中心。读者首先按加工模型参数创建实体模型，同时创建一个不包含待加工孔的毛坯模型，并将该毛坯模型“合并”至加工模型中。然后进入铣削模块，在加工群组的“属性”选项的“毛坯设置”选项中，采用实体方式建立毛坯，具体可参见例 6-8 的介绍。练习中的刀具选择包括 ϕ8mm 的麻花钻和 ϕ16mm 的平底铣刀（全圆铣削与螺旋铣孔用）。

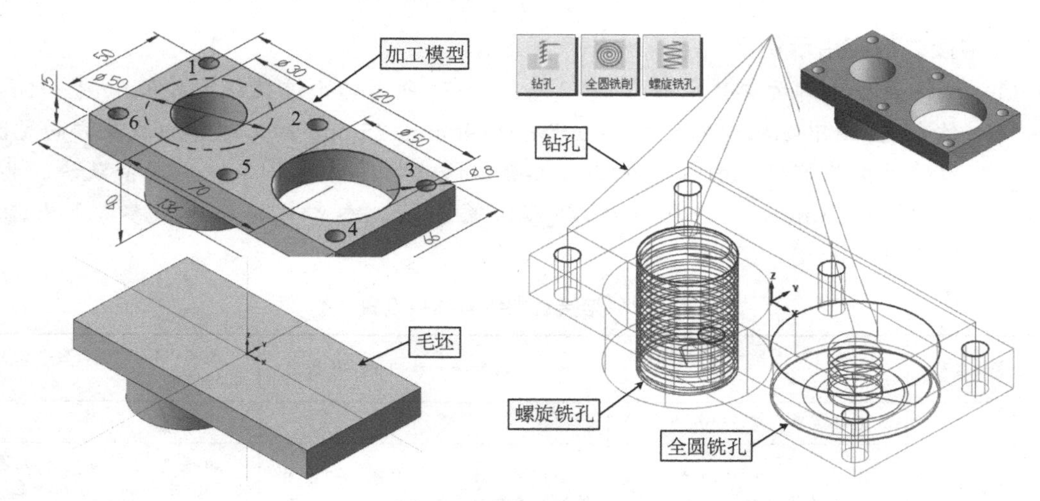

图 6-78　孔加工综合练习示例模型与刀轨参考

6.4.1　钻孔加工

钻孔加工功能集成在“铣床刀路”功能选项卡“2D”选项列表的“孔加工”刀路列表中，参见图 6-1。单击钻孔功能按钮可进入钻孔操作。

1．钻孔加工主要参数设置说明

单击“钻孔”功能按钮，首先弹出的是“选择钻孔位置”对话框（图 6-79），选择完成单击“确定”按钮后，弹出“2D 刀路-钻孔/全圆铣削 深孔钻-无啄孔”对话框（图 6-80），其中刀具的创建、共同参数与参考点等的设置操作与前述介绍基本相同。以下就这两个对话框的设置进行介绍。

（1）钻孔位置的指定　进入钻孔操作首先弹出的是“选择钻孔位置”对话框，如图 6-79 所示。默认的是“手动选择”按钮有效。各按钮说明如下：

“手动选择”按钮：通过鼠标在屏幕上选取孔圆心位置，可充分利用捕抓功能操作。

“自动”按钮[自动]：通过选择第一点、第二点和最后一点，系统自动选取其他点创建刀具路径。

“选择图形”按钮[选择图形]：选择屏幕上的图形创建钻孔位置点。选择直线时则是直线端点，选择圆或圆弧时则为圆心。

“窗选”按钮[窗选]：采用窗选方式划定范围，系统自动将窗口内的所有点选择为钻孔位置。

“限定圆弧”按钮[限定圆弧]：用于限定圆弧选择其圆心作为钻孔点。

“排序”按钮[排序]：单击后会弹出“排序”对话框（此处未示出），可对所选择孔的加工顺序按指定的规则排序，应用得当可获得较好的加工顺序。

“编辑”按钮[编辑]：单击后选择要编辑的孔位，弹出“编辑钻孔点”对话框，对所选点的跳跃高度、安全高度、推出点、深度、暂停时间等单独进行编辑。

单击“选择钻孔位置”对话框左上角的展开按钮，可展开对话框（图 6-79 中右图所示，图中截去了与左图部分相同的内容），勾选“模板”复选框，可按下面指定的参数创建网格状阵列点位或圆周状阵列点位。

以上选择的孔位还可在“刀路类型”选项对话框中再次编辑，参见图 6-80。

（2）“刀路类型”选项　如图 6-80 所示，默认“钻头/钻孔”按钮有效。单击“点图形”区的选择点按钮，会弹出“钻孔点管理器”对话框，可再次编辑孔位的相关参数，其大部分操作同选择孔操作。

（3）“刀具”选项　与前述介绍基本相同。此处右击执行快捷菜单中的“创建新刀具”命令创建一个 ϕ8mm 麻花钻。

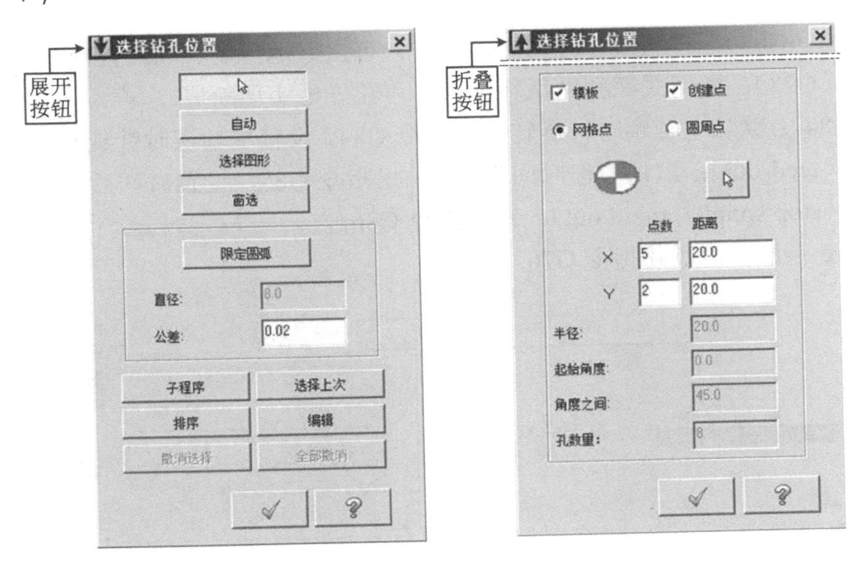

图 6-79　“选择钻孔位置”对话框

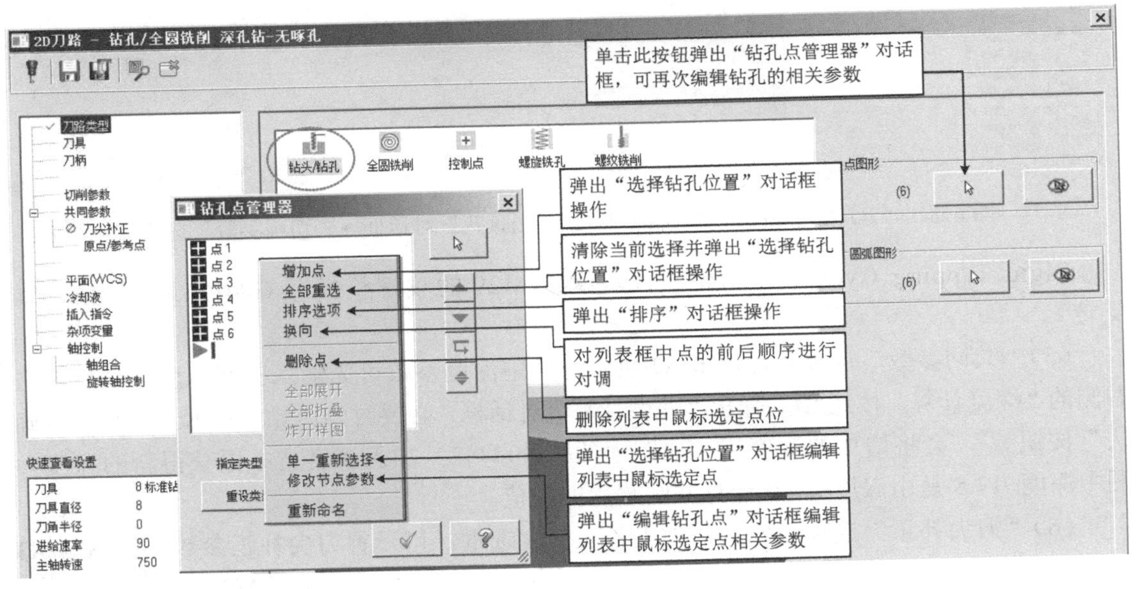

图 6-80　“2D 刀路-钻孔/全圆铣削 深孔钻-无啄孔”对话框→“刀路类型”选项

（4）“切削参数”选项　如图 6-81 所示，其循环方式下拉列表提供了 8 种预定义的钻孔循环指令和 11 种自定义的循环方式。其中，8 种预定义的钻孔循环指令选项是钻孔操作的关键，读者必须对照 FANUC 系统孔加工固定循环指令的格式学习，并注意其与自己使用的 CNC 系统指令的差异，以便于输出 NC 程序后快速手工修改。以下给出这 8 种预定义的钻孔循环指令选项对应的 G 指令并简单介绍。

Drill/Counterbore：默认暂停时间为 0，输出基本钻孔指令 G81，若设置孔底暂停时间，则输出 G82。

深孔啄钻（G83）：排屑式深孔钻循环指令，可更好地排屑、断屑与冷却。

断屑式（G73）：断屑式深孔钻循环指令，可较好地实现断屑。

攻牙（G84）：默认主轴顺时针旋转输出指令 G84，设置主轴逆时针旋转输出指令 G74。

Bore#1（feed-out）：默认暂停时间为 0，输出指令 G85，设置时间后输出指令 G89。

Bore#2（stop spindle, rapid out）：镗孔指令 G86。

Fine Bore（shift）：镗孔指令 G76。

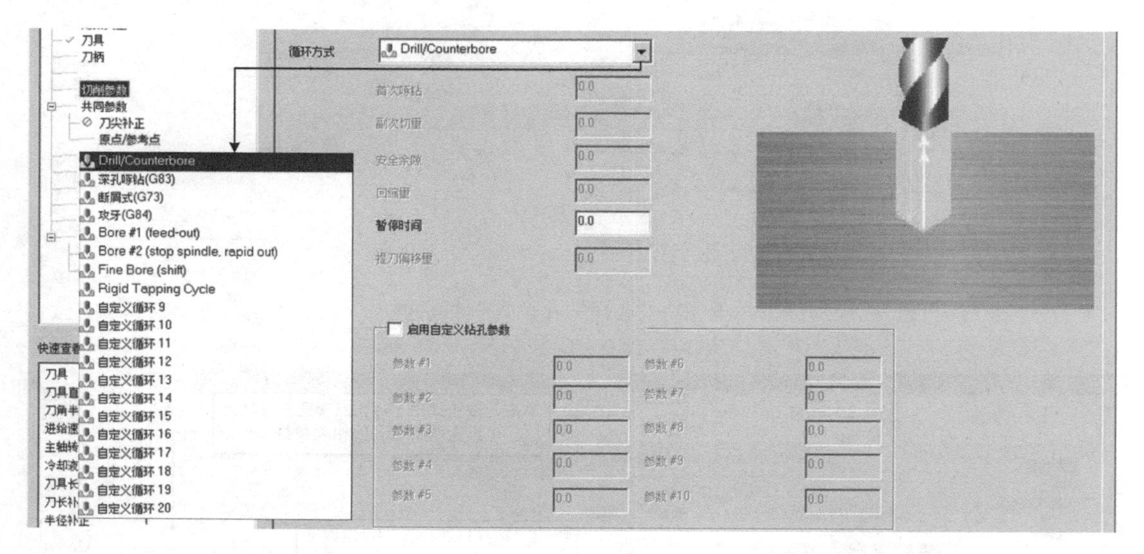

图 6-81　“2D 刀路-钻孔/全圆铣削 深孔钻-无啄孔”对话框→“切削参数”选项

Rigid Tapping Cycle：输出带刚性攻螺纹 M29 的攻螺纹指令 G84/G74（主轴设置反转）。

（5）“共同参数”选项　如图 6-82 所示，其中深度参数可先输入孔底深度，然后单击右侧的“深度计算”按钮，弹出“深度计算”对话框，必要时修改钻头直径等，单击“确认”按钮，会将增加的深度值（如图中的−2.403442）加入深度文本框获得新的深度。图中深度−17.5 是由深度−15.0 计算并圆整后的数值。

（6）“刀尖补正”选项　勾选“刀尖补正”复选框，可设置刀尖补正参数，如图 6-83 所示。此处也可完成图 6-82 中刀尖深度增加值设置，因此注意不要重复计算。

（7）“原点/参考点”选项　同前所述。

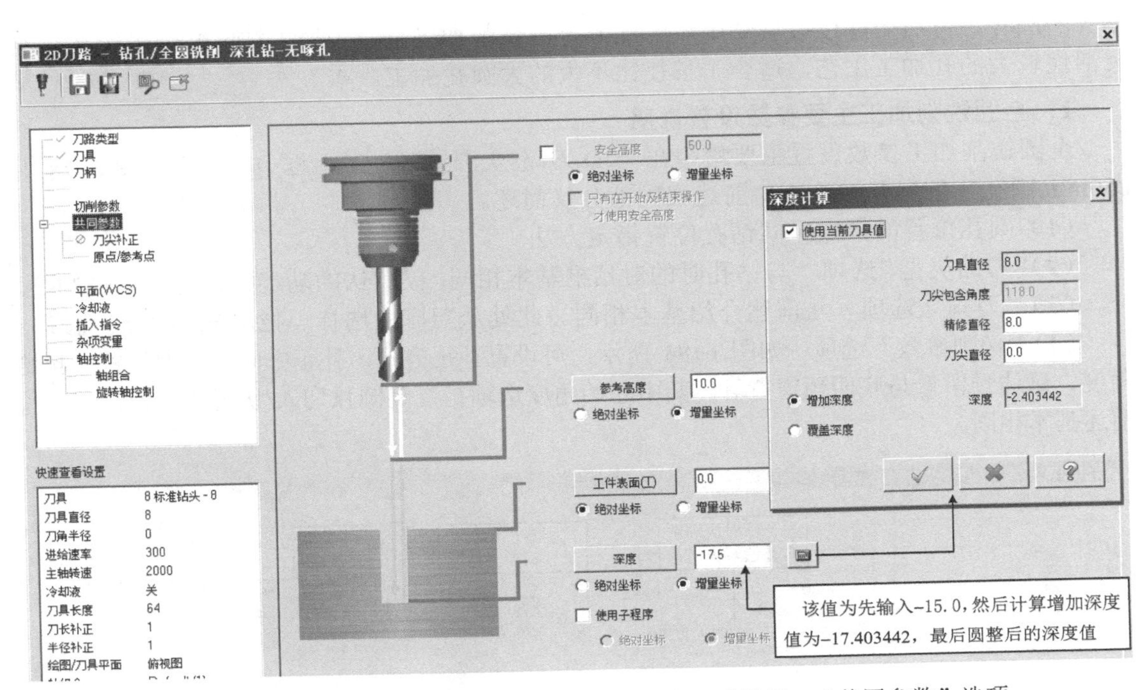

图 6-82 “2D 刀路-钻孔/全圆铣削 深孔钻-无啄孔”对话框→“共同参数”选项

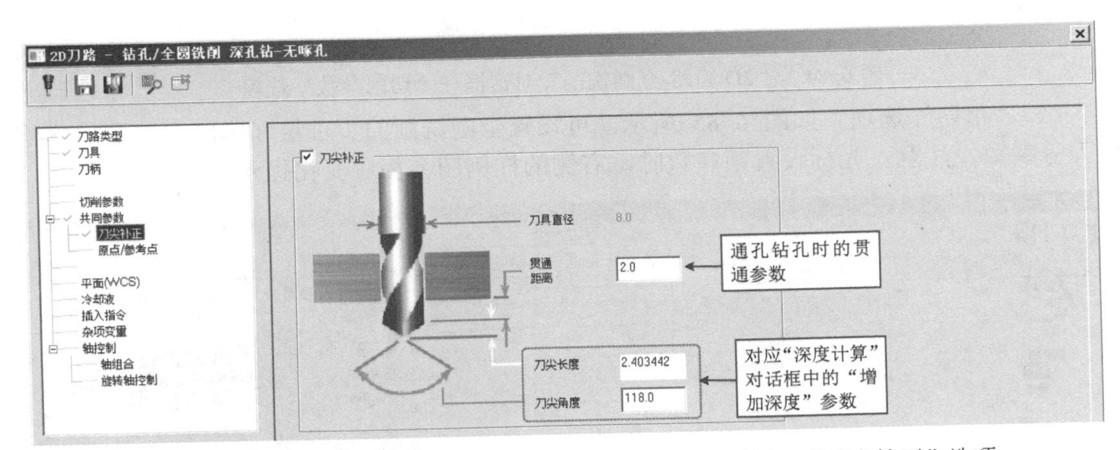

图 6-83 “2D 刀路-钻孔/全圆铣削 深孔钻-无啄孔”对话框→“刀尖补正”选项

2. 钻孔加工设置示例

例 6-12 完成图 6-78 所示模型中 6 个 ϕ8mm 通孔加工设置。要求钻孔顺序为数字顺序号 1～6，必要是可用排序功能。循环方式选用“Drill/Counterbore”，参考点设置（0，0，100）。刀具轨迹和实体仿真参见图 6-78。

6.4.2 全圆铣削加工

全圆铣削基于圆弧插补指令以整圆铣削为主，横向移动扩大逐渐至尺寸；对于盲孔，可启用螺旋方式下刀；对于孔精度要求稍高的圆孔，可启用半精铣与精铣工步；对于深度稍大的圆孔，可启用深度分层铣削。因此，全圆铣削加工是一种加工精度略逊于镗孔，但灵活性较大的孔加工工艺，适合于长径比不大的大圆孔加工。

1．全圆铣削加工主要参数设置说明

全圆铣削加工参数设置主要集中在“2D 刀路-全圆铣削”对话框中，以下以图 6-78 中 ϕ50mm 圆孔为例展开讨论。与前述相同部分仅简述。

（1）圆孔位置的指定　同钻孔位置指定方法。

（2）“刀路类型”选项　与钻孔时的对话框基本相同，仅默认的功能按钮是全圆铣削。

（3）“刀具”选项　与前述介绍基本相同。此处从刀库中选择一把ϕ16mm 平底铣刀。

（4）“切削参数”选项　如图 6-84 所示，可设置补正方式，补正方向、校刀位置、起始角度、壁边预留量与底面预留量等。其中起始角度选项是控制圆弧切入/切出的位置，其余与前述基本相同。

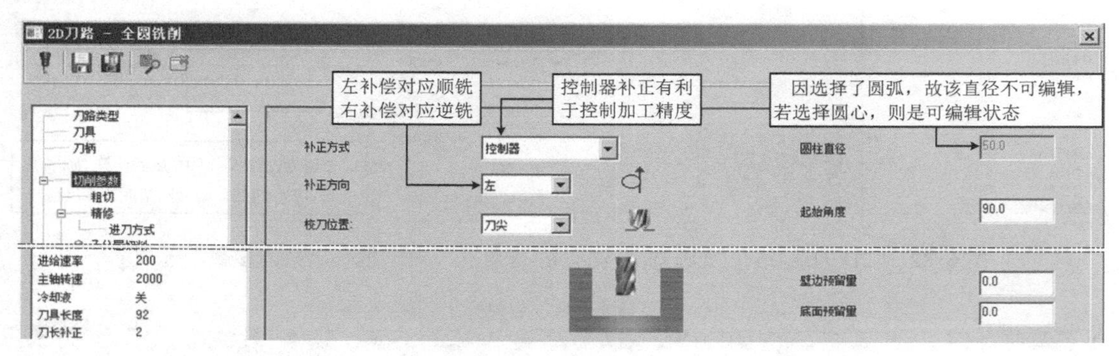

图 6-84　“2D 刀路-全圆铣削”对话框→“切削参数”选项

（5）“粗切”选项　如图 6-85 所示，可设置全圆铣削的步进量（即侧吃刀量）、螺旋进刀等参数。注意：光标设置某参数时，右侧的样例图会相应变化提示。

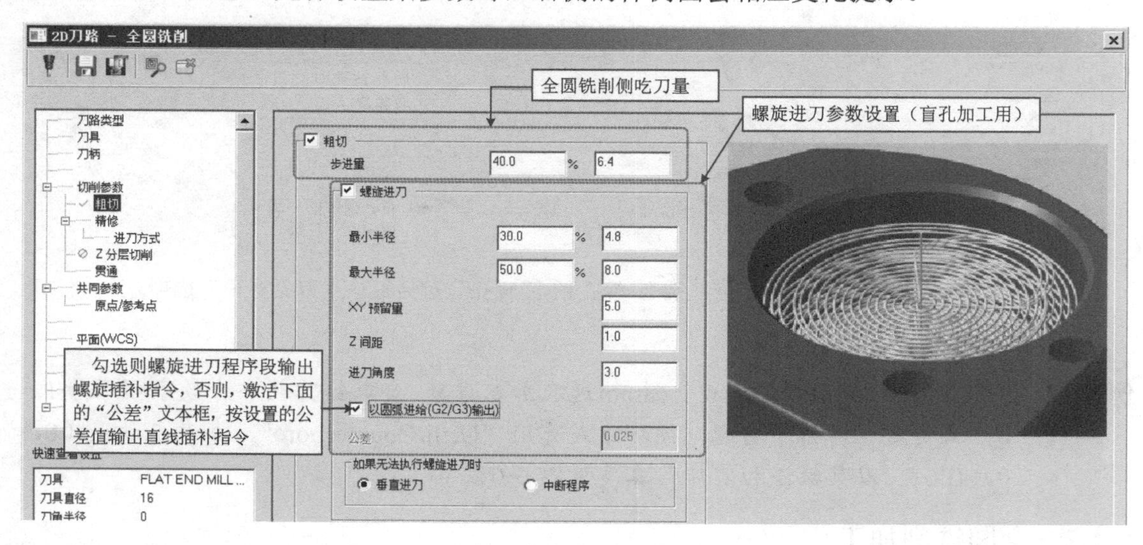

图 6-85　“2D 刀路-全圆铣削”对话框→“粗切”选项

（6）“精修”选项　如图 6-86 所示，可对全圆孔进行半精铣和精铣的设置，适合于精铣圆孔使用。

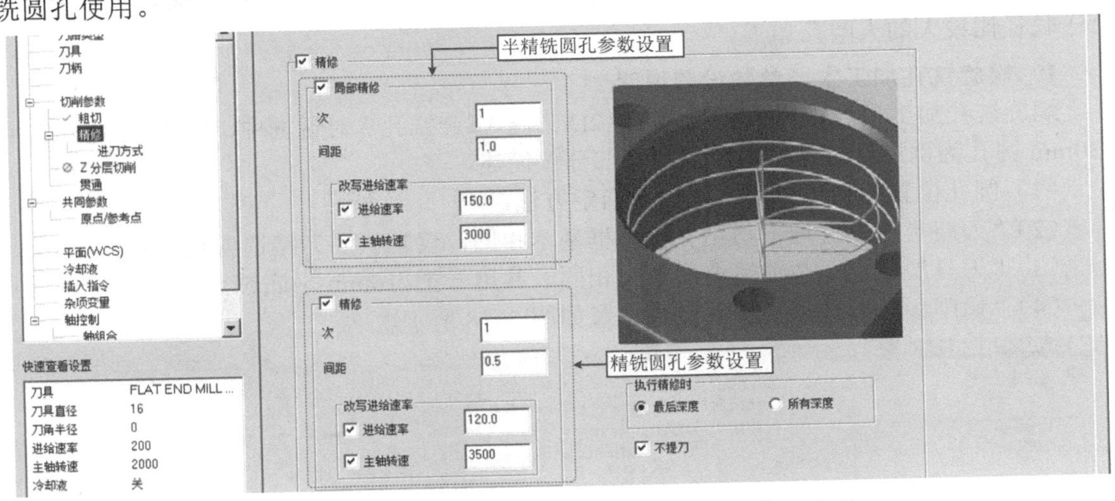

图 6-86 “2D 刀路-全圆铣削”对话框→“精修”选项

（7）“进刀方式”选项　如图 6-87 所示，高速进刀设置适当角度可使径向尺寸扩大段刀路更为平稳。进/退刀设置部分主要设置精修时圆弧切线切入/切出部分刀轨的设置。

（8）“Z 分层切削”选项　与前述的介绍基本相同。

（9）“贯通”选项　通孔加工时刀具端面超出底面的长度，与共同参数选项卡中深度参数等存一定的联系。设置方法与前述的介绍基本相同。

（10）“共同参数”与“原点/参考点”选项　同前所述。

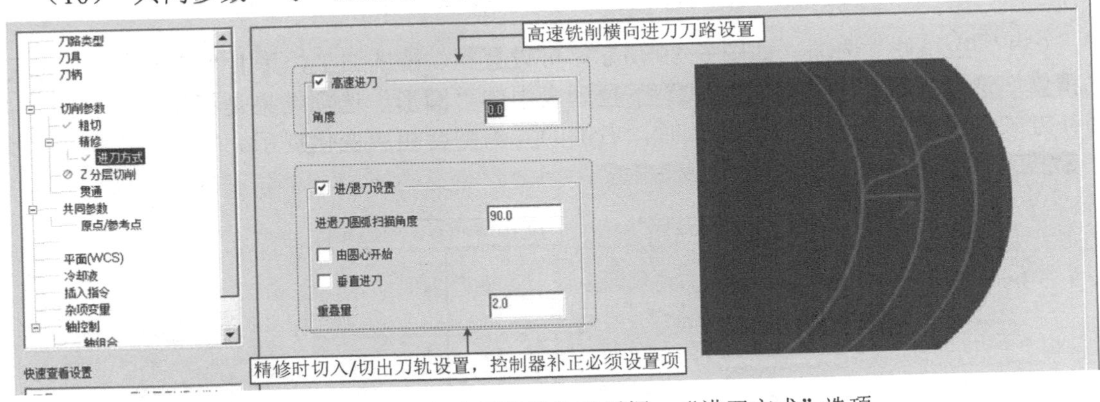

图 6-87 “2D 刀路-全圆铣削”对话框→“进刀方式”选项

2. 全圆铣削加工设置示例

例 6-13　完成图 6-78 所示模型中 ϕ50mm 圆通孔加工设置。要求：顺铣加工，控制器补正，粗铣参数设置参见图 6-85，精铣参数设置见图 6-86，参考点设置（0，0，100），其余参数自定，刀具轨迹参见图 6-78。

6.4.3 螺旋铣孔加工

螺旋铣孔加工以螺旋插补指令为主、轴向螺旋切削为主铣削圆孔。通过改变粗切次数，多次螺旋铣削扩大孔径。另外，还可启动精修加工，提高孔的加工精度。螺旋铣孔加工适合于长径比较大的大圆孔加工。

1．螺旋铣孔加工主要参数设置说明

螺旋铣孔加工参数设置主要集中在“2D 刀路-螺旋铣孔”对话框中，以下以图 6-78 中 ϕ30mm 圆孔为例展开讨论。与前述相同部分仅简述。

（1）圆孔位置的指定　同钻孔位置指定方法。

（2）“刀路类型”选项　与钻孔对话框基本相同，仅默认的刀路选项是螺旋铣孔。

（3）“刀具”选项　与前述全圆铣削相同，共用一把 ϕ16mm 平底铣刀。

（4）“切削参数”选项　相关参数设置如图 6-88 所示。

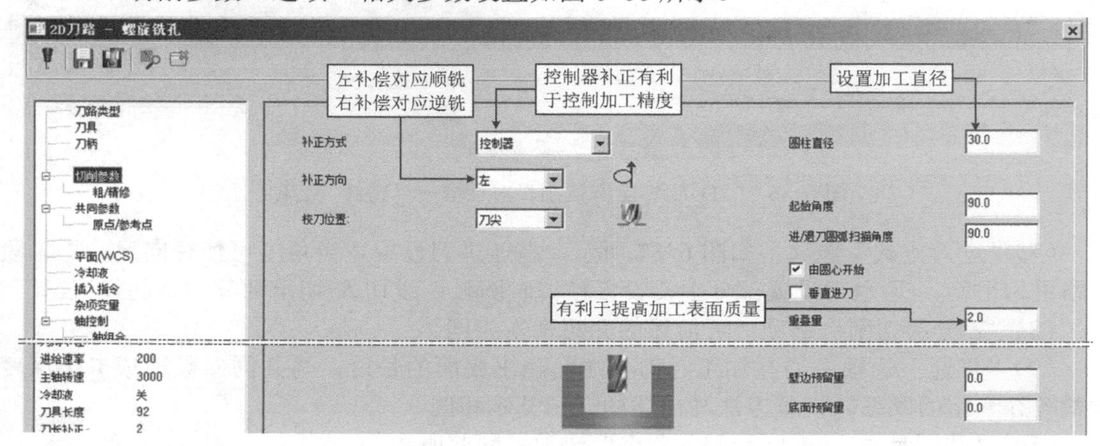

图 6-88　“2D 刀路-螺旋铣孔”对话框→“切削参数”选项

（5）“粗/精修”选项　如图 6-89 所示，可设置粗、精铣加工，其中“精修”为可选项，“精修”选项区域中的“精修方式”下拉列表中的“圆形”选项结果是精铣时为整圆圆弧插补方式。注意：光标设置某参数时，右侧的样例图会相应变化提示。

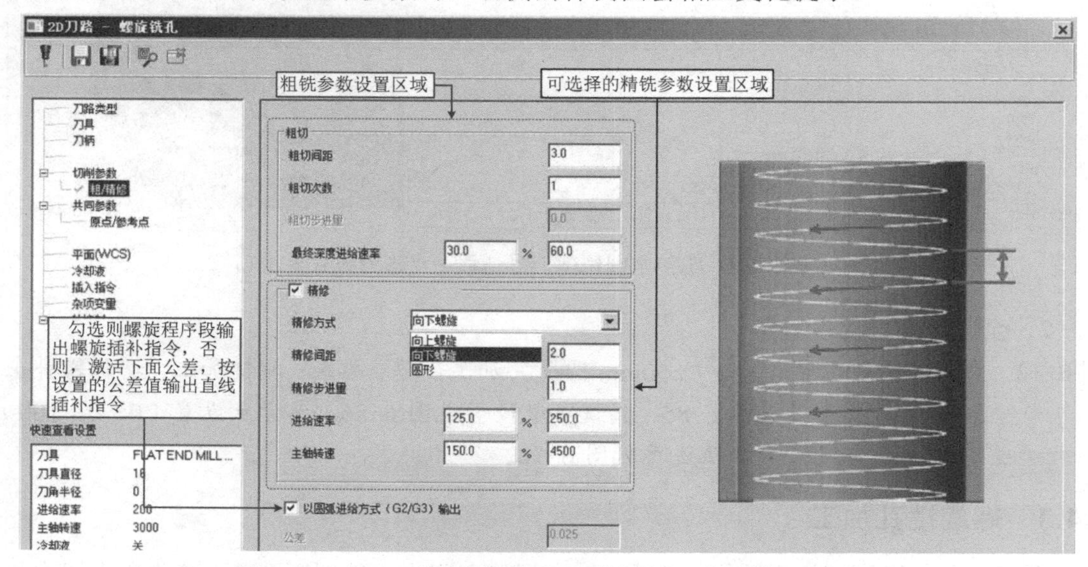

图 6-89　“2D 刀路-螺旋铣孔”对话框→“粗/精修”选项

（6）“共同参数”与“原点/参考点”选项　同前所述。

2．螺旋铣孔加工设置示例

例 6-14　完成图 6-78 所示模型中 ϕ30mm 通孔加工设置。要求：顺铣加工，控制器补正，切削参数设置参见图 6-88，粗/精铣参数设置见图 6-89，参考点设置（0，0，100），其余参数自定，刀具轨迹参见图 6-78。

6.4.4　孔加工综合举例

例 6-15　图 6-90 所示给出了图 2-65 的二维平面图形拉伸获得的三维实体模型，图中给出了厚度方向的尺寸及孔径参数。现不考虑孔加工精度要求，直接钻 ϕ10mm 通孔至尺寸，全圆铣削 ϕ30mm 通孔至尺寸。

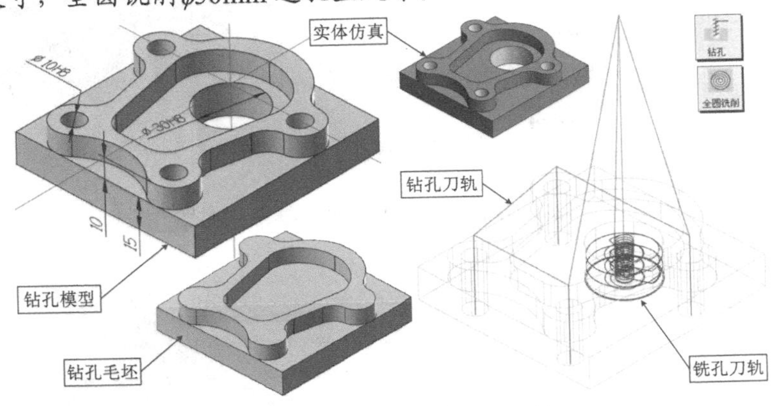

图 6-90　三维实体模型与刀轨

操作步骤简述如下：

步骤 1：毛坯模型的准备。图 6-90 中的钻孔毛坯是钻孔模型中不包含孔的模型。毛坯模型创建时注意其模型层别必须与加工模型存在的层别不同，且世界坐标系的位置必须相同。启动图 6-90 所示的钻孔模型，单击“文件”选项卡下的“合并”命令，导入准备好的毛坯模型。

步骤 2：单击“机床→机床类型→铣床▼→默认（D）”命令进入铣床模块，参照例 6-8 设置钻孔毛坯。

步骤 3：单击“铣床刀路→2D→钻孔”功能按钮，创建一个“2D 刀路-钻孔”操作。钻孔操作较为简单，读者自行创建一个 ϕ10mm 钻头。

步骤 4：单击“铣床刀路”功能选项卡“2D”刀路列表中“全圆铣削”功能按钮，创建一个“2D 刀路-全圆铣削”操作。主要参数设置如下：

（1）“刀具”选项　从刀库中选择一把 ϕ12mm 平底铣刀，同时设置主轴转速 6000，进给速率 300，下刀速率 150。

（2）“切削参数”选项　参照图 6-84 设置。

（3）“粗切”选项　相关设置如图 6-91 所示。

（4）“精修”选项　相关设置如图 6-92 所示。

（5）“进刀方式”选项　相关设置如图 6-93 所示。

（6）“Z 分层切削”选项　相关设置如图 6-94 所示。

（7）“贯通”选项　贯通距离 2mm，设置图略。

（8）“共同参数”与“原点/参考点”选项　共同参数仅选下刀位置 5.0，工件表面-10.0，深度-25.0。参考点中进入点与退出点重合，坐标为（0，0，100）。设置图略。

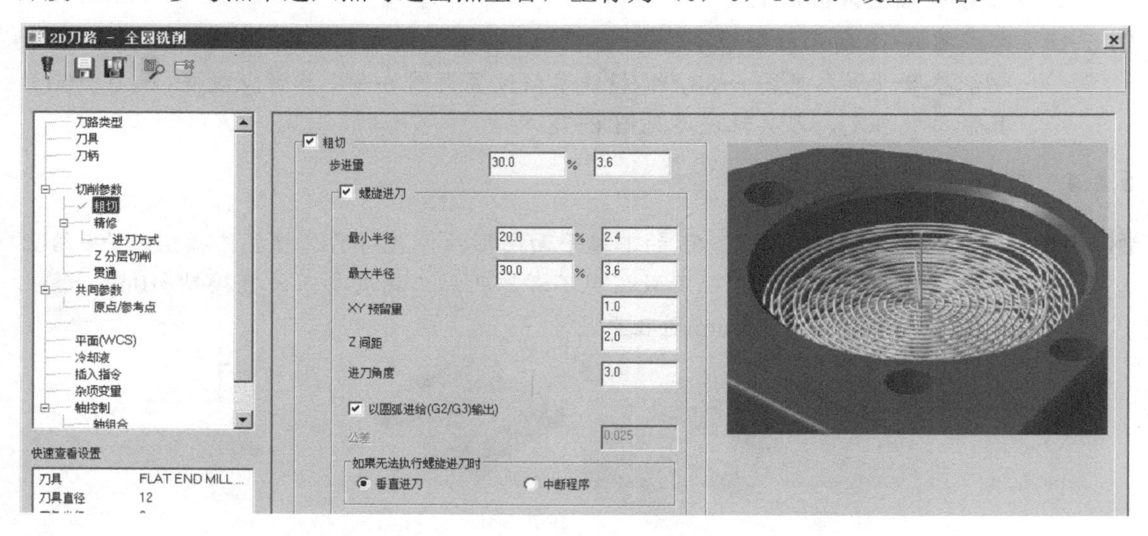

图 6-91　“2D 刀路-全圆铣削”对话框→“粗切”选项

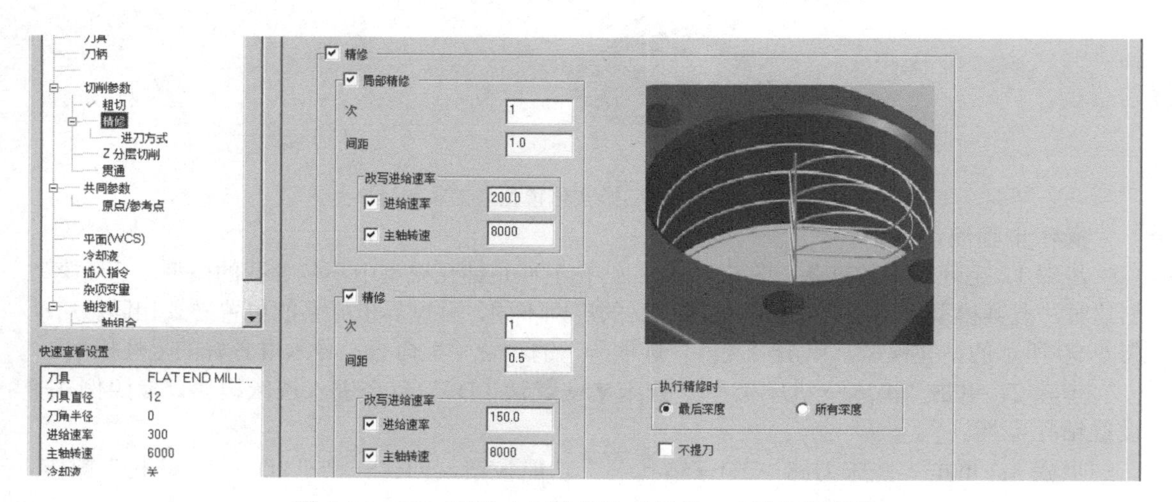

图 6-92　“2D 刀路-全圆铣削”对话框→“精修”选项

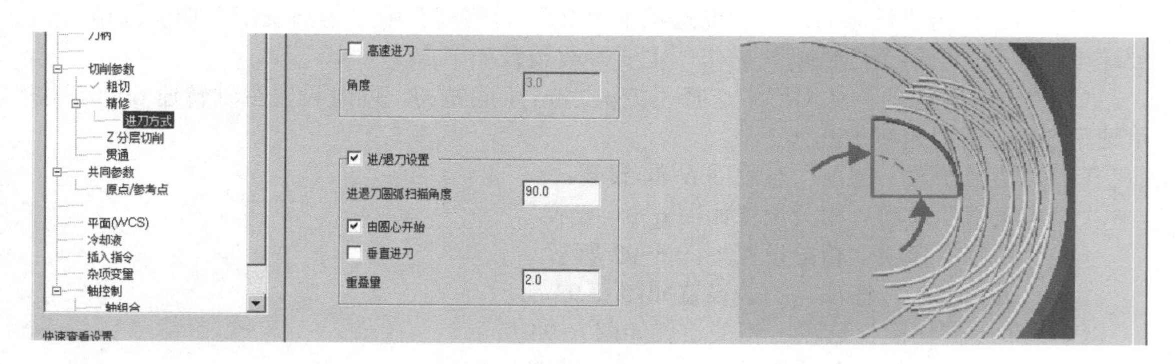

图 6-93　“2D 刀路-全圆铣削”对话框→“进刀方式”选项

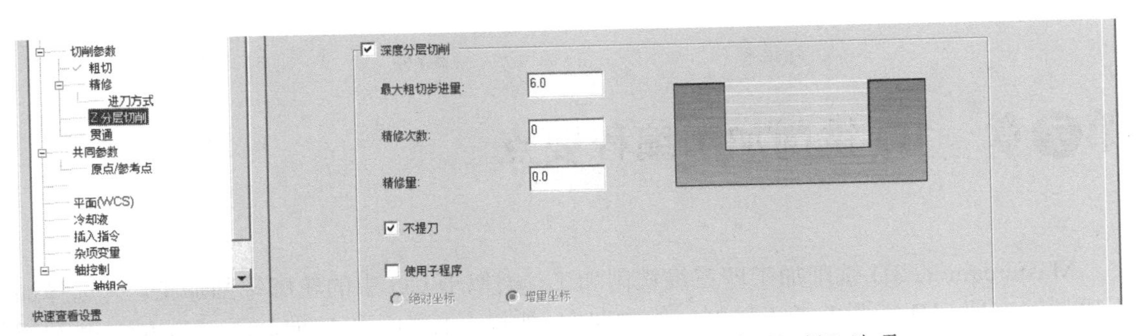

图 6-94 “2D 刀路-全圆铣削”对话框→“Z 分层切削”选项

工艺说明：铣削ϕ30mm 通孔选用ϕ12mm 平底刀，由于深度稍大，故分层铣削，每刀深度 6mm。图 6-90 所示为刀具轨迹与实体仿真，供编程时参考。

提示：本例题读者可进一步发挥，如设置立方体毛坯，增加外形铣削与内部挖槽铣削工序，然后再做本例的内容。本例的内容还可以进一步拓展，如ϕ10mm 通孔加工前面增加一个钻孔窝工序，并将直接钻孔改为“钻孔-铰孔”工艺。ϕ30mm 通孔加工改为“粗铣圆孔-镗孔”工艺等。

本章小结

本章主要介绍了 Mastercam 2017 中的 2D 铣削加工编程，内容包括 2D 普通铣削加工编程和 2D 高速铣削（动态铣削）加工编程，另外还介绍了常用的孔加工编程。各小节配套了相应的例题供学习时参考。学完这些内容后，读者可自行选用部分 2D 加工的图例尝试编程，以检验自己的学习效果。

第7章 3D铣削加工编程要点

Mastercam的3D铣削加工即三维铣削加工，类似于UG中的轮廓铣削加工。为选择加工模型的方便，3D铣削的加工模型一般为曲面，所以又称为三维曲面加工。Mastercam 2017中的三维铣削加工功能集中在铣床“刀路”功能选项卡“3D”选项列表中，归结起来可分为粗切与精切两大类，即机械制造中常说的粗铣与精铣。

7.1 3D铣削加工基础、加工特点与加工策略

3D铣削加工主要用于三维复杂型面的加工，依据加工工艺要求，常分为粗铣与精铣两类工序。粗铣主要用于高效率、低成本的快速去除材料，其刀具选择原则是尽可能选择直径稍大的圆柱平底铣刀。精铣主要为了保证加工精度与表面质量，为更好地拟合加工曲面，一般选用球面半径小于加工模型最小圆角半径的球头铣刀。粗、精铣之间，可根据需要增加半精铣，半精铣是粗、精铣之间的过渡工序，目的是使粗、精铣之间的加工余量不要有太大的变化。半精铣的刀具直径一般略小于粗铣，刀具型式可以是圆柱平底铣刀或圆角铣刀，其中刀尖圆角稍大的圆角铣刀还可作为小曲率曲面的精铣刀具。

同2D铣削类似，传统的3D铣削切削用量的选择也是遵循低转速、大切深、小进给的原则，但随着机床、刀具技术的进步，近年来的高速铣削切削用量的选择多采取高转速、小吃刀量（包括背吃刀量 a_p 和侧吃刀量 a_e）、大进给的原则选取。高速铣削加工要求切削力不能有太大的突变，包括刀具轨迹不能有尖角转折，这在Mastercam 2017中的高速铣削加工策略的刀具轨迹上可见一斑。

3D铣削加工策略（3D刀路）集成在铣削“刀路”功能选项卡的“3D”选项列表区，分为粗切与精切两部分。默认为折叠状态，需要时可上下滚动或展开使用，如图7-1所示。

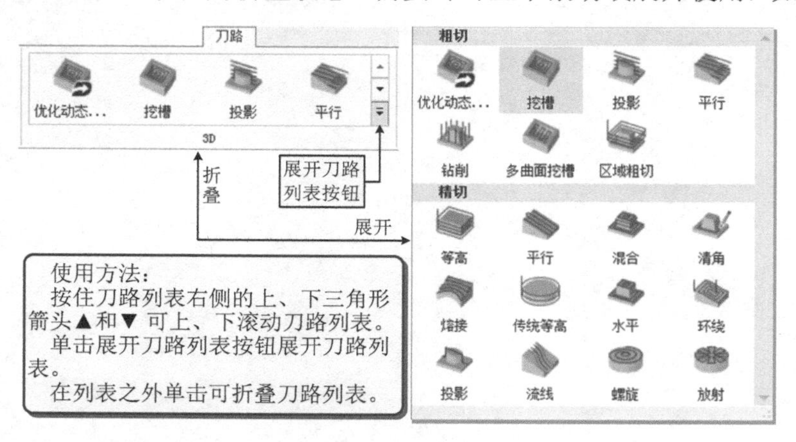

图7-1 “3D”刀路列表的展开与折叠

Mastercam中，实体模型不便选择部分加工面，故常用曲面模型，为此在“曲面”功

能选项卡“创建”功能选项区有一个“由实体生成曲面”功能按钮，利用此功能可快速地将实体模型的表面提取出来转化为表面曲面模型。对于实体建模或外部导入的STP格式模型，在编程之前一般要提取实体的曲面模型。为模型的管理方便，建议单独建立曲面层别并提取实体表面至该层别。

提取出曲面模型后，就可方便地选择部分曲面为加工曲面进行加工编程。用鼠标逐个选取曲面固然简单，但利用窗选功能能够快速选取曲面。图7-2所示为常见的快速窗选加工曲面的示例。图中的实体模型取自图 3-52，其中，凸台实体模型将分模面向下推拉了5mm。对于凹槽类模型部分曲面，一般先切换至俯视图视角窗选（采用默认的范围内选项）加工面，然后再切换为等视图视角，如图中的标号①、②图。对于凸台类模型的部分曲面，一般先切换为正视图视角，窗选加工曲面后再切换回等视图视角，如图中的标号③、④图。

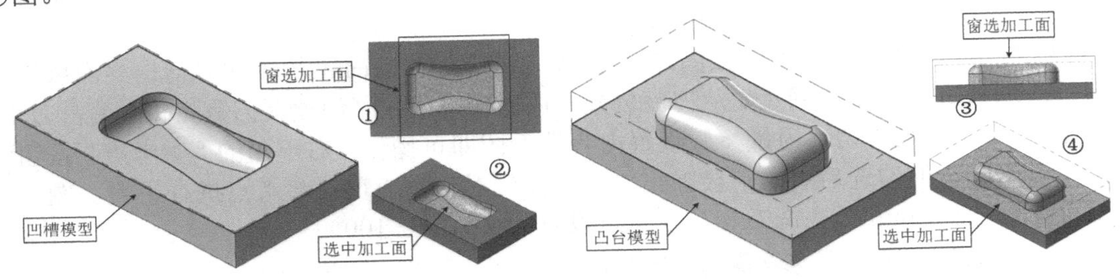

图 7-2 加工曲面选择示例

7.2 3D铣削粗加工

3D铣削粗加工主要用于高效率、低成本地快速去除金属材料，Mastercam 2017提供了7种3D粗铣加工策略，参见图7-1。

7.2.1 挖槽粗铣加工

挖槽粗铣加工的字面含义似乎是指凹槽的粗加工，实际上，其在凸台件粗铣加工中同样适用，如图7-3所示。凹槽粗铣加工要求选择切削范围，对于凹槽类模型一般选择凹槽边界，对于凸台类模型则选择模型的最大边界，如图7-3所示。对于复杂型面不便提取边线的模型，可以自行绘制一个矩形的模型边界。图7-3中几何模型的创建过程参见图3-52，中间香皂的尺寸参见图3-59，模体的尺寸为140mm ×80mm×20mm，凸台模型的接合面向下推拉5mm。

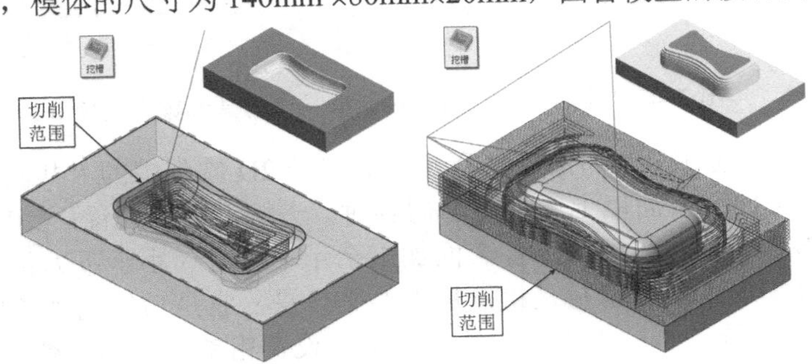

图 7-3 挖槽粗铣加工示例

1．挖槽粗铣加工主要参数设置说明

挖槽粗铣加工参数设置主要集中在“曲面粗切挖槽”对话框中，以下以图 7-3 中凸台类模型挖槽粗铣加工编程为例，对其主要参数的设置进行讨论。

加工前的准备工作与前述相同，如加工模型准备，3D 加工要准备好曲面模型，对挖槽加工还需准备好图 7-3 所示的切削范围串连曲线。建立工件坐标系，简单的方法是移动至原点，这里以工件上表面几何中心为选择点并移至世界坐标系原点。进入铣削加工模块，并设置毛坯，本例设置立方体毛坯，上表面留 1mm 加工余量。

（1）加工曲面与切削范围的选择　单击“挖槽”功能按钮，弹出操作提示，按图7-2所示方法选择加工曲面，选择结束后弹出“刀路曲面选择”对话框（此处未示出），可看到加工面已选择了18个。单击切削范围区域中的“选择”按钮，弹出“串连曲线选项”对话框（此处未示出），串连选择切削范围曲线。单击“确定”按钮，弹出“曲面粗切挖槽”对话框，其各选项卡及参数设置如下：

（2）“刀具参数”选项卡　如图 7-4 所示，这是 Mastercam 传统的对话框界面风格。其刀具的创建方法基本相同（如从刀库创建，快捷菜单中的“创建新刀具”和“编辑刀具”命令等），刀具参数与切削用量参数设置内容等看图即可操作。右下角的“参考点”按钮默认是不可用的，但勾选后单击，会弹出“参考点”对话框，可对参考点进行设置。图 7-4 中设置了一把ϕ16mm 平底铣刀等，参考点设置为（0，0，100）。

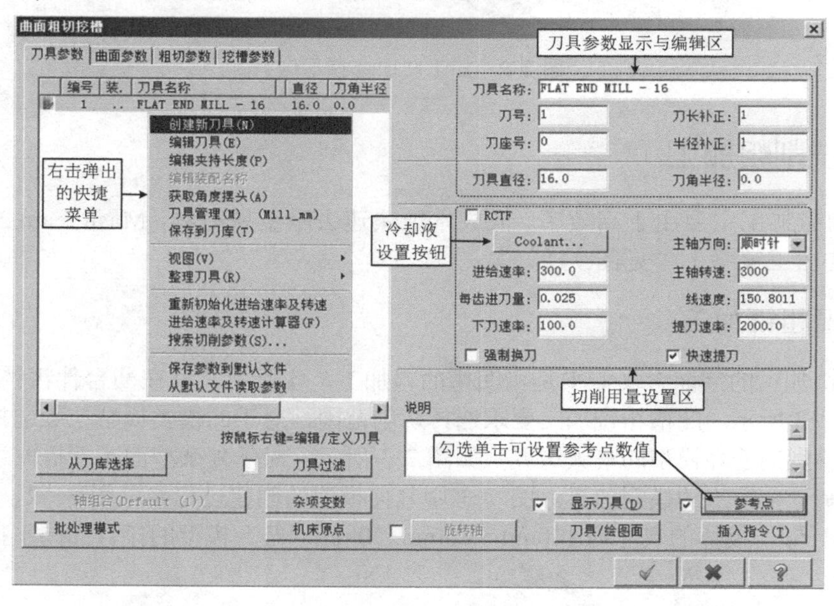

图 7-4 “曲面粗切挖槽”对话框→“刀具参数”选项卡

（3）“曲面参数”选项卡　如图 7-5 所示，类似于 2D 铣削中的“共同参数”设置。其中，安全高度对于工件上表面以上无太多障碍物时，一般可以不设置；参考高度若不设置，则刀具返回高度与下刀位置相同；工件表面加工余量不多时（小于下刀位置）时，工件表面参数可以不设置。加工面预留量是粗铣加工的必设量，它是后续精加工的加工余量。

（4）“粗切参数”选项卡　如图 7-6 所示，主要设置粗铣加工的参数。其中“Z 最大步进量”设置是主要参数，其余按要求设置。

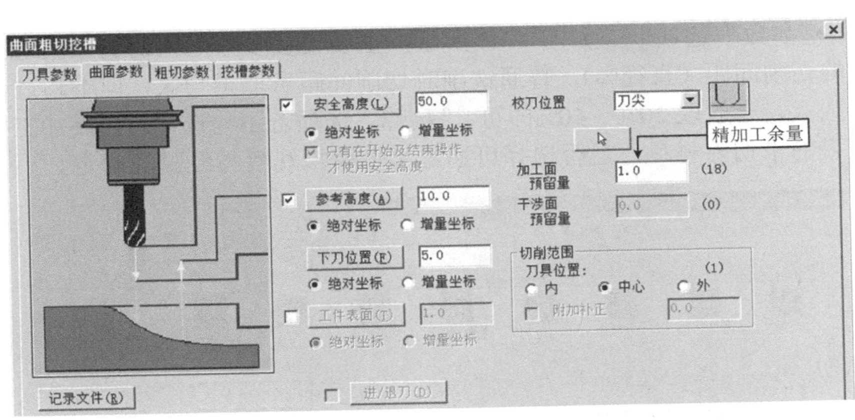

图 7-5 “曲面粗切挖槽”对话框→“曲面参数”选项卡

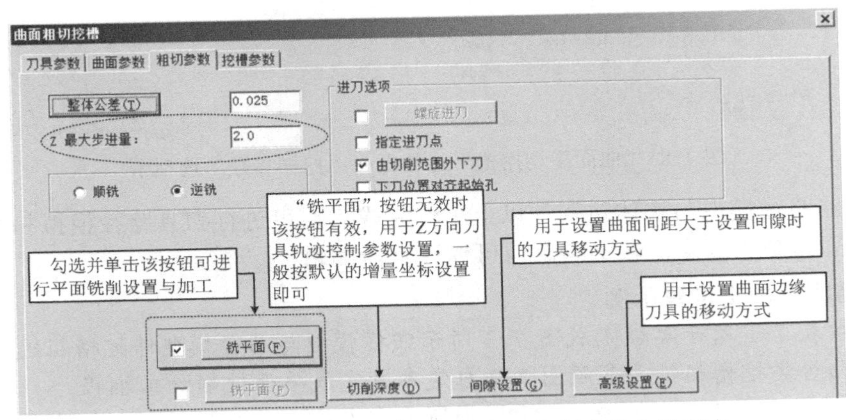

图 7-6 “曲面粗切挖槽”对话框→“粗切参数”选项卡

图 7-6 中值得一提的是，默认无效的“铣平面”按钮的应用。勾选后，可进行平面铣削加工设置，这里的平面铣削加工仅铣削加工模型中的平面区域，如图 7-7 中间的图所示。单击“铣平面”按钮铣平面(F)，会弹出“平面铣削加工参数”对话框，进行平面铣削参数设置，如图 7-7 左图所示。图中刀轨为工序 2 的刀轨，其主要参数设置为：“曲面参数”选项卡中设置的加工预留量 0，“挖槽参数”选项卡中设置的高速切削方式，切削间距（直径%）50，精修 1 次。这种工序安排后续只需再安排一道曲面精加工即可。

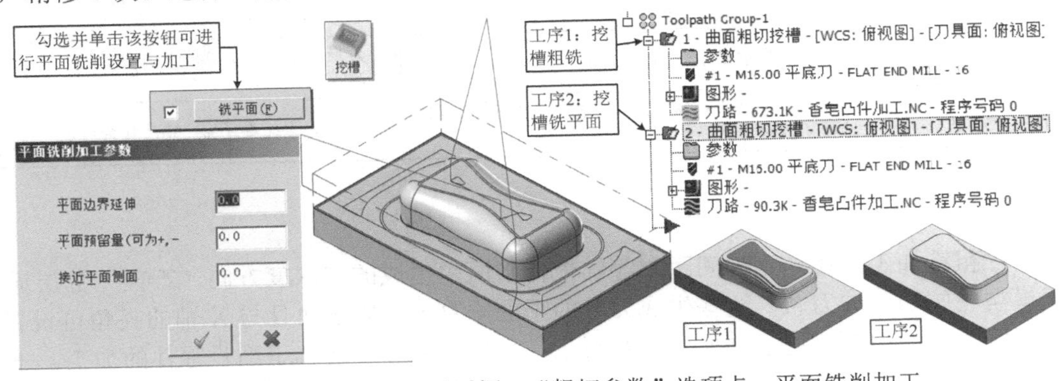

图 7-7 “曲面粗切挖槽”对话框→“粗切参数”选项卡→平面铣削加工

（5）“挖槽参数”选项卡　如图 7-8 所示，主要设置参数是粗切加工策略（即切削方式）和对应的切削间距（直径%），普通铣削时切削间距可取得稍大，但不超过 75%，高速铣削时不宜太大，一般取 20%～40%即可。“精修”选项若不勾选，可提高加工效率，但可能会留有较多的未切除材料，是否选择可通过实体模拟观察与经验等确定。

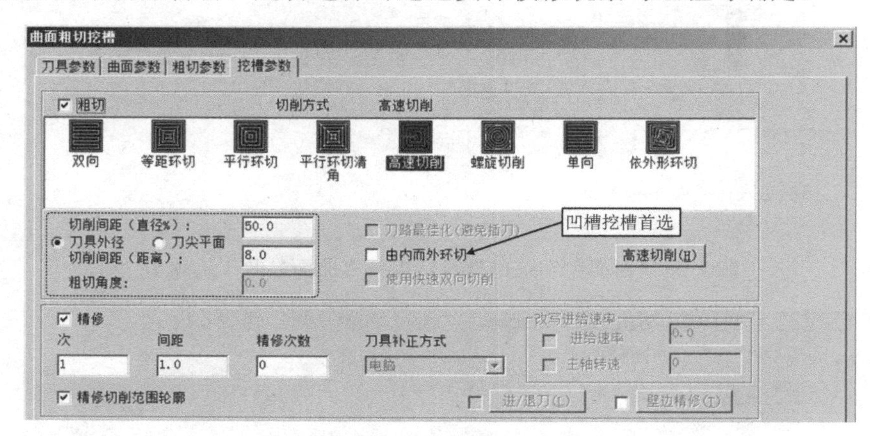

图 7-8 “曲面粗切挖槽”对话框→“挖槽参数”选项卡

（6）刀路路径模拟与实体仿真　以上工作完成后，可进行刀具路径模拟和实体仿真，观察和判断刀路是否满意，若不满意后可返回重新编辑。

2．挖槽粗铣加工设置示例

例 7-1　试按表 7-1 所示参数完成图 7-3 所示凹槽模型与凸台模型件挖槽粗铣加工，并接着凸台类挖槽粗铣，参照图 7-7 自定参数完成平面铣削加工编程。

毛坯模型参见图 7-2 中的说明。毛坯设置为立方体，上表面留加工余量 1mm，工件坐标系设置在工件上表面几何中心，加工范围曲线参见图 7-3。

表 7-1　挖槽粗铣练习参数设置

主要参数名称	图 7-3 所示凹槽模型挖槽粗铣	图 7-3 所示凸台模型挖槽粗铣
加工曲面与加工范围	参见图 7-2 和图 7-3	参见图 7-2 和图 7-3
刀具参数	从刀库中选择一把ϕ 12mm、圆角 *R*2 的圆角铣刀，刀号、刀补均设置为 2，切削用量自定，参考点（0，0，100）	从刀库中选择一把ϕ 16mm 平底铣刀，刀号、刀补均设置为 2，切削用量自定，参考点（0，0，100）
曲面参数	加工面预留量 1mm，其余自定	加工面预留量 1mm，其余自定
粗切参数	Z 最大步进量 1.5，其余自定	Z 最大步进量 2，勾选“由切削范围外下刀”选项，其余自定
挖槽参数	切削间距（直径%）50，勾选“由内而外环切”选项，其余自定	切削间距（直径%）50，其余自定

7.2.2　平行粗铣加工

平行粗铣加工是在一系列间距相等的平行平面中生成的在深度方向（Z 向）分层逼近加工模型轮廓切削的刀轨。这些生成刀轨的平面垂直于 XY 平面且与 X 轴的夹角可设置。平行粗铣加工的刀具轨迹示例如图 7-9 所示。平行粗铣加工适合于细长零件的加工，平行粗铣加工后留下的余料较多。

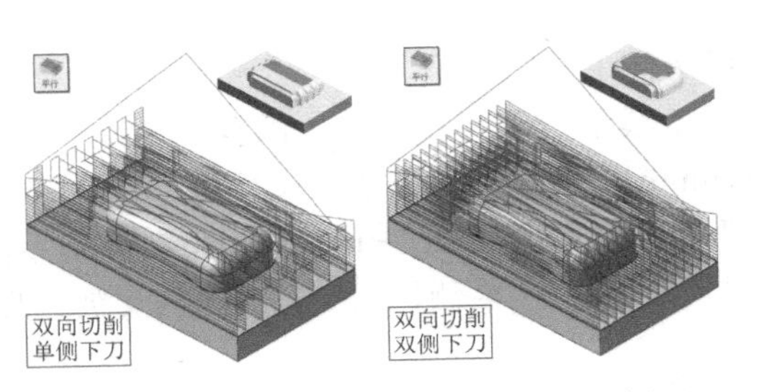

图 7-9　平行粗铣加工刀具轨迹示例

1．平行粗铣加工主要参数设置说明

平行粗铣加工参数设置主要集中在“曲面粗切平行”对话框中，以图 7-9 中凸台模型平行粗铣加工编程为例，对其主要参数的设置讨论如下：

首先，加工前的准备工作与挖槽铣削粗铣加工基本相同，包括加工模型、工件坐标系、铣削模块的进入与毛坯的设置、加工曲面的选择等。

（1）“刀具参数”选项卡　与挖槽粗铣基本相同，此处刀具为ϕ16mm 平底铣刀，参考点设置为（0，0，100），其余未尽参数自定。

（2）“曲面参数”选项卡　与挖槽粗铣基本相同，仅多一个干涉面预留量设置文本框，如图 7-10 所示。所谓干涉面即是避免加工的面，可在“刀路曲面选择”对话框中设置。

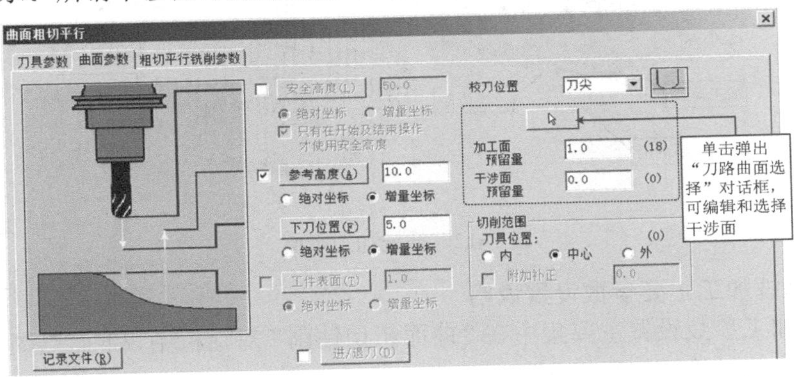

图 7-10　“曲面粗切平行”对话框→“曲面参数”选项卡

（3）“粗切平行铣削参数”选项卡　该选项卡中的参数是专为粗切平行铣削加工设置的，如图 7-11 所示，虚线框出的部分为平行粗铣加工主要的参数设置区域。

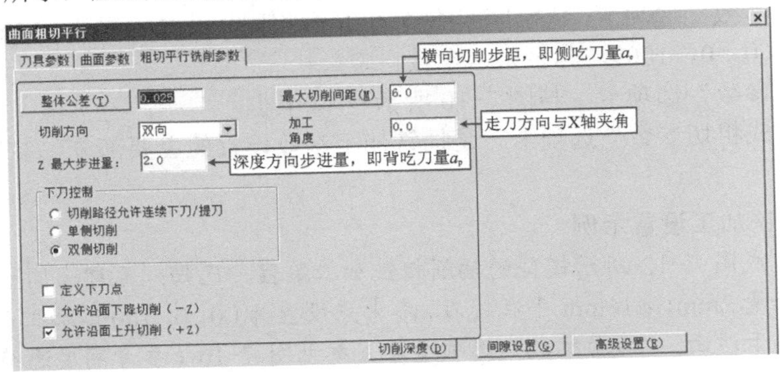

图 7-11　“曲面粗切平行”对话框→“粗切平行铣削参数”选项卡

2．平行粗铣加工设置示例

例 7-2 设置完成图 7-7 所示模型的平行粗铣加工编程。已知：毛坯为立方体，上表面留加工余量 1mm，ϕ16mm 平底铣刀，参考点设置为（0，0，100）。加工面预留量 1mm，未选择干涉面。曲面参数设置见图 7-10。粗切平行铣削参数选项卡按图 7-10 设置，并体会“下刀控制”区域中“单侧切削”与“双侧切削”两选项对刀具路径的影响。

7.2.3 插削（钻削）粗铣加工

插削铣削（简称插铣，Plunge Milling）的刀具进给运动为轴向方向，类似于钻孔，所以 Mastercam 中称之为钻削加工，但钻削加工选择刀具时容易误认为选择钻头，因此本书回归加工工艺，用词以插削铣削或插铣为主。插铣加工的主切削刃为端面切削刃，其工作条件劣于圆周切削刃加工。但刀具轴向方向的刚度等远大于横向方向，因此插铣加工的进给速度等一般取得较大，加工效率较高。图 7-12 所示为插铣加工示例，其加工模型为图 3-72 所示的六角台旋钮模型。

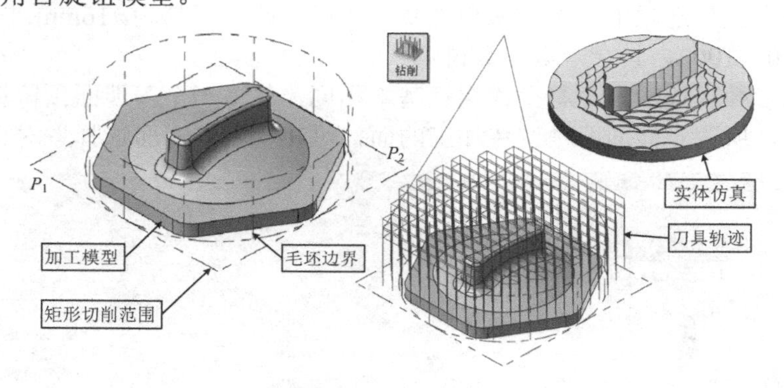

图 7-12 插铣加工示例

1．插削粗铣加工主要参数设置说明

插削粗铣加工参数设置主要集中在“曲面粗切钻削”对话框中，下面以图 7-12 所示六角台旋钮模型为例讨论插铣粗铣加工。

首先，模型的准备，除了加工模型、工件坐标系、铣削模块的进入与毛坯的设置、加工曲面的选择等，插铣加工必须准备好一个矩形的包含加工模型的矩形，编程时按系统要求选取两对角点（如图 7-12 中的点 P_1 和 P_2）确定加工范围。

（1）“刀具参数”选项卡 与挖槽粗铣加工基本相同，此处刀具为ϕ16mm 平底铣刀，参考点设置为（0，0，100），其余未尽参数自定。

（2）“曲面参数”选项卡 与图 7-10 所示基本相同。

（3）“钻削式粗切参数”选项卡 是插铣加工参数设置的主要部分，参见图 7-13 中的说明。

2．插削粗铣加工设置示例

例 7-3 设置完成图 7-12 所示模型的插削粗铣加工编程。已知：毛坯为圆柱体，上表面留加工余量 2mm，ϕ16mm 平底铣刀，参考点设置为（0，0，100）。加工面预留量 1mm，未选择干涉面。“曲面参数”选项卡设置参见图 7-10（参考高度选绝对坐标）。“钻削式粗切参数”选项卡设置见图 7-13。切削范围点选图 7-12 中的点 P_1 和 P_2。

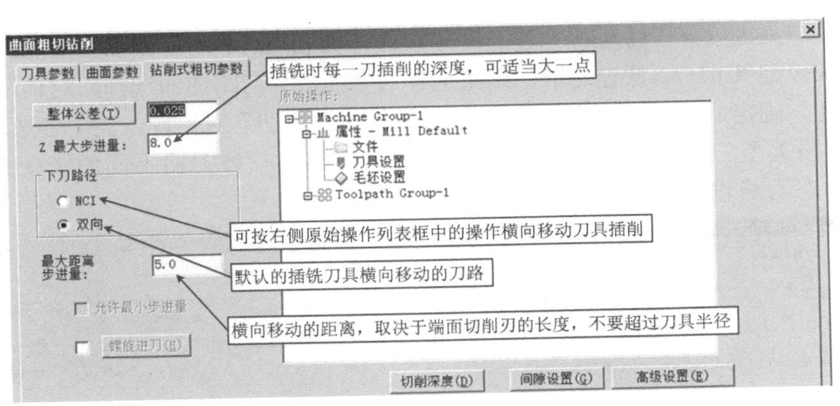

图 7-13 “曲面粗切钻削”对话框→“钻削式粗切参数”选项卡

7.2.4 优化动态粗铣加工

优化动态粗铣加工是充分利用刀具圆柱切削刃去除材料的粗铣加工策略，而且是一种动态高速铣削刀轨，除可进行粗铣加工外，通过设置还能进行半精加工。具体是首先根据刀具圆柱切削刃允许的背吃刀量 a_p 分层铣削逼近毛坯表面，然后再依据步进量逐层向上逼近工件表面，完成一层加工。如此循环直至达到模型所需深度。这种加工策略可最大限度地去除工件材料。如图7-14所示，其加工模型的几何参数参见图3-24b，其网格曲面旋转复制5个，如图3-44d 所示。从刀具轨迹的前视图可见，其按16mm 分层，共4层，切削时先按16mm 深度从外向内切削至模型曲面，然后往上按2mm 步距逐层向上切削粗切7刀逼近模型曲面，图中第三层正在按层深度16mm 向内切削，其上已切完两层供31刀。另外，注意优化动态粗铣加工刀轨是一种高速动态铣削刀轨，适合于高速铣削加工。

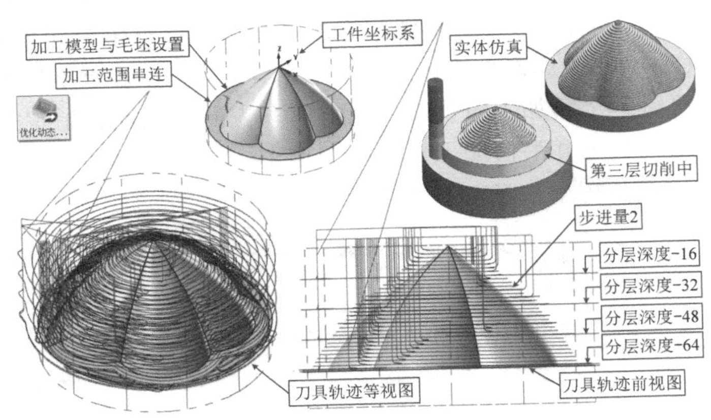

图 7-14 优化动态粗铣加工示例

1. 优化动态粗铣加工主要参数设置说明

优化动态粗铣加工参数设置主要集中在“高速曲面刀路-优化动态粗切”对话框中，下面以图 7-14 所示加工示例为例进行讨论。

首先，模型的准备包括加工模型、工件坐标系、铣削模块的进入与毛坯的设置等。这里的加工模型为曲面模型，因此构建圆柱毛坯时总高度取了 85mm，顶面留 0.5mm 的加工余量，底部留有适当的装夹高度，工件坐标系建立在顶点处，如图 7-14 所示，加工曲面的选择可按操作提示使用快捷键<Ctrl+A>快速选取，结束选择后会弹出“刀路曲面选择”对话框，继续选择加工范围串连，确定后会弹出“高速曲面刀路-优化动态粗切”对话框，其中各选项说明如下：

（1）“刀路类型”选项　如图 7-15 所示，其是与前述三种刀路不同的较新式的对话框，2D 铣削的动态刀路也是这种形式的对话框。

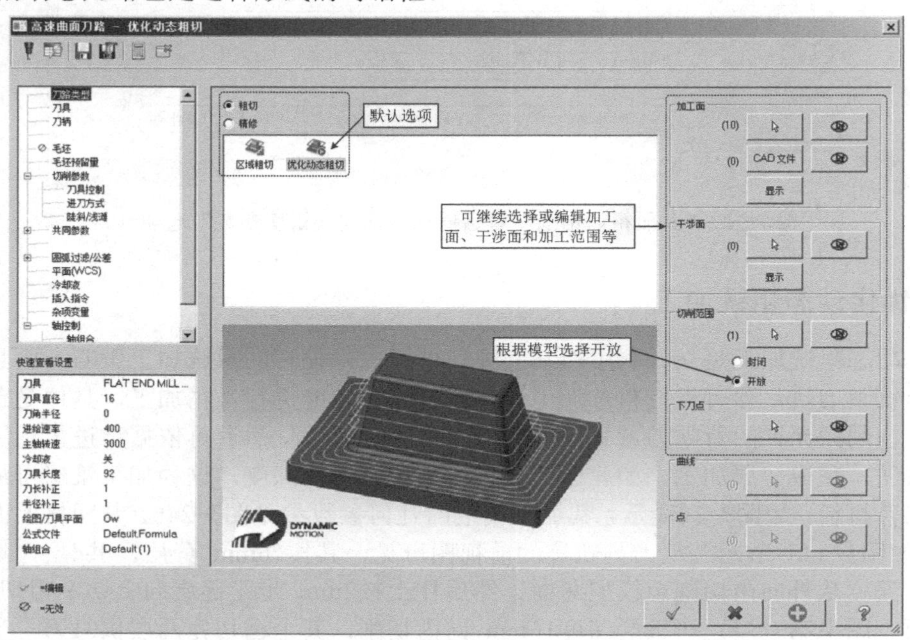

图 7-15 “高速曲面刀路-优化动态粗切”对话框→“刀路类型”选项

（2）“刀具”选项　与前述 2D 动态铣削介绍的类似，这里不附图说明。

（3）“毛坯”选项　默认是未激活状态（参见图 7-15），单击“毛坯”选项并勾选“剩余材料”复选框，可进行半精加工设置，包括对所有先前的操作、指定的操作和指定刀具等方式加工的表面进一步进行半精加工等，如图 7-16 所示。

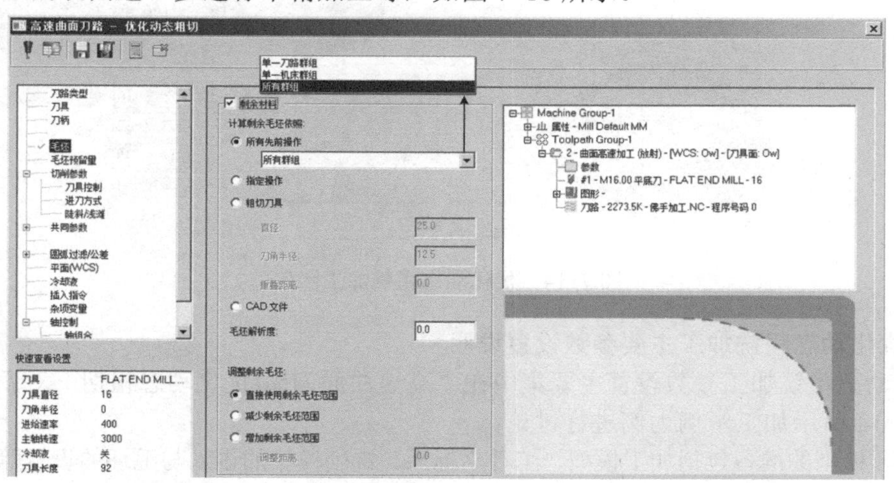

图 7-16 “高速曲面刀路-优化动态粗切”对话框→“毛坯”选项

（4）“毛坯预留量”选项　如图7-17所示，壁边预留量与底部预留量可以设置不同的值，如图中底面未留余量，壁边预留1mm，留作后续曲面精加工。

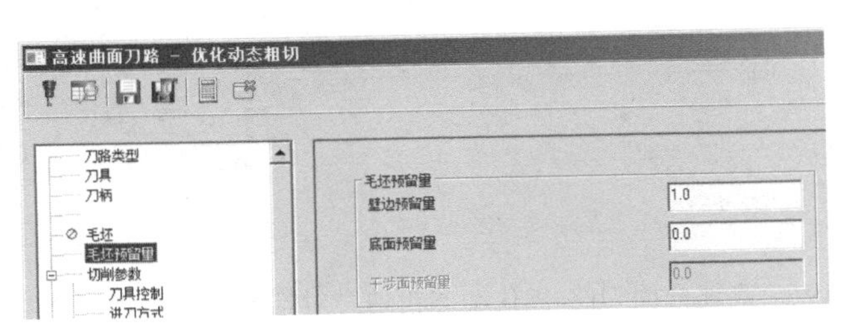

图7-17 “高速曲面刀路-优化动态粗切”对话框→“毛坯预留量”选项

（5）“切削参数”选项　是优化动态粗铣加工设置的主要部分，如图7-18所示，看图设置即可。图中的“分层深度”与“步进量”与图7-14中的刀轨对应。若不勾选“步进量”复选框，则刀轨按分层深度逐层往下切，这时的分层深度不宜设置得太大。步进量将分层深度进一步向上逐层切削。若分层深度设置得较大，则切削间距不能设置得太大，取刀具直径的20%～40%即可。若不勾选“步进量”复选框，直接逐层向下铣削，则分层深度设置一般也不能太大，这时切削间距可适当增大。读者实操观察不同视角的刀轨，可见其具有高速动态铣削的特点，因此有微量提刀、最小刀路半径等参数设置。

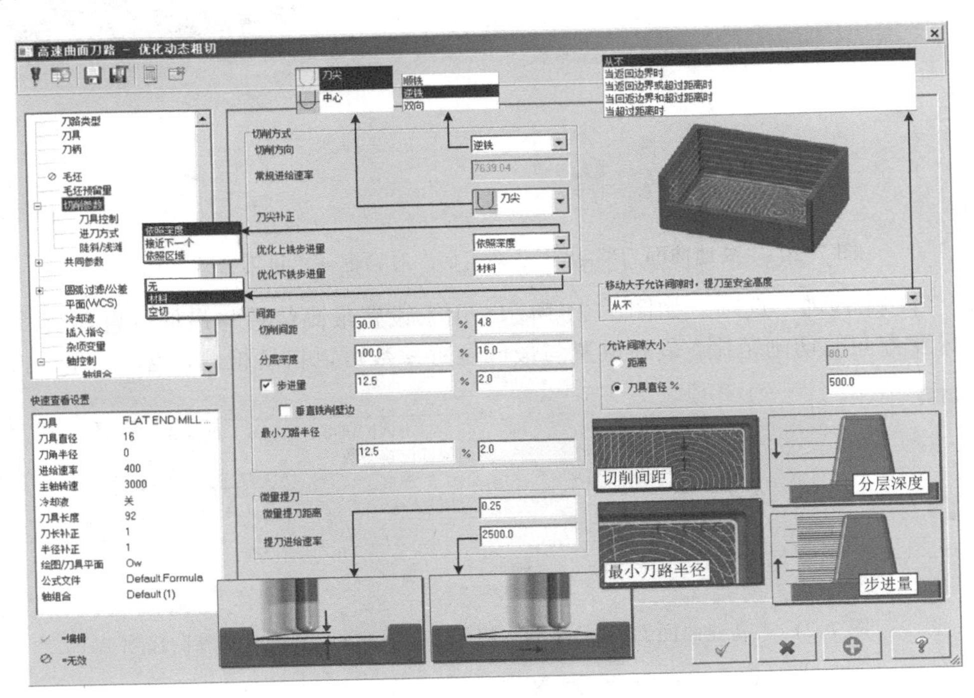

图7-18 “高速曲面刀路-优化动态粗切”对话框→“切削参数”选项

（6）“刀具控制”选项　如图7-19所示，控制刀具边界处的偏置位置，看图设置即可。

（7）“进刀方式”选项　如图7-20所示，其实质是下刀方式，不同选项，其参数与提示样例图会相应变化，一般看图即会操作，2D铣削加工时已经介绍过。

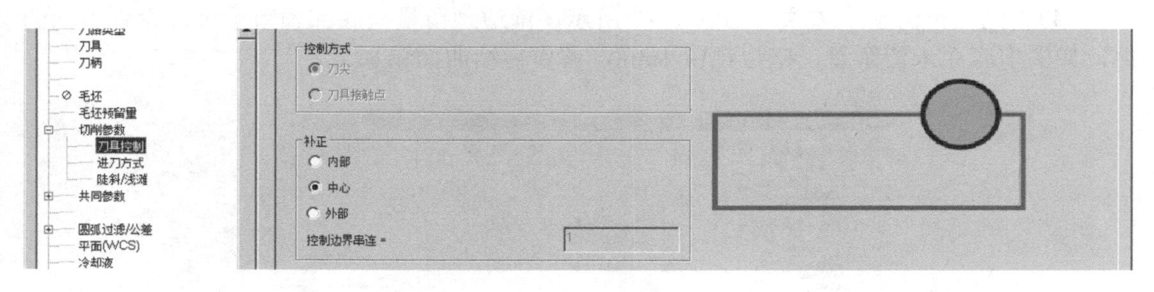

图 7-19 “高速曲面刀路-优化动态粗切”对话框→“刀具控制”选项

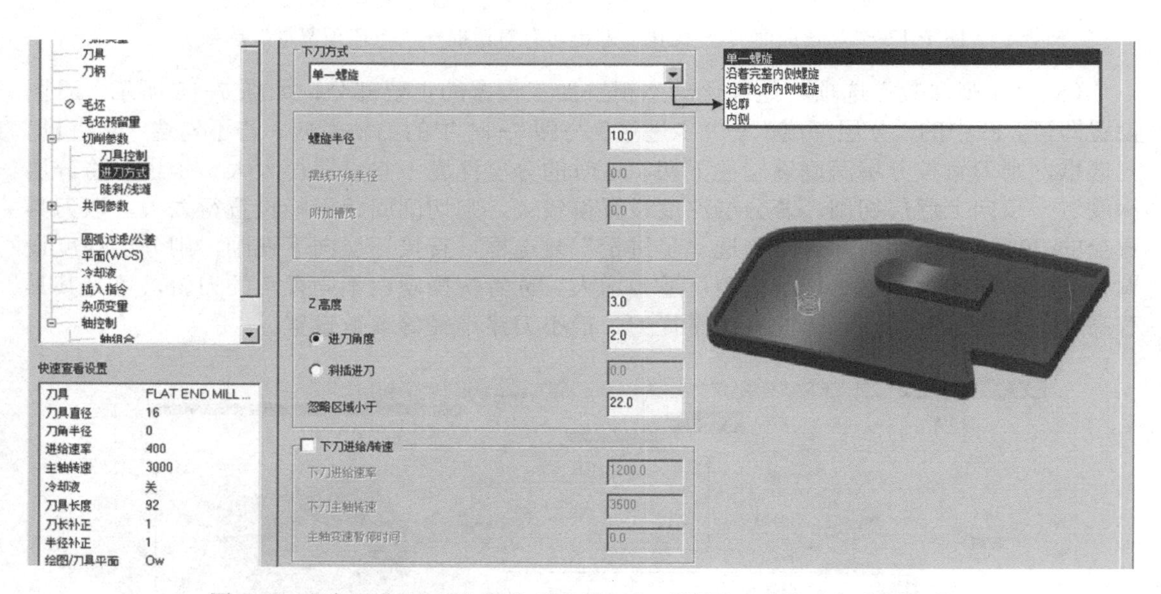

图 7-20 “高速曲面刀路-优化动态粗切”对话框→“进刀方式”选项

（8）“陡斜/浅滩”选项　如图 7-21 所示，用于设置最高位置与最低位置参数，其实质是设置深度方向的切削范围。最高位置与最低位置参数可以自动检测，也可以进一步修改。

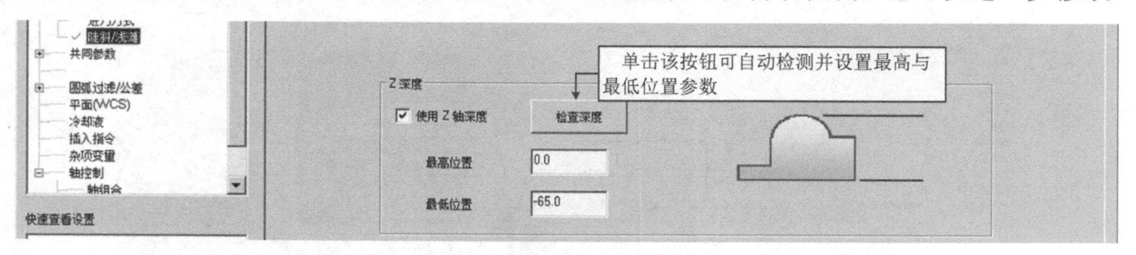

图 7-21 “高速曲面刀路-优化动态粗切”对话框→“陡斜/浅滩”选项

（9）“共同参数”选项　如图 7-22 所示，比 2D 铣削的“共同参数”以及图 7-5 所示老版本的“曲面参数”设置选项要丰富得多，如“进/退刀参数”中增加了垂直进刀/退刀圆弧设置参数等。

另外，单击展开“共同参数”选项可看到“原点/参考点”选项，其设置与前述 2D 刀路相同。

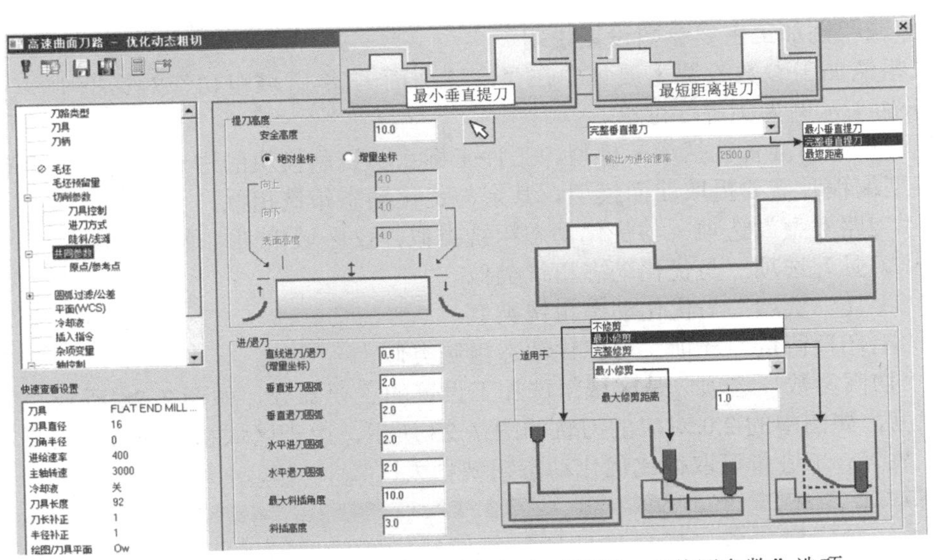

图 7-22 “高速曲面刀路-优化动态粗切”对话框→“共同参数”选项

2．优化动态粗铣加工设置示例

例 7-4　参照图 7-14 练习优化动态粗铣加工设置。加工曲面参数参见图 3-24b 与图 3-44d，底面先用“草图”功能选项卡中的“矩形”功能□构建一个平面，然后绘制一个圆（图例为ϕ150）作为修剪线，再利用“曲面”功能选项卡中的“修剪到曲面”功能⊕修剪获得一个圆底平面。工件坐标系设置在曲面顶点，毛坯设置为立方体圆柱体，顶面留 0.5mm 余量，底面多余部分高度自定。加工刀具为ϕ16mm 平底铣刀。参考点设置为（0，0，120）。其余选项参数按照图 7-15～图 7-22 设定。

练习时注意观察从不同视角观察刀具角度，体会刀路特点，悟出加工用途。另外，将“切削参数”选项中的“步进量”勾选去除，同时将分层深度设置为 2.0mm，观察其刀轨变化，同时注意实体仿真的结果，体会为什么仿真结果是相同的。

7.2.5　区域粗铣加工

区域粗铣加工可快速去除材料，是快速加工凹槽类与凸台类模型（如型腔与型芯等）的粗铣加工策略，也是一种动态高速铣削刀轨，同样可进行半精加工。图 7-23 所示为一个区域粗铣的加工示例，加工模型的尺寸参数等参见图 3-72，毛坯设置为ϕ80mm×21mm 圆柱体，上表面留 1mm 加工余量，工件坐标系设置在加工模型上表面几何中心。加工表面为六方底座上表面及其以上部分，从刀具轨迹可见其包含大量的摆线加工，是典型的高速铣削刀轨，实体仿真模型清晰地显示出其是深度分层铣削的粗铣刀轨。

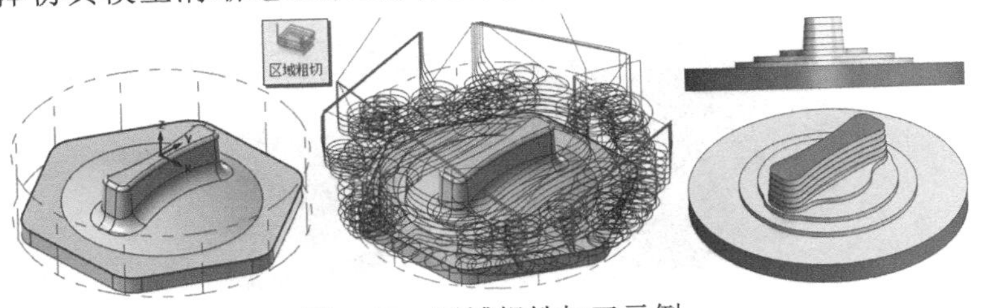

图 7-23　区域粗铣加工示例

1．区域粗铣加工主要参数设置说明

区域粗铣加工参数设置主要集中在“高速曲面刀路-区域粗切”对话框中，下面以图 7-23 所示加工示例为例进行讨论。

首先，模型的准备包括加工模型、工件坐标系、铣削模块的进入与毛坯的设置等。注意实体模型编程时需要提取曲面模型。其余与优化动态粗铣相似。

（1）“刀路类型”选项　与优化动态粗铣类似，仅区域粗切功能有效。

（2）“刀具”选项　与优化动态粗铣类似。

（3）“毛坯”选项　与优化动态粗铣类似。

（4）“毛坯预留量”选项　与优化动态粗铣类似。

（5）“切削参数”选项　是区域粗铣加工设置的主要部分，如图 7-24 所示。默认仅设置分层深度，如图中的 2.0 对应的刀轨如图 7-23 所示。由于区域粗切的背吃刀量（a_p）一般不大，故 XY 步进量可取得比优化动态粗铣稍大。

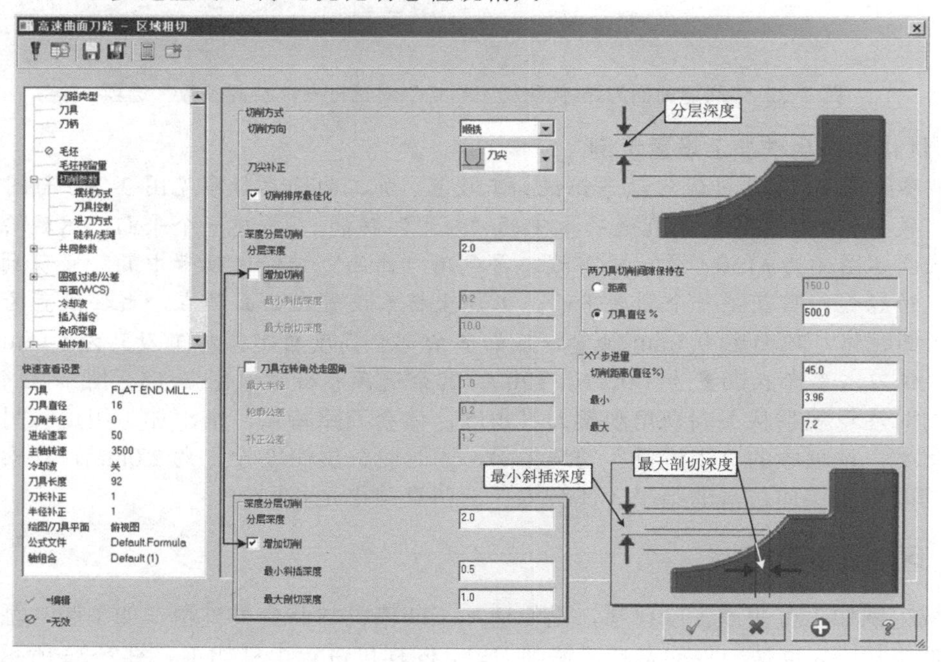

图 7-24 “高速曲面刀路-区域粗切”对话框→“切削参数”选项

图 7-24 中，若勾选“增加切削”选项，并设置适当的深度值，如图中设置最小斜插深度 0.5，最大剖切深度 1，则生成刀轨时对平坦部分会增加刀轨，如图 7-25 所示。

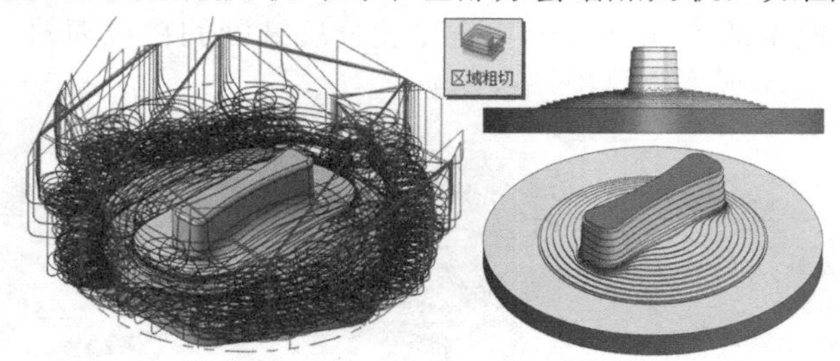

图 7-25　区域粗铣加工示例增加切深示例

（6）“摆线方式”选项　主要是为了降低刀具负荷，并使切削过程的切削力更为平稳，这是高速加工的必须。图形界面参见2D区域铣削部分中的图6-62。

（7）“刀具控制”选项　与优化动态粗铣类似。

（8）“进刀方式”选项　其实质是下刀方式，如图7-26所示，系统提供了螺旋进刀与斜插进刀两种方式。

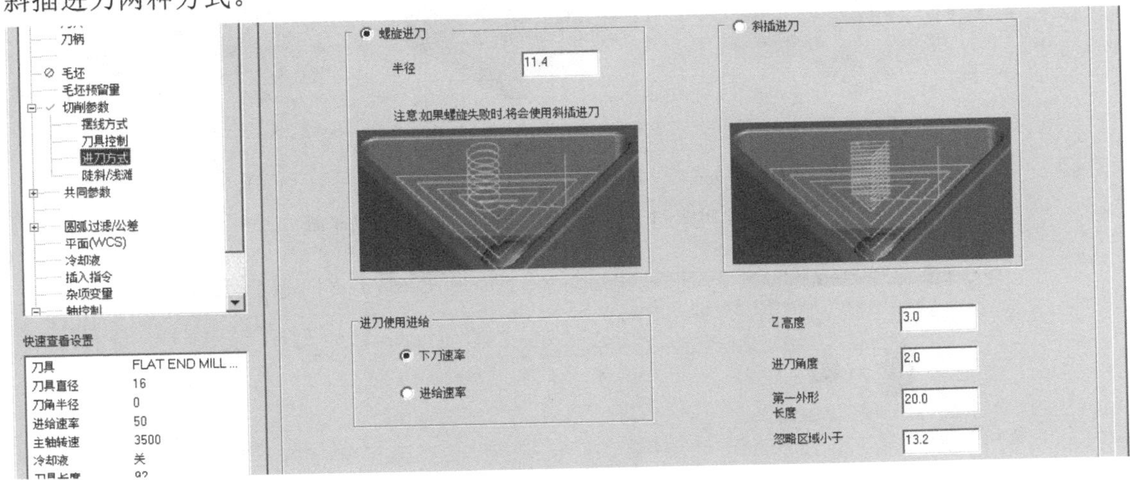

图7-26　“高速曲面刀路-区域粗切”对话框→“进刀方式”选项

（9）“陡斜/浅滩”选项　与优化动态粗铣类似。

后续的“共同参数”选项与“原点/参考点”选项的设置同前所述。

2．区域粗铣加工设置示例

例7-5　参照图7-23练习区域粗铣加工设置。加工曲面参数参见图3-72。首先用“曲面”功能选项卡中的“由实体生成曲面”功能提取实体模型的曲面。毛坯设置为ϕ80mm×21mm圆柱体，上表面留1mm加工余量，工件坐标系设置在加工模型上表面几何中心。加工表面为六方底座上表面及其以上部分（参见图7-23实体仿真图），加工刀具为ϕ16mm平底铣刀。参考点设置为（0，0，120）。其余选项参数按照上述叙述，注意图7-24中选择“增加切削”选项并设置图示参数后刀具轨迹及其实体仿真（图7-25）的差异，并体会其应用。

7.2.6　多曲面挖槽粗铣加工

多曲面挖槽粗铣加工可认为是前述挖槽粗铣加工的典型应用，其对加工参数的设置仅有一个选项卡略有差异，参见图7-28。以下仍以图7-3所示的加工模型为例介绍。图7-27所示为多曲面挖槽粗铣加工示例，图7-27a为凹槽模型粗铣加工，图7-27b所示为凸台模型粗铣加工，图7-27c所示为接着图7-27b挖槽后在“粗切参数”选项卡中勾选“平面铣削”按钮 铣平面(F) 后的平面加工，平面加工的加工面预留量为0，这三例的“挖槽参数”选项卡设置如图7-28所示，其余选项卡的设置参见前述的挖槽粗铣加工设置。

图7-28所示为“多曲面挖槽粗切”对话框“挖槽参数”选项卡，对照图7-8可见差异部分有两处，一是切削方式列表中的加工策略仅有两项，二是虚线框出的精修部分的设置略有差异。

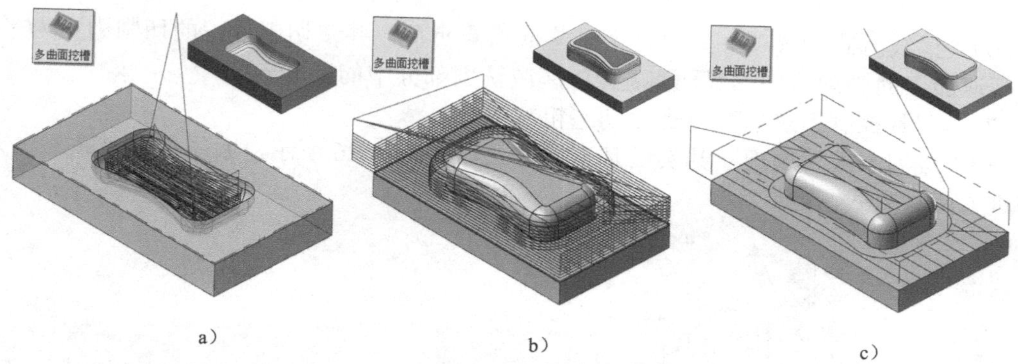

图 7-27　多曲面挖槽粗铣加工示例

a）凹槽模型粗铣　b）凸台模型粗铣　c）凸台模型铣平面

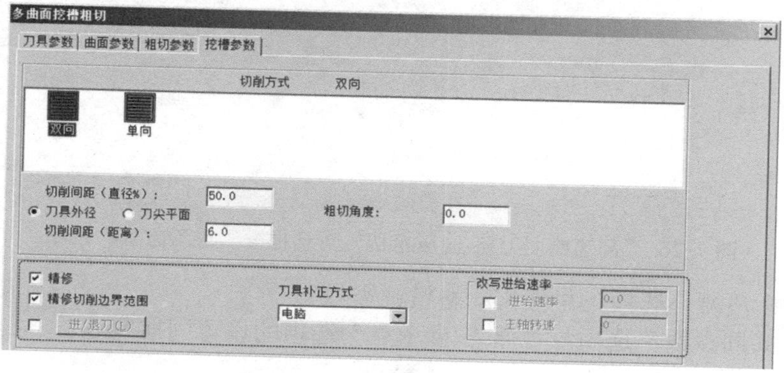

多曲面挖槽粗切
刀具参数 | 曲面参数 | 粗切参数 | 挖槽参数
切削方式　双向
双向　单向
切削间距（直径%）：50.0
刀具外径　刀尖平面
切削间距（距离）：6.0
粗切角度：0.0
精修
精修切削边界范围
进/退刀(L)
刀具补正方式
电脑
改写进给速率
进给速率　0.0
主轴转速　0

图 7-28　“多曲面挖槽粗切”对话框→“挖槽参数”选项卡

7.2.7　投影粗铣加工

投影粗铣加工是指将已有的线、点、刀具路径（NCI）等投影到曲面上进行粗铣加工。图 7-29 所示为一投影粗铣加工示例，其是将已有的一个 NCI 刀轨（一个 2D 熔接刀轨）投影到图示加工曲面上的粗铣加工示例（加工余量 1.0mm），其投影粗铣加工前已用 2D 区域铣削完成铣削轮廓和 2D 区域铣削完成了顶平面和底平面的加工，加工操作参见图 7-27。

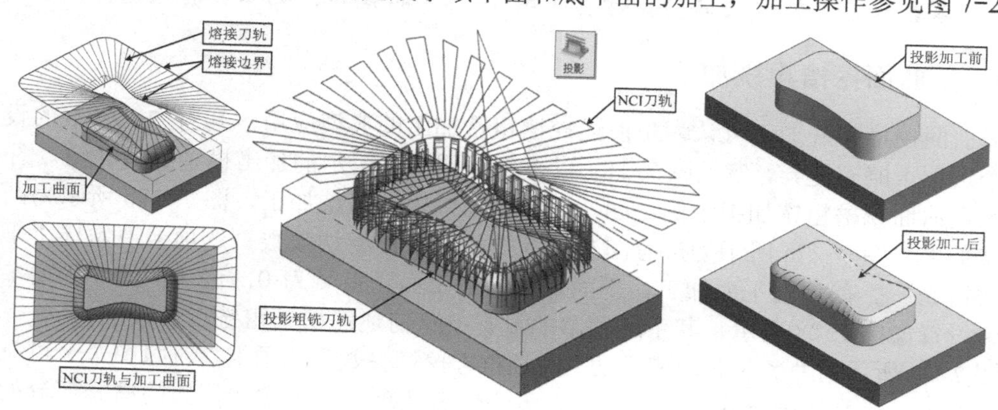

图 7-29　投影粗铣加工示例

投影粗加工的设置主要集中在“曲面粗切投影”对话框“投影粗切参数”选项卡中，如图 7-30 所示，其投影方式为指定 NCI 刀轨投影，Z 轴最大步进量为 1.5mm。对话框中的“刀具参数”和“曲面参数”选项卡（设置了加工面预留量 1.0mm）的设置与前述介绍基本相同。

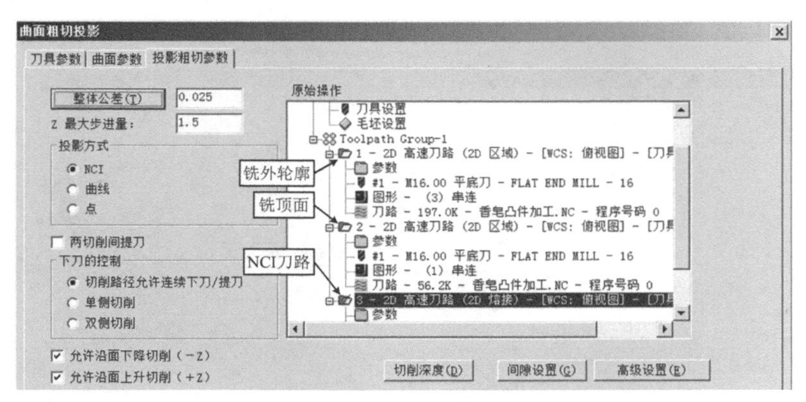

图 7-30 “曲面粗切投影”对话框→“投影粗切参数”选项卡

7.3 3D 铣削精加工

3D 铣削精加工主要用于曲面粗加工之后的进一步加工，以获得所需的加工精度与表面粗糙度要求，因此精加工刀轨一般均是一层加工模型表面偏置的刀轨。Mastercam 2017 提供了 12 种 3D 精加工策略，参见图 7-1。

7.3.1 等高铣削精加工

等高铣削精加工又称等高外形精加工或等高轮廓精加工，简称等高精加工，是指刀具沿着加工模型等高分层铣削出外形（水平剖切轮廓），默认是自上而下等高分层铣削外形。图 7-31 所示为一等高铣削精加工示例。本示例是图 7-25 所示示例的延续与扩展，重新设置了毛坯（延伸了下部），增加了 2D 的外形铣削加工下部六角座。由于等高精加工是水平分层铣削，因此加工模型的顶部往往有一层无法生成刀轨而无法铣削的平面。

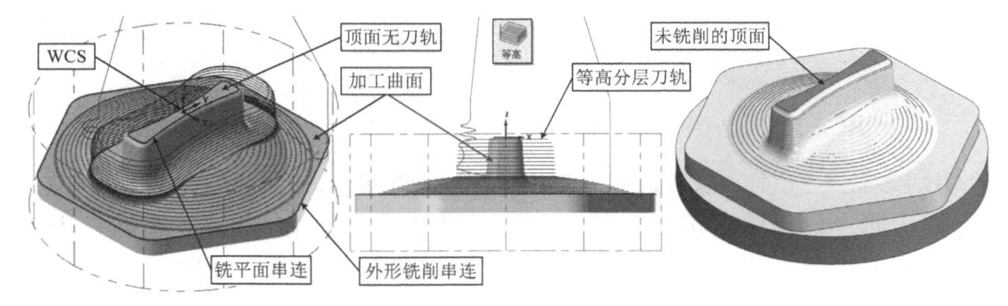

图 7-31 等高铣削精加工示例

1. 等高铣削精加工主要参数设置说明

等高铣削精加工参数设置主要集中在“高速曲面刀路-等高”对话框中，由图 7-32 可见，其与前述的动态高速铣削对话框类似。下面以图 7-31 所示加工示例为例说明。

首先，精加工模型的准备，本例精加工之前的工序包括区域粗铣加工→2D 外形铣削六边形→2D 面铣铣顶面（一刀式）→等高精加工。精加工选择曲面参见图 7-31。

（1）“刀路类型”选项　如图 7-32 所示，图中默认的“精修”单选按钮有效，表示为精加工，刀路列表框中的 9 种加工策略均为动态高速铣削精加工刀路，可直接切换，且设置选项大部分相同。

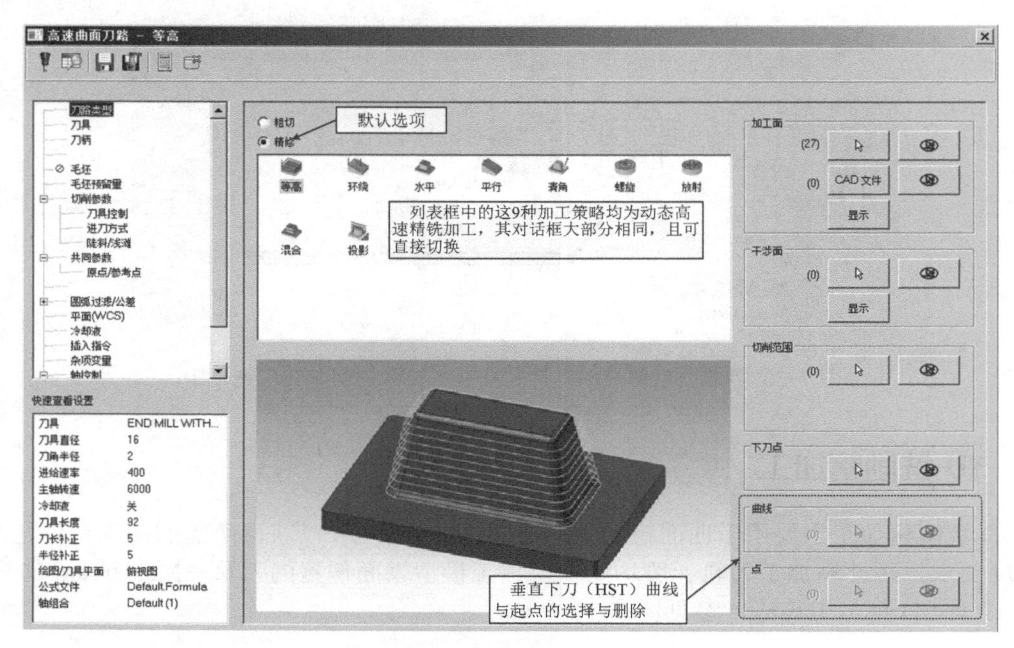

图 7-32 “高速曲面刀路-等高”对话框→“刀具类型”选项

（2）“刀具”选项　精铣刀具为一把 D16R2 的圆角立铣刀，另外前三道工序采用的是 ϕ16mm 的平底铣刀。

（3）“毛坯预留量”选项　精加工的预留量一般取 0，干涉面预留量必须大于 0，如图 7-33 所示。

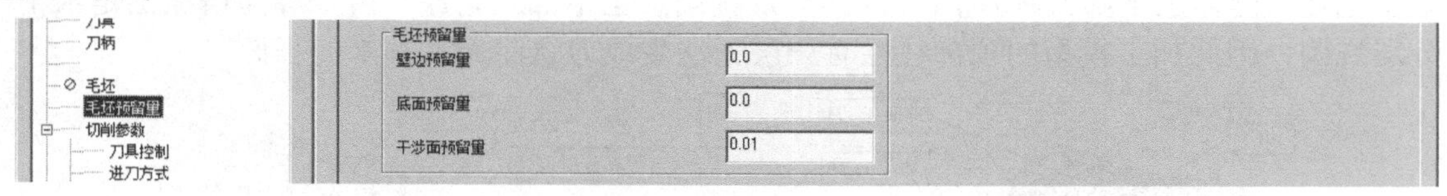

图 7-33 “高速曲面刀路-等高”对话框→“毛坯预留量”选项

（4）“切削参数”选项　是等高精加工设置的主要部分，如图 7-34 所示，其中切削排序一般选用默认的“最佳化”选项，其余设置参见区域粗铣相应部分。注意，这里设置了“增加切削”选项，所以才会出现图 7-31 所示刀轨在平坦球面部分加密了水平分层切削，兼顾陡立面与平坦面的加工。

（5）“刀具控制”选项　控制方式为“刀尖”选项，补正为“中心”选项。

（6）“进刀方式”选项　共有三个选项，默认选择“切线斜插”，如图 7-35 所示。

（7）“陡斜/浅滩”选项　最高位置 1，最低位置-15。

（8）“共同参数”选项　将安全高度设置为绝对坐标 10.0，其余采用默认设置。

（9）“原点/参考点”选项 参考点的进入点与退出点均设置为（0，0，100）。

刀具
刀柄
毛坯
毛坯预留量
切削参数
刀具控制
进刀方式
陡斜/浅滩
共同参数
原点/参考点
圆弧过滤/公差
平面(WCS)
冷却液
插入指令
杂项变量
轴控制
快速查看设置
刀具 END MILL WITH...
刀具直径 16
刀角半径 2
进给速率 400
主轴转速 6000
冷却液 关
刀具长度 92
刀长补正 5

切削方式
切削方向 顺铣
刀尖补正 刀尖
切削排序 依照深度 最佳化 由下而上
分层加工的默认项
深度分层切削
分层深度 1.0
增加切削
最小斜插深度 0.1
最大剖切深度 1.0
这部分设置的含义参见区域粗铣加工部分
两刀具切削间隙保持在
距离 12.0
刀具直径 % 100.0
刀具在转角处走圆角
最大半径 0.8
轮廓公差 0.16
补正公差 1.2

图 7-34 “高速曲面刀路-等高”对话框→“切削参数”选项

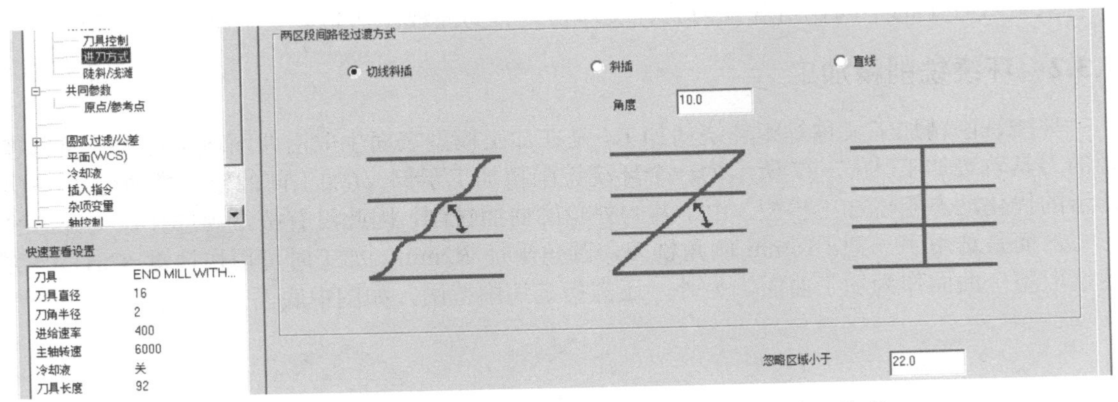

图 7-35 “高速曲面刀路-等高”对话框→“进刀方式”选项

2. 等高铣削精加工设置示例

例 7-6 参照图 7-31 练习等高铣削精加工。毛坯设置为ϕ80mm×31mm 圆柱体，上表面留1mm 加工余量，工件坐标系设置在加工模型上表面几何中心。粗、精加工曲面均选择六角底座上表面以上部分，参见图 7-31。参考点设置均为（0，0，120）。加工工艺如图 7-36 所示，具体为 3D 区域粗铣加工→2D 外形铣削六边形→2D 面铣铣顶面（一刀式）→3D 等高精加工。其中前三道工序采用的是ϕ16mm 的平底铣刀，最后精铣工序为ϕ16mm 的圆角铣刀，圆角半径 R2mm。

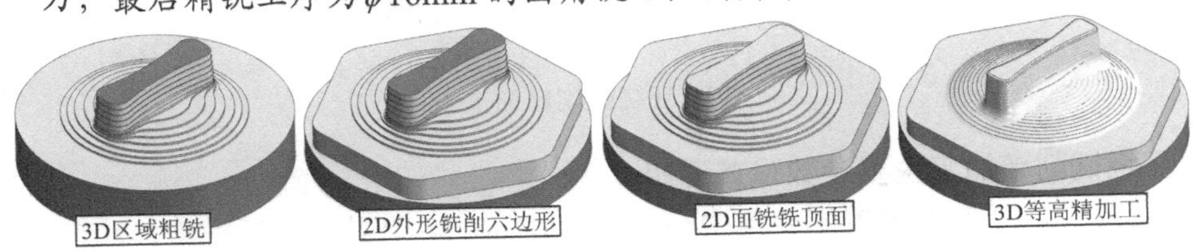

图 7-36 六角台旋钮加工工艺

练习步骤：

1）3D 区域粗铣加工，设置至图 7-25 所示状态。

2）2D 外形铣削底部六角台外轮廓，精铣至尺寸，贯通距离为 1mm。

3）2D 面铣铣顶面，注意要从实体模型上提取顶面串连曲线，参见图 7-31。“切削参数”中的切削类型选择“一刀式”，粗切角度 90°，可参考图 6-31。

4）3D 等高铣削精加工是本例体的重点。其主要操作步骤如下：

① 刀具类型选项，参见图 7-32。

② 刀具选项，设置一把ϕ16mm 的圆角铣刀，圆角半径 R2mm，其余自定。

③ 毛坯预留量设置，参见图 7-33。

④ 切削参数选项，参见图 7-34。

⑤ 刀具控制选项，控制方式为“刀尖”，补正为“中心”。

⑥ 进刀方式选项，切线斜插，角度 10°。

⑦ 陡斜/浅滩选项，单击“检查深度”按钮，确定最高位置与最低位置参数，其余默认。

⑧ 共同参数选项，安全高度设置为 10，其余默认。

⑨ 原点/参考点选项，设置参考点为（0，0，100）。

设置过程中的不同视角观察刀轨、实体仿真、刀路模拟等以及最后的程序输出略。

7.3.2 环绕铣削精加工

环绕铣削精加工又称等距环绕精加工，是在加工模型表面生成沿曲面环绕且水平面内等距的刀具轨迹加工。图 7-37 所示为一个环绕铣削精加工示例。其加工前的粗铣模型为图 7-14 所示的优化动态粗铣加工模型。由于其为外轮廓曲面铣削，因此没有按常规选择球头铣刀的方式，而是选用了一把ϕ 16mm 圆角铣刀，圆角半径 R2mm。加工时可用快捷键<Ctrl+A>快速选取整个曲面作为加工曲面，另外，还需指定切削范围，如图中底面外圆轮廓线。

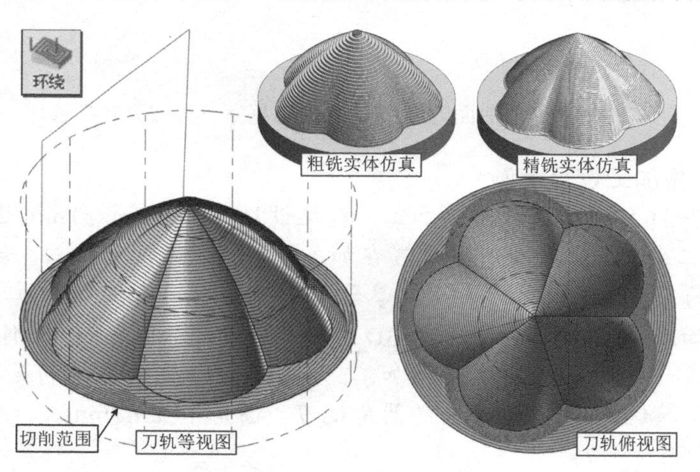

图 7-37 环绕铣削精加工示例

1. 环绕铣削精加工主要参数设置说明

环绕铣削精加工参数设置主要集中在“高速曲面刀路-环绕”对话框中，下面以图 7-37 所示加工示例为例说明。

（1）加工曲面与“刀路类型”选项 启动环绕铣削精加工后，首先会弹出“刀路曲面选择”对话框，加工面选全部，切削范围选底面外环轮廓线。确定后弹出的“高速曲面刀路-环绕”对话框右侧也有相应的按钮可对以选择的曲面等进行重新编辑。“刀路类型”列表中的默认选项为环绕刀路。

（2）“刀具”选项 从刀库中调用一把ϕ16mm圆角铣刀，圆角半径R2mm。

（3）“毛坯预留量”选项 取壁边预留量和底面预留量均为0。

（4）“切削参数”选项 设置较为简单，一般仅需设置切削间距即可，“切削方向”选项可根据需要选择，如图7-38所示。

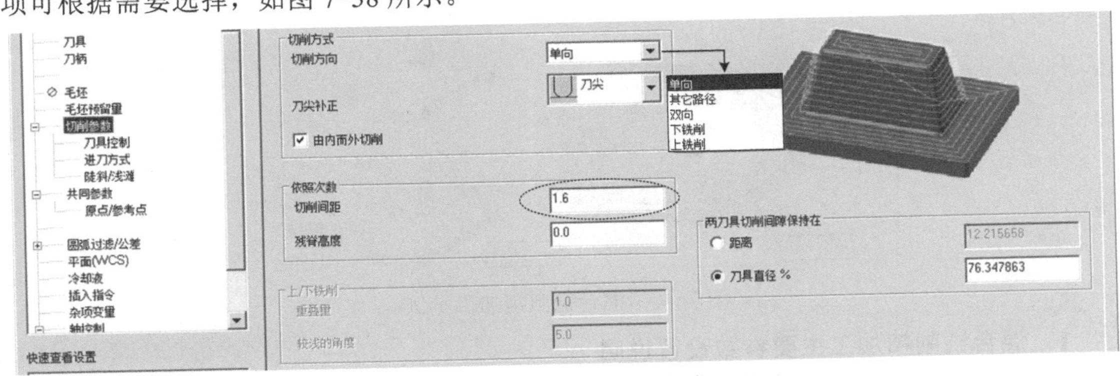

图7-38 “高速曲面刀路-环绕”对话框→“切削参数”选项

（5）“刀具控制”选项 控制方式为“刀尖”，补正为“中心”。

（6）“进刀方式”选项 切线斜插，角度10°。

（7）“陡斜/浅滩”选项 如图7-39所示，角度默认设置是0°～90°，其对应的刀轨如图7-37所示，底部的平面也产生了刀轨，若最小角度大于0，如图7-39中的1°～90°，则底平面就不会产生刀轨。

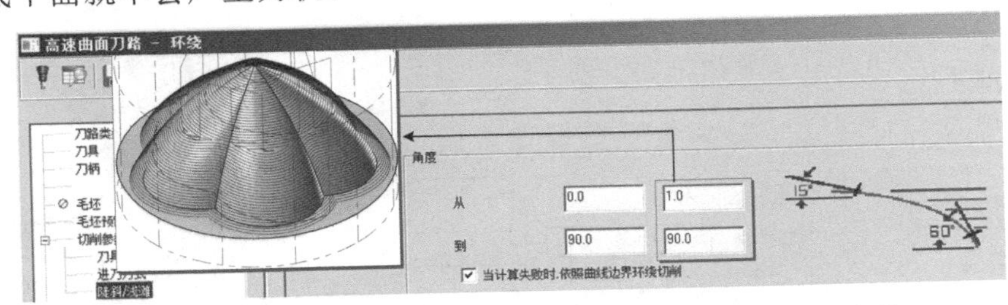

图7-39 “高速曲面刀路-环绕”对话框→“陡斜/浅滩”选项

（8）“共同参数”选项 一般将安全高度设置为绝对坐标10.0，其余采用默认设置即可。

（9）“原点/参考点”选项 设置为（0，0，100）。

2．环绕铣削精加工设置示例

例7-7 参照图7-37练习环绕铣削精加工，参数设置参见上述说明，注意图7-39所示“陡斜/浅滩”参数设置为0°～90°与1°～90°导轨的差异，并分析各自的优缺点。

7.3.3 混合铣削精加工

前述的等高铣削精加工刀路，若在“深度分层切削”选项中不勾选“增加切削”选项（参见图 7-34），则刀轨是基于高度分层加工的，对于浅滩曲面，这种刀轨的水平间距会变得较大。而环绕铣削精加工的刀轨在水平方向的间距相等，若碰到陡峭曲面，则分层深度会增加。混合铣削精加工则是这两种刀轨的组合，通过设置一个角度分界，陡峭区进行等高精铣，浅滩区则进行环绕精铣，集两者的优势于一体，对于同时具有陡峭与浅滩的加工模型较为适宜。图 7-40 所示为一混合铣削精加工示例。图中精铣前的加工模型是图 7-35 所示的第二道工序——2D 外形铣削六边形。混合铣削精加工刀轨较好地解决了陡峭与浅滩曲面的加工，一次性地将加工模型的整个曲面全部加工出来。

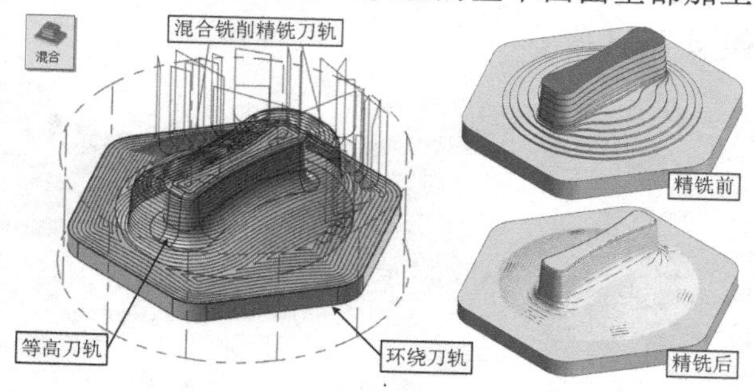

图 7-40　混合铣削精加工示例

1. 混合铣削精加工主要参数设置说明

混合铣削精加工参数设置主要集中在“高速曲面刀路-混合”对话框中，其与前述等高铣削和环绕铣削精加工加工相比，主要差异在“切削参数”选项上，其次“陡斜/浅滩”选项中取消了描述加工曲面陡峭/浅滩程度的角度设置项。图 7-41 所示“切削参数”选项设置对应图 7-40 中的刀轨，其参数设置主要有“步进”区域的 Z 步进量、角度限制和 3D 步进量三项。

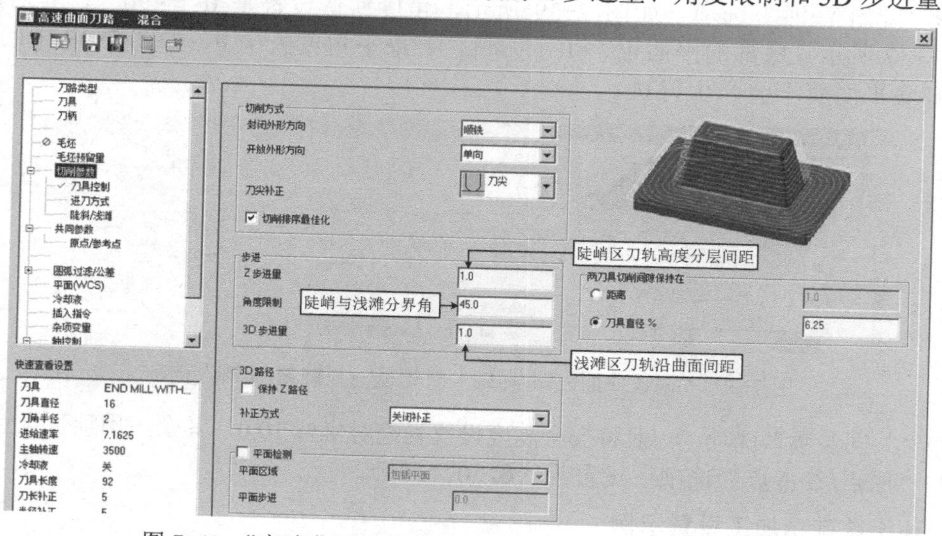

图 7-41　“高速曲面刀路-混合”对话框→“切削参数”选项

2. 混合铣削精加工设置示例

例 7-8　参照图 7-40 练习混合铣削精加工。加工工艺：3D 区域粗铣加工→2D 外形铣削六边形→混合铣削精加工。其中前两道工序与图 7-36 相同。新增加的混合铣削精加工采用的是 ϕ16mm 的圆角铣刀，圆角半径 R2mm。参考点设置均为（0，0，120）。

操作步骤：

1）参照例 7-6 中的图 7-36 完成区域粗铣与六边形外形铣削加工。

2）混合铣削精加工。加工面的选择与区域铣削粗铣加工相同，主要步骤如下：

① 单击“铣床刀路→3D→精切→混合”功能按钮，选择加工表面等，进入“高速曲面刀路-混合”对话框默认的“刀路类型”选项，此时，刀路类型列表中的混合功能按钮有效，其余同等高铣削精加工。

② 刀具选项，这里从刀库中调用一把ϕ16mm 圆角铣刀，圆角半径 R2mm。

③ 毛坯预留量选项，与例 7-7 相同，一般设置壁边预留量和底面预留量均为 0，干涉面预留量取 0.01。

④ 切削参数选项，参照图 7-41。

⑤ 刀具控制选项，控制方式为“刀尖”，补正为“中心”。

⑥ 进刀方式选项，默认的切线斜切，角度 10°。

⑦ 陡斜/浅滩选项，采用默认设置即可。

⑧ 共同参数选项，将安全高度设置为绝对坐标 10.0，其余采用默认设置。

⑨ 原点/参考点选项，均设置为（0，0，100）。

后续的刀具轨迹生成与实体仿真等略。

7.3.4 平行铣削精加工

平行铣削精加工是在一系列间距相等的平行平面中生成的一层逼近加工模型轮廓的切削刀轨的加工方法，这些平行平面垂直于 XY 平面且与 X 轴的夹角可设置。其与平行铣削粗加工的差异是深度方向（Z 向）不分层。平行铣削精加工示例如图 7-42 所示。图中的序号①是图 7-27c 所示多曲面挖槽粗加工与平面加工的模型，已完成粗铣、两个平面和侧立面的精加工。现用粗铣加工相同的ϕ16mm 平底铣刀，基于平行刀轨完成精加工。序号②是选择序号③所示加工曲面后的加工角度为 0° 的平行铣削精加工刀轨，实体仿真效果参见序号④图，可见其在序号⑥部分的曲面上留有较多的余料。序号⑤是选择序号⑥加工曲面和序号⑦干涉面，加工角度为 90° 的平行铣削精加工刀轨，其实体仿真效果参见序号⑧图，可见序号④留下的余料基本被去除了。

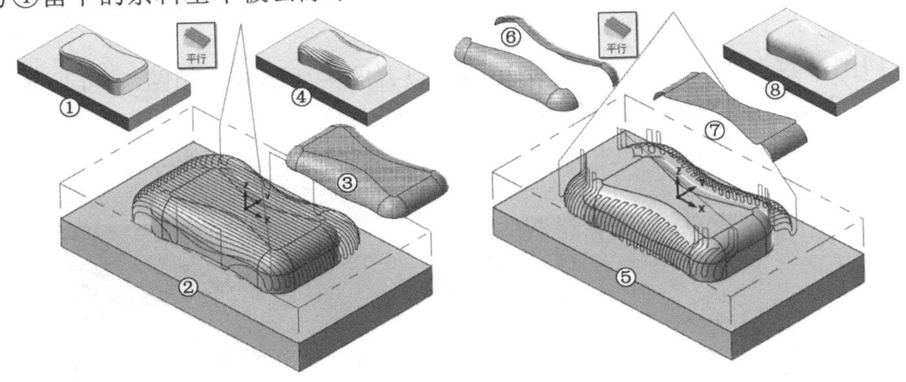

图 7-42 平行铣削精加工示例

1. 平行铣削精加工主要参数设置说明

平行铣削精加工参数设置主要集中在“高速曲面刀路-平行”对话框中，对照前述的动态高速铣削对话框（参见图 7-32）可见，其参数设置类似。下面以图 7-42 所示加工示例为例介绍。

首先，图 7-42 示例的平行铣削精加工是接着图 7-27c 所示多曲面挖槽粗加工与平面加工的模型进行的。这里由于加工面的特殊性，平底铣刀刀尖轨迹的旋转圆与曲面的接触类似于球头铣刀加工，因此下述的平行铣削精加工仍然使用粗铣的平底铣刀。

（1）加工曲面与“刀路类型”选项　启动平行铣削精加工后，首先会弹出“刀路曲面选择”对话框，可对加工曲面与干涉曲面等进行选择。确定后弹出的“高速曲面刀路-平行”对话框右侧也有相应的按钮可对已选择的曲面等进行重新编辑，如图 7-43 所示。

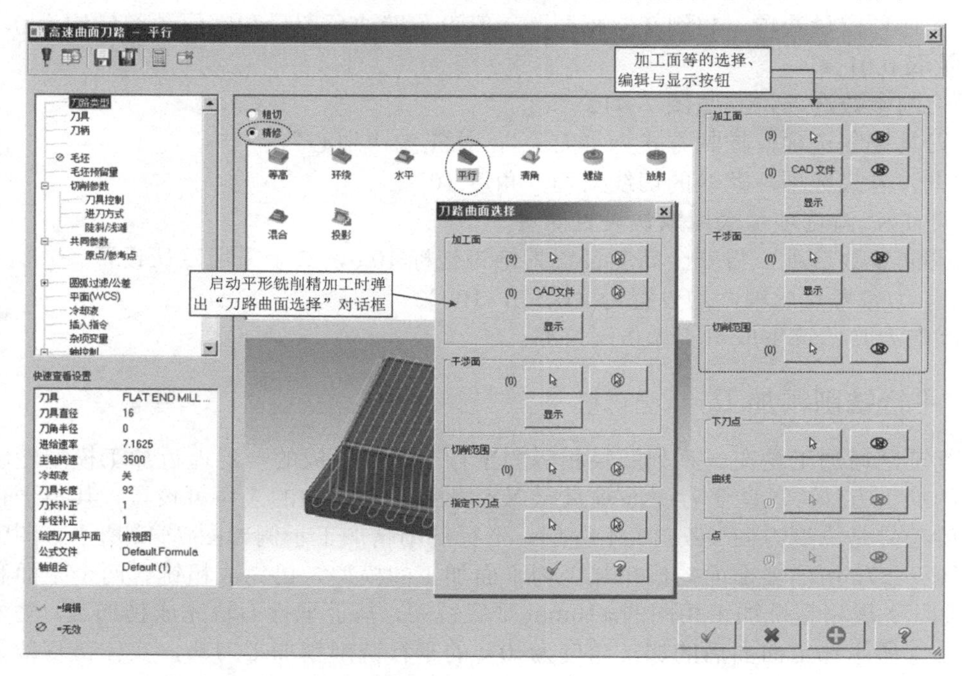

图 7-43　“高速曲面刀路-平行”对话框→“刀路类型”选项

（2）“刀具”选项　仍然借用粗铣加工时的ϕ16mm 平底铣刀，不用设置。

（3）“毛坯预留量”选项　与前述相同。这里壁边预留量和底面预留量均为 0，干涉面预留量取 0.01mm。

（4）“切削参数”选项　是平行铣削精加工设置的主要部分，如图 7-44 所示，其设置较为简单，主要是切削间距与加工角度（与 X 轴的夹角）。

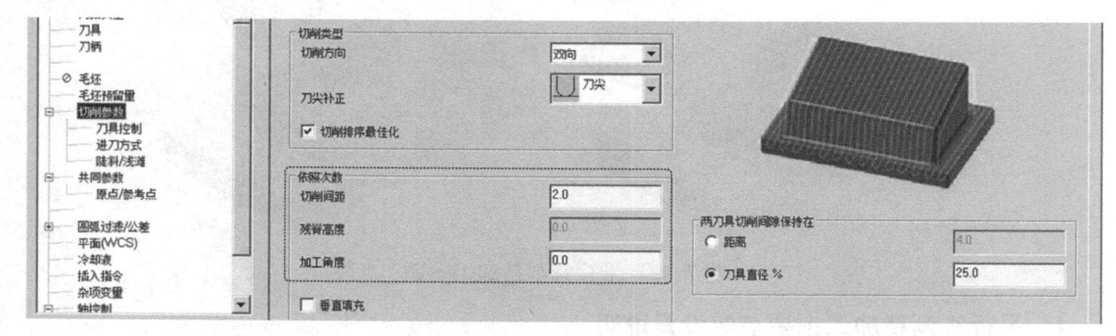

图 7-44　“高速曲面刀路-平行”对话框→“切削参数”选项

（5）“刀具控制”选项 控制方式为“刀尖”选项，补正为“中心”选项。

（6）“进刀方式”选项 如图7-45所示，默认的“平滑”选项加工较为平稳。

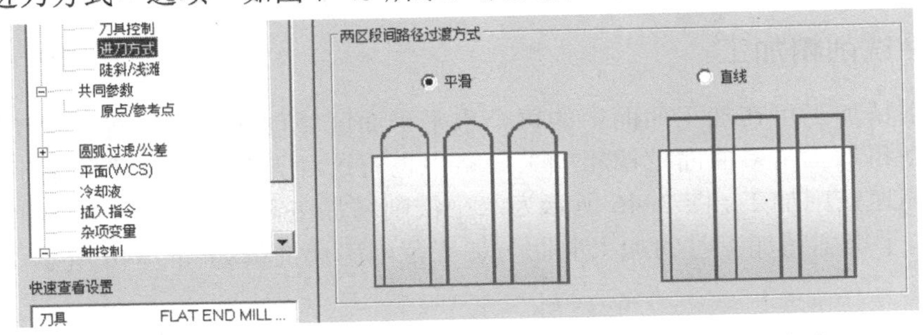

图7-45 “高速曲面刀路-平行”对话框→“进刀方式”选项

后续的“陡斜/浅滩”“共同参数”以及“原点/参考点”选项的选择与前述基本相同，此处略。

2. 平行铣削精加工设置示例

例7-9 参照图7-42练习平行铣削精加工。首先直接调用图7-27c所示的加工模型，然后按图7-42的示例要求完成平行铣削精加工设置。刀具同前期粗加工（即ϕ16mm的平底铣刀），参考点均为（0，0，120）。

练习步骤：

（1）加工角度为0°的平行铣削精加工 其主要步骤叙述如下：

1）单击“铣床刀路→3D→精切→平行”功能按钮，弹出“刀路曲面选择”对话框，选择图7-42中序号③所示的加工曲面，单击“确定”按钮，弹出“高速曲面刀路-平行”对话框，默认为“刀路类型”选项界面。

2）“刀路类型”选项设置。如图7-43所示，“平行”功能按钮有效，该界面还能继续编辑加工面、干涉面等。

3）刀具选项设置，借用粗铣加工刀具，不用设置。

4）毛坯预留量选项，壁边预留量和底面预留量均设置为0，干涉面预留量设置为0.01。

5）切削参数选项，如图7-44所示，具体为切削间距2mm，加工角度0°。

6）刀具控制选项，控制方式为“刀尖”，补正为“中心”。

7）进刀方式选项，如图7-45所示，“平滑”选项有效。

8）陡斜/浅滩选项，采用默认设置即可。

9）共同参数设置，将安全高度设置为绝对坐标10.0，其余采用默认设置。

10）原点/参考点选项，参考点的进入点与退出点均设置为（0，0，100）。

设置后的刀具轨迹与实体仿真如图7-42中序号②与序号④图。

（2）加工角度为90°的平行铣削精加工 主要步骤叙述如下：

1）复制上一个加工角度为0°的平行铣削精加工操作。

2）在“刀具类型”选项设置中修改加工曲面等。具体为单击“移除加工面”按钮，删除原有加工面，单击“选择加工面”按钮，选择图7-42中序号⑥所示加工曲面。同理，选择序号⑦所示表面为干涉面。

3）修改切削参数选项设置，将加工角度设置为90°。

修改以上设置后，单击“确认”按钮，退出“高速曲面刀路-平行”对话框。单击

“重建全部已选择的操作”按钮或“重建全部已失效的操作”按钮，重新生成刀轨，即可看到图 7-42 中序号⑤图所示刀轨，实体仿真后可看到序号⑧所示图形。

7.3.5 水平铣削精加工

水平铣削精加工可在加工曲面中的每个水平平面区域创建加工刀轨进行切削加工。前述的挖槽铣削粗加工与多曲面挖槽粗加工策略中也有这种刀路，但这里的水平铣削精加工更适合现代高速铣削加工。图 7-46 所示为水平铣削精加工示例，其加工前的粗铣示例如图 7-3 所示，水平铣削精加工时的加工曲面与加工范围串连曲线如图 7-46 所示。

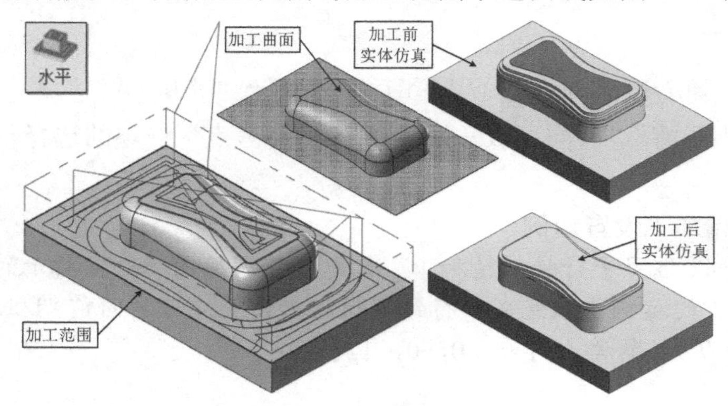

图 7-46 水平铣削精加工示例

1. 水平铣削精加工主要参数设置说明

水平铣削精加工参数设置主要集中在“高速曲面刀路-水平”对话框中，其参数选项与前述精加工刀轨基本相同，这里仅讨论几项有关的参数选项。

（1）“刀具”选项 借用粗铣ϕ16mm 平底铣刀。

（2）“毛坯预留量”选项 壁边预留量与底面预留量均为 0。

（3）“切削参数”选项 如图 7-47 所示，由于此例的加工余量不大，因此分层次数取 1，切削间距取得稍大（刀具直径的 40%）。若加工余量较大时，可适当增加分层次数和减小切削间距。

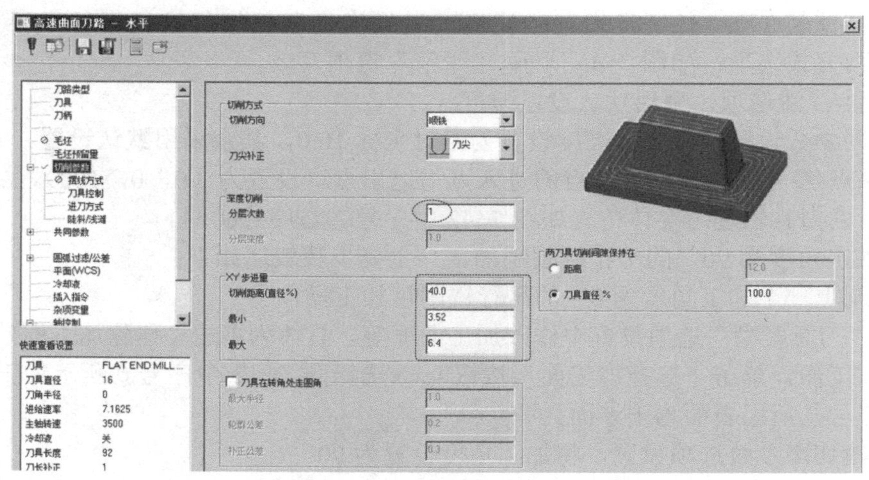

图 7-47 “高速曲面刀路-水平”对话框→“切削参数”选项

（4）“摆线方式”选项　“摆线方式”选项是复杂形状、高速铣削加工模型的选项，水平铣削精加工一般可以不用。

（5）“刀具控制”选项　选取默认的中心补正。

（6）“进刀方式”选项　如图 7-48 所示，螺旋进刀较为平稳，高速铣削时选用，但进刀螺旋会受空间限制；斜插进刀较为简单，无特殊要求时选用。

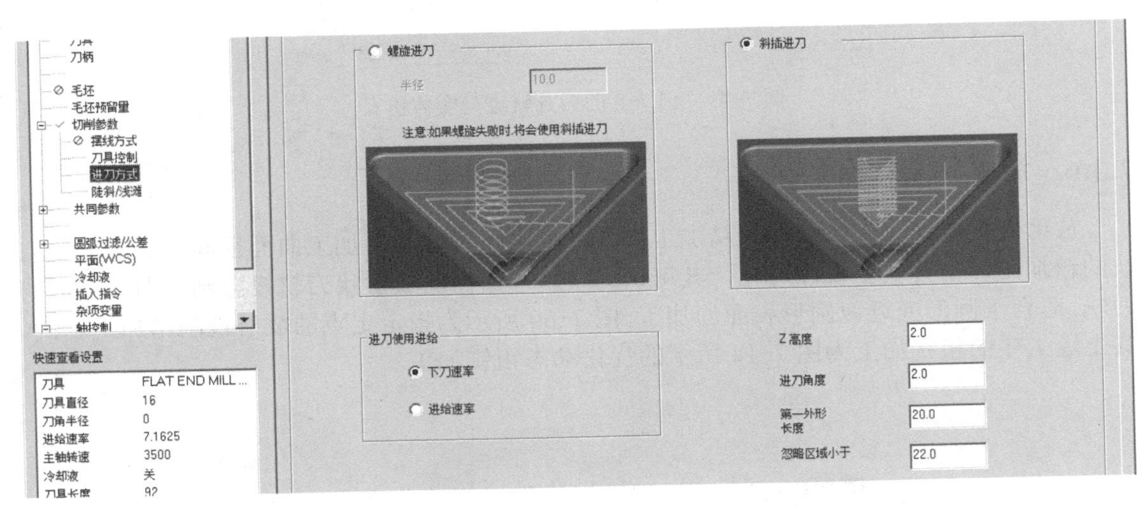

图 7-48　“高速曲面刀路-水平”对话框→“进刀方式”选项

（7）“原点/参考点”选项　仅需设置参考点参数，此处设置为（0，0，100）。

2．水平铣削精加工设置示例

图 7-46 所示的“挖槽铣削粗加工+水平铣削精加工”的工艺方案读者可自行尝试练习。此处给出一个“优化动态粗铣加工+水平铣削精加工”的工艺方案供读者练习。

例 7-10　水平铣削精加工练习。两工序相同的参数选项：①加工曲面与切削范围如图 7-46 所示；②刀具选项均为 ϕ16mm 的平底铣刀；③刀具控制选项均为中心补正选项；④陡斜/浅滩选项不选；⑤共同参数选项，仅修改安全高度为绝对坐标 10mm；⑥参考点均为（0，0，100）。其余选项参见表 7-2，加工刀轨与实体仿真如图 7-49 所示。其余未尽参数自定。

表 7-2　水平铣削练习参数设置

主要参数名称	优化动态粗铣加工	水平铣削精加工
刀路类型	粗切，优化动态粗切	精修，水平精铣
毛坯预留量	壁边预留量与底面预留量均为 1.0	壁边预留量与底面预留量均为 0
切削参数	切削方向逆铣，切削间距 25%，分层深度 10.0，步进量 12.5%，微量提刀距离 0.25，提刀进给速率 2500.0，其余默认	参照图 7-47
摆线方式	无	不启用
进刀方式	下刀方式为轮廓，Z 高度 3.0，进刀角度 2.0，其余默认	参见图 7-48

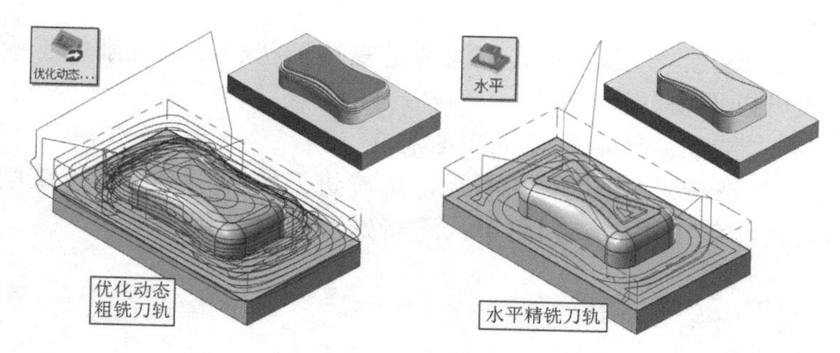

图 7-49 例 7-8 的刀具轨迹与实体仿真

7.3.6 放射铣削精加工

放射铣削精加工又称放射状精加工，是以指定点为中心沿加工曲面径向生成放射状刀轨的精加工，由刀轨俯视图可见，其可认为是水平面内的放射状刀轨投影到曲面后形成的刀轨，适合于圆形或近似圆形表面的加工。图 7-50 所示为指定定点的放射铣削精加工示例，其上道工序的粗铣加工为图 7-14 所示的优化动态粗铣加工。

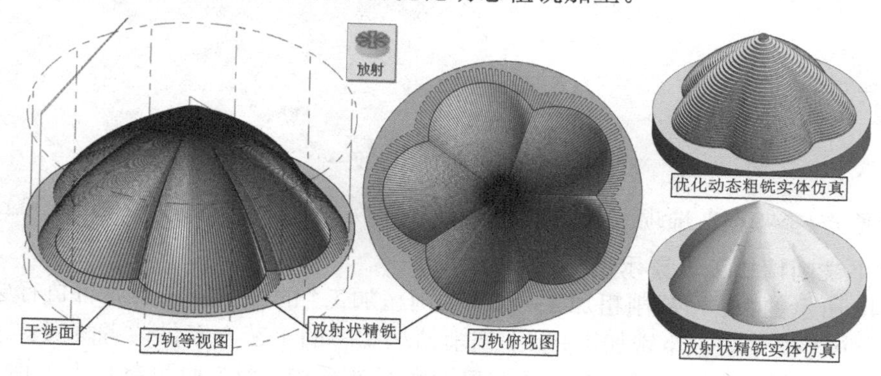

图 7-50 放射铣削精加工示例

放射铣削精加工参数设置主要集中在“高速曲面刀路-放射”对话框中，该对话框与前述 3D 精加工对话框基本相同，以下以图 7-50 所示加工示例为例介绍主要参数选项的设置。

（1）加工曲面与“刀路类型”选项　加工曲面选择底平面以上的所有曲面，底面设置为干涉面，参见图 7-50。“刀路类型”为放射。

（2）“刀具”选项　仍然借用粗铣加工时的ϕ16mm 平底铣刀。

（3）“毛坯预留量”选项　壁边预留量和底面预留量均为 0，干涉面预留量取 0.01mm。

（4）“切削参数”选项　这是放射铣削精加工设置的主要部分，如图 7-51 所示，其主要设置参数是“切削间距”，一般不超过刀具直径的 10%，也可用“残脊高度”控制。其次是“中心点”参数，可单击“中心点捕抓”按钮在屏幕上捕抓等（图 7-50 为顶点），另外“角度”参数有时也是需要设置的。

（5）“刀具控制”选项　控制方式为“刀尖”选项，补正为“中心”选项。

（6）“进刀方式”选项　与平行铣削相同，默认为“平滑”选项，参见图 7-45。

（7）“陡斜/浅滩”选项　按默认设置即可。

（8）“共同参数”选项　一般仅修改安全高度为绝对坐标 10mm 即可。

（9）“原点/参考点”选项 仅需设置参考点参数，此处设置为（0，0，100）。

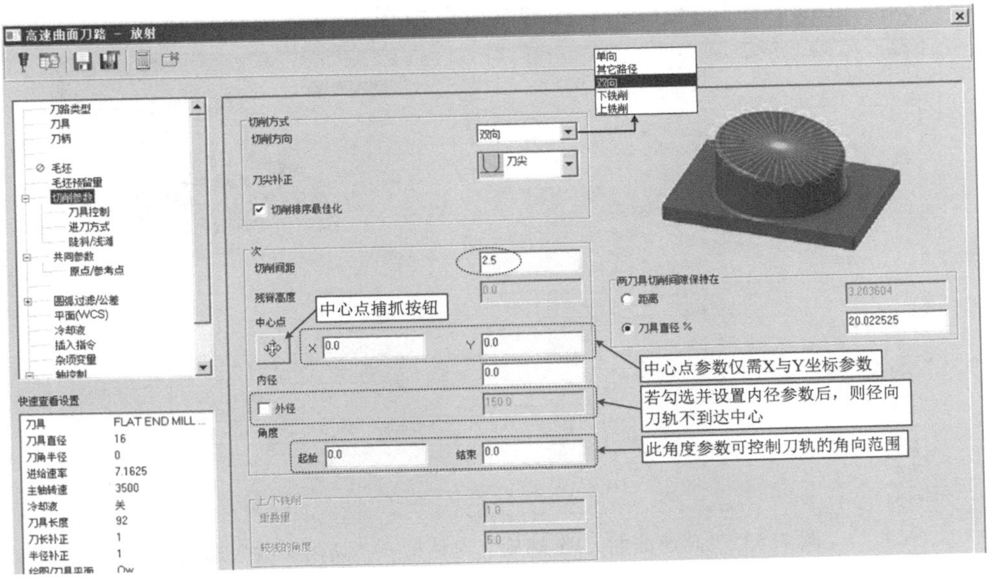

图 7-51 “高速曲面刀路-放射”对话框→“切削参数”选项

7.3.7 螺旋铣削精加工

螺旋铣削精加工是以指定的点为中心生成的螺旋线投影到加工曲面上生成的刀轨精加工，类似于 UG 中固定轴轮廓铣削螺旋线驱动方式的刀具轨迹精加工。图 7-52 所示为指定定点的螺旋铣削精加工示例。其上道工序的粗铣加工为图 7-14 所示的优化动态粗铣加工。

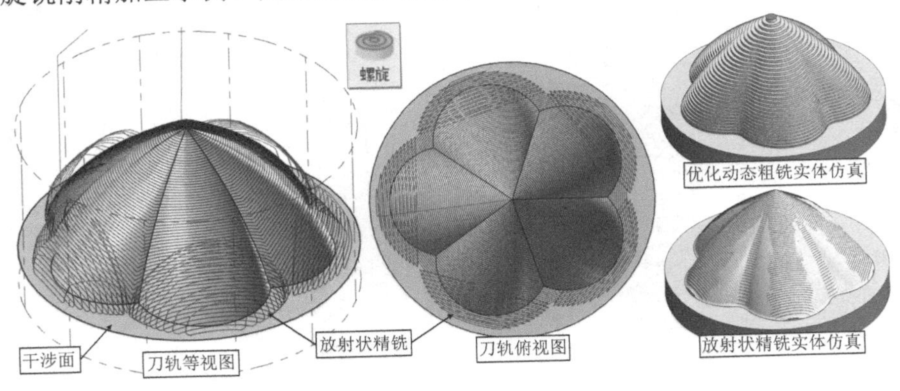

图 7-52 螺旋铣削精加工示例

螺旋铣削精加工参数设置主要集中在“高速曲面刀路-螺旋”对话框中，其与放射铣削精加工对话框选项基本相同，以下以图 7-52 所示加工示例为例介绍主要的参数设置。

（1）加工曲面与“刀路类型”选项 加工曲面选择底平面以上的所有曲面，底面设置为干涉面。“刀路类型”为螺旋。

（2）“刀具”选项 从刀库中调用一把ϕ16mm 圆角铣刀，刀尖圆角为 R2.0mm。

（3）“毛坯预留量”选项 壁边预留量和底面预留量均为 0，干涉面预留量取 0.01mm。

（4）“切削参数”选项　这是螺旋铣削精加工设置的主要部分，如图 7-53 所示，其主要设置参数是“切削间距”，也可用“残脊高度”控制。

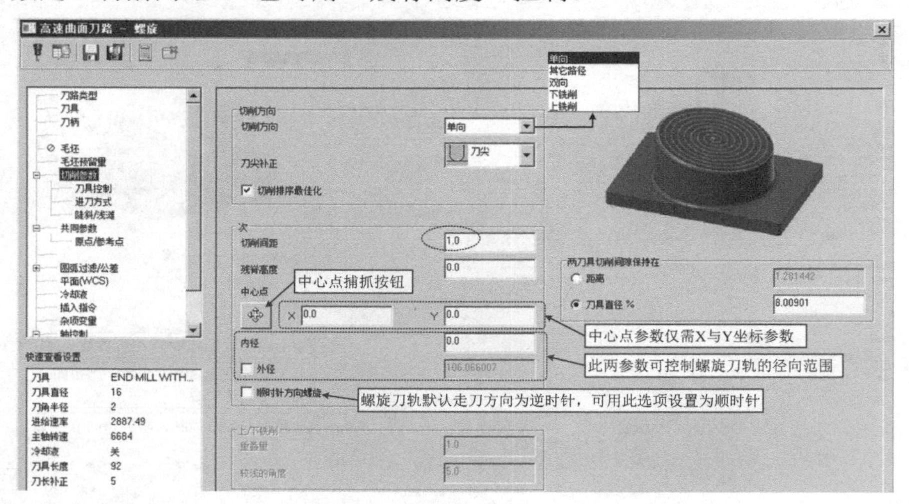

图 7-53 “高速曲面刀路-螺旋”对话框→“切削参数”选项

（5）“刀具控制”选项　控制方式为“刀尖”选项，补正为“中心”选项。

（6）“进刀方式”选项　与平行铣削相同，默认为“平滑”选项，参见图 7-45。

（7）“陡斜/浅滩”选项　按默认设置即可。

（8）“共同参数”选项　如图 7-54 所示，除了修改安全高度为绝对坐标 10mm，还修改了退刀方式为“最短距离”。

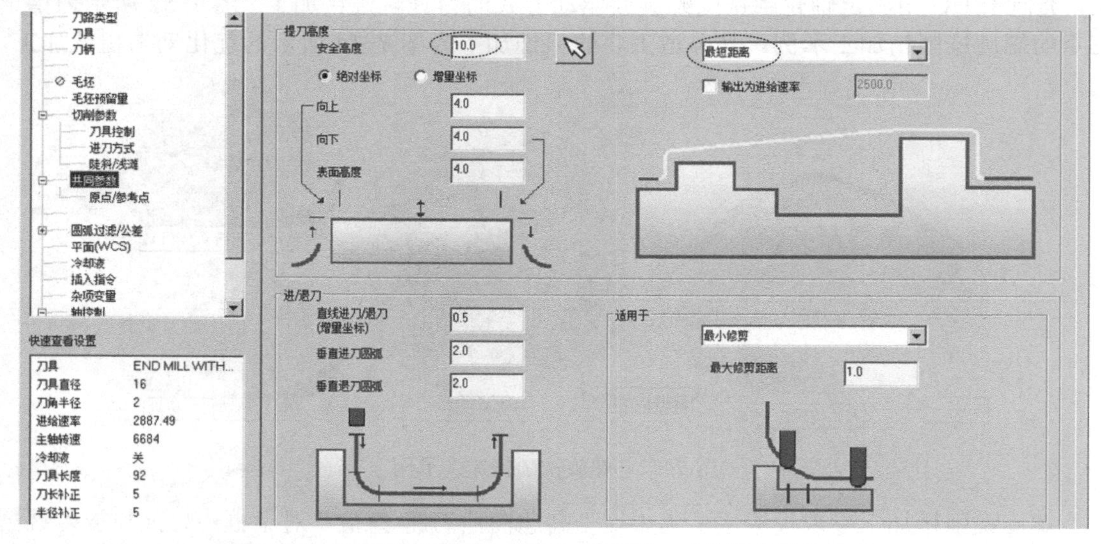

图 7-54 “高速曲面刀路-螺旋”对话框→“共同参数”选项

（9）“原点/参考点”选项　仅需设置参考点参数，此处设置为（0，0，100）。

7.3.8 清角铣削精加工

清角铣削精加工又称交线清角加工，简称清角加工，主要用于清除曲面相交线处的残余材料。清角加工的刀具轨迹沿交线方向顺势精铣，刀具直径一般较小，且直径越小，交线越清晰。清角加工可单条刀轨精铣，但刀具直径较小，而残留余料较多时，就需要偏置出多条刀轨清角加工。图 7-55 所示为清角铣削精加工示例，图中清角加工前的工序为图 7-50 所示的放射状精加工结果。

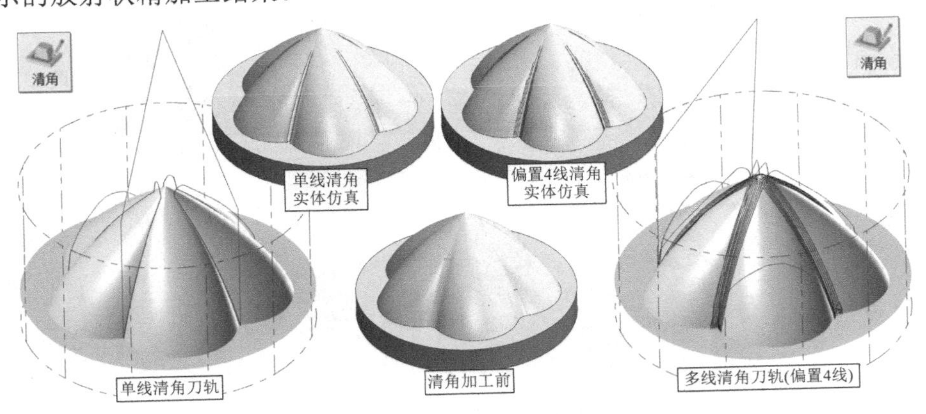

图 7-55 清角铣削精加工示例

清角铣削精加工参数设置主要集中在“高速曲面刀路-清角”对话框中，其与放射铣削精加工对话框选项基本相同，以下以图 7-55 所示加工示例为例介绍主要的参数选项。

（1）加工曲面与“刀路类型”选项　按<Ctrl+A>快捷键，选择所有曲面。“刀路类型”为清角。

（2）“刀具”选项　右击，从快捷菜单中启动“创建新刀具”对话框，按图 7-56 所示的参数创建一把锥度铣刀，铣刀直径ϕ2mm，锥度半角 10°，长度 100mm，名称为“锥度铣刀-2_10°”。

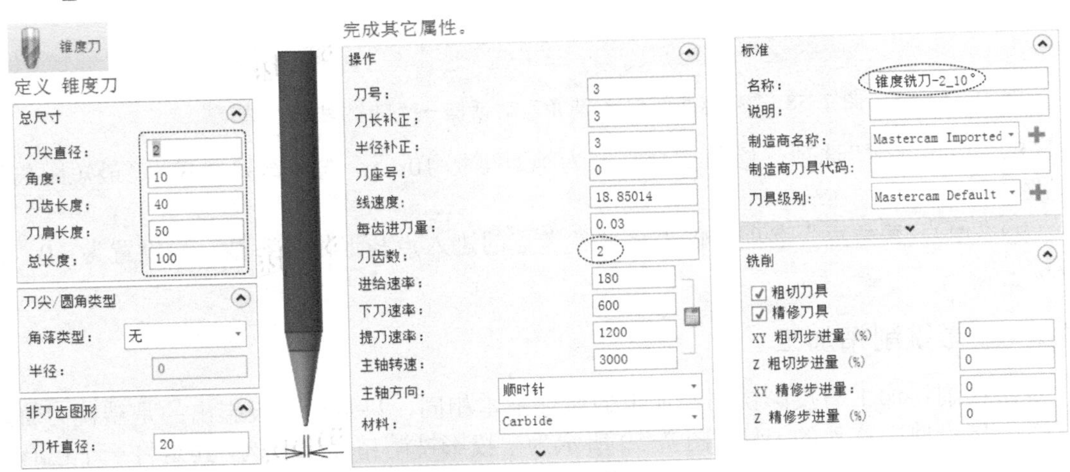

图 7-56 创建锥度铣刀参数

（3）“毛坯预留量”选项　壁边预留量和底面预留量均为 0。

（4）“切削参数”选项　这是清角铣削精加工设置的主要部分，如图 7-57 所示，其主要设置参数是“切削间距”和“限制补正数量”，若“限制补正数量”设置为 0，则是单刀路清角加工，此时“切削间距”设置值无效。

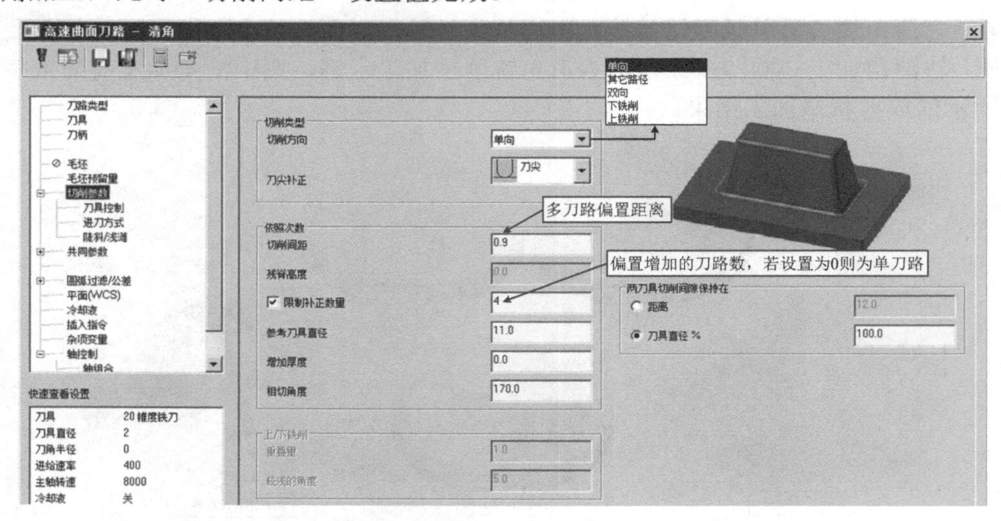

图 7-57 “高速曲面刀路-清角”对话框→“切削参数”选项

（5）“刀具控制”选项　控制方式为“刀尖”选项，补正为“中心”选项。

（6）“进刀方式”选项　选择默认的“切线斜插”选项。

（7）“陡斜/浅滩”选项　如图 7-58 所示，将“从”参数设置为“0.5”。该参数实际上是最小的加工角度，设置成大于 0 可以避免在底平面生成刀具路径。

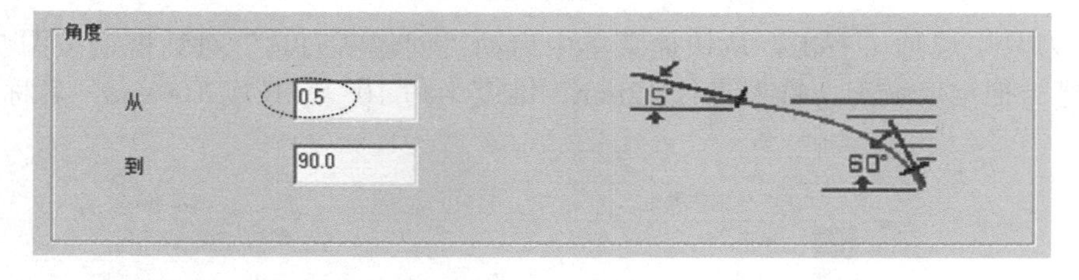

图 7-58 “高速曲面刀路-清角”对话框→“陡斜/浅滩”选项

（8）“共同参数”选项　修改安全高度为绝对坐标 10mm，选择退刀方式为“最短距离”，参见图 7-54。

（9）“原点/参考点”选项　仅需设置参考点的进入点与退出点参数，均设置为（0，0，100）。

7.3.9　投影铣削精加工

投影铣削精加工与投影铣削粗加工的原理基本相同，只是这里投影出的是精铣刀轨，即只有一层沿曲面移动的刀轨。图 7-59 所示为一投影铣削精加工示例，其是将一个已有的 NCI 刀轨（一个 2D 熔接刀轨）投影到图示的加工曲面上生成投影精加工刀轨，该 NCI 刀轨是一个加工面上由两条熔接边界生成的 2D 熔接刀轨，刀轨为截断方向，最大步进量（轨迹间距）为 2mm。为防止已加工表面受损，选择了加工模型上图示的干涉面。投影精铣刀轨只加工一刀。该投影精加工前的加工工序为图 7-27c 所示状态，即“多曲面挖槽粗铣加工+多曲面挖槽平面铣削”两刀加工。

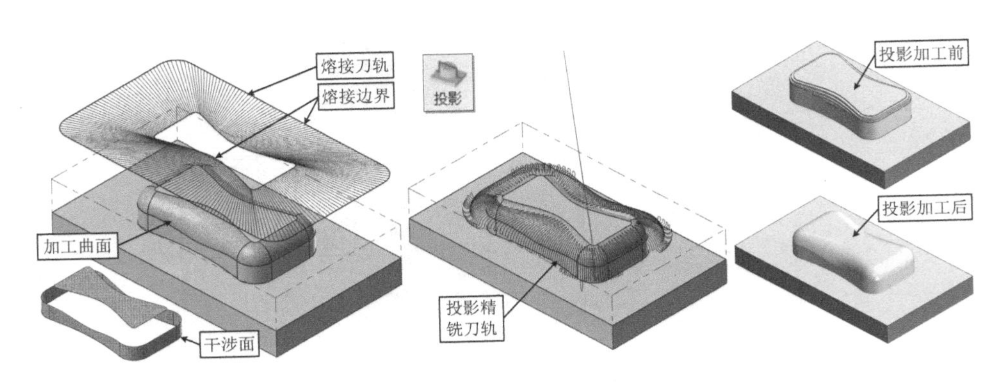

图 7-59 投影铣削精加工示例

该加工示例自行操作并不难，关键是 NCI 刀轨，其实质是一个 2D 熔接铣削加工刀轨，加工原理参见第 6 章 6.3.5 节。

7.3.10 流线铣削精加工

流线铣削精加工指刀具沿着加工曲面的流线方向或截断方向的切削加工。图 7-60 所示为流线铣削精加工示例，图中流线加工前的加工工序为图 7-27c 所示状态，即“多曲面挖槽粗铣加工+多曲面挖槽平面铣削”两刀加工，其使用的刀具为ϕ16mm 平底铣刀。流线加工时的加工曲面为加工模型的倒圆角部分，加工刀具为ϕ 16mm 圆角铣刀，刀尖圆角 *R*2.0mm，参考点为（0，0，100）。

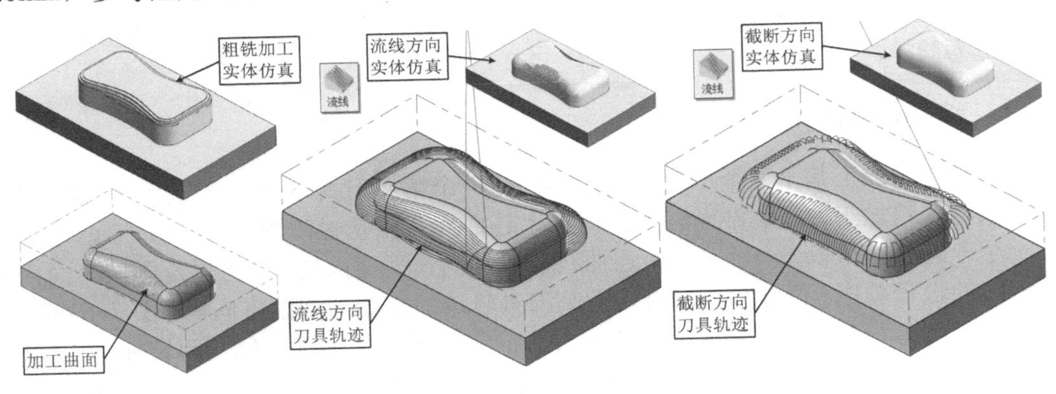

图 7-60 流线铣削精加工示例

启动流线铣削精加工后，首先会弹出“刀路曲面选择”对话框，可进行加工面和干涉面等的选择，最下面还有一个特有的“流线参数”按钮，单击其会弹出“曲面流线设置”对话框，如图 7-61 所示，其中的“切削方向”按钮是流向方向与截断方向切削刀轨设置的按钮，其余按钮功能参见图中的说明。

“流线铣削精加工设置”对话框是老版本的对话框——“曲面精修流线”对话框，其包含刀具参数、曲面参数与曲面流线精修参数三个选项卡。图 7-62 所示是流线铣削相关的选项卡及主要参数选项说明。图 7-60 中，流线方向切削步距设置为 1.5，截断方向切削步距设置为 2。

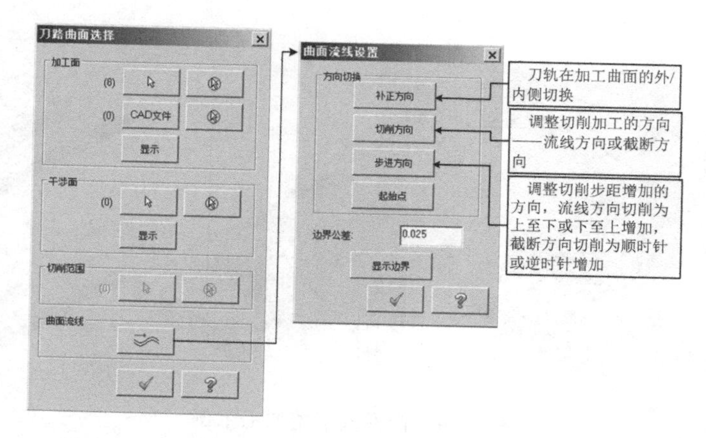

图 7-61 “刀路曲面选择”和“曲面流线设置”对话框

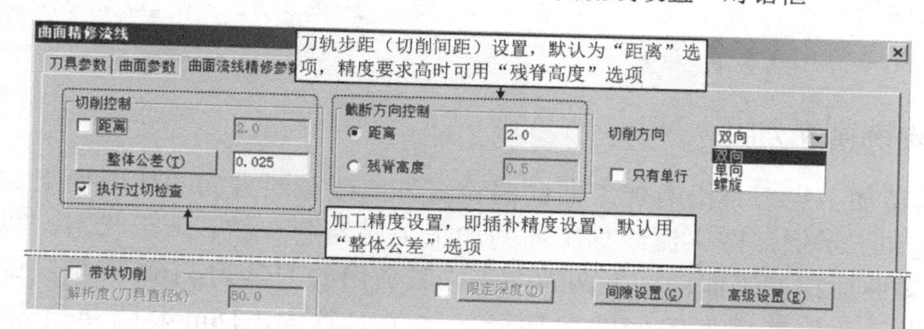

图 7-62 “曲面精修流线”对话框→“曲面流线精修参数”选项卡

比较图 7-59 所示的投影铣削精加工可见，流线铣削精加工原理与加工效果基本相同，但操作更为简单。

7.3.11 熔接铣削精加工

熔接铣削精加工基于两个串连曲线之间创建一个熔接刀具路径，并应用于指定的加工曲面生成熔接精加工刀轨。注意，两个熔接串连曲线可以是封闭曲线或开放曲线，甚至其中的一个串连曲线可以是一个点。串连曲线可以是同一平面内的，也可以是不同平面内的。串连曲线的选择顺序、位置和方向直接控制刀具轨迹的开始与切削方向等。图 7-63 所示为熔接铣削精加工示例，包括截断方向与引导方向生成的熔接加工刀轨，粗铣加工操作同图 7-60，加工曲面为倒圆角曲面，熔接串连曲线可选用图中任一组，注意串连曲线起点尽可能处于同一方位。

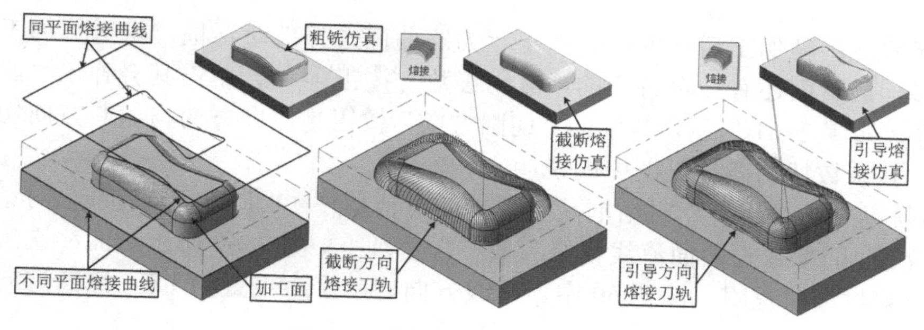

图 7-63 熔接铣削精加工示例

启动熔接铣削精加工后，首先会弹出“刀路曲面选择”对话框，除前述已见过的加工面、干涉面、切削范围选项外，下面的曲面流线换成了选择熔接曲线选项，单击“选择熔接曲线”按钮，会弹出“串连选项”对话框，选择熔接曲线。

“曲面精修熔接”对话框与“曲面精修流线”对话框基本相同，也有三个参数选项卡，其中“熔接精修参数”选项卡是熔接精加工设置的主要部分，如图 7-64 所示。其主要设置参数包括最大步进量、切削方式和切削方向三项，对于图 7-64，选项与参数分别为“3、单向、截断方向”和“1.5、双向、引导方向”。单击图 7-64 中的“熔接设置”按钮熔接设置(B)，会弹出“引导线熔接设置”对话框，其中距离选项参数确定熔接曲线与加工曲面插补精度的设置。

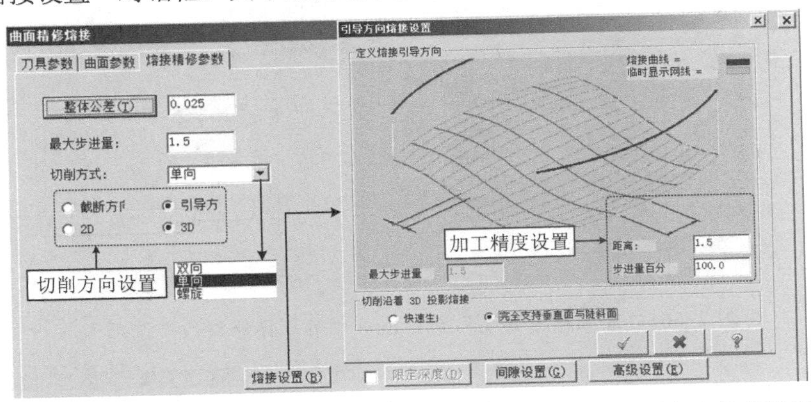

图 7-64　“曲面精修熔接”对话框→“熔接精修参数”选项卡及“引导方向熔接设置”对话框

比较图 7-59 所示的投影铣削精加工可见，熔接铣削精加工原理与加工效果基本相同，但操作更为简单。

7.3.12　传统等高铣削精加工

传统等高铣削精加工的“传统”两字是相对于 7.3.1 节中介绍的等高铣削精加工而言的，启动该功能时会发现其对话框是老版本的界面。图 7-65 所示为将例 7-6 的图 7-36 中等高铣削精加工替换为传统等高铣削精加工示例，读者可以对照学习，相比而言，传统等高铣削精加工在平坦区域处理、刀路均匀性与高速加工平顺性方面略逊一筹，但其平面区域铣削功能有时又显得略强，总体而言，对于传统的非高速铣削加工而言，也基本能满足使用要求。

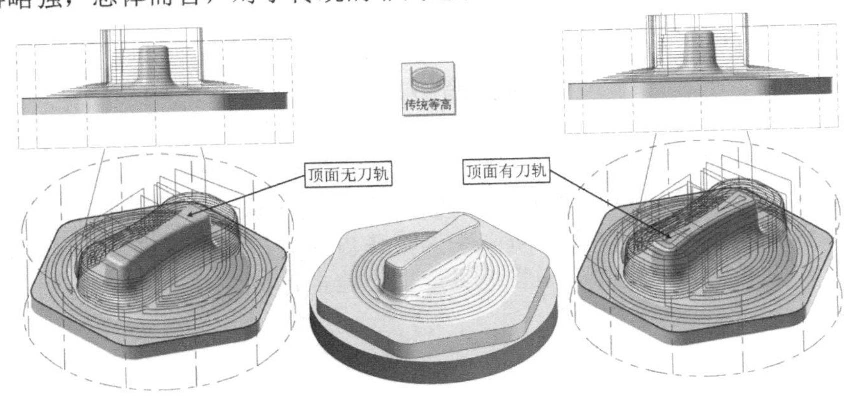

图 7-65　传统等高铣削精加工示例

传统等高铣削精加工设置对话框同样也有三个选项卡，图 7-66 所示是其“等高精修参数”选项卡及主要参数选项说明。图 7-66 是左侧顶面无刀轨的加工路径设置，由于下部有较大面积的浅滩区域，因此勾选了“浅滩”选项，并设置了浅滩参数，如图 7-67a 所示，另外切削深度也做了相关设置，如图 7-67b 所示。若继续勾选“平面区域”选项，将平面区域步进量设置为 2，则可看到图 7-65 右侧顶面增加了刀轨的加工路径，这时可省略例 7-6 中的“2D 面铣铣顶面”操作。实体仿真显示两种方案的铣削效果基本相同。

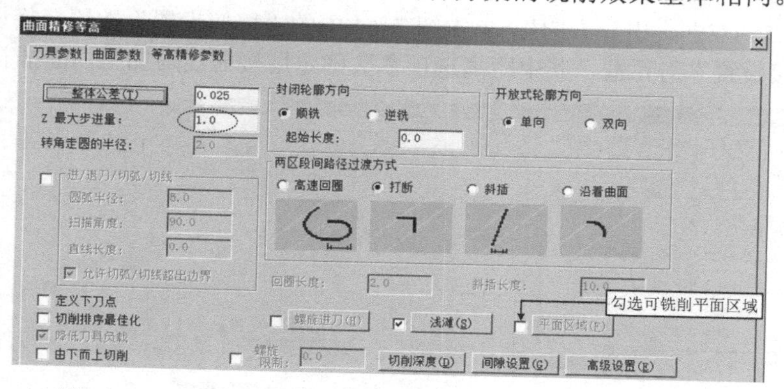

图 7-66 “曲面精修等高”对话框→“等高精修参数”选项卡

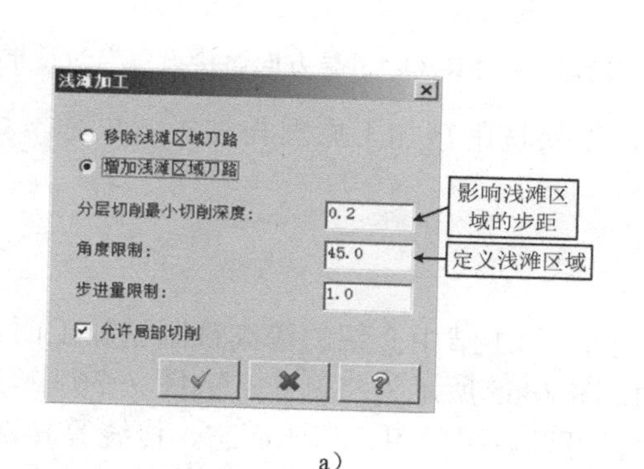

a)

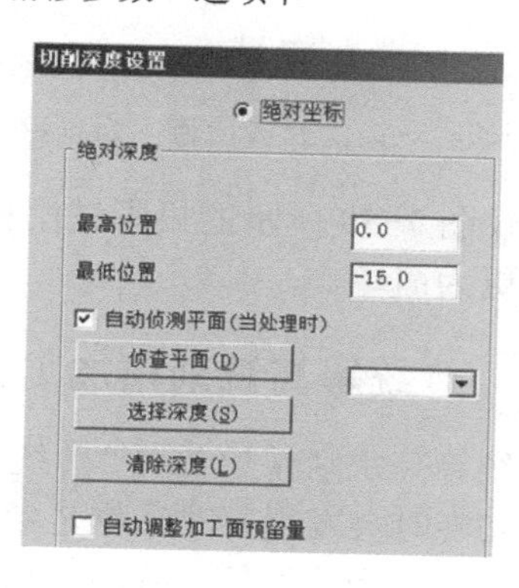

b)

图 7-67 “等高精修参数”选项卡→“浅滩加工”与“切削深度设置”对话框

a）浅滩加工设置 b）切削深度设置

本章小结

本章主要介绍了 Mastercam 2017 中的 3D 粗铣与精铣加工编程，粗铣加工策略有 7 个，精铣加工策略有 12 个，学习时注意粗铣与精铣的区别，粗铣一般深度是分层加工的，而精铣多为沿曲面轮廓偏置的单层加工刀路。学完这些内容后，读者可尝试将第 3 章中介绍的部分三维曲面和实体模型进行加工编程练习，以检验自己的学习效果。

第8章 数控车削自动编程要点

数控车削加工是实际生产中应用广泛的加工方法之一，Mastercam 同样提供了大量的数控车削加工策略。本章在重点介绍常见典型粗车、精车、车端面、沟槽车、切断与车螺纹等加工的基础上，讨论了循环车削加工的编程方法及注意事项，并对 Mastercam 中的动态粗车、仿形粗车和切入车削等加工策略做了应用分析。

8.1 数控车削加工基础

1. 车削模块的进入与工件坐标系设定

如图 8-1 所示，单击“机床”功能选项卡“机床类型”选项区“车床”下拉列表中的“默认”命令默认(D)，进入系统默认的数控车削操作环境，这是常用的车削编程环境。若单击“车床”下拉列表中的“管理列表”命令管理列表(M)，则会弹出“自定义机床菜单管理”对话框，可设置特定的编程环境，并进入“车床”下拉列表中，可参见第 5 章 5.1.2 节中的内容。

进入车削模块后，系统会自动地在功能区加载“车削”功能选项卡，默认包含“标准”“C-轴”“零件处理”和“工具”四个功能选项区。“标准”功能选项区提供了数控车削加工编程常见的加工策略（即加工刀路），如图 8-2 所示，单击“展开刀路列表”按钮，可展开刀路列表，其中包括 10 个标准刀路、4 个循环刀路和 2 种手动操作。

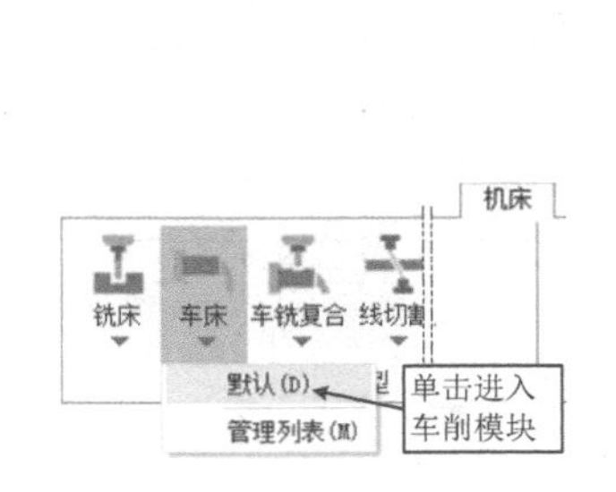

图 8-1 车削模块的进入

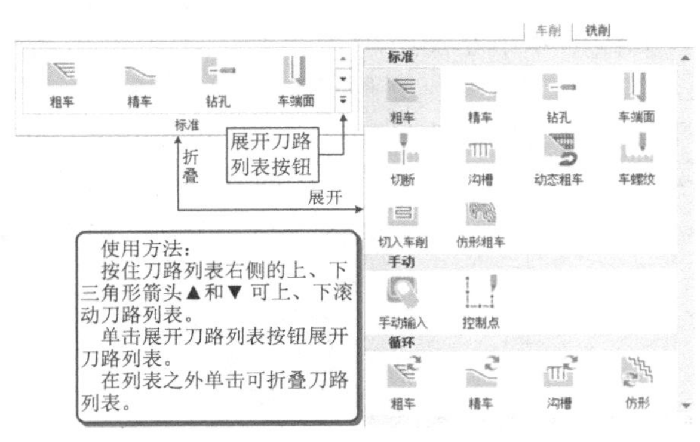

图 8-2 车削模块标准刀路选项区与展开的刀路列表

数控车削加工工件坐标系一般建立在工件端面几何中心处，如图 8-3a 所示。Mastercam 2017 建立工件坐标系的方法有两种：一种是基于“转换”功能选项卡“转换”功能区的“移动到原点”功能按钮，可快速将工件上指定点连同工件快速移动至世界坐标系原点，如图 8-3b 所示；另一种方法是工件固定不动，在工件上指定点创建一个新的坐标系为工件坐标系，如图 8-3c 所示。创建方法可以从两处启动：一处是“平面”管理器左上角的“创建新平面”按钮下拉列表中的“动态”命令动态（参见图 1-10），另一处是单击视窗左下角坐标系图标，激活动态指针然后在视窗中捕抓坐标点建立工件坐标系。单击“视窗”功能选项卡显示功能区的“显示轴线”功能按钮和“显示指针”功能按钮可分别控制坐标轴线和工件坐标系指针（“平面”操作管理器中必须激活当前工件的坐标系）等的显示与隐藏。

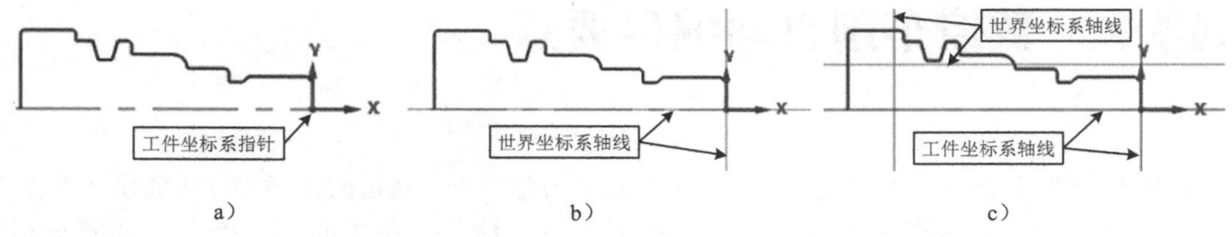

图 8-3　工件坐标系的建立

a）工件坐标系在零件端面　b）工件坐标系与世界坐标系重合　c）工件坐标系与世界坐标系分离

进入车削模块后，“平面”操作管理器中会自动生成两个新的坐标平面“车床 Z=世界 Z”和“+D+Z”，虽然至此已有这么多坐标系，但进入第一个加工操作时，又会生成一个新的“车床左下刀塔”（注：进入“刀具参数”选项卡左下部可看到其英文为 Left/Upper，意为左主轴/上刀塔，即左主轴后刀架，笔者认为这是翻译的笔误），这才是数控车削编程的加工坐标系，即图 8-3 中的 X 与 Y 对应左主轴后置刀架车床的 Z 轴与 X 轴。注意，建立工件坐标系编程前，还需在“平面”操作管理器中将构图平面（C）和刀具平面（T）设置为与 WCS 平面重合。

2．车削毛坯的设置

在 5.1.2 节中已谈到进入车削模块时，系统会在“刀路”管理器中加载一个加工群组（Machine Group-1），其属性选项组下有一个“毛坯设置”选项◈毛坯设置，单击其会弹出“机床群组属性”对话框，默认为“毛坯设置”选项卡。若按上述移动工件建立工件坐标系（参见图 8-3b），则工件坐标系一般为俯视图平面，这时的毛坯平面就是默认的俯视图坐标系，如图 8-4 中左图所示。若工件固定不动，在工件上指定点建立工件坐标系（参见图 8-3c，建立的工件坐标系假设名称为 MCS），则需单击“选择平面”按钮，在弹出的“选择平面”对话框中选择新建立的工件坐标系 MCS，确定后将毛坯平面设置为 MCS，如图 8-4 中右图所示。这里毛坯平面其实就是设置毛坯的 WCS 平面，一般为工件坐标系。

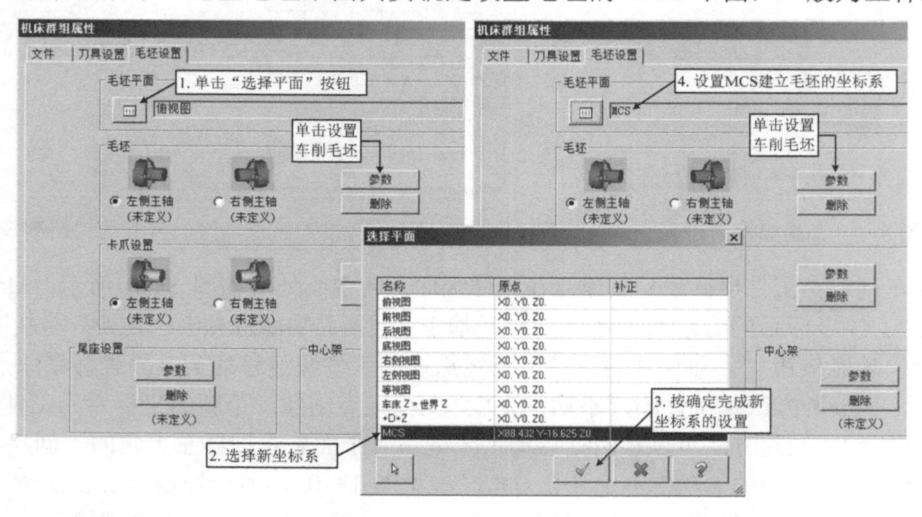

图 8-4　毛坯平面及其设置

再单击“毛坯参数”区的“参数”按钮参数，弹出“机床组件管理-毛坯”管理器，默认为“图形”选项卡，如图 8-5 所示。创建毛坯图形的默认选项是“圆柱体”，系统为其提供了两种创建毛坯的方法，若知道零件尺寸可直接输入几何参数精确设置，否则，可先用两点法大致确定尺寸，然后圆整确定。勾选“使用边缘”选项可进一步增加毛坯外廓尺寸。单击“预览边界”按钮预览边界(P)可在确定前预览毛坯是否满意。创建后的毛坯以双点画线显示。

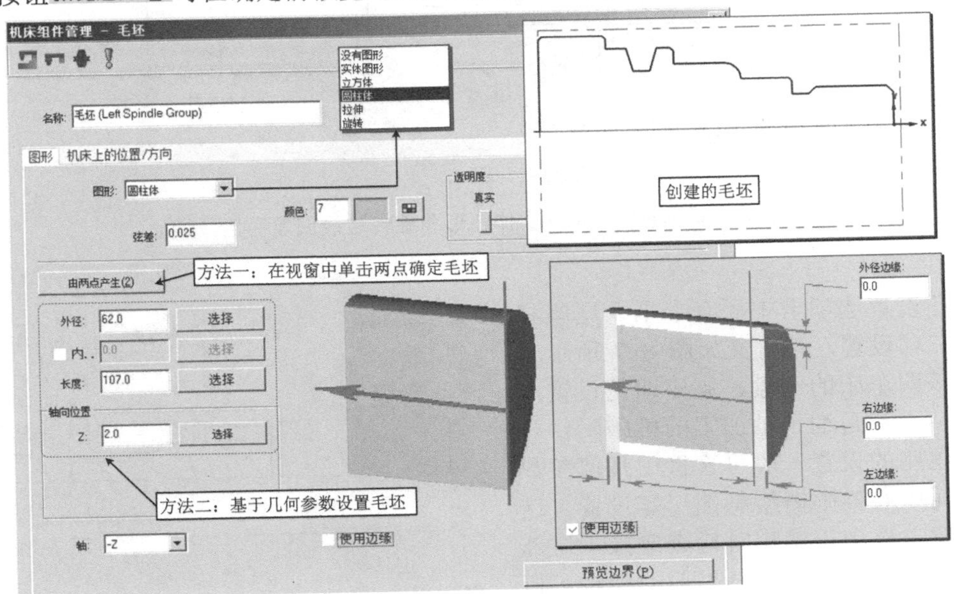

图 8-5　车削毛坯设置→圆柱体毛坯

另外，实体图形（即实体模型）与旋转边线是半成品毛坯创建的常见方法，如图 8-6 所示。

在图形下拉列表中选择“实体图形”选项，可基于实体模型创建毛坯（下拉列表选项为实体图形），其设置界面如图 8-6a 所示。若在图形下拉列表中选择“旋转”选项，则是基于毛坯的旋转边界创建毛坯，其设置界面如图 8-6b 所示。这两种创建毛坯的方法对于半成品毛坯的创建非常有用，图 8-8 所示的毛坯便是应用示例之一。

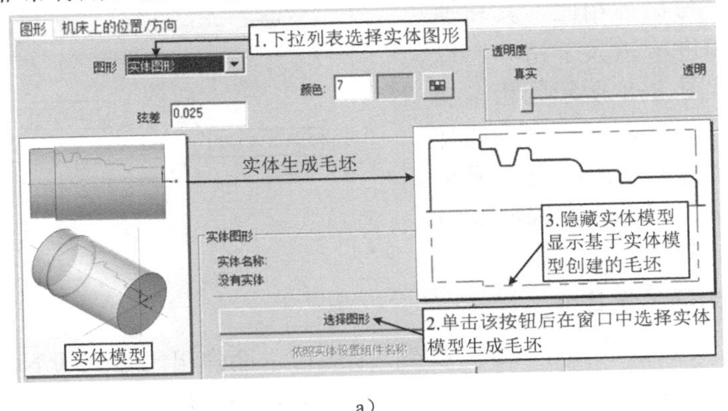

a）

图 8-6　车削毛坯设置→实体图形和旋转边线创建毛坯

a）实体图形创建毛坯

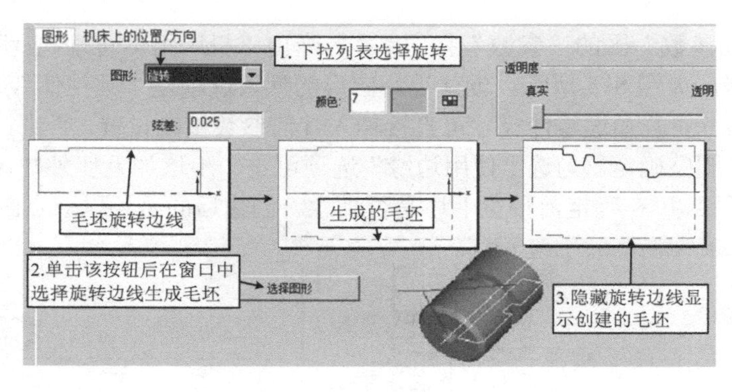

b）

图 8-6　车削毛坯设置→实体图形和旋转边线创建毛坯（续）

b）旋转边线创建毛坯

毛坯设置选项卡中还有卡爪、尾座和中心架三项设置，其含义如图 8-7 所示。所谓卡爪即车床的卡盘，尾座即是设置尾顶尖，中心架是细长轴加工的机床附件。卡爪和尾座的设置一般可直接用几何参数设置，而中心架则需绘制图形等设置。这三项设置主要用于编程时检查碰撞，这部分内容设置较为简单，感兴趣的读者可自行尝试。

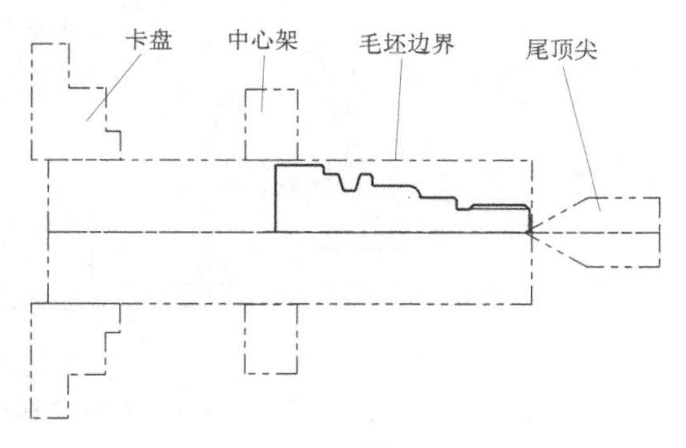

图 8-7　卡爪、尾座和中心架的含义

8.2　粗车加工

粗车加工主要用于快速去除材料，为精加工留下较为均匀的加工余量，其应用广泛。切削用量选择原则是低转速、大切深、大走刀，与精车相比，其转速低于精车，切深和进给量大于精车，以恒转速切削为主。图 8-8 所示为粗车加工示例，其零件图参见图 8-37；毛坯是基于实体或旋转边界创建的，已完成左侧装夹端外圆与端面加工和右端面及中心孔加工；装夹方式为一夹一顶。

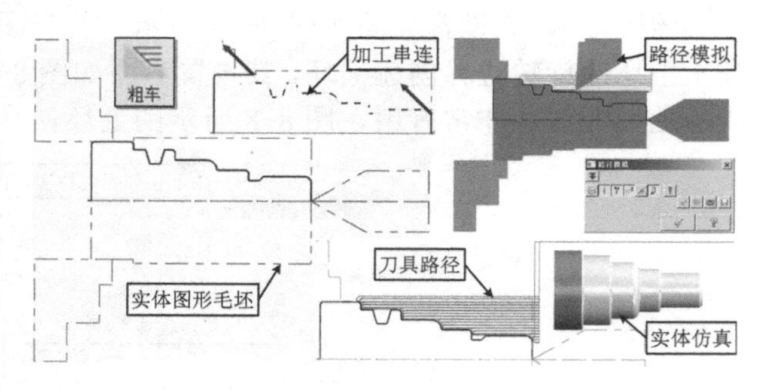

图 8-8　粗车加工示例

1. 加工轮廓串连的选择

单击“粗车”功能按钮，由于是第一个操作，会弹出“输入新 NC 名称”对话框，确定后弹出“串连选项”对话框，在默认“部分串连”按钮有效的情况下，单击拾取加工轮廓起始段和结束段，必须确保串连加工的起点与方向与预走刀路径方向一致，单击“确定”按钮，弹出“粗车”对话框，默认为“刀具参数”选项卡。

2. 粗车加工主要参数设置

（1）“刀具参数”选项卡　如图 8-9 所示，设置选项包括刀具、刀具号（确定后最好修改刀具号与刀补号）、切削用量（注意单位的选择）、参考点等，具体参见 5.1.5 节中的介绍。

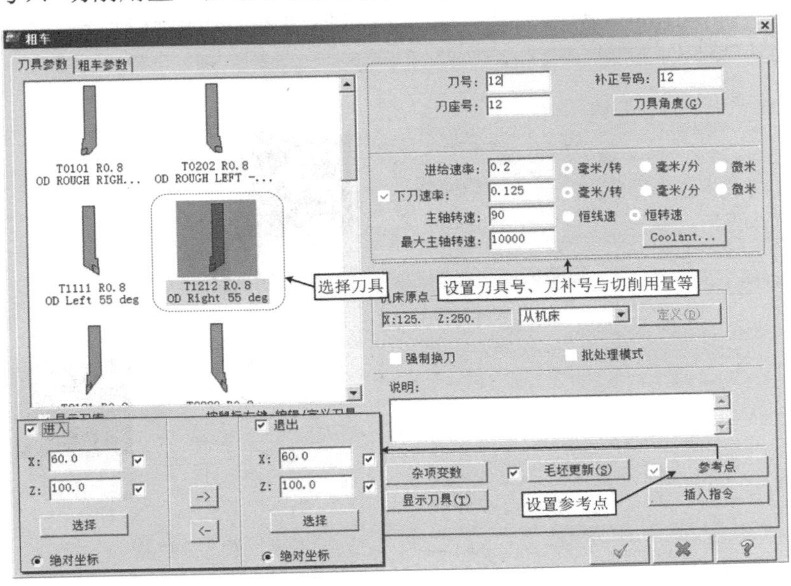

图 8-9　“粗车”对话框→“刀具参数”选项卡

（2）“粗车参数”选项卡　如图 8-10 所示，是粗车加工参数设置的主要区域。补正方式默认为电脑，也可根据需要修改为控制器补正，精车时建议选用控制器补正。补正方向：车外圆选右，车内孔和端面选左。另外，切削深度、X 预留量与 Z 预留量应根据加工工艺要求设置。未尽参数按图示设置。

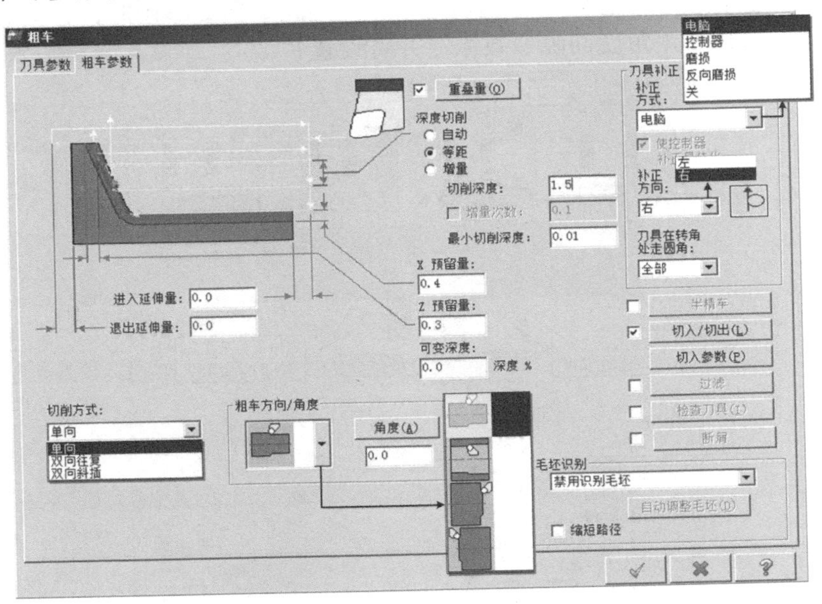

图 8-10　“粗车”对话框→“粗车参数”选项卡

“切入/切出”参数是规划刀路的常用选项，勾选并单击“切入/切出”按钮切入/切出(L)，弹出“切入/切出设置”对话框，如图 8-11 所示，其包含“切入”与“切出”两个选项卡，设置内容基本相同，仅对象不同，具体按图示设置。图中将加工轮廓线的切入与切出外形线延长了 2mm。确保图 8-8 所示刀轨能够从材料外切入，切出材料后再转为快速移动。

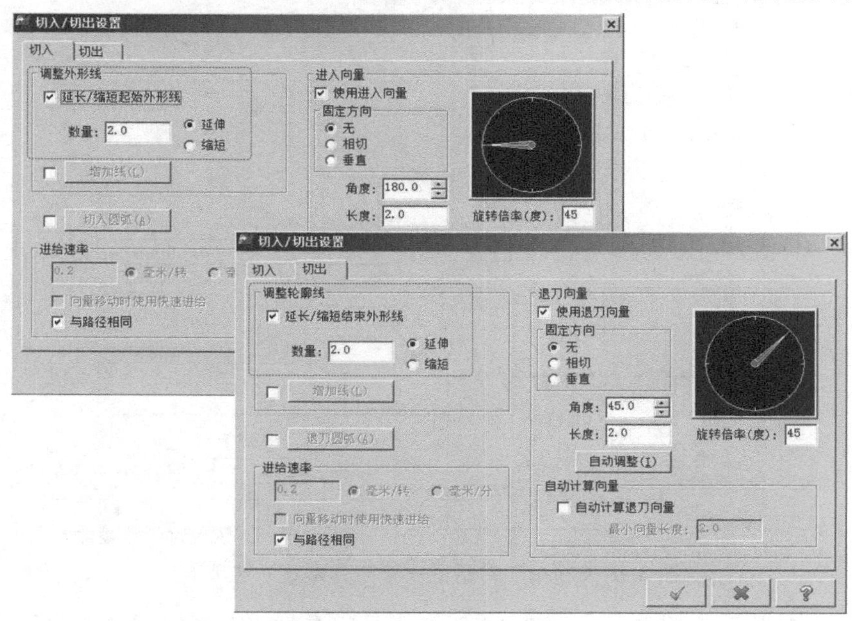

图 8-11 “切入/切出设置”对话框

单击“切入参数”按钮切入参数(P)（参见图 8-10），弹出“车削切入参数”对话框，如图 8-12 所示，车削切入设置最左图是默认设置，由图解可见其是忽略轮廓线的凹陷部分加工，如图 8-8 中忽略了退刀槽和 V 形槽。对于有凹陷轮廓需要车削时，必须选择后续三种图解选项之一，选择后，角度间隙参数激活并可设置。

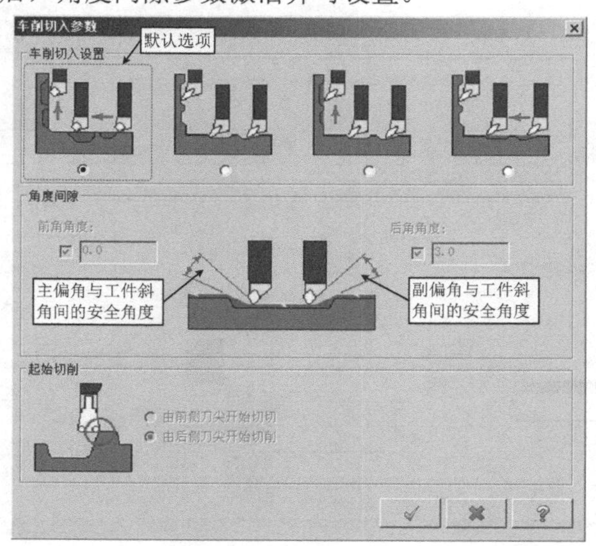

图 8-12 “车削切入参数”对话框

8.3　精车加工

精车加工是紧接粗车之后，用于获得所需加工精度和表面粗糙度等的加工。精车加工一般仅车削一刀。切削用量选择一般是高转速、小切深、小进给，必要时选用恒线速度切削。图 8-13 所示为精车加工示例，其是图 8-8 的继续。

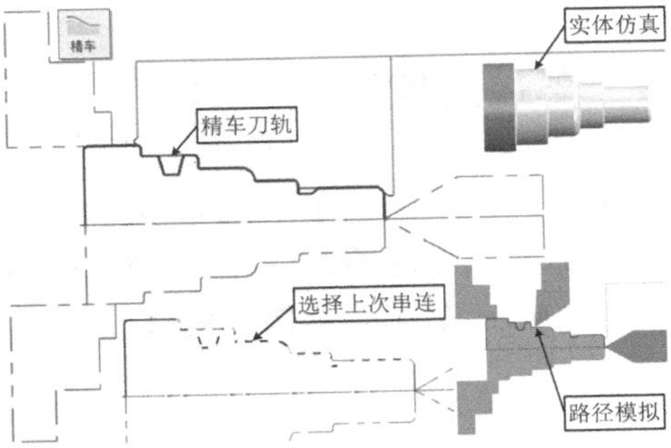

图 8-13　精车加工示例

1．加工轮廓串连的选择

单击“精车”功能按钮，弹出“串连选项”对话框，若是紧接着粗车编程，则只需单击“选择上次”按钮，会直接选择上次粗车的串连，若不能选中则按粗车方法选择串连，如图 8-13 所示。单击“确定”按钮，弹出“精车”对话框，默认为“刀具参数”选项卡。

2．精车加工主要参数设置

（1）“刀具参数”选项卡　如图 8-14 所示，其仍然借用粗车刀具，修改补正号码和主轴转速等，参考点数值同粗车加工。

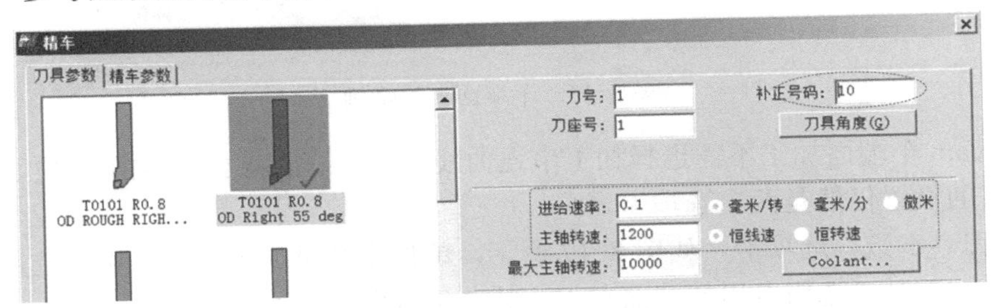

图 8-14　“精车”对话框→“刀具参数”选项卡

（2）“精车参数”选项卡　如图 8-15 所示，控制器补正可避免锥面与圆弧面的欠切问题，提高加工精度，若这里取控制器补正，建议粗车也取控制器补正。若后续不加工则预留量设置为 0，精车一般取 1 次，这时精车步进量设置无意义。切入/切出设置同粗加工。

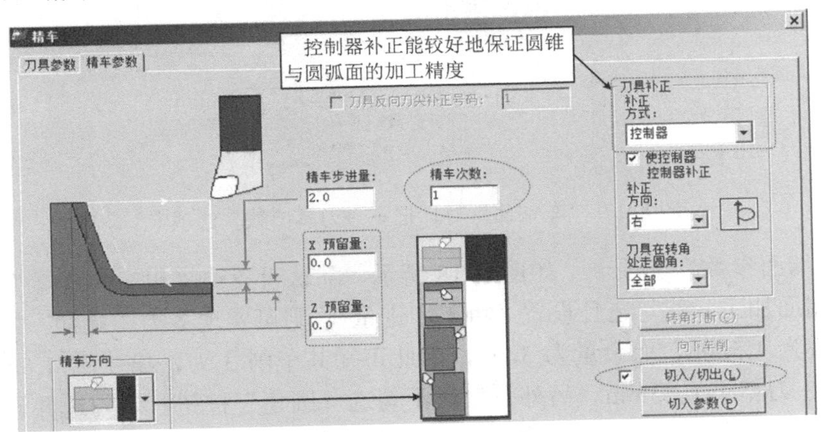

图 8-15　“精车”对话框→“刀具参数”选项卡

8.4 车端面加工

车端面是车削加工常见的加工工步，根据余量的多少，可一刀或多刀完成。车端面多用于粗加工前毛坯的光端面，如图 8-16 所示，但也可用于加工外圆后车端面。图 8-16 所示为圆柱毛坯车端面示例，假设毛坯端面余量为 3mm，拟采用多刀车端面方式。

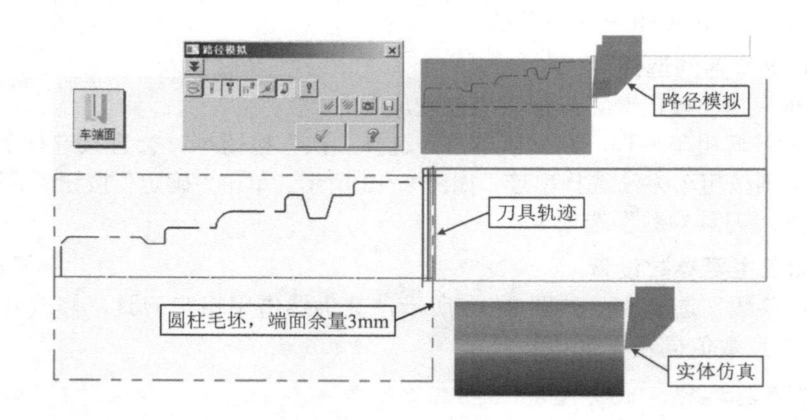

图 8-16 车端面加工示例

Mastercam 车端面加工不需选择加工串连曲线，默认为 Z0 位置，也可设置非 Z0 位置。车端面加工的设置仍然是两个选项卡。

（1）“刀具参数”选项卡 如图 8-17 所示，单件小批量加工时可以直接选用外圆粗车车刀，批量加工时可选用专用的端面车刀。其余设置同前所述。

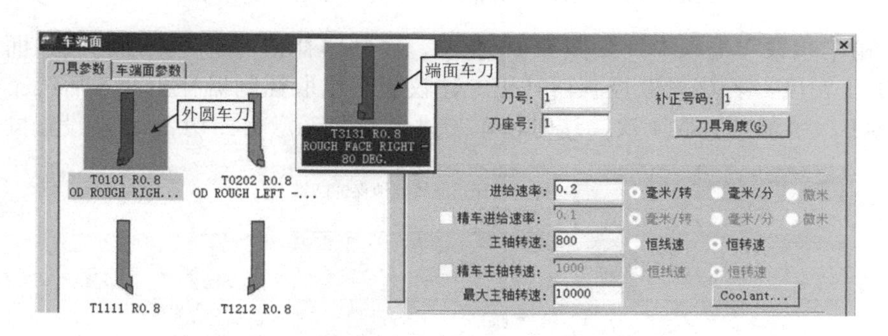

图 8-17 “车端面”对话框→“刀具参数”选项卡

（2）“车端面参数”选项卡 如图 8-18 所示，默认设置是“粗车步进量”不勾选，其是一刀完成端面加工。若勾选且设置“粗车步进量”，则可实现多刀车端面，如图中“粗车步进量”设置为 1.5mm，而余量为 3mm，因此可知共车削 3 刀，第 1 刀 1.5mm，第 2 刀 1.25mm，第 3 刀精车 0.25mm。另外，默认不勾选“圆角”按钮，若勾选并设置后可在车端面的同时倒圆角或倒角，因此其适合于已加工外圆后的车端面加工。

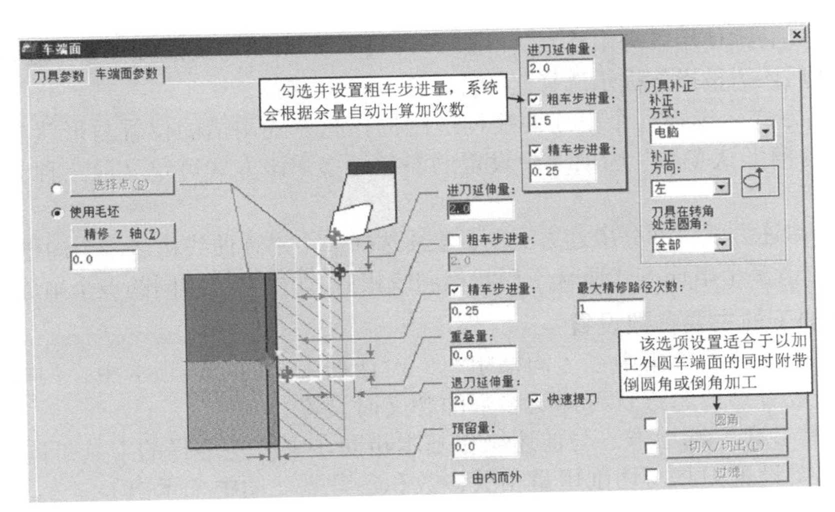

图 8-18 “车端面”对话框→“车端面参数”选项卡

8.5　沟槽车加工

此节的沟槽指径向车削为主的沟槽（Groove）加工，其沟槽的宽度不大，对于较宽的沟槽建议选用 8.9 节介绍的切入车削（Plunge Turn）加工策略。Mastercam 的沟槽加工策略是将粗、精加工放在一起连续完成的。

1．沟槽的加工方法

单击“沟槽车加工”功能按钮，首先弹出的是“沟槽选项”对话框，提供了五种定义沟槽的方式，如图 8-19 所示，默认是应用较多的“串连”选项。

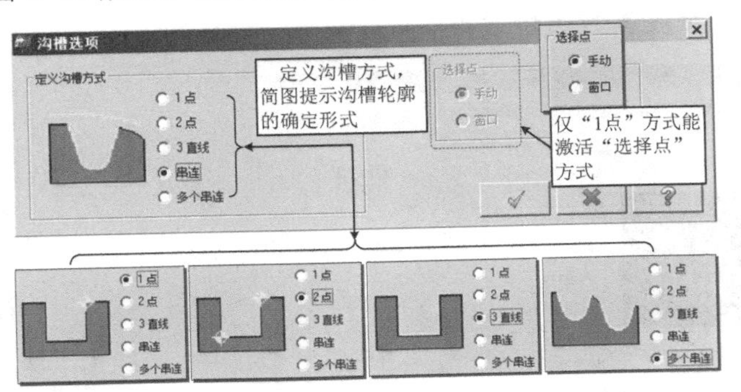

图 8-19 “沟槽选项”对话框

（1）1 点方式　选择一个点（外圆为右上角）定义沟槽的位置，沟槽宽度、深度、侧壁斜度、过渡圆角等形状参数均在“沟槽形状参数”选项卡中设定。仅“1 点”方式能激活右侧的“选择点”选项，允许窗口选择多点，每个点确定一个槽。

（2）2 点方式　选择沟槽的右上角和左下角两个点定义沟槽的位置、宽度和深度，侧壁斜度、过渡圆角等形状参数则在“沟槽形状参数”选项卡中设定。

（3）3 直线方式　选择 3 根直线定义沟槽的位置、宽度和深度，侧壁斜度、过渡圆角等形状参数则在“沟槽形状参数”选项卡中设定。3 条直线中第 1 条与第 3 条直线必须平行且等长。

直线的选择方式必须使用部分串连、窗口或多边形方式选择 3 条串连曲线，其中后两种方法选择后还需按操作提示选择起始点。

（4）串连方式　选择一个串连曲线构造沟槽，此方式沟槽的位置与形状参数均由串连曲线定义，“沟槽形状参数”选项卡中设定的参数不多。该方式可定义前三种方式形状之外的沟槽。

（5）多个串连方式　部分串连方式连续选择多个串连曲线构造多个沟槽一次性加工。其余同串连方式。多个串连方式适合于形状相同或相似，切槽参数相同的多个串连沟槽的加工。

2．沟槽加工的主要参数设置

沟槽加工的主要参数集中在“沟槽粗车”对话框中的四个选项卡中，沟槽参数设置项目较多，但一般看参数名称就可知道参数的含义而设置。

（1）“刀具参数”选项卡　与前述操作基本相同，主要是选择的刀具不同，如图 8-20 所示，另外需要设置刀具与切削用量相关参数和参考点（图中未示出）。

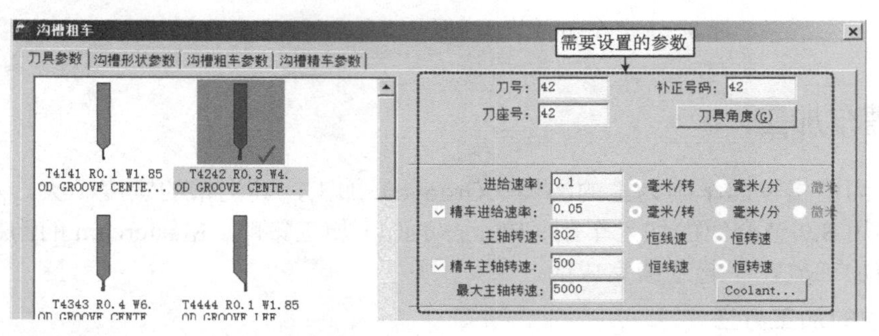

图 8-20　“沟槽粗车”对话框→“刀具参数”选项卡

（2）“沟槽形状参数”选项卡　图 8-21 所示为 1 点定义沟槽的形状参数设置界面，2 点与 3 直线仅高度和宽度参数不可设置。

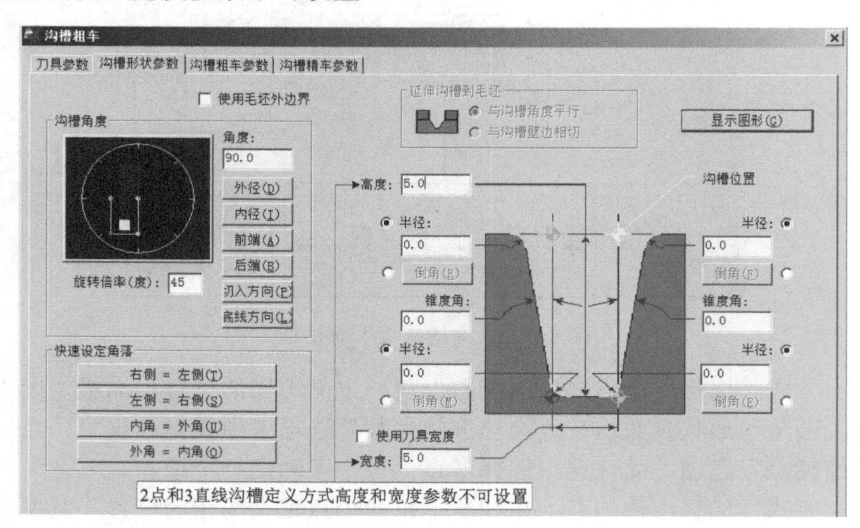

图 8-21　“沟槽粗车”对话框→“沟槽形状参数”选项卡（1 点、2 点与 3 直线）

图 8-22 所示为串连和多个串连定义沟槽的形状参数设置界面，其仅可激活并设置调整外形起始/终止线参数。

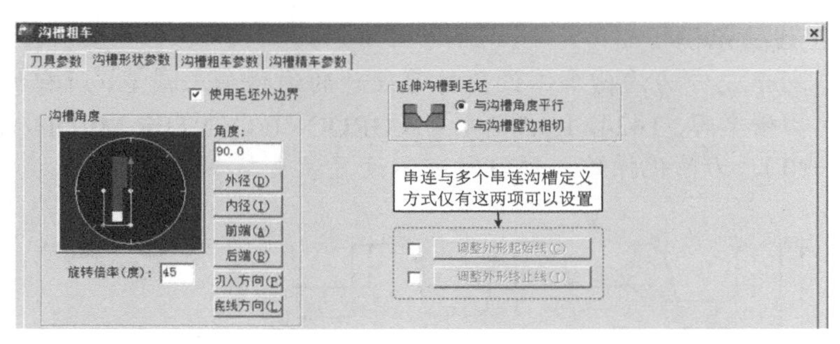

图 8-22 “沟槽粗车”对话框→“沟槽形状参数”选项卡（串连和多个串连）

（3）“沟槽粗车参数”选项卡　如图 8-23 所示，选项较多，但看图设置即可。

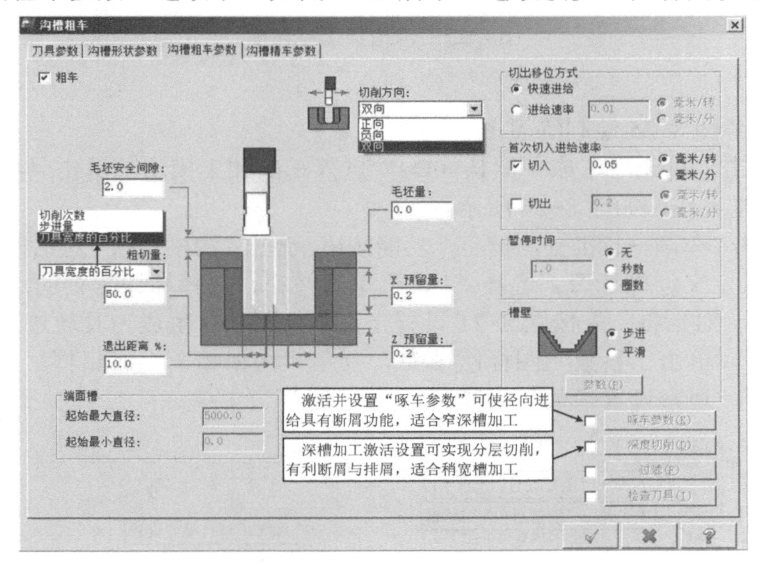

图 8-23 “沟槽粗车”对话框→“沟槽粗车参数”选项卡

（4）“沟槽精车参数”选项卡　如图 8-24 所示，选项较多，但看图设置即可。

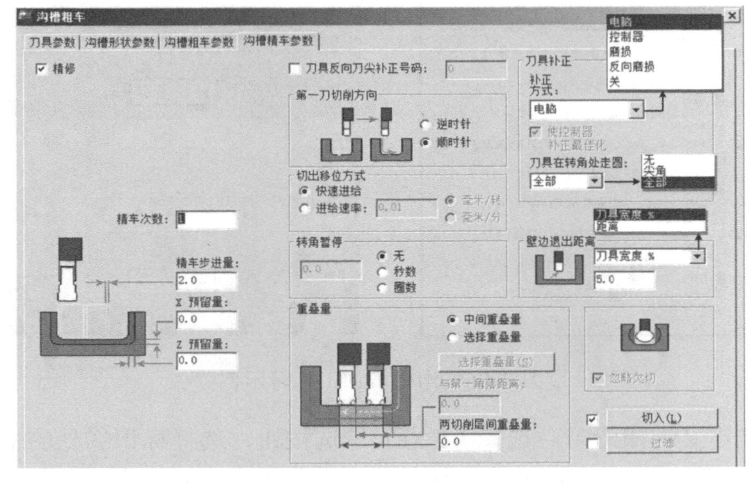

图 8-24 “沟槽粗车”对话框→“沟槽精车参数”选项卡

3．沟槽加工设置示例

例 8-1 图 8-25 所示是专为沟槽加工设置练习设计的沟槽加工模型，所有加工选择宽度为 4mm 的切槽车刀。T4242 R0.3 W4. OD GROOVE CENTER MEDIUM 切槽车刀（参见图 8-20），为简化操作，练习时可不设置装夹与参考点等。

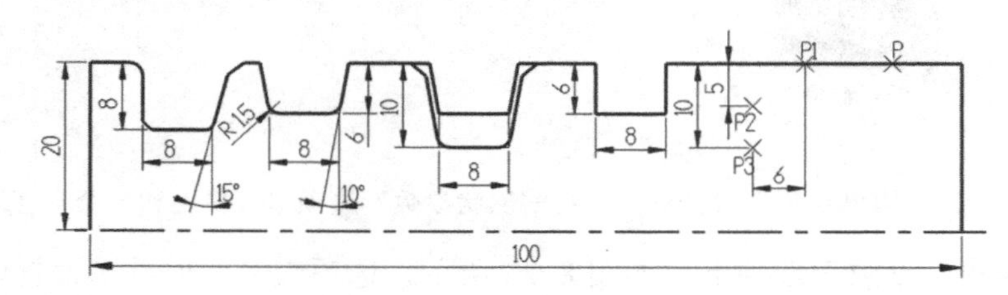

图 8-25 沟槽加工练习图

练习步骤：

步骤 1：参考图 8-25 绘制练习图。

步骤 2：单击“机床→车床→默认（D）”进入车削加工模块。单击“毛坯设置”选项 毛坯设置，设置毛坯，如图 8-26 所示。

步骤 3：单击“车削→标准→沟槽”功能按钮，弹出“沟槽选项”对话框，参见图 8-19。

1）1 点方式定义沟槽练习。选择“1 点”单选按钮，选择标识①处的点 P，按回车键，弹出“沟槽粗车”对话框，先按图 8-21 设置定义沟槽形状，生成刀具轨迹，并路径模拟和实体仿真。然后，单击“参数”图标 参数，弹出“沟槽粗车”对话框，改变形状参数，重新生成刀轨等，观察设置参数与刀具路径的关系。

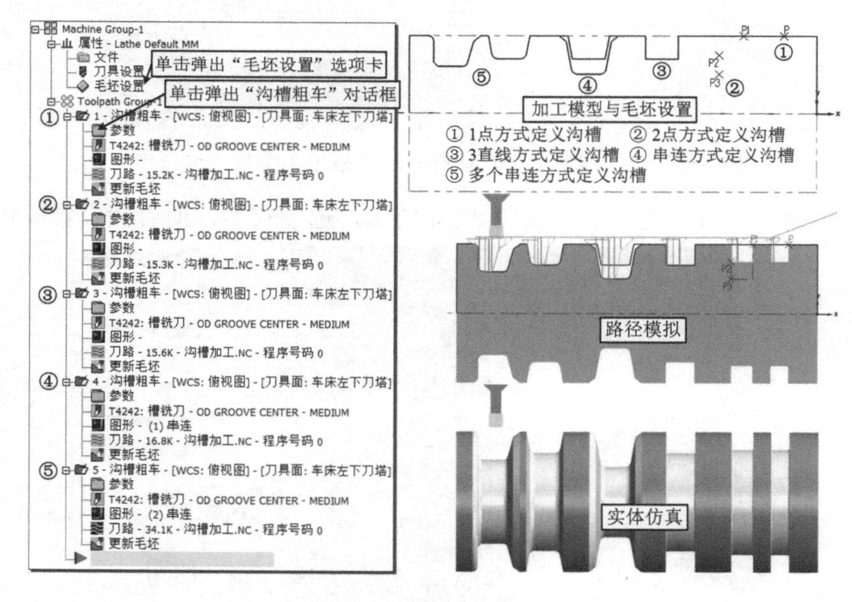

图 8-26 沟槽车加工练习示例

2）2 点方式定义沟槽练习。选择“2 点”单选按钮，选择标识②处的 P1 和 P2 点，按以上方式练习，注意观察“沟槽形状参数”选项卡与 1 点方式定义沟槽的差异。单击“图形”按钮 图形，弹出“沟槽选项”对话框，重新选择P1和P3点，激活并启动“沟槽粗车参数”选项卡中的“啄车参数”按钮，设置啄车等参数，观察刀路变化，体会其在实际生产中的作用。

3）3直线方式定义沟槽练习。用局部串连、窗口和多边形方式选择标识③处的3直线，然后，观察其与1点和2点方式沟槽加工参数设置的异同点。该练习重点练习3直线的选择操作。

4）串连方式定义沟槽练习。选择“串连”单选按钮，选择标识④处上部的梯形串连曲线，先按默认设置生成刀轨，然后再单击参数图标激活“沟槽选项”对话框，修改参数，生成刀轨，观察修改的参数对刀路的改变是否与自己对参数名称的理解一致。单击“图形”按钮 图形，弹出“串连管理”对话框，右击列表中的“串连1”，执行快捷菜单中的“全部重新串连”命令，选择下部的带倒角与倒圆的串连图线，确认后退出对话框，单击“重建全部失效的操作”按钮 重新生成刀轨，观察刀轨变化即仿真结果。

5）多个串连方式定义沟槽练习。选择“多个串连”单选按钮，选择标识⑤处的两条串连曲线，练习多个沟槽加工设置练习，并改变串连选择的先后顺序，观察沟槽加工的先后顺序。

8.6　切断加工

切断又称截断，是数控车削的最后一道工步，通过指定加工模型上的指定点，径向进给切断零件。图8-27所示为切断加工示例。

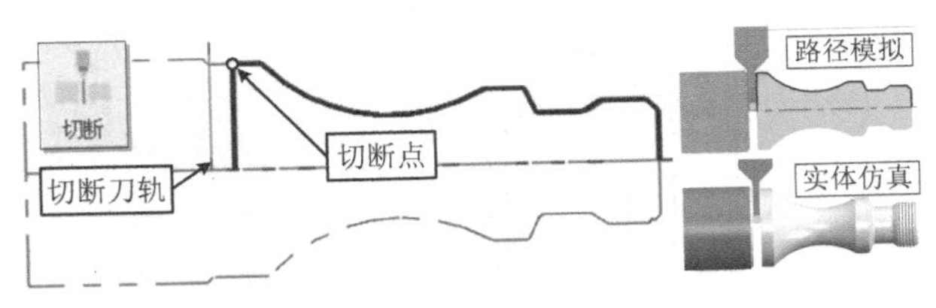

图8-27　切断加工示例

切断加工时只须指定切断点即可。单击“切断加工”功能按钮 ，按提示选择切断点，会弹出“截断”对话框，其设置选项集中在两个选项卡中。

（1）“刀具参数”选项卡　如图8-28所示，主要是刀具的选择不同，其余设置同前所述。

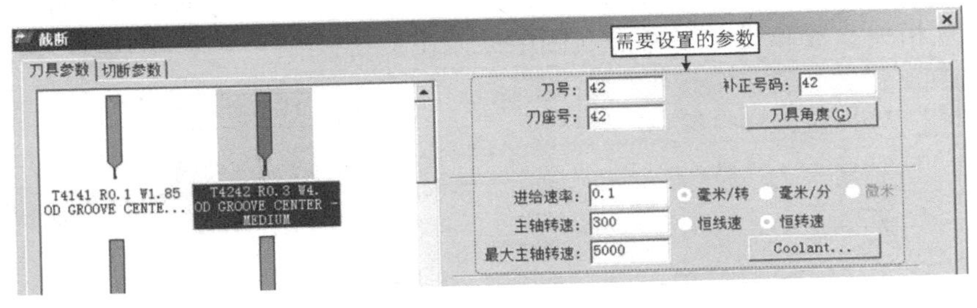

图8-28　“截断”对话框→“刀具参数”选项卡

（2）“切断参数”选项卡　如图8-29所示，是切断加工参数设置的主要区域，主要设置选项见图中的说明。

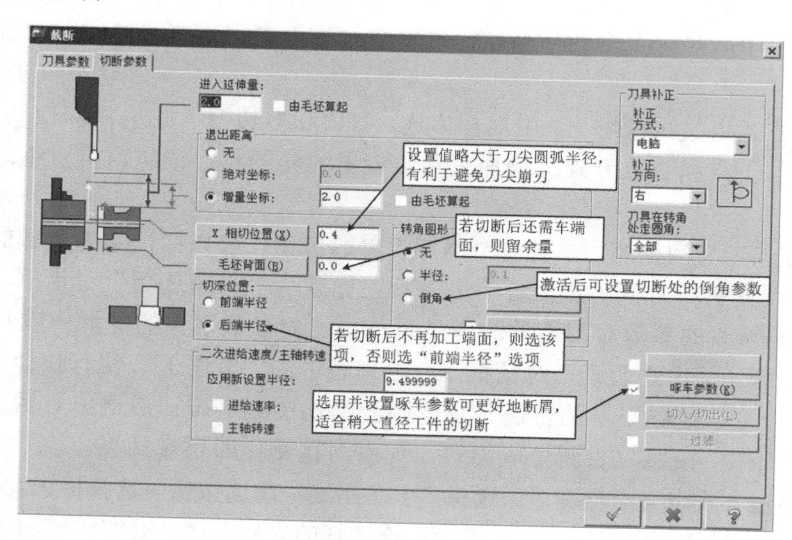

图 8-29 “截断”对话框→“切断参数”选项卡

8.7 车螺纹加工

车螺纹加工是数控车削中常见的加工方法之一，可加工外螺纹、内螺纹或端面螺纹槽等。图 8-30 所示为一外螺纹车削加工示例。以下以此为例介绍车螺纹加工主要参数的设置。

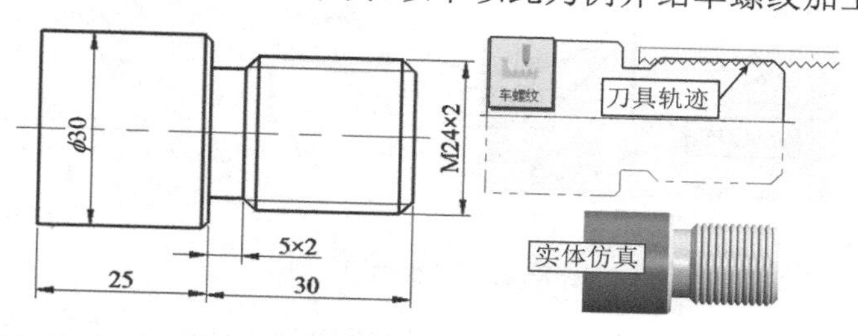

图 8-30 外螺纹车削加工示例

单击“车螺纹”功能按钮，会弹出“车螺纹”对话框，其包含三个选项卡。

（1）“刀具参数”选项卡 与前述基本相同，主要是选择的刀具不同，如图 8-31 所示，另外需要设置相关参数和设定参考点（图中未示出）等。

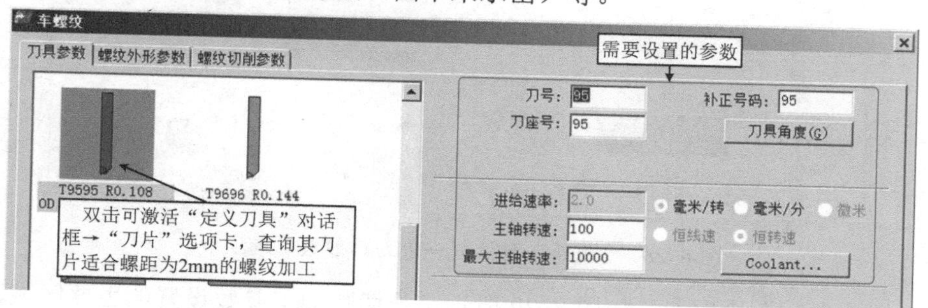

图 8-31 “车螺纹”对话框→“刀具参数”选项卡

（2）“螺纹外形参数”选项卡　螺纹外形参数——导程、牙型角、大径、小径等一般由表单或公式计算设置，不需单独填写，具体为单击由表单计算(T)按钮（图 8-32a），弹出“螺纹表单”对话框，然后选取确定，如图 8-32b 所示。或单击运用公式计算(F)按钮，弹出“运用公式计算螺纹”对话框计算确定（图 8-32b）。该选项卡操作者只需设定螺纹的起始与结束位置参数等。

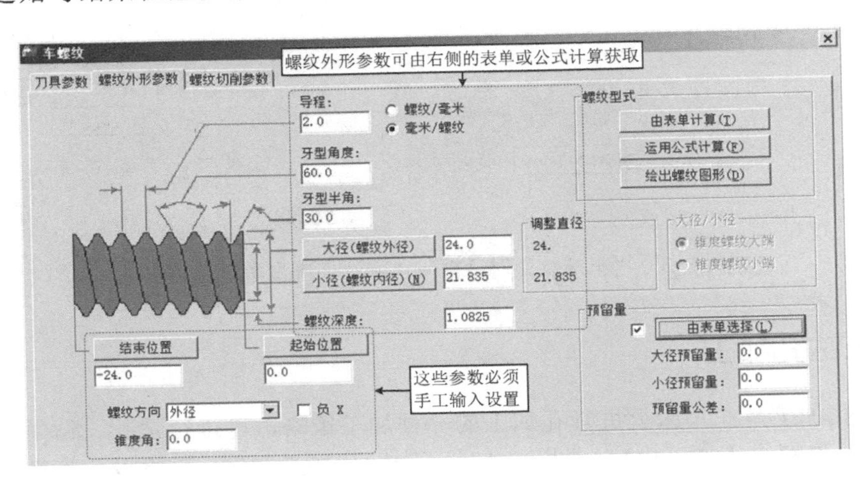

a）

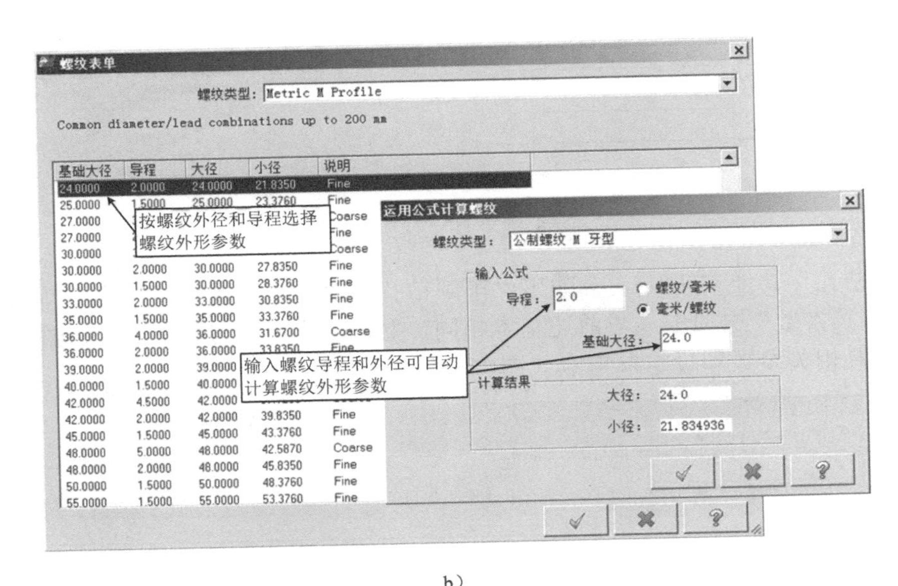

b）

图 8-32　“车螺纹”对话框→“螺纹外形参数”选项卡

a）“螺纹外形参数”选项卡　b）“螺纹表单”和“运用公式计算螺纹”对话框

（3）“螺纹切削参数”选项卡　如图 8-33 所示，NC 代码格式根据需要选用，其余按图示设置即可。注意：固定循环指令 G76 后处理生成的指令格式与自身使用的机床格式存在差异，因此要对输出程序对比研究，为后续使用输出程序的快速修改提供基础。

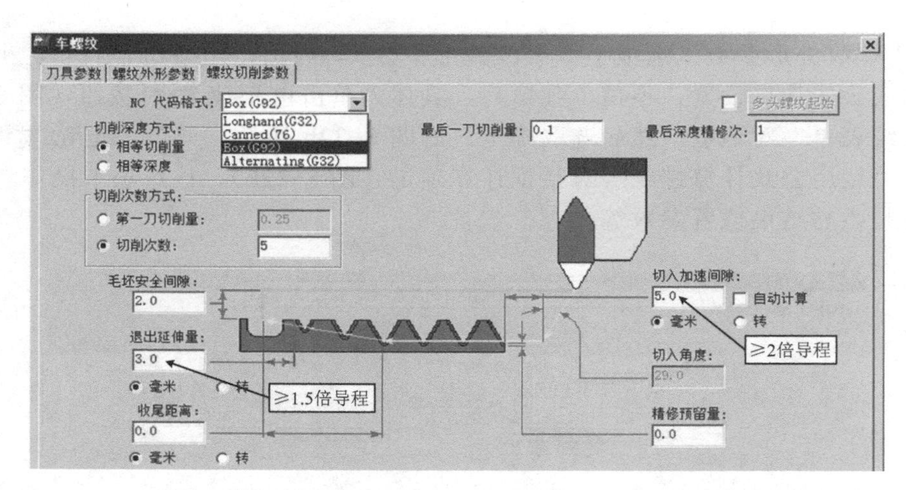

图 8-33 “车螺纹”对话框→“螺纹切削参数”选项卡

8.8 车床钻孔加工

车床钻孔加工是在车床上进行孔加工的一种加工策略，可进行钻孔、钻中心孔、点钻孔窝、铰孔、攻螺纹等加工内容。图 8-34 所示为钻孔加工示例，以下以此为例介绍车床钻孔加工，假设模型已完成车端面与钻孔窝加工。

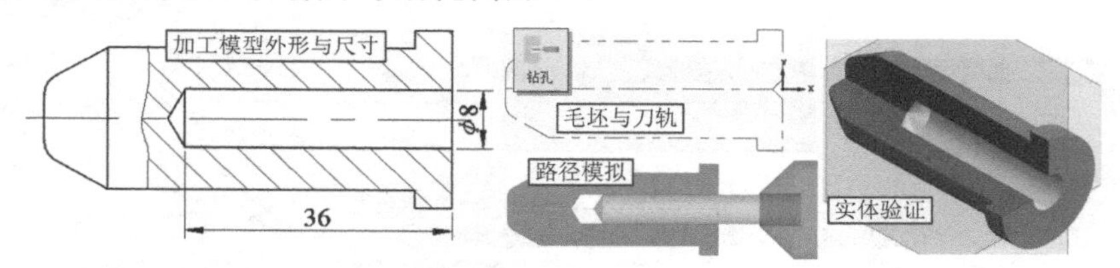

图 8-34 钻孔加工示例

单击“钻孔”功能按钮，会弹出“车削钻孔”对话框，其包含三个选项卡。

(1)“刀具参数”选项卡　与前述基本相同，主要是选择的刀具不同，如图 8-35 所示，另外需要设置相关参数和设定参考点（图中未示出）等。

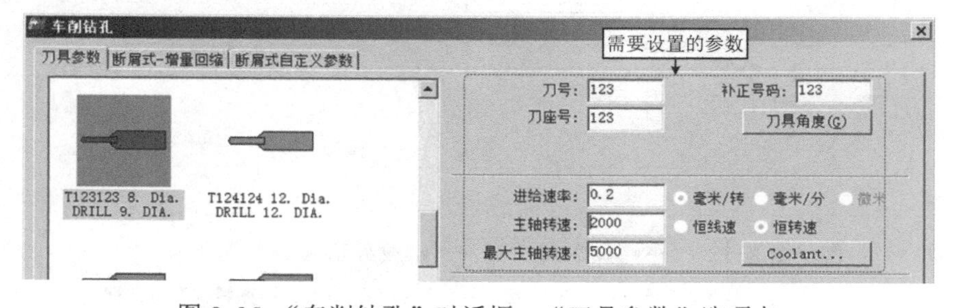

图 8-35 “车削钻孔”对话框→“刀具参数”选项卡

(2)“断屑式-增量回缩”参数选项卡　如图 8-36 所示，是钻孔加工主要的参数设置区域。深度设置可先输入孔深，然后单击“深度计算”按钮，自动计算增加量，确认后会直接加入原深度值。循环下拉列表中“Drill/Counterbore”选项是普通孔加工方式，“Chip break（G74）”选项可生成 FANUC 系统的 G74 指令循环格式，适合于深孔加工，注意其要设置循环参数。

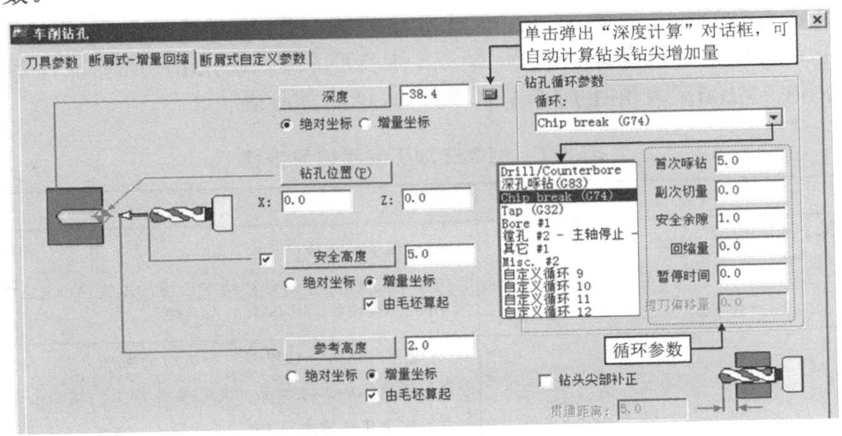

图 8-36 “车削钻孔”对话框→“断屑式-增量回缩”选项卡

（3）“断屑式自定义参数”选项卡　用户自定义断屑式循环加工，一般不用。

8.9 车削加工综合示例

学习至此，已具备数控车削加工编程的基础知识，以下通过两个示例综合练习，巩固和验证掌握程度。图 8-37 和图 8-38 所示分别为两个车削零件练习图。

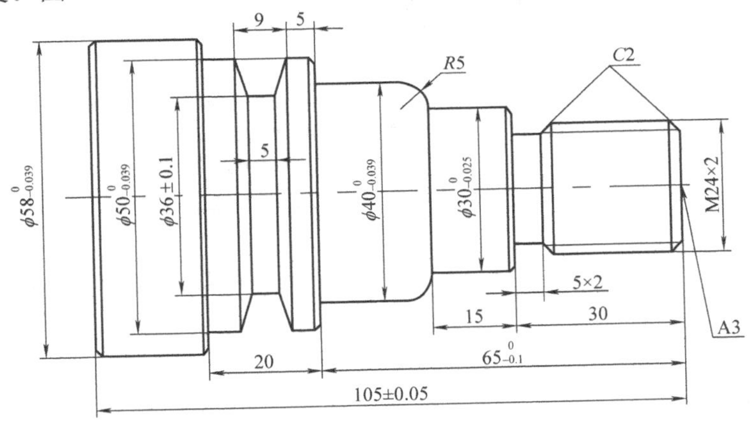

图 8-37　综合示例 1

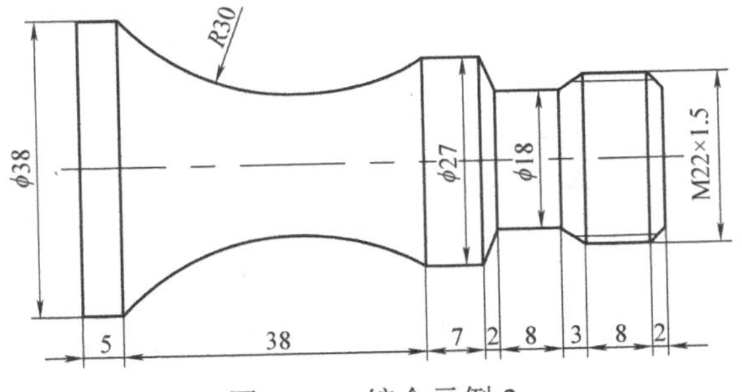

图 8-38　综合示例 2

例 8-2 零件几何参数参见图 8-37，材料为 45 钢，毛坯尺寸为 ϕ 62mm × 110mm，加工工艺：①工件左端面加工，车端面→车外圆；②调头，车端面→钻中心孔；③一夹一顶装夹车外轮廓，粗车→精车→车退刀槽→车 V 形槽→车螺纹。本例练习假设已完成左端车端面与车外圆加工，工件长度车至 107mm，所有操作参考点设置均为 X60、Z100。表 8-1 所示为其加工编程练习步骤。

表 8-1 例 8-2 加工编程练习步骤

步骤	图例	说明
1	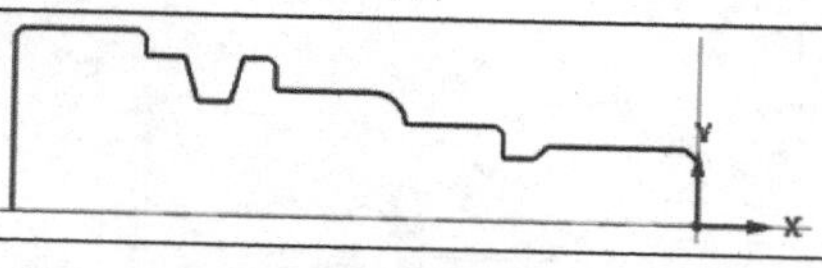	加工模型的创建： 可在 Mastercam 设计模块下绘图，或用 AutoCAD 绘图，然后导入 Mastercam 中，具体依个人习惯
2	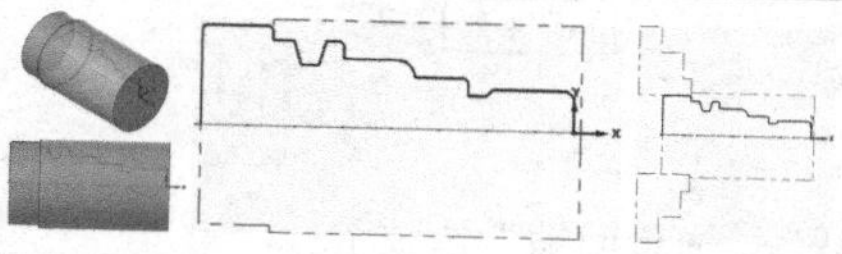	创建“车端面→钻中心”加工后的毛坯 1）创建已加工左端面的毛坯实体模型，端面余量 2mm 2）基于实体建立毛坯 3）创建卡盘（注：后续部分图例未显示卡盘）
	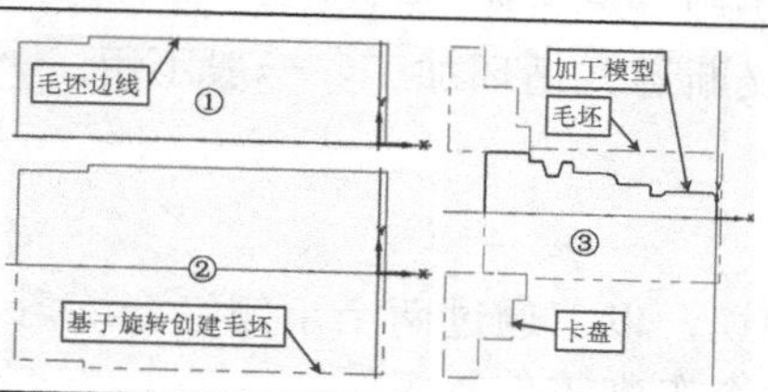 毛坯边线 ① ② 基于旋转创建毛坯 加工模型 毛坯 ③ 卡盘	创建“车端面→钻中心”加工后的毛坯 1）隐藏加工模型，绘制毛坯边界，端面余量 2mm 2）基于旋转选择毛坯边线创建毛坯 3）隐藏毛坯边线，显示加工模型，创建卡盘
	注：这里步骤 2 给出了两种创建毛坯的方法供参考，实际编程时只需使用一种方法即可	
3	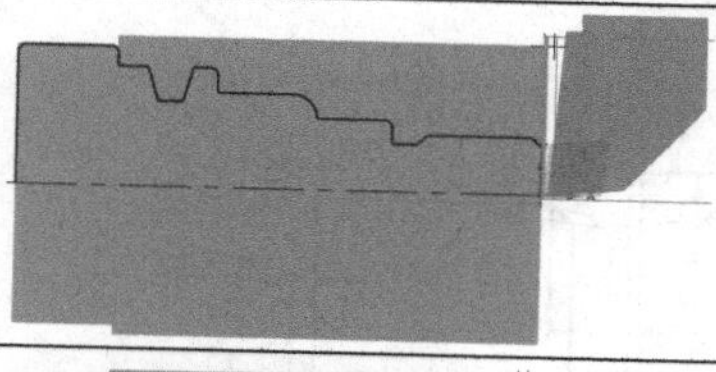	车端面： 1）80° 刀尖角右手粗车刀，刀具名称取 T0101，进给率 0.2mm/r，主轴转速 500r/min 2）精车 2 刀，精车步进量 0.5mm
4	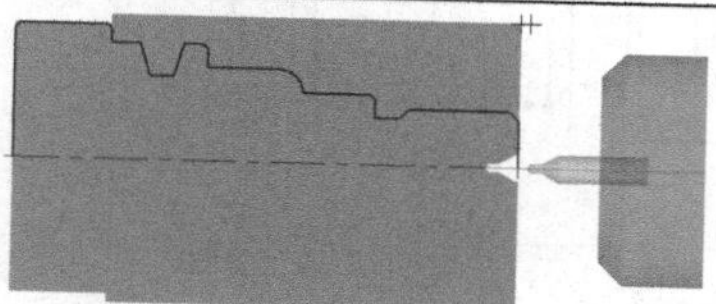	钻中心孔： 1）ϕ 6mm 中心钻，进给率 0.2mm/r，主轴转速 1200r/min，刀具名称用默认 2）钻孔深度 7mm
5	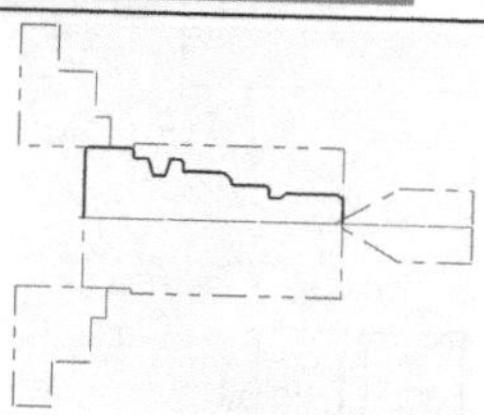	创建新毛坯及一夹一顶装夹毛坯： 1）依照第 2 步方法，基于车端面后的实体图形创建新毛坯 2）创建卡盘，注意留出适当距离 3）创建尾顶尖
6	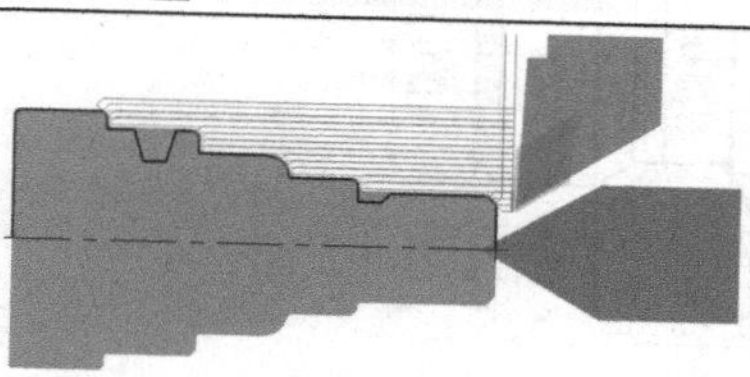	粗车外圆轮廓： 1）55° 刀尖角右手粗车刀，刀具名称取 T0202，进给率 0.2mm/r，主轴转速 500r/min 2）背吃刀量 1.5mm，X 预留量 0.4mm，Z 预留量 0.2mm，控制器补正，切入延长 1mm，切出延长 2mm

（续）

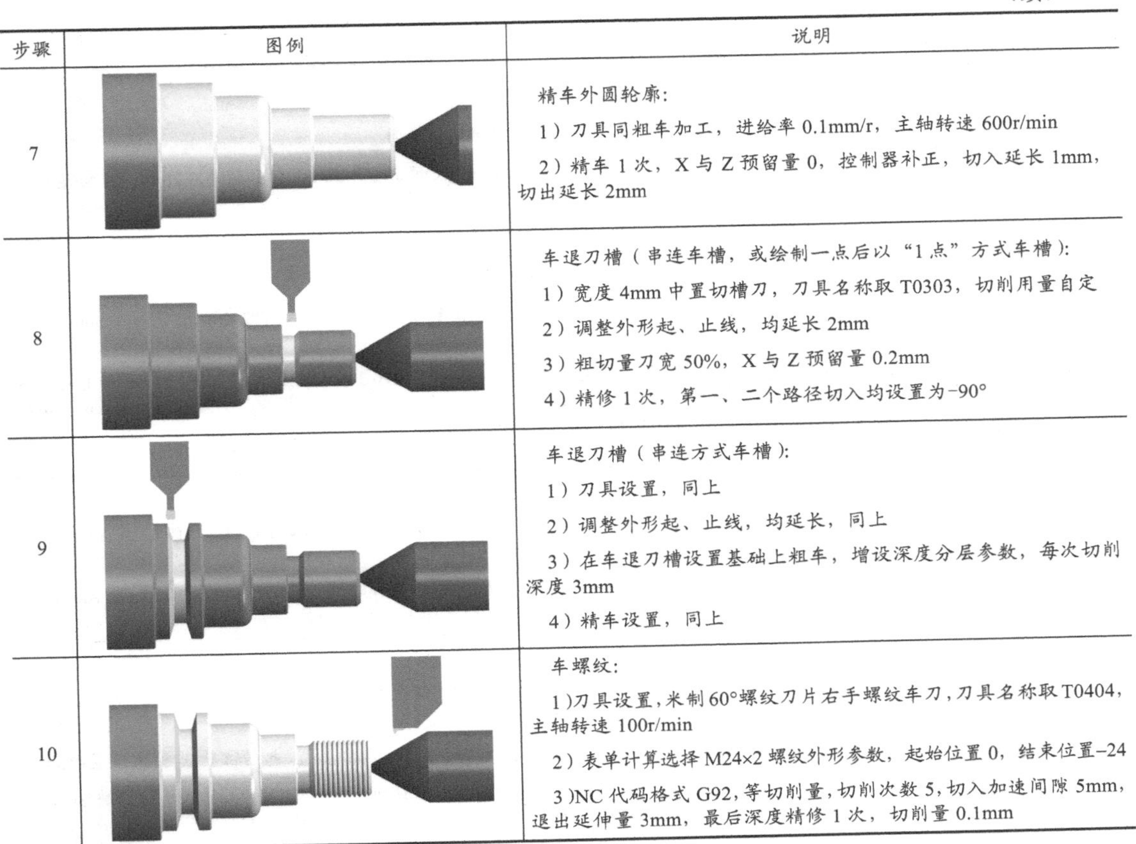

步骤	图例	说明
7		精车外圆轮廓： 1）刀具同粗车加工，进给率 0.1mm/r，主轴转速 600r/min 2）精车 1 次，X 与 Z 预留量 0，控制器补正，切入延长 1mm，切出延长 2mm
8		车退刀槽（串连车槽，或绘制一点后以“1 点”方式车槽）： 1）宽度 4mm 中置切槽刀，刀具名称取 T0303，切削用量自定 2）调整外形起、止线，均延长 2mm 3）粗切量刀宽 50%，X 与 Z 预留量 0.2mm 4）精修 1 次，第一、二个路径切入均设置为-90°
9		车退刀槽（串连方式车槽）： 1）刀具设置，同上 2）调整外形起、止线，均延长，同上 3）在车退刀槽设置基础上粗车，增设深度分层参数，每次切削深度 3mm 4）精车设置，同上
10		车螺纹： 1）刀具设置，米制 60°螺纹刀片右手螺纹车刀，刀具名称取 T0404，主轴转速 100r/min 2）表单计算选择 M24×2 螺纹外形参数，起始位置 0，结束位置-24 3）NC 代码格式 G92，等切削量，切削次数 5，切入加速间隙 5mm，退出延伸量 3mm，最后深度精修 1 次，切削量 0.1mm

例 8-3　零件几何参数参见图 8-38，材料为 45 钢，毛坯尺寸为 ϕ40mm × 110mm，加工工艺：车端面→粗车→半精车→精车→车螺纹→切断。自定义卡盘装夹，工件坐标系设置在零件右端面中心。所有参考点均设置为 X40，Z80。表 8-2 所示为其加工编程练习步骤。

表 8-2　例 8-3 加工编程练习步骤

步骤	图例	说明
1		加工模型的创建： 可在 Mastercam 设计模块下绘图，或用 AutoCAD 绘图，然后导入 Mastercam 中，具体依个人习惯
2		创建圆柱毛坯： 毛坯尺寸为 ϕ40mm×110mm，端面加工余量 1mm，不设置卡盘与尾顶尖等
3		车端面： 1）80° 刀尖角右手粗车刀，刀具名称取 T0101，进给率 0.2mm/r，主轴转速 1000r/min 2）最大精修路径次数 1

（续）

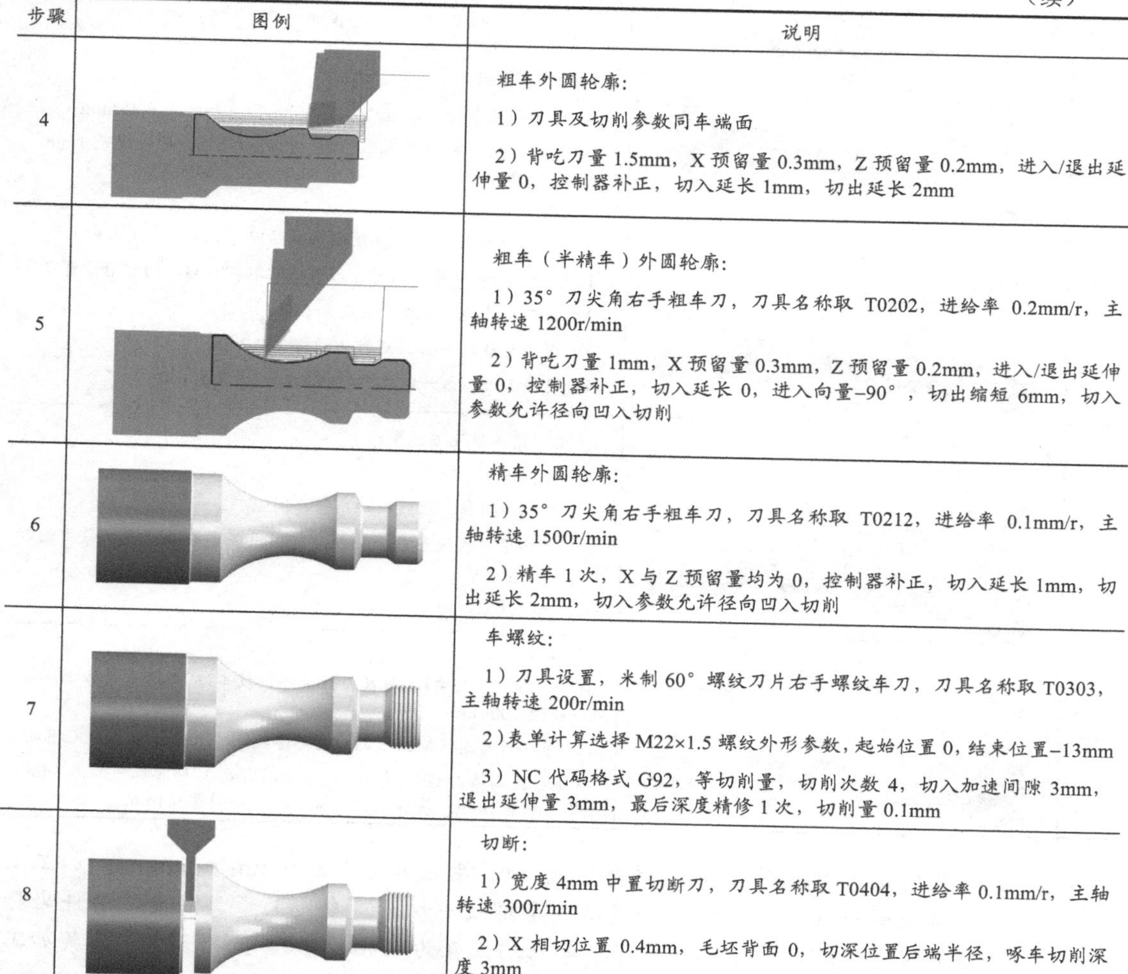

步骤	图例	说明
4		粗车外圆轮廓： 1）刀具及切削参数同车端面 2）背吃刀量 1.5mm，X 预留量 0.3mm，Z 预留量 0.2mm，进入/退出延伸量 0，控制器补正，切入延长 1mm，切出延长 2mm
5		粗车（半精车）外圆轮廓： 1）35° 刀尖角右手粗车刀，刀具名称取 T0202，进给率 0.2mm/r，主轴转速 1200r/min 2）背吃刀量 1mm，X 预留量 0.3mm，Z 预留量 0.2mm，进入/退出延伸量 0，控制器补正，切入延长 0，进入向量−90°，切出缩短 6mm，切入参数允许径向凹入切削
6		精车外圆轮廓： 1）35° 刀尖角右手粗车刀，刀具名称取 T0212，进给率 0.1mm/r，主轴转速 1500r/min 2）精车 1 次，X 与 Z 预留量均为 0，控制器补正，切入延长 1mm，切出延长 2mm，切入参数允许径向凹入切削
7		车螺纹： 1）刀具设置，米制 60° 螺纹刀片右手螺纹车刀，刀具名称取 T0303，主轴转速 200r/min 2）表单计算选择 M22×1.5 螺纹外形参数，起始位置 0，结束位置−13mm 3）NC 代码格式 G92，等切削量，切削次数 4，切入加速间隙 3mm，退出延伸量 3mm，最后深度精修 1 次，切削量 0.1mm
8		切断： 1）宽度 4mm 中置切断刀，刀具名称取 T0404，进给率 0.1mm/r，主轴转速 300r/min 2）X 相切位置 0.4mm，毛坯背面 0，切深位置后端半径，啄车切削深度 3mm

8.10 其他车削加工策略简介

以下对 Mastercam 2017 中部分常规加工策略之外的加工刀路做一个分析，供读者了解，若有兴趣，只要前面的加工设置掌握了，且具备一定的手工编程基础，这几种加工策略很快能够上手。

1. 仿形粗车加工

仿形粗车加工策略是生成一系列加工模型轮廓偏置的刀轨粗加工，这种刀轨适合于锻件、铸件等类零件毛坯的加工，也可用于圆柱体毛坯的加工。仿形粗车刀轨类似于复合固定循环指令 G73 的刀轨，但又优于 G73，其基于基本编程指令的加工程序通用性好，空刀路比 G73 指令少得多。图 8-39～图 8-41 列举了几个仿形粗车刀路供参考。

图 8-39 所示仅沿零件轮廓偏置生成 3 条刀轨，类似于 G73 指令的刀轨。

图 8-40 所示的刀路可替代例 8-2 粗车工序（表 8-1 步骤 6），这种刀轨比 G73 指令的刀轨空刀路少得多。

图 8-41 所示的刀路与 G73 指令一样可适合于加工轮廓非单调变化的工件，且空刀路少得多。该加工刀轨可替代例 8-3 的粗车工序（表 8-2 的步骤 4 与步骤 5）。

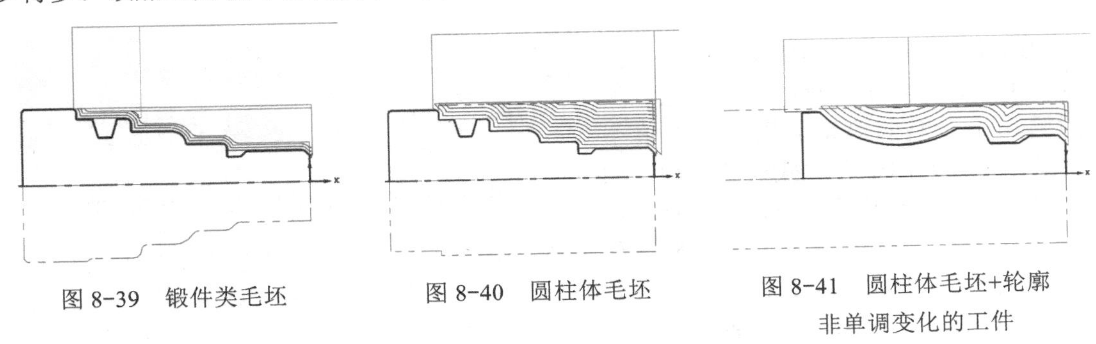

图 8-39　锻件类毛坯　　　图 8-40　圆柱体毛坯　　　图 8-41　圆柱体毛坯+轮廓非单调变化的工件

2．循环车削加工

循环车削加工策略是以输出循环加工指令为目标的一种加工策略，Mastercam 2017 中包括粗车（G71）、仿形（G73）、精车（G70）以及沟槽（G75）循环四种，从应用角度看，“粗车（G71）+精车（G70）”循环和“仿形（G73）+精车（G70）”循环一般是组合应用，因此其实际是三种加工策略。学习循环车削加工编程首先必须熟悉 G71、G73、G70 和 G75 这几个指令的格式及应用，否则，建议跳过。

（1）粗车（G71）+精车（G70）循环指令及应用　熟悉手工编程的读者都知道，G71+G70 循环组合是长径比较大、圆柱形毛坯回转体零件数控车削加工的常见组合，可用较短的程序段完成零件的粗、精加工。图 8-42 所示为粗车+精车加工策略的应用示例，其可替代例 8-2 中的粗车+精车工序（表 8-1 步骤 6 和步骤 7）。仅仅看刀具轨迹，差异似乎不大，但后处理输出 G 代码后就可明显看出差异。

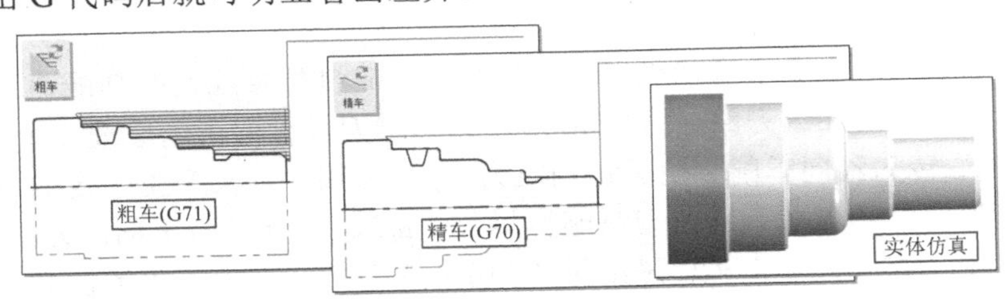

图 8-42　粗车+精车加工策略的应用示例

（2）仿形（G73）+精车（G70）循环指令及应用　手工编程中，G73+G70 循环组合是加工轮廓线非单调变化零件加工的常用组合。图 8-43 所示是仿形+精车加工策略的应用示例，圆柱体与锻件类毛坯零件粗车毛坯的刀轨是不同的，其可替代例 8-3 中的粗车+精车工序（表 8-2 步骤 4、步骤 5 和步骤 7）。

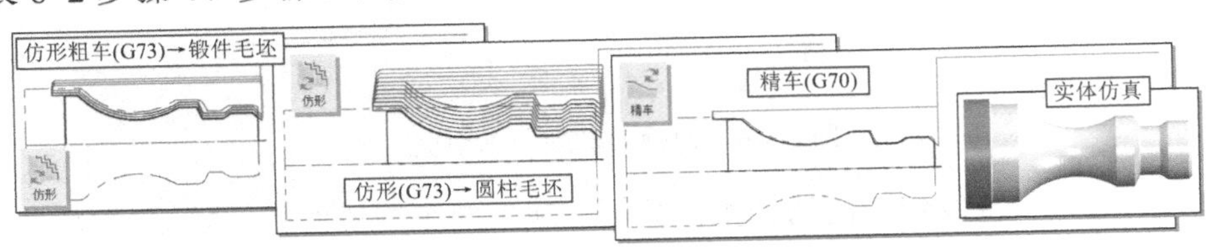

图 8-43　仿形+精车加工策略的应用示例

（3）沟槽循环（G75）指令及应用　G75指令加工的沟槽结构只能是侧壁与轴线垂直且相等的沟槽，因此循环沟槽指令“沟槽选项”对话框中的定义沟槽的方法只能是 1 点、2 点和 3 直线三种方法。循环沟槽加工策略的典型应用主要有多个窄沟槽、单一宽沟槽和啄式切断三种，如图 8-44 所示。当刀具横向移动的步进量小于刀具宽度，则是宽槽加工；当横向移动量大于刀具宽度，则是切削宽度等于或略大于刀具宽度的多个窄槽；若横向移动步进量等于 0 并取消精修，且径向车削至中心，则相当于切断。因为径向进刀可以设置为啄式切削，因此切断效果很好，且程序段少（仅需两个程序段）。

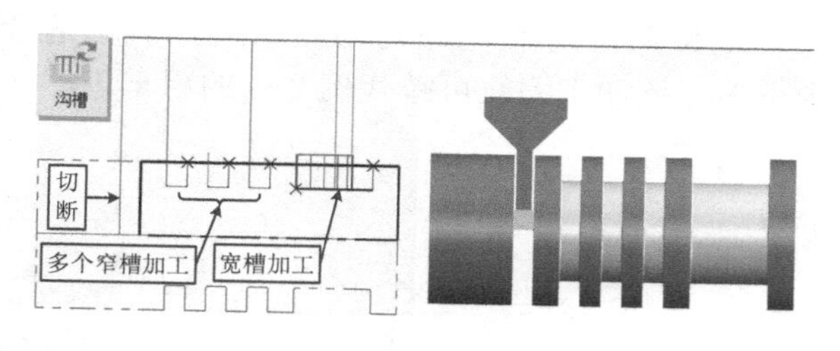

图 8-44　沟槽循环加工策略的应用示例

3．动态粗车加工

动态粗车加工策略是一种专为高速切削加工而设计的刀路，其切削面积均匀，材料切入、切出以切线为主，刀具轨迹平滑流畅，加工过程中较少应用 G00 过渡，因此加工过程中切削力变化较小，适合于高速车削加工的条件。图 8-45 所示为某轧辊型面动态粗车加工刀轨示例，采用圆刀片仿形车刀。限于高速加工对机床的要求以及人们对高速切削机理的认识，目前动态粗车刀路应用还不广泛。

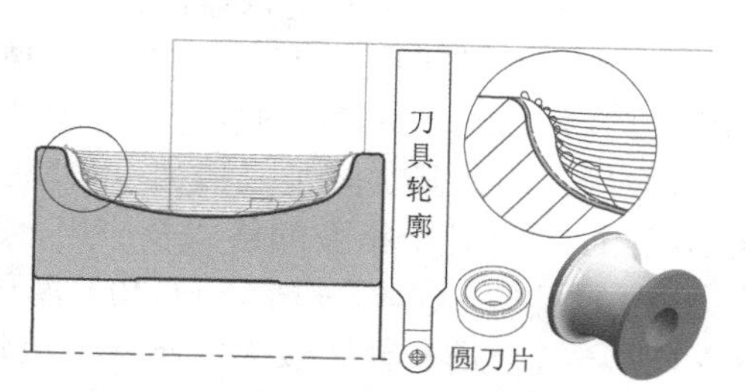

图 8-45　动态粗车加工策略的应用示例

4．切入车削加工

切入车削加工策略是基于现代机夹可转位车刀具有良好轴线切削功能而开发出的基于切槽刀横向切削为主的加工刀路。图 8-46 所示为切槽刀具轴向车削原理。首先，径向车削至 a_p 深度，然后转为轴向车削，由于切削阻力 F_z 的作用，刀头产生一定的弯曲变形，形成副偏角，修光已加工表面。同时刀具略微增长 $\Delta d/2$，进行横向车削。刀具伸长量 $\Delta d/2$ 是一个经验数据，受背吃刀量 a_p、进给量 f、切削速度 v_c、刀尖圆角半径 r_ε、材料性能、切槽深度以及刀头悬伸部分刚度等因素的影响，一般在 0.1mm 左右。

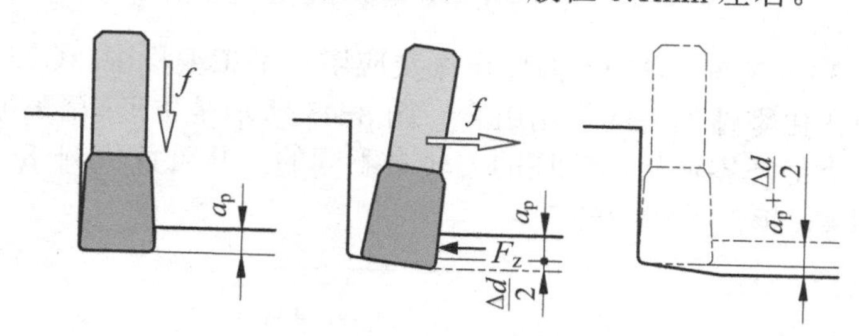

图 8-46　切槽刀具轴向车削原理

切入车削适合于宽度较大的槽加工，其可实现轴向车削槽的粗、精加工编程。图 8-47 所示为带底角倒圆的宽槽粗加工刀轨，由于轴向车削的刀头伸长，因此径向切入转为轴向切削前刀具应退回 0.1～0.15mm 的距离，参见图中 I 放大部分。考虑切削过程中尽量避免两个方向受力，故轴向车削转径向切入时，还有 45° 斜向退刀方式，参见图中 II 放大部分。

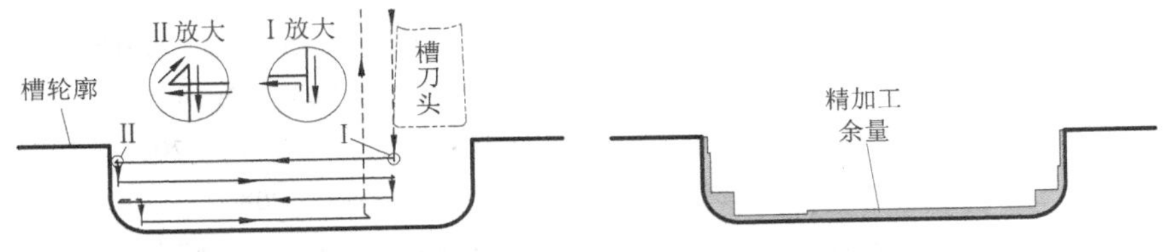

图 8-47 切槽刀具轴向车槽粗加工轨迹分析

图 8-48 所示为轴向粗车配套的精车加工步骤，其第②步轴向车削前仍然要回退刀具伸长量Δd/2。

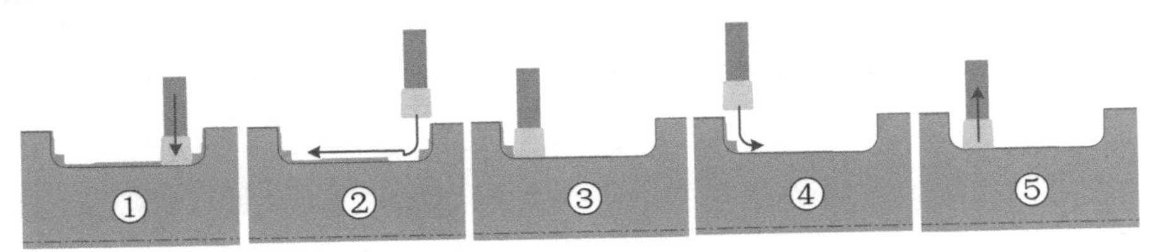

图 8-48 切槽刀具轴向车槽精加工步骤

图 8-49 所示为切入车削粗、精车削实体仿真示例，图中精车加工圆柱部分似乎大一点，实际上是软件仿真时未考虑刀具伸长变形所致，若刀具伸长量Δd/2 选取合适，实际加工件是看不到这个略凸现象的。

切入车削功能不仅可切削以上底角倒圆的宽槽，同样也可加工无倒圆倒角的矩形槽，以及任意形状凹槽的加工，甚至可进行复杂外轮廓形状外圆的粗加工，如图 8-50 所示为切入车削粗、精加工图 8-38 所示外轮廓实体仿真示例，当然，该方案用切槽刀精车轮廓，在圆弧凹槽底部理论上是存在一点加工误差的。

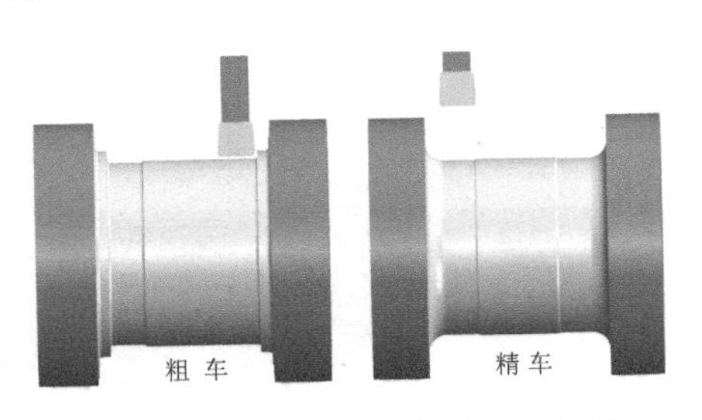

图 8-49 切入车削验证加工示例

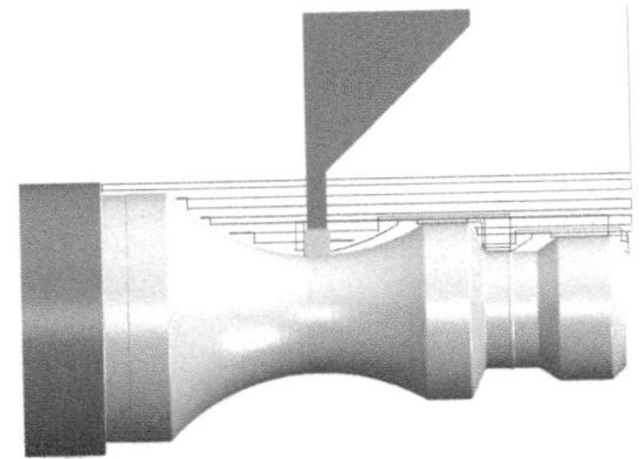

图 8-50 切入车削加工仿真示例

本章小结

本章主要介绍了 Mastercam 2017 数控车削自动编程，重点介绍了 Mastercam 车削编程的基础加工策略，对于特殊的加工策略，以简介的形式给予介绍，旨在指导读者是否需要学习以及如何学习。

参 考 文 献

[1] 马志国．Mastercam 2017 数控加工编程应用实例．北京：机械工业出版社，2017．

[2] 詹友刚．Matercam X7 数控加工教程．3 版．北京：机械工业出版社，2014．

[3] 刘文．Mastercam X2 中文版数控加工技术宝典．北京：清华大学出版社，2008．

[4] 李波，管殿柱．Mastercam X 实用教程．北京：机械工业出版社，2008．

[5] 陈为国，陈昊．数控加工刀具材料、结构与选用速查手册[M]．北京：机械工业出版社，2016．

[6] 陈为国，陈昊．数控加工编程技巧与禁忌[M]．北京：机械工业出版社，2014．

[7] 陈为国．数控加工编程技术[M]．2 版．北京：机械工业出版社，2016．

[8] 陈为国，陈昊．数控车床操作图解[M]．北京：机械工业出版社，2012．

[9] 陈为国，陈昊．数控车床加工编程与操作图解[M]．2 版．北京：机械工业出版社，2017．

[10] 陈为国，陈为民．数控铣床操作图解[M]．北京：机械工业出版社，2013．